Ludwig Fladerer

Johannes Philoponos
De opificio mundi
Spätantikes Sprachdenken und christliche Exegese

Beiträge zur Altertumskunde

Herausgegeben von
Michael Erler, Ernst Heitsch, Ludwig Koenen,
Reinhold Merkelbach, Clemens Zintzen

Band 135

Springer Fachmedien Wiesbaden GmbH 1999

Johannes Philoponos

De opificio mundi

Spätantikes Sprachdenken und
christliche Exegese

Von
Ludwig Fladerer

Springer Fachmedien Wiesbaden GmbH 1999

ISBN 978-3-519-07684-1 ISBN 978-3-663-14076-4 (eBook)
DOI 10.1007/978-3-663-14076-4

Die Deutsche Bibliothek – CIP-Einheitsaufnahme

Ein Titelsatz für diese Publikation ist bei
Der Deutschen Bibliothek erhältlich.

Ursprünglich erschienen bei B. G. Teubner Stuttgart und Leipzig 1999.

VORWORT

Die vorliegende Arbeit erwuchs aus einem Interesse an der praktischen Umsetzung antiken Sprachdenkens in die Interpretation eines als normativ verstandenen Textes. Da in den spätplatonischen Reflexionen zum Wesen des Wortes dessen Zeichencharakter hervorgehoben wurde, galt es, diese Sprachphilosophie, die uns als voll entwikkelte Semiotik vorliegt, zu beschreiben und ihre konkreten Auswirkungen auf Johannes Philoponos' Exegese des biblischen Schöpfungsberichtes zu bestimmen. Unsere Wahl fiel auf diesen um die Mittes des 6. Jahrhunderts verfaßten Kommentar, weil dort die Grundlagen des christlichen Welt- und Menschenbildes unter dem Prisma der spätantiken Philosophie und Physik, die der Alexandriner Philoponos in souveräner Weise handhabte, einer kritischen Analyse unterzogen wurden. Es sollten dabei einmal Erkenntnise zur Bauweise des Kommentares als jener Literaturgattung gewonnen werden, in der sich der Philosoph der ausgehenden Antike äußerte, zum anderen war es reizvoll, Philoponos in die Tradition der christlichen Hexaemeronexegese und platonischen Kommentatorik einzuordnen. Philoponos, einer der großen und originellen Denker des Altertums, steht zum ersten Mal als Literat, nicht als Physiker im Zentrum einer Monographie.

Unterstützt durch ein Stipendium des Fonds zur Förderung der wissenschaftlichen Forschung (Wien), der auch die Drucklegung finanzierte, konnte ich die wesentlichen Untersuchungen am Institut für Altertumskunde der Universität zu Köln betreiben. Herr Prof. C. Zintzen hat mir nicht nur diese Arbeitsmöglichkeit eröffnet, sondern das Projekt in allen Phasen wohlwollend verfolgt und die Publikation in den BzA ermöglicht. Dem Philoponosexperten Prof. C. Scholten danke ich den fachlichen Beistand und die Ermutigung, die er mir in selbstloser Weise zukommen ließ. Die Herrn Dr. J. Hammerstaedt und Dr. K. Maresch waren mir bei der Literaturrecherche in der Kölner Bibliothek eine wichtige Stütze, ihres Humors und ihrer Gastfreundschaft werde ich mich gerne erinnern. L. S. B. MacCoull (Society for Coptic Archaeology - Tempe/Arizona) überließ mir ein noch unpubliziertes Manuskript, wodurch mir die Geschichte des spätantiken Alexandria um vieles transparenter wurde. Mein Freund DDr. G. Krapinger war mir für die Drucklegung ein aufmerksamer Korrektor.

Gewidmet ist die Arbeit meiner Frau Eva - Maria für Ihre liebevolle Geduld.

Graz, im Mai 1999

INHALT

II DIE HERMENEUTIK IN PHILOPONOS' *DE OPIFICIO MUNDI*

VERZEICHNIS der häufigsten WERKABKÜRZUNGEN

ACO	Acta conciliorum oecumenicorum
Adv. Eun.	Adversus Eunomium
Adv. Gramm.	Adversus Grammaticos
Adv. Math.	Adversus Mathematicos
aetm.	De aeternitate mundi contra Proclum
AlkCom.	In Platonis Alcibiadem commentaria
AnCom.	In Aristotelis de anima libros commentaria
Anon. Proleg.	Anonymous Prolegomena to Platonic Philosophy
AnPostCom.	In Aristotelis analytica posteriora commentaria
An. Pr.	Analytica priora
AnPrCom.	In Aristotelis analyticorum priorum librum I commentarium
CaelCom.	In Aristotelis de caelo commentaria
CAG	Commentaria in Aristotelem Graeca
CantCantCom.	Commentarius in canticum canticorum
Cat.	Categoriae
CatCom.	In Aristotelis Categorias Commentarius
Chr. Top.	Topographia Christiana
diait.	Diaitetes
DielsDoxGr.	H. Diels, Doxographi Graeci
Doctr.Chr.	De Doctrina Christiana
Ecl. Chron.	Ecloga chronographiae
EN	Ethica Nicomachea
ETh.	The Elements of Theology (Στοιχείωσις Θεολογική)
Etym. Gud.	Etymologicum Gudianum
Etym. Joh. Maurop.	Etymologikon des Johannes Mauropus
Etym. Magn.	Etymologicum Magnum Genuinum
FC	Fontes Christiani
FGrH	Fragmente der griechischen Historiker
GA	De generatione animalium
GenCom.	In Aristotelis libros de generatione et conruptione commentaria
GCS	Die griechischen christlichen Schriftsteller der ersten drei Jahrhunderte
GG	Grammatici Graeci

GenCom.	Commentarii in Genesim
GL	Grammatici Latini
GNO	Gregori Nysseni Opera
GorgCom.	In Platonis Gorgiam commentaria
HA	Historia Animalium
HexApol.	Apologia in Hexaemeron
HexHom.	Homiliae in Hexaemeron
Inst.	Institutio oratoria
Int.	De Interpretatione
IntCom.	In Aristotelis De Interpretatione commentarius
Inv.	De Inventione
Krat.	Cratylus
KratCom.	In Platonis Cratylum commentaria
Mag.	De Magistro
Metaph.	Metaphysica
MeteorCom.	In Aristotelis meteorologicorum librum primum commentarium
Myst.	De mysteriis Aegyptiorum
Opm.	De Opificio Mundi
ParmCom.	In Platonis Parmenidem commentaria
PG	Patrologiae cursus completus. Series Graeca
PhaidCom.	In Platonis Phaedonem commentaria
Philok.	Philokalie
PhysCom.	In Aristotelis physicorum libros tres priores commentaria
PL	Patrologiae cursus completus. Series Latina
PorphIsagCom.	In Porphyrii Isagogen sive V voces
PsCom.	Commentarius in Psalmos
PTS	Patristische Texte und Studien
RempCom.	In Platonis rem publicam commentaria
Rhet.	Rhetorica
SCh	Sources chrétiennes
Schol. Dion.	Scholia in Dionysii Thracis Artem Grammatica
Strom.	Stromata
SVF	Stoicorum Veterum Fragmenta
TheolPlat.	In Platonis Theologiam libri sex
TimCom.	In Platonis Timaeum commentaria

EINLEITUNG

Wer sich noch vor einigen Dezennien in Form einer Monographie mit Johannes Philoponos aus Alexandria beschäftigte, mußte in Theologie, Philosophie und klassischer Philologie als Außenseiter gelten. Über dem um 570 n. Chr., also etwa zum Zeitpunkt der Geburt des Propheten Mohammed verstorbenen Alexandriner schwebte das Verdikt des spätgeborenen und daher zu originellem Denken nicht befähigten Epigonen. Weder eine Zusammenschau seines Wirkens, in der versucht worden wäre, die Geschichte seines Denkens nachzuzeichnen und in die Geistigkeit des 6. Jahrhunderts einzuordnen, noch eine textimmanente Betrachtung seiner erhaltenen Opera schien der Mühe wert. An diesem Befund vermochten auch zwei Glanzleistungen der Philologie zur Jahrhundertwende, die Edition der Aristoteleskommentare des Philoponos in den CAG sowie die von Reichardt bei Teubner besorgte Ausgabe von *De Opificio Mundi* (=Opm.) nichts zu ändern.[1] Doch seit R. Sorabji vor etwas mehr als einem Jahrzehnt in seinem Buch *Philoponus and the Rejection of Aristotelian Science* zwölf Beiträge namhafter Gelehrter vereinte,[2] beginnt Philoponos auf der Landkarte der theologischen und philosophischen Forschung den ihm gebührenden Platz zu behaupten. Im Zentrum der Aufmerksamkeit steht hier der Physiker Philoponos, der, Aristoteles weiterdenkend und widerlegend, die Eckpfeiler des antiken philosophischen Weltbildes ins Wanken brachte: Das Universum ist nicht ewig, sondern

---

[1] Nach der mißglückten *editio princeps* von B. CORDERIUS, *Ioannis Philoponi in cap. I. Geneseos de mundi creatione libri septem nunc primum in lucem editi,* Wien 1630 bildet die Version von W. REICHARDT, *Joannis Philoponi De opificio mundi libri VII*, Scriptores sacri et profani 1, Leipzig 1897 jetzt die textliche Basis für die von C. Scholten in den Fontes Christiani publizierte Ausgabe, in der zum ersten Mal Opm. in eine moderne Sprache übersetzt wurde: C. SCHOLTEN, Johannes Philoponos *De opificio mundi.* Über die Erschaffung der Welt Bd. 1 - 3, Fontes Cristiani 23/1-3, Freiburg - Basel etc., 1997.

[2] R. SORABJI (ed.), Philoponus and the Rejection of Aristotelian Science, London 1987.

zeitlich geschaffen, weil unter der aristotelischen Annahme einer anfangslosen Welt diese eine unendliche Zahl von Jahren durchlaufen haben müßte mit der absurden Konsequenz, daß man zum Unendlichen etwas dazuzählen oder wegnehmen müßte, wollte man z. B. den Tag X von einem anderen Tag differenzieren. Der geschaffene und für Philoponos damit auch endende Kosmos ist Willensakt des Schöpfergottes, selbst entgöttlicht und ohne Platz für das infinite und unwandelbare Fünfte Element des Aristoteles, aus dem die Himmelskörper gebildet sind. Die Sonne ist jetzt ein aus Elementarteilchen zusammengesetzter Feuerkörper, dessen Leuchterscheinung keinen ontologischen Unterschied gegenüber dem Licht von Glühwürmchen Licht von Glühwürmchen oder von phosphoreszierenden Fischschuppen aufweist. Somit unterliegt - und dies ist ein Wesenszug der Physik des Philoponos - alles Geschaffene einem einheitlichen, empirisch nachvollziehbaren Gesetz, die aristotelische Zweiteilung der Welt in einen sublunaren Bereich der Veränderung und den Ort der Kreisbewegung oberhalb des Mondes ist obsolet geworden. Von diesem Modell eines einheitlichen Universums gelangen wir zu einer Theorie, die in der Wissenschaftsgeschichte seit Galilei Aufmerksamkeit gefunden und einige Jahre vor der Aufsatzsammlung von Sorabji in einer Monographie von M. Wolff eine adäquate Würdigung erfahren hatte:[3] Es handelt sich um die sogenannte Impetustheorie, den Versuch, das Universum mit Hilfe einer "großen Theorie" zu erklären. Dabei stellt sich Philoponos dem Problem, wie die Kraft von einem Beweger auf einen bewegten Körper übergehen und anhalten kann, wenn, wie im Falle des Wurfgeschosses, der Kontakt zwischen Bewegungsursache und Gegenstand nicht mehr besteht. Gegen Aristoteles, der dem Medium hinter dem bewegten Körper die Funktion des *movens* zuschrieb, behauptete Philoponos die Übermittlung einer identischen Kraft vom Beweger direkt in das Objekt selbst. Beweger und Bewegtes stehen nicht mehr andauernd in unmittelbarem Kontakt. Diesen Grundsatz einer physikalischen Dynamik machte Philoponos auch für die Exegese des Schöpfungsberichtes fruchtbar: Innerweltliche Abläufe wie die Bewegungen der Himmelskörper und die Motorik der vier Elemente gelten jetzt als quasi

3 M. WOLFF, Geschichte der Impetustheorie. Untersuchungen zum Ursprung der klassischen Mechanik, Frankfurt/Main 1978.

autonome Ortsveränderungen, die durch einen einmaligen Impuls von Seiten des Schöpfers determiniert wurden, ohne daß ein permanentes Eingreifen des außerhalb jeder Zeit und jeden Raumes waltenden Gottes nötig wäre. Neben anderen Stellungnahmen des Philoponos zur aristotelischen Physik, wie dem Konzept von Raum, Materie und Zeit, behandeln die Beiträge im Band von Sorabji die Rezeption des Philoponos im arabischen Raum und in der frühen Neuzeit. Damit waren ältere Forschungen zu den drei großen Feldern des sich im Verzeichnis von Scholten auf etwa 43 Titel belaufenden Gesamtwerkes des Philoponos,[4] den Aristoteleskommentaren, den Schriften zur Ewigkeit der Welt und den theologischen Werken, gebündelt und weitergeführt worden. Philoponos gewinnt Konturen als Denker, dessen christologische, kosmologische und physikalische Entwürfe seit Beginn seiner literarischen Tätigkeit miteinander vernetzt sind.

Es war demnach sinnvoll und dem geistigen Profil des Alexandriners adäquat, wenn Scholten, die Ergebnisse der philosophiegeschichtlichen Forschung aufgreifend, sich mit dem einzigen vollständig auf Griechisch erhaltenen theologischen Werk des Philoponos, seinem Kommentar zum Hexaemeron, beschäftigte, um einen Brückenschlag zwischen dessen philosophischem und theologischem Schaffen herzustellen, also zu rekonstruieren, was im Kopf des Philoponos stets eine Einheit gebildet hatte - Naturwissenschaft und Lehre von Gott. Philoponos wird so als Theologe ernstgenommen, indem seine kosmologischen Anschauungen identifiziert und in die Tradition der vorangegangenen christlichen Genesisexegese eingeordnet werden. Besondere Anerkennung gebührt dem Theologen Scholten für sein formales Sensorium, seine Erkenntnis, daß vor der Bewertung einzelner Lehrinhalte die Zugehörigkeit von Opm. zur Gattung des Philosophenkommentares zu beachten sei. Philoponos erscheint bei Scholten als Gelehrter, der in konkurrenzloser Weise eine christliche Kosmologie vorlegte, die dem wissenschaftlichen Standard seiner Zeit nicht nur entsprach, sondern in der die gesamte naturwissenschaftliche Erkenntnis aus dem Schöpfungsbericht abgeleitet wurde. Das sphärische Weltbild, vom Zeitgenossen Kosmas Indikopleustes scharf bekämpft, ist nicht nur mit der Bibel vereinbar, sondern von ihr zum ersten Mal erkannt worden. Die heidnischen Kosmolo-

[4] Vgl. SCHOLTEN (1997), S. 36 - 43.

gen, unter ihnen Platon, gelten als unvollkommene Schüler des Moses. Was Scholten an Material zu Exegesegeschichte, Kosmologie und Physik gesammelt hat, wird jeder, auch unserer rein literarisch orientierten Philoponosstudie, zugrundegelegt werden müssen.

Wie sehr im übrigen die Problematik der formalen Gestaltung von Kommentaren Ursache eines wissenschaftlichen Dissenses sein kann, zeigt die zum gegenwärtigen Zeitpunkt wohl noch nicht abgeschlossene Debatte zwischen Scholten und K. Verrycken.[5] Dieser nimmt eine nachträgliche Einarbeitung christlichen Gedankengutes in ursprünglich neuplatonische Werke durch die Hand des Philoponos an, der ab dem Jahr 529, als die neuplatonische Akademie von Athen auf kaiserliche Anordnung geschlossen wurde, aus opportunistischen Gründen mit der Veröffentlichung von *De aeternitate mundi contra Proclum* die Kehrtwende zum Christentum vollzogen habe. Exkurse mit Bestreitung des heidnischen Ewigkeitsdogmas seien in die ursprüngliche Fassung des Physikkommentares eingeschoben und der Kommentar zu den Meteorologica im christlichen Sinn redigiert worden. Diese Theorie, die einzelne Schichten im Schrifttum des Philoponos annimmt, soll die Zweiteilung der Philosophie des Philoponos in eine vor 529 zu datierende heidnisch-neuplatonische ("Philoponos 1") und christlich-philosophische ("Philoponos 2") Periode dokumentieren. Scholten hat neben zahlreichen ins Detail gehenden Einwänden gegen Verryckens Schichtentheorie prinzipiell geltende gemacht,[6] daß der Stil des Philosophenkommentares mit seinen oft nur als Hypothesen zu verstehenden Argumenten, seinen umfangreichen, referierenden Teilen es nicht erlaubt, jede Äußerung als persönliche

---

[5] K. VERRYCKEN, God en wereld in de wijsbegeerte van Ioannes Philoponus, Louvain 1985; ders., The development of Philoponus' thought and its chronologie, in: R. SORABJI (ed.), Aristotle Transformed. The Ancient Commentators and their influence, London 1990, S. 233 - 274; ders., Johannes Philoponos, RAC XVIII, 1998, Sp. 534 - 553.

[6] Vgl. C. SCHOLTEN, Antike Naturphilosophie und christliche Kosmologie in der Schrift »De Opificio Mundi« des Johannes Philoponos, PTS 45, Berlin - New York 1996, S. 129 - 138.

Ansicht des Exegeten Philoponos aufzufassen. Erst die Kenntnis der Architektonik des spätantiken Kommentares gestatte ein Urteil, welche Positionen der Person des Interpreten anghören oder lediglich Referat, Forschungshypothese bzw. Materialsammlung darstellen.

Damit sind im großen und ganzen die Ziele vorgegeben, auf die hin die gegenwärtige Philoponosforschung voranzutreiben ist. Es soll im vorliegenden Buch das literarische Universum von Opm. beschrieben werden, das als einziges Werk der christlichen Genesisexegese gattungsmäßig im paganen Philosophenkommentar wurzelt. Die Untersuchung, welche Bauprinzipien sich in den sieben Büchern der Schrift feststellen und damit als Typikon des Schriftstellers Philoponos begreifen lassen, wie die beinahe fortlaufend zitierten Lemmata der Hl. Schrift in den Text- und Argumentationsverlauf eingebunden werden, soll die Einordnung von Opm. in die Kommentierungspraxis der Neuplatoniker gestatten. Doch bliebe die Frage nach Disposition und Argumentationsstruktur oberflächlich im Formalen verhaftet, wenn nicht die Ansichten der Platoniker zu Wesen und Funktion von Sprache an sich miteinbezogen würden, zumal gerade im CatCom. des Philoponos und dem IntCom. seines Lehrers Ammonios bedeutende Zeugnisse für eine spätantike Semiotik vorliegen: Was ist das Wort eines inspirierten Propheten wie Platon oder Moses an sich? Welche Inhalte symbolisiert und bezeichnet das Wort? Was ist Symbol, was Zeichen? Welche Rolle spielt die kommunikative Situation bei der Entstehung und Dechiffrierung von Sprache? Diese weit entwickelten und bis in die Semiotik von Pierce vorausweisenden sprachphilosophischen Theorien sollen im ersten Hauptteil der Arbeit nachgezeichnet und als Äußerungen eines Zweiges des Neuplatonismus, der Ammoniosschule, verstanden werden. Sie bilden das Substrat, auf dem die exegetische Praxis in Opm. beruht. Nach dieser Grundlegung soll der konkreten Arbeit des Grammatikers und Philologen Philoponos am Text nachgegangen werden, um seine Hermeneutik, die Kunst, den Sinn des Geschriebenen zu finden und ihn sprachlich zu vermitteln, darzustellen. Dabei wird kein fortlaufender Kommentar zum Kommentar angestrebt, sondern es sollten die wesentlichen, im 6. Jahrhundert zur Verfügung stehenden Techniken der philologischen Texterklärung bestimmt und in einen Zusammenhang mit dem übergeordneten Anliegen des

Autors gebracht werden.

Diese Erforschung der formalen Struktur ist ein philologisches Anliegen *sui iuris*, das Ausgangspunkt für weitere Studien zu den narrativen Gesetzmäßigkeiten der Philoponischen und neuplatonischem Kommentatorik sein könnte. Da aber spätantikes Denken in erheblichem Maß in den Formen des Kommentares sprachliche Gestalt annahm, ist die Kenntnis seiner Morphologie auch unabdingbar, um Aussagen über den Inhalt zu treffen. Daß zudem über die Analyse der grammatischen Texterschließung die Datierung von Opm. auf die Zeit nach dem Konzil von Konstantinopel des Jahres 553 ebenso nachgewiesen werden soll wie die Homogenität im Schaffen des Philoponos von seinen ersten Aristoteleskommentaren bis zu Opm., sei bereits einleitend erwähnt.

I DIE SPRACHPHILOSOPHIE DER AMMONIOSSCHULE

A. DIE GESCHICHTLICHE STELLUNG VON ARISTOTELES' KATEGORIENSCHRIFT IM NEUPLATONISMUS

1. Syntax - Semantik - Pragmatik

Ausgehend von den in der Einleitung angestellten Überlegungen zur Vernetzung von Form und Inhalt des spätantiken Kommentares scheint es geboten, die Hermeneutik des Philoponos zu untersuchen, zu fragen, wie der Philosoph in seinen Kommentaren Literatur benutzte und zugleich produzierte. Philoponos ist ja sowohl Vermittler, wenn er geschriebene Aussagen, sei es des Aristoteles, sei es der Bibel, hinterfragt, begründet und erklärt, als auch Sprecher, der sein Denken artikuliert - also ἑρμηνεύς im eigentlichen Sinne.[1] Da die bei einer Untersuchung der hermeneutischen Technik des Philoponos zu erwartenden Ergebnisse für das bessere Verständnis seines Kommen-

---

[1] Die doppelte Aufgabe des Hermeneus besteht im Verstehen des göttlichen Wortes und seiner selbstverantwortlichen Mitteilung: Anaxag. VS 59 A 101, Plot. Enn. I 2 [19] 3, 30, Orig. JosHom. 23, 4 = GCS Orig. 7, 445, 10 - 14 . Dazu vgl. J. PÉPIN - K. HOHEISL, Hermeneutik, RAC XIV, 1988, Sp. 722 - 771, bes. Sp. 727; 731. Zu ἑρμήνεια / ἑρμήνευσις/ ἑρμηνεύω im Sinn von " Artikulation", "Sprechweise", "Stil" vgl. Aristot. An. 420 b 17 - 20, Int. 17 a 2 - 7, Plat. Polit. 524 b; Tht. 209 a, Prokl. AlkCom. 119, 17 - 18, Xenoph. Mem. 4, 3, 12. Dazu F. ROMANO, La scuola filosofica e il commento, in: G. CAMBIANO - L. CANFORA - D. LANZA (ed.), Lo spazio letterario della Grecia antica 1, 3, Rom 1994, S. 587 - 611, bes. S. 593. Vgl. J. PÉPIN, Le parole della famiglia "hermeneuein" nel greco antico. Studio semantico, in: N. De DOMENICO - A. E. Di STEFANO - G. PUGLIESI (ed.), Ermeneutica e Filosofia pratica, Venedig - Marseille 1990, S. 269 - 277.

tars zum Hexaemeron fruchtbar gemacht werden sollen,[2] ist, um einen Zirkelschluß zu vermeiden, seine spezifische Exegese vorderhand nicht aus eben dieser Schrift über die Schöpfung zu gewinnen, sondern es soll der Weg ausgehend von den im geistigen Umfeld des Johannes formulierten Aussagen über Sprache selbst, über ihren semantischen Charakter sowie ihren ontologischen Status beschritten werden. Über einer möglichen Konversion vom Paganen zum Christen, über etwaige Modifikationen seines physikalischen Weltbildes war Philoponos doch geprägt von der Schule des Ammonios und hier vor allem von einer regen Kommentierung des Organon. Von der

[2] SCHOLTEN (1996), S. 15 - 20 ließ die in M. GEERARD - F. GLOIRE (ed.), Clavis Patrum Graecorum 5, Turnhout 1987, S. 116 f. aufgelisteten Werktitel von Schriften zum Hexaemeron zunächst für die Festlegung der jeweiligen literarischen Gattung außer acht und versuchte durch Klarlegung der inneren Disposition der Werke die formale Zugehörigkeit zu definieren. Mit diesem Ansatz gelangte er gegen J. van WINDEN, Hexaemeron, in: RAC XIV, 1988, Sp. 1250 - 1269, der Opm. als systematische Abhandlung verstand (vgl. besonders Sp. 1262), zur Einschätzung dieser Schrift als Kommentar, weil darin wesentliche Formalia des Kommentargenus aufscheinen: Prolog, Vers für Vers Kommentierung, Orientierung der Erörterung an der Ordnung des Genesistextes, wörtliche Zitierung der Verse vor deren Auslegung, teilweise faßbare Gliederung in θεωρία - λέξις, Buch- und Kapiteleinteilung sowie Bestätigung des Kommentarcharakters durch den ursprünglichen Titel: Τὰ εἰς τὴν Μωυσέως κοσμογονίαν ἐξηγητικά. Siehe dazu C. SCHOLTEN, Titel - Gattung - Sitz im Leben. Probleme der Klassifizierung antiker Bibelauslegung am Beispiel der griechischen Hexaemeronschriften, in: G. SCHÖLGEN - C. SCHOLTEN (Hrsg.), Stimuli. Exegese und ihre Hermeneutik in Antike und Christentum. FS E. Dassmann, JbAC Erg. 23, Münster 1996, S. 254 - 269, vor allem S. 258 - 268. Der Terminus Exegese bezeichnete ursprünglich nach ROMANO (1994), S. 594 besonders die philologisch - sprachliche Erklärung innerhalb eines ὑπόμνημα (nach Auskunft von Gal. De ord. libr. 19, 58, 14). Der Grund dafür liegt in der Herkunft des ἐξηγητικόν aus der Grammatik, innerhalb der sie einer von vier Teilen war. Zu den μέρη und ὄργανα der Grammatik vgl. Kap. I D 2.

eminenten Bedeutung, die seit Porphyrios vor allem die Kategorienschrift des Aristoteles einnahm, wird noch zu sprechen sein, einstweilen ist festzuhalten, daß aus der Ammoniosschule Kommentare zu den Kategorien von Ammonios selbst, von Philoponos, Simplikios, Olympiodor, David und Elias erhalten sind.[3] Dazu wird als textliche Grundlage für die Rekonstruktion einer Sprachphilosophie dieser Variante des späten Platonismus der Kommentar des Ammonios zu *De Interpretatione* herangezogen.[4] Ammonios, dem Damaskios mit vollem Recht eine besondere Fähigkeit in der Deutung des Aristoteles attestiert,[5] hat aus diesem tiefen Verständnis für den Peripatos heraus über seine Vorlage hinausreichende Reflexionen zur Zeichenhaftigkeit von Sprache und den Bedingungen des Verstehens angestellt, die m. E. noch nicht entsprechend gewürdigt wurden. Lediglich K. O. Apel hat darauf hingewiesen, daß Ammonios bereits eine Strukturierung von Sprache in die Felder Semantik - Pragmatik im Sinne der Semiotik vornehme.[6] Im vierten Kapitel seines Kommentars zu *De Interpretatione* kommt der Neuplatoniker nach der einleitenden Feststellung über den Aussagesatz als dem Thema der Aristotelesschrift (IntCom. 1, 21 - 2, 25) ausführlicher auf dessen Charakteristika zu sprechen. Mit den anderen Formen von einfachen λόγοι wie der Anrede, dem Befehl, der Frage und dem Wunsch (IntCom. 2, 11 - 20) teilt er die Semantizität, verfügt aber erstens alleine über die Kategorisierbarkeit im Hinblick auf wahr oder falsch (μόνον γὰρ τοῦτο τὸ εἶδος τοῦ λόγου δεκτικόν ἐστιν ἀληθείας τε καὶ ψεύδους: Int-

[3] Ammonius *In Aristotelis Categorias Commentarius,* ed. A. BUSSE = CAG 4, 4, Berlin 1895. Eliae (olim Davidis) *In Aristotelis Categorias Commentarium,* ed. A. BUSSE = CAG 18, 1, Berlin 1900. Olympiodori *Prolegomena et in Categorias Commentarium,* ed. A. BUSSE = CAG 12, 1, Berlin 1902. Philoponi (olim Ammonii) *In Aristotelis Categorias Commentarium,* ed. A. BUSSE = CAG 13, 1, BERLIN 1898. Simplicii *In Aristotelis Categorias Commentarium,* ed. C. KALBFLEISCH = CAG 8, Berlin 1907.

[4] Ammonius *In Aristotelis De Interpretatione Commentarius,* ed. A. BUSSE = CAG 4, 5, Berlin 1897.

[5] Damask. VitIsid. 110, 1 - 2 ed. ZINTZEN.

[6] K. O. APEL, Transformation der Philosophie. Bd. 1. Sprachanalytik, Semiotik, Hermeneutik, Frankfurt/Main 1973, S. 153 f.

Com. 2, 23 - 24). Zweitens ist der Aussagesatz hinsichtlich der Zugehörigkeit zu konkreten Wissenschaften Teil der Philosophie, hier der Dialektik (IntCom. 65, 3 - 4), die mit ihm als dem Baustein des syllogistischen Beweisverfahrens die Natur des Seienden erfaßt (Int-Com. 65, 21 - 30). Im Gegensatz dazu behandeln Rhetorik, Grammatik und Poetik die λόγοι als λόγοι, indem sie sich mit Akzentsetzung, Wort- und Periodenbau beschäftigen (Int.Com. 65, 6 - 13). Die dritte und letzte Differenz zwischen dem Aussagesatz und den übrigen Satzformen besteht im Adressatenbezug: Während jener auf das Seiende hin orientiert ist und ins Gebiet des Philosophen fällt, zielen diese auf eine Zuhörerschaft und werden von Rhetorik und Poetik studiert (IntCom. 65, 31 - 66, 10). Auch wenn sich Ammonios im IntCom. lediglich mit dem einfachen Aussagesatz befaßt, so trägt er doch prinzipiell einer dreifachen Funktion von Sprache Rechnung, was ihre Signifikation angeht: In der Beschäftigung der Grammatiker mit der innersprachlichen Beziehung der Worte, dem wahren oder falschen Bezug sprachlicher Zeichen zu außersprachlichen Tatsachen sowie mit der zeichenvermittelten Verhaltensweise von Sprechern und Sprachrezipienten nimmt Ammonios die drei Dimensionen von Sprachlichkeit vorweg, welche die Grundelemente der modernen Semiotik ausmachen. Es sind dies Syntax, Semantik und Pragmatik. Diese heute übliche, im wesentlichen auf Ch. S. Peirce zurückgehende Unterscheidung wurde von Ch. Morris und R. Carnap weiterentwickelt und bekanntgemacht.[7] Morris definiert Syntax als ein System der formalen Beziehung der Zeichen untereinander, bei deren Untersuchung der inhaltliche Sinn der als Zeichenkombination aufgefaßten Sprache ausgeklammert bleibt. Semantik gilt als Untersuchung des Verhältnisses von Zeichen und Bezeichnetem.[8] Bezüglich der Festle-

---

[7] R. CARNAP, Introduction to Semantics, Cambridge Mass. 1942, CH. MORRIS, Foundations of the Theorie of Signs, Chicago 1938, ders., Signs, Language and Behavior, New York 1946. Dazu vgl. J. LYONS, Semantik. Bd. I, München 1980. Mit Peirce versteht sich die moderne Semiotik als Universalwissenschaft, deren Zeichenbegriff nicht auf sprachliche Phänomene beschränkt ist. Belege bei K. OEHLER, Sprache und Zeichen. Zur Philosophie des Pragmatismus, Frankfurt/Main 1995, S. 90.

[8] MORRIS (1938), S. 6.

gung der Pragmatik betont Morris eher die Rolle des Sprachempfängers, Carnap generell die des Benutzers von Sprache.[9] Gemeinsam ist die Sicht von Pragmatik als der Wissenschaft, die neben der "Bedeutung" historischer Sprachzeichen das Handeln von Menschen, sei es des Senders, sei es des Empfängers, betrachtet und Sprachkritik nicht als Sache der formalen Logik, sondern als Kontextproblem begreift: Der Sprachgebrauch gilt als primär von den konkreten Bedingungen des menschlichen Soseins, seiner Umweltsituation determiniert.[10]

Mit dem Nachweis dieses Modells bei Ammonios geht es nicht um die Hervorkehrung seiner Originalität. Es ist auch nicht Anliegen dieser Arbeit, neuzeitliche Terminologien auf die antiken semiotischen Theorien zu applizieren, um deren Aktualität zu unterstreichen.[11] Vielmehr kann die Tatsache, daß es in der Sprachphilosophie des alexandrinischen Neuplatonismus eine voll entwickelte Semiotik gab, einmal einen Ordnungsrahmen für die verstreut auftretenden Äußerungen zum Zeichencharakter von Sprache abgeben, hauptsächlich aber neue Perspektiven für die Würdigung des Philoponischen Kommentars zum Hexaemeron eröffnen: Wie wird auf der Basis einer Semantik die Funktion des Wortes als Zeichen und Symbol, seine Relation zum Signifikat bestimmt? Wenn es bereits das

---

[9] MORRIS (1938), S. 6, CARNAP, S. 9.

[10] Ein schönes Beispiel für die Situationsgebundenheit sprachlichen Kommunizierens gibt der Jamblichschüler Dexippos: Im isolierten Satz | οὗτος χιτῶνα μόνον ἔχει | kann das ambigue μόνον durch den Zusatz | ἱμάτιον δὲ οὐχ ἔχει | in den richtigen Kontext gestellt werden und dadurch an Deutlichkeit gewinnen (Dexippi *In Aristotelis Categorias Commentarium, ed.* A. BUSSE = CAG 4, 2, Berlin 1888, 18, 19 - 24). Dexippus formuliert im zweiten Satz ein Generalthema, das die Zahl der möglichen Ambiguitäten reduziert, und gewöhnlich Topik genannt wird. Vgl. A. T. van DIJK (Hrsg.), Pragmatics of language and literature, Amsterdam - Oxford, 1976, S. 38, OEHLER (1995), S. 23.

[11] Profunde Kenner des Pragmatismus betonen nachdrücklich, daß Peirce und die heutige Semiotik wesentliche Anregungen dem Studium antiker Zeichentheorien verdanken, so etwa OEHLER (1995), S. 150.

Bewußtsein einer Pragmatik im Sinne von Morris und Carnap gab, so darf eine Untersuchung nicht als anachronistisch gelten, die nicht ausschließlich den Text erforscht, sondern Prozesse über Texte, in denen neben dem Autor auch das Rezipientenverhalten relevant ist.[12] Wir fragen somit nach dem von Philoponos als ideal konzipierten Leser, der im semantischen Universum seines Textes die dort auftretenden Zeichen so verstehen sollte, wie er sie bei der Genese des Werkes einsetzte.[13] Worin bestand der Code, der es Autor und Leser ermöglichte, den sprachlichen Zeichen in bestimmten Ausdrücken, Sätzen oder Textpassagen eine spezifische Bedeutung zuzumessen bzw. darin relevante Merkmale für einen übertragenen Sinn zu schaffen und wiederzuerkennen. Gerade im Falle der Kommentarliteratur ist davon auszugehen, daß kein Text unbeeinflußt von den Erfahrungen mit anderen Texten produziert und gelesen wird. Dieses intertextuelle Wissen legt im Kommunikationsprozeß zwischen Autor und Leser bestimmte Verhaltensweisen fest, über die nicht frei verfügt werden kann[14], die aber in einem anderen Kommunikationssystem, etwa zwischen dem eines neuzeitlichen Interpreten und eines antiken Kommentars aufgebrochen sind, da jener nicht mehr über die Codes verfügt, die im ersten System selbstverständlich waren. Gerade im

---

[12] Die Aktivität von Teilnehmern innerhalb eines Kommunikationssystems bezeichnet G. WIENOLD, Semiotik der Literatur, Frankfurt /Main 1972, S. 144 - 146 als Textverarbeitung.

[13] Zur Erzeugung des Modellesers beim Aufbau eines Textes durch den Autor vgl. U. ECO, Im Labyrinth der Vernunft. Texte über Kunst und Zeichen, Leipzig 1990, S. 197 - 203.

[14] Der Text eines Kommentares, der sich an eine Gemeinschaft von Rezipienten mit feststehenden weltanschaulichen und interpretatorischen Konventionen richtet, schränkt die Deutungsvariabilität ein. Für die hier zu betrachtende Literaturgattung setzt der Text engere Grenzen des Verständnisses, als W. ISER, Der Akt des Lesens, München 1974, S. 282 sie für literarische Texte anerkennt: "Ebenso können zwei Menschen dasselbe Sternbild am Nachthimmel betrachten, und doch wird einer einen Wagen sehen und der andere vielleicht einen Bären. Die »Sterne« eines literarischen Textes sind fixiert, variabel sind die Linien, die sie verbinden."

Falle von Opm. müssen die Diskursgesetze herausgearbeitet werden, nach denen Philoponos den Schöpfungsbericht als ein für ein ungebildetes Auditorium in einer konkreten historischen Situation geschaffenes Textgebilde[15] in einen neuen Kontext transformiert: Es ändert sich durch diesen Verarbeitungsprozeß auch das System der Zeichensetzung und -deutung, in dem nun Merkmale bereits auf der Ebene des Wortgebrauchs Relevanz gewinnen, die außerhalb des kommunikativen Umfelds des Philoponos auf der Sprachebene des Schöpfungsberichtes nur latent vorhanden waren.[16] So scheint das Wort von Peirce, wir müßten, um die Bedeutung eines Zeichens zu verstehen, "... *simply to determine what habits it produces*"[17] besonders für die Deutung von Opm. Geltung zu haben, in dem ein und diesselbe Aussage vor dem Prospekt eines religiösen, dogmatisch-theologischen, philosophischen und naturwissenschaftlichen Diskurses als multivalentes Zeichen für verschiedene Konzepte entschlüsselt werden konnte.

---

[15] Philop. Opm. 3, 11 - 15.

[16] Der Beginn der Aeneis mit *Arma virumque ...* aktualisiert außerhalb des Bezugssystems Homer - Vergil andere, vermutlich weniger Eigenschaften, als innerhalb des Netzwerkes epischer Tradition. Um zu erfassen, welche Interpretation Vergil mit diesen beiden Worten hervorrufen wollte, ist neben dem Nachweis der literarischen Abhängigkeit Vergils von Homer auch das in dieser Tradition genau von diesen Zeichen ausgelöste Rezipientenverhalten zu untersuchen.

[17] Ch. S. PEIRCE, Collected Papers (4 Vol.), Cambridge 1934 - 1948, Vol. 4, S. 536.

2. Kategorienkommentierung und Bewertung des Aristoteles im Neuplatonismus

Die philosophiegeschichtliche Forschung hat auf den kursartigen Aufbau philosophischer Unterweisung hingewiesen, in der im Neuplatonismus in einer festgelegten Abfolge die Werke des Aristoteles und Platons einer minutiösen Exegese unterzogen wurden.[18] Bevor

---

18 Am ausführlichsten I. HADOT, La division néoplatonicienne des écrits d´Aristote, in: J. WIESNER (Hrsg.), Aristoteles - Werk und Wirkung II. Kommentierung, Überlieferung, Nachleben, Berlin - New York 1987, S. 270 - 276: Seit Ammonios und Philoponos, die zum ersten Mal die Topik zwischen Erste und Zweite Analytik plazieren (Ammon AnPr.Com. 3, 35 - 6; Philop. AnPostCom. 3, 2 - 6), ergibt sich folgendes Curriculum: Cat., Int., AnPr., Top., AnPost., Soph. elench., Rhet., Poet.; vgl. dies., Simplicius. Commentaire sur les Catègories Fasc. I, Leiden 1990, S. 24 f.; 44 f. Das Platonicum wurde nach Jamblich (Anon. Proleg. InPlat. 26, 12 - 35 = Iamblichos Frg. 155 Larsen) in der Abfolge der Dialoge Alkib., Gorg., Phaid., Krat., Tht., Sophist., Phdr., Symp., Phileb., Tim. und Parm. studiert (Vgl. Prokl. AlkKom. 11, 3 - 17). Olympiodor AlkCom. 10, 18 - 11, 6 vergleicht dabei die Philosophie Platons mit einem Tempel, dessen Propyläen dem Alkibiades entsprechen. Vgl. A. F. FESTUGIÈRE, L' ordre de lecture des dialogues de Platon aux Ve - VIe siecles, in: MH 26, 1969, S. 281 - 296 und Th. STÄCKER, Die Stellung der Theurgie in der Lehre Jamblichs, Studien zur klassischen Philologie 92, 1995, S. 226.

Natürlich reicht die Forderung, Studenten hätten vor der Interpretation Platons Grundkenntnisse aufzuweisen, vor die Entstehung des Neuplatonismus zurück: Albinos meint, Platons Philosophie sei zwar in sich vollkommen und anfangslos wie ein Kreis, doch der Schüler müsse von seiner persönlichen Disposition (σχέσις) ausgehend den passenden Einstieg in die Lektüre wählen (Prolog. 149, 1 - 150, 12). Für den normalen Schüler empfiehlt Albinos den Alkibiades als ersten Dialog. (O. NÜSSER, Albins Prolog und die Dialogtheorie des Platonismus, BzA 12, Stuttgart 1991, S. 169 - 171 bietet einen Übersicht, welche Dialoge als Anfangsman die Kategorien interpretierte[19], lasen die Schüler gemeinsam mit ihrem Lehrer als erstes philosophische Werk und Hinführung zu den beiden Klassikern die Eisagoge des Porphyrios, die jene Basiskenntnisse vermittelte, die bei dem Studium des Organon vorausgesetzt wurden und dessen Rezeption maßgeblich beeinflußten.[20] Die Rekon-

---

lektüre empfohlen wurden). Gellius berichtet vom Zorn des Taurus über jene, die ἀθεώρητοι, ἄμουσοι, ἀγεωμέτρητοι die Reihenfolge des Philosophieunterrichtes selbst bestimmen wollten (Noct. Att. 1, 9, 8 - 11).

[19] B. D. LARSEN, Jamblique de Chalcis. Exégète et philosophe, Aarhus 1972, S. 223 - 232 gibt einen historischen Abriß der Kategorienkommentierung von Andronikos bis Jamblich.

[20] Die Kurse selbst hießen συνουσίαι (Marin. VitProcl. 11; 22, Porph. VitPlot. 3, 34; 4,4). Zur Terminologie Schule - Schüler - Lehrer vgl. J. GLUCKER, Antiochos and the Late Academy, Hypomnemata 56, Göttingen 1978, S. 152 - 192. Nach den von GLUCKER ausgewerteten Zeugnissen ist kaum ein Unterschied zwischen σχολή und διατριβή anzunehmen. Der letztere Ausdruck akzentuiert aber eher die Komponente des seminarartigen Lehrbetriebs und wird von Porph. VitPlot. 3, 11, 34 - 8 wie συνουσία verwendet (GLUCKER S. 164). Exemplarische Belege für die Verwendung von σχολή, διατριβή und αἵρεσις gibt ROMANO, (1994) S. 588 - 590. Der Begriff für das unter einem καθηγητής praktizierte gemeinsame Lesen eines philosophischen Textes ist συνανάγνωσις. Dazu mit den entsprechenden Testimonien E. LAMBERZ, Proklos und die Form des philosophischen Kommentars, in: J. PÉPIN - H. D. SAFFREY (publ.), Proclus. Lecteur et interprète des anciens. Actes du colloque international du CNRS Paris 2-4 oct. 1985, Paris 1987, S. 1 - 20, bes. S. 5. Zur welthistorischen Bedeutung des Porphyrios vgl. Ch. EVANGELIOU, Aristotle´s Categories and Porphyry, Philosophia Antiqua 48, Leiden - New York - Köln 1988, S. 177 f., K. OEHLER, Neue Fragen zum esoterischen Platon, in: K. OEHLER (Hrsg.), Antike Philosophie und byzantinisches Mittelalter. Aufsätze zur Geschichte des griechischen Denkens, München 1969, S. 225 und St. K. STRANGE, Porphyry. On Aristotle´s Categories (transl.), London 1992, S. 4 - 10.

struktion einer in den Kommentaren zu den Kategorien und *De Interpretatione* artikulierten Sprachphilosophie der Ammoniosschule hat den Ort ihrer Artikulation innerhalb dieses Curriculums zu berücksichtigen, um ihren Status im Vergleich mit den anderen Lehrgehalten bestimmen zu können. Die unmittelbar vor den Kategorien studierte Eisagoge bot Maximen für die Bildung von Definition, Dihärese und Beweis auf der Basis platonischer Ontologie und aristotelischer Logik. Porphyrios, in dieser Schrift direkt abhängig von der altakademischen Dialektik,[21] präsentierte dem Hörer unmittelbar zu Beginn seines Studiums Platonismus und Peripatos nicht nur methodisch als vereinbare Denkrichtungen,[22] sondern stellte die Kategorien vor den weiteren Prospekt einer platonisierenden Dialektik, die den Code lieferte, wie die aristotelische Logik zu entschlüsseln war. Daraus wird die Suche der Kommentatoren nach einem verbindlichen Ziel der Kategorienschrift deutlich, da aufgrund dieses von Porphyrios eingeleiteten Verschmelzungsprozesses die drei Fixpunkte der Kategorien, nämlich stimmlicher Laut (φωνή) - Denken (νόημα) - Sache (πρᾶγμα) in eine Platon zugeschriebene Ontologie integriert werden mußten. Die Sprachphilosphie der Ammoniosschule zielte somit nicht primär auf die Ausbildung zum Sprachtheoretiker, sondern ist immer auch Dialektik im Sinne Platons, ist Reflexion über den Weg zum Guten.

Was die Wertung dieser Harmonisierung zwischen einer aristotelischen immanenten Logik und einer platonischen Dialektik als Mißverständis oder andererseits als einen aus beiden Systemen deduzierbaren Kompromiß betrifft, so nimmt P. Hadot eine Abkehr der neuplatonischen Aristoteleskommentatoren von der Position Plo-

---

[21] OEHLER (1969), S. 226 - 230.

[22] Ammon. PorphIsagCom. 25, 21 - 25.

tins an.[23] Durch eine auf Verwechslung zurückgehende Amalgamierung hätten sie die Logik zu einem Bestandteil der Philosophie selbst gemacht und das Verdikt Plotins über die λογικὴ πραγματεία gebrochen. Zu konzidieren ist Hadot, daß tatsächlich eine gewisse Unschärfe der Kommentatoren in der Terminologie von Logik und Dialektik spürbar ist, in der Sache aber wurde noch vom späten Ammonios der Unterschied klar gesehen: Χρὴ εἰδέναι πρῶτον, ὡς ἄλλη ἐστὶν ἡ κατὰ Ἀριστοτέλην διαλεκτικὴ καὶ ἄλλη ἡ κατὰ Πλάτωνα (PorphIsagCom. 34, 17 - 18). Als wesentliche Teile platonischer Dialektik führt Ammonios im Anschluß die Dihärese, Definition, Beweissetzung und Analyse an, deren Nutzen sich nicht nur für das Erfassen philosophischer Werke (PorphIsagCom. 34, 27), sondern für die Findung des Seienden selbst ergibt: δι᾽ ὧν δύνανται εὑρεῖν οἱ φιλόσοφοι ἕκαστον τῶν πραγμάτων (PorphIsagCom. 35, 1 - 2).[24] Platonische Dialektik gilt somit als Universalwissenschaft, die den Zugriff zu jedem Aspekt philosophischen Denkens, auch zur immanenten Logik des Aristoteles gewährleistet.

Die Frage, ob der Brückenschlag zwischen Aristotelismus und Platonismus aus inneren Gründen möglich ist, ob die Verschmelzung der beiden Systeme von Porphyrios in Abkehr bzw. in Umdeutung Plotins in Angriff genommen wurde, ist ein Problem der philosophiegeschichtlichen Forschung, das von vielen Parametern, wie etwa dem Verhältnis von Aristoteles' Metaphysik zur Ideenlehre Platons, Plotins Rezeption der Aristotelischen Kategorienlehre in Enn. VI 1 und 3 sowie Porphyrios' Kritik eben dieser Rezeption be-

---

[23] P. HADOT, Appendice I. La logique, partie ou instrument de la philosophie ?, in: I. HADOT (1990), S. 183 - 188 bringt Plot. Enn. I 3 [20] 4, 1 - 25 als Beleg für die mit Aristoteles nicht vereinbare Haltung Plotins zur Logik: die wahre Dialektik im Sinne Platons, die Unterschiede festlegt, das Sein vom Nichtsein scheidet, Gutes vom Schlechten, Ewiges vom Nichtewigen, die weiß und nicht glaubt, diese Dialektik durchdringt das Intelligible und gelangt zum Ἕν. Die sogenannte Logik, lediglich auf Syllogismen bedacht, gehört einer anderen τέχνη an.

[24] Ammonios bezeichnet mit πράγματα nicht die empirischen Gegenstände, sondern das von den Göttern stammende Sein: IntCom. 24, 26.

einflußt wird. Fest steht, daß mit Porphyrios die Aufnahme der Kategorienschrift in den neuplatonischen Lehrbetrieb vollzogen wurde und von nun an irreversibel war, nicht klar ist, ob sich damit innerhalb des Platonismus derselbe Graben auftat, der früher Platon von seinem widerborstigen Schüler getrennt hatte. In der älteren Forschung zog man gerade die ersten drei Kapitel von Enn. VI heran, um damit Plotins Polemik gegen Aristoteles' Kategorien zu zeigen und die Grenze zum aristotelesfreundlichen Porphyrios zu markieren.[25] In jüngerer Zeit fehlt es nicht an Stimmen, die Plotins Erörterungen den Charakter einer harschen Aristotelespolemik absprechen und damit Porphyrios' Leistung als konstruktive Weiterentwicklung, nicht als Neufassung des Plotinismus sehen. Dazu gehört S. K. Strange, der in zwei Studien Plotin ein konzilianteres Verhältnis gegenüber Aristoteles zuschreibt und nicht von Polemik, sondern von Kritik spricht.[26] Am weitesten geht, soweit ich sehe, Ch. Horn im Versuch, durch Untersuchung des οὐσία - Begriffs bei Plotin diesen als einen auch von aristotelischen Prämissen her arbeitenden Denker zu fassen, für den die Kohärenz des Substanzbegriffes konstitutiv sei.[27] Neu an dieser Hypothese ist, daß entgegen der herrschenden Ansicht Porphyrios Plotin nicht umdeuten muß, um die Übereinstimmung von Aristoteles und Platon zu lehren. Im Zusammenhang damit läßt Horn eine νόησις - διάνοια Antithese bei Plotin ebensowenig gelten, wie eine substantielle Kritik an Aristoteles, deren Umfang sich lediglich darauf beschränke, daß Aristoteles das

---

[25] Zu den Vertretern dieser Richtung zählen A. C. LLOYD, Neoplatonic logic and Aristotelian logic, in: Phronesis 1, 1955/56, S. 58 - 72 und S. 146 - 160, P. MERLAN, in: A. H. ARMSTRONG (ed.), The Cambridge History of Later Greek and Early Medieval Philosophy, Cambridge 1967, S. 378. Noch EVANGELIOU S. 177 scheidet in der neuplatonischen Schule zwischen einer "conservative" und "progressive groupe".

[26] S. K. STRANGE, Plotinus, Porphyry and the Neoplatonic Interpretation of the Categories, in: ANRW II 36, 2, New York 1987, S. 955 - 974, S. 964; ders. (1992) S. 3.

[27] Ch. HORN, Plotin über Sein, Zahl und Einheit. Eine Studie zu den systematischen Grundlagen der Enneaden, BzA 62, Stuttgart - Leipzig 1995, besonders S. 30 - 48.

wirkliche Sein - τὰ μάλιστα ὄντα - nicht in seine Kategorien integriert habe.[28] Horn sieht in cap. 1, 21 - 24 die Überzeugung von einer Konvergenz "sensibler" und intelligibler οὐσία artikuliert, der Substanzbegriff gelte für die beiden Ebenen der Wirklichkeit.[29] Das Verhältnis der beiden Substanzebenen sei nach cap. 3, 8 - 10 ein reihenartiges - ἐφεξῆς -, also gebe es kein einheitliches Genus "οὐσία," sondern die ontologisch untere Substanz gehe derivativ aus der intelligiblen οὐσία hervor.[30] Sensible Substanzmomente sind von der intelligiblen Stammsubstanz abgeleitete Größen, die im Verhältnis der Kategorie zueinander stehen. Diese beinhalte als mehrstufiges Modell unter einem Namen das Primäre sowie die aus ihm abgeleiteten gleichnamigen Elemente.[31] Horn deutet nun gerade diese Theorie eines reihenartigen Folgeverhältnisses der beiden οὐσίαι als bewußte Übernahme, keineswegs als Ablehnung aristotelischen Lehrguts, da in Metaphys. Γ und K ontologisch verschiedene Grade der Vollkommenheit ebenfalls durch das ἐφεξῆς-Modell beschrieben worden seien.[32] Plotin Enn. VI 1 [42] 4 lehne im Gefolge von Aristot. EN 1096 a 17 - 23 die Bestimmung solcher Reihenbeziehungen als Genus ab, weil dieses als Allgemeines außerhalb und vor den einzelnen Reihen stehe. Dagegen beschreibe die vertikale Kategorie das Verhältnis des Abgeleiteten zum Ursprung und umfasse Empirie und Intelligibles.[33]

Gleichzeitig und ohne von Horns Buch Notiz nehmen zu können, modifizierte Isnardi Parente die These von der Divergenz Aristoteles' und Plotins, indem sie im refutatorisch angelegten ersten Traktat von Enn. VI zwar eine "vivace polemica" gegen die

---

[28] HORN S. 34 nach Plot. Enn. VI 1 [42] 1, 27 - 29.

[29] HORN S. 36.

[30] HORN S. 38 nach 1 [43] 3.

[31] HORN S. 41 - 43.

[32] HORN S. 44 f.

[33] Vorsichtiger als Horn hinsichtlich einer bewußten Argumentation Plotins mit aristotelischen Prämissen zieht auch L. P. GERSON, Plotinus, London - New York 1994, S. 87 die Möglichkeit in Betracht, daß in der Festlegung von Sein als πρὸς ἕν - Relation, wonach die sensible οὐσία auf irgendeine Art und Weise mit dem ersten Sein in Verbindung stehe, Plotin und Aristoteles konform gingen.

Genuskonzeption der Kategorien sieht, während in der dritten Abhandlung Plotin im Bezug auf die empirischen Substanzen mit der peripatetischen Ontologie übereinstimme.[34] Anders als Horn versteht Isnardi Parente das Verhältnis zwischen intelligibler und empirischer οὐσία nicht als ἐφεξῆς- Reihe, vielmehr stelle das zu dieser Derivation gehörende πρότερον - ὕστερον - Kriterium keine Serie, sondern die Abstufung zweier getrennter ontologischer Niveaus dar. Dementsprechend kann die Kategorie Plotins auch nicht wie im Modell Horns als das Verhältnis der beiden Substanzstufen zueinander beschrieben werden.[35]

Scheint aufgrund des heutigen Dissensus die letzte Klarheit über die Aufnahme des Aristotelismus durch Plotin und seinen Schüler für uns noch keinesfalls gewonnen zu sein, so ist zu fragen, ob im späten Neuplatonismus dieses Problem gesehen wurde und wie man das Verhältnis einer immanenten Prädikationslogik zur metaphysischen Ontologie Plotins beschrieb und begründete. Wichtigstes Zeugnis aus der Zeit des Philoponos ist ein Abschnitt in Simplikios' Kategorienkommentar (CatCom. 1, 3 - 2, 29), in dem der Philosoph von der Voraussetzung ausgeht, die Kategorien seien ein Proömium zur Logik, indirekt aber auch eine Schrift über die ersten Prinzipien (CatCom. 1, 3 - 7). Auf diese gleichsam als Forschungsstand dargebotene Eröffnung folgt ein doxographischer Überblick über die Wertung der Kategorien, wobei Simplikios im historischen Ablauf generell eine Vertiefung des Verständnisses für dieses Werk zu erkennen glaubt, ohne daß interpretatorische Pannen diesen kontinuierlichen Wissenschaftsfortschritt zerstört hätten. Nach Simplikios vollzog sich die Geschichte der Kategorienkommentatorik in drei Abschnitten. Phase 1: In der Anfangszeit herrschte das Bemühen um Worterklärung und das Erfassen der ψιλαὶ ἔννοιαι vor (Themistios, Porphyrios' Frage - und - Antwort - Kommentar). In maßvoller Weise (μετρίως) werden weitere Untersuchungen angeschlossen (z. B. Alexander), bis Boethos sich tieferer Überlegungen (βαθυτέραις διανοίαις) befleißigt (CatCom. 1, 8 - 18). Damit ist im historischen Geschehen

---

[34] M. ISNARDI PARENTE, Plotino Enneadi VI 1 - 3. Trattati 42 - 44 Sui generi dell' essere. Introduzione, teste greco, traduzione, commento, Filosofi Antichi N.S. 2, Napoli 1994 S. 1 f.

[35] ISNARDI PARENTE S. 4 f.

ein Punkt erreicht, an dem in den Kategorien Widersprüche - ἀπορίαι - gesehen und auch thematisiert werden. Phase 2: Simplikios nennt den nur schwer faßbaren Lukios sowie den Platoniker Nikostratos[36] als Wortführer einer aggressiven antiaristotelischen Kritik, in der ausschließlich ἀπορίαι aufgeführt wurden. Ihnen gebühre Dank, weil sie Denkanstöße zur Lösung eben dieser aus der Kategorienschrift erwachsenden Widersprüchlichkeiten geliefert hätten. Plotin habe danach ausgehend von diesen Forschungen in seinen drei Büchern Περὶ τῶν γενῶν τοῦ ὄντος die "sachlichsten" ontologischen Untersuchungen (CatCom. 2, 3: πραγματειωδεστάτας ἐξετάσεις) über die Kategorien angestellt. Damit beendet Simplikios den mittleren Abschnitt und läßt deutlich abgehoben mit μετὰ δὲ τούτους (CatCom. 2, 5) Phase 3 beginnen: Jetzt findet Porphyrios in seiner vollendeten Exegese die Lösung zu allen Kritikpunkten, indem er Stoisches miteinbezieht, um die Einheitlichkeit des Sinnes (κοινωνία) zu retten. Jamblich folgt dann Porphyrios bis in den wörtlichen Ausdruck, stellt aber jeder Detailexegese eine auf das Intelligible abzielende νοερὰ θεωρία voran und erweist die συμφωνία des Aristoteles mit dem Pythagoreer Archytas von Tarent, dessen metaphysische Lehren an geeigneten Stellen mit der Kategorienschrift in Zusammenhang gebracht werden (CatCom. 2, 13 - 25). Dexippos beschließt die letzte Phase der Kommentierung durch eine in den von Jamblich und Porphyrios gezogenen Grenzen verbleibende Beantwortung der plotinischen Aporien.

Aus diesem doxographischen Raster läßt sich die Haltung des späten Neuplatonismus zu den eigenen denkerischen Wurzeln,

---

[36] Vgl. W. CAPELLE, Lukios, in: RE XIII 2, 1791 - 1798, I. HADOT (1990) S. 4 Anm. 11, P. MORAUX, Der Aristotelismus bei den Griechen II, Berlin - New York 1984, S. 528 - 563, K. PRÄCHTER, Nikostratos der Platoniker, in: Hermes 57, 1922, S. 481 - 517. HORN S. 59 hält die These von einer Übereinstimmung des Nikostratos mit Plotin in der Ablehnung der aristotelischen Kategorien für eine falsche Rekonstruktion des Simplikios: Sachlich bestünden keine wesentlichen Parallelen, weil Nikostratos nach Simpl. CatCom. 21, 2 ff. die Homonymie - Synonymieunterscheidung für unwesentlich angesehen habe, während sie für Plotin ein Eckstein seines Ringens um das Verhältnis der νοητά zum Empirischen gewesen sei.

zur aristotelischen Logik und ihrer Rezeptionsgeschichte folgendermaßen charakterisieren: Simplikios weist im Kontinuum der Kategorienexegese Plotin keinen besonderen Platz zu, da er, die von Lukios und Nikostratos gespendeten Impulse aufgreifend, Aporien lediglich aufzeigt, Aristoteles' Lehre aber nicht feindlich gegenübersteht. Die Terminologie, die Simplikios einsetzt, um Plotins Reflexionen über die Kategorie zu bezeichnen, spricht eindeutig gegen die Annahme einer Polemik Plotins gegenüber Aristoteles: Durch die Begriffe ἀπορίαι und λύσεις ordnet Simplikios die philosophische Diskussion über Aristoteles einer konkreten Form des spätantiken Kommentares zu, nämlich dem Typus des Frage- und Antwortkommentares, dem beispielsweise die Schrift des Damaskios angehört.[37] Da diese Interpretationsform in ἀπορίαι und λύσεις organisch aus innerschulischen Diskussionen auf wissenschaftlichem Niveau erwuchs, schließt der Hinweis auf von Plotin entdeckte Aporien die Annahme einer Spaltung aus, akzentuiert vielmehr die Überzeugung des Simplikios von der Affinität von Aristoteles und Plotin als zwei Exponenten einer Schule. Simplikios hält weiter fest, daß Plotin mit seinen beiden Vorgängern eine als πραγματειώδης bezeichnete Untersuchungsweise eigen sei.[38] Ph. Hoffmann übersetzt mit "recherches les plus sérieuses"[39] und geht am wesentlichen vorbei: Wenn wir bei diesem Adjektiv von der Bedeutung "pragma - bezogen", "pragma - haft" ausgehen und dazu bedenken, daß im neuplatonischen Sprachgebrauch πρᾶγμα die Genera des Intelligiblen bezeichnet,[40] ergibt sich ein stärkerer Ontologiebezug in den Fragen, die Lukios, Nikostratos und

---

37 So die handschriftliche Überlieferung des Traktates über die Prinzipien: Δαμασκίου διαδόχου ἀπορίαι καὶ λύσεις περὶ τῶν πρώτων ἀρχῶν in der Edition von L. G. WESTERINK - J. COMBÈS, Damascius. Traité des premièrs principes, Vol. 1, De l'ineffable et de l'un, Paris 1986.

38 Zu Lukios und Nikostratos: πραγματειώδεις τὰς πολλὰς τῶν ἀποριῶν προεβάλοντο (Simpl. CatCom. 1, 22 - 2, 1), zu Plotin: πραγματειωδεστάτας ἐξετάσεις ... προσήγαγε (Simpl. CatCom. 2, 3 - 5).

39 I. HADOT (1990). S. 5.

40 Ammon. IntCom. 24, 26: Τὰ μὲν πράγματα θεόθεν παράγεσθαί φαμεν, Simpl. CatCom. 16, 19: Τὰ γὰρ γένη τοῦ ὄντος αὐτὰ τὰ πράγματά ἐστιν (hier stehen die Seinsgenera in Opposition zur Logik).

Plotin an Aristoteles herantrugen. Erst jetzt gewinnt die als Phase 3 beschriebene Leistung des Porphyrios an Kontur: Dessen Beantwortung der von Plotin eingebrachten Aporien über die Aussagen zum Intelligiblen durch Zuziehung stoischen Gedankengutes kann nichts anderes bedeuten, als daß Aristoteles' Anliegen einer metaphysischen Problematik entbunden, seine Kategorien auf einer stoisch - linguistischen Ebene positioniert werden. Durch Hervorhebung des logischen Aspekts der Kategorien hatte Porphyrios einen Paradigmenwechsel vollzogen und Aristoteles akzeptabel gemacht. Nun mußte die Anknüpfung an die platonische Tradition gefunden werden. Diese Aufgabe erfüllte Jamblichs νοερὰ θεωρία und seine Rückführung der Kategorienschrift auf den Pythagoreismus, der Urform des Platonismus.

Simplikios vermittelt uns so ein Zeugnis der Selbsteinschätzung der Neuplatoniker als Erben auch des Aristoteles: Dessen Kategorien können in einer von logischen Bezügen ausgehenden Exegese zu Einsichten in die Bedingungen des Seins führen.[41] Die Geschichte des Platonismus wird nicht als Kontroverse zwischen einem aristotelesfeindlichen Flügel und seinen Gegnern verstanden, sondern als kontinuierlicher Aufstieg zu einem vertieften Verständnis der Kategorien gedeutet, in dessen Verlauf die Einsicht in den Konnex von Wort und Wirklichkeit kumulativ anwächst. Offene Fragen führen nicht zu Splittergruppen innerhalb der Aristotelesinterpreten, sondern werden für das Erreichen eines neuen, höheren exegetischen Niveaus fruchtbar gemacht.

Wie diese Anknüpfung der Welt der immanenten Sprachwirklichkeit an das Reich des Intelligiblen, die Verbindung von noetischer und sensibler οὐσία philosophisch begründbar ist, steht im Zentrum der Überlegungen des Dexippos in seinem Kategorienkom-

---

[41] Die Frage der Stimmigkeit dieser Kategoriedeutung wird günstig beurteilt werden müssen, wenn man wie K. von FRITZ, Der Ursprung der aristotelischen Kategorienlehre, in: K. von FRITZ, Schriften zur griechischen Logik 2. Logik, Ontologie und Mathematik, Problemata 71, Stuttgart - Bad Cannstatt 1978, S. 9 - 51 auf die zweifache Auffassung von Kategorie als aussagelogische Entität und Seinsmodus rekuriert.

mentar (CatCom. 40, 13 - 42, 12).[42] Gibt es - wiederholt Dexippos einleitend Plotins Aporie[43] - ein einheitliches Genus "οὐσία" für zwei verschiedene Substanzen? Nimmt man ein aus zwei Substanzen zusammengesetztes Genus an, müßte es vor diesem ein einfacheres Drittes gegeben haben, weder körperlich, noch unkörperlich (CatCom. 40, 15 - 18). In einem ersten Argumentationsschritt bietet Dexippos eine Lösung an, indem er in Berufung auf Plotin (CatCom. 40, 24 f.) in der intelligiblen Substanz das Seinsprinzip versteht, das degradativ die verschiedenen Ordnungen der Wirklichkeit durchdringend Sein spendet: ...παρέχουσαν (sc. οὐσίαν) τοῖς ἀσωμάτοις εἴδεσι καὶ ὡς τοῖς αἰσθητοῖς ἅπασι καὶ τοῖς ἐνύλοις εἴδεσι τὸ εἶναι ἐνδιδοῦσαν (CatCom. 40, 29 - 30). Möglich ist diese Ausfaltung, weil die Arché der Substanz in sich selbst eine erste, zweite und dritte τάξις aufweist, dergemäß sie in analoger Weise Wirklichkeit (τὸ εἶναι) mitteilt (CatCom. 40, 30 - 41, 3).[44] Dieses platonische Dreierschema appliziert nun Dexippos auf das Λ der Metaphysik, wo er in der Gliederung der οὐσία in νοητή, φυσική und αἰσθητή ein ontologisches Äquivalent zum Modell Plotins ausmacht (CatCom. 41, 8 - 12). Ebenso entspricht die Fähigkeit der unkörperlichen Substanz des Aristoteles zur Formung des Hyletischen und Bewegung des Unteren der Plotini-

[42] P. HADOT, L' Harmonie des Philosophies de Plotin et d'Aristote selon Porphyre dans le commentaire de Dexippe sur les Categories, in: Plotino e il Neoplatonismo in Oriente e in Occidente, Accad. naz. dei Lincei 198, 1974, S. 31 - 47, wies S. 33; 47 auf die enge Abhängigkeit dieses Kommentators von den beiden Arbeiten des Porphyrios zu den Kategorien, vor allem aber von dessen Deutung des Λ der Metaphysik hin. Wir besitzen somit in Dexippos ein ernstzunehmendes Testimonium für jene Zeit, in der die Annäherung des Aristotelismus an den Platonismus erfolgte.

[43] Vgl. HORN S. 34 f.

[44] Dexipps Nähe zu Plotin ist evident, was das reihenartige Verhältnis der beiden Substanzebenen zueinander nach dem πρότερον - ὕστερον Prinzip anlangt. Vgl. Plot. Enn. VI [42] 4, 51 f.: τοίνυν ἓν γένος, ἀλλὰ κατηγορία μία συνάγουσα καὶ τὰ ἐγγύς πως τὰ πρώτως καὶ δευτέρως und Dex. CatCom. 40, 31 - 33: ἡ τῆς οὐσίας ἀρχὴ ἡ αὐτὴ τάξιν ἔχουσα πρώτην καὶ δευτέραν καὶ τρίτην, καθ᾽ ἃς τοῖς μὲν πρώτως τοῖς δὲ ἄλλον τρόπον παρέχει τὸ εἶναι.

schen Übermittlung von Sein an das Vielfache durch das Prinzip der οὐσία: Auch in der Metaphysik sind die partikulären Substanzen wiederum in der einen Ursubstanz als ihrem Prinzip zusammengenommen (CatCom. 41, 14 f.). Nach dem Aufweis der strukturellen Identität plotinischer und aristotelischer Seinsordnung bestimmt Dexipp die Verhältnisse der einzelnen Ebenen in dieser Hierarchie zueinander und zum Urprinzip nach dem Schema Homonymie - Synonymie. Weil das Noetische mit dem Instrumentarium der immanenten Sprache nicht sagbar ist, kann der sprachliche Begriff "οὐσία" nur homonymischen Charakter haben (Homonymie: ein Wort bezeichnet zwei generisch verschiedene Inhalte) und sich lediglich metaphorisch auf die intelligible οὐσία beziehen.[45] Transzendenz und Immanenz

[46] Vgl. P. HADOT (1974) S. 43 f. zur Verwandtschaft der Homonymiekonzeption des Dexipp mit Aristot. Metaph. 1070 b 30 - 1071 b 3, Phys. 194 a 12; b 14 und der ἀφ᾽ ἑνὸς καὶ πρὸς ἓν Relation bei Plot. Enn. VI 3 [44] 5, 3. HORN S. 49 stellt nach Durchsicht der Belegstellen bei Plotin klar, daß Homonymieverhältnisse nie eine zufällige begriffliche Äquivokation bezeichnen, sondern die Verschiedenheit des ontologischen Ranges von Entitäten darstellt. Dexipp verbleibt in diesem Plotinischen Verständnis von Homonymie und ist, wie die Parallelen zu Porph. CatCom. 91, 8; 20 zeigen, von Porphyrios beeinflußt. Dazu vgl. P. HADOT (1974) S. 45. Daß im Platonismus die Junktimierung von Ontologie und Homonymtheorie überhaupt möglich war, geht auf einen Paradigmenwechsel in der Sprachphilosophie zurück. Wie deren Verlauf zeigt, wurde die von Speusipp entwickelte Einteilung der ὀνόματα in ταυτώνυμα und ἑτερώνυμα, wobei jene in ὁμώνυμα und συνώνυμα, diese in ἰδίως ἑτερώνυμα, πολυώνυμα und παρώνυμα zerfallen (zur Rekonstruktuion siehe E. HEITSCH, Die Entdeckung der Homonymie, AAMz, Abh. der geistes- und sozialwiss. Kl. 11, Wiesbaden 1972, S. 51 nach Simpl. CatCom. 38, 20 = Speusipp Frg. 32 a Lang; Frg. 45 Isnardi Parente; Frg. 68 a Táran) später auf das Oppositionspaar homonym - synonym reduziert. Dieser von Heitsch schlüssig dargestellte, hier nicht nachzuzeichnende Prozeß ist in dem Wechsel der Perspektive begründet, von der aus man Sprache beschrieb. Während Speusipp von der Warte des Sprachrezipienten

treffen sich im innerweltlichen sprachlichen Bild, das in Analogie zum Intelligiblen steht: ἀρρήτων τοίνυν ὄντων τῶν νοητῶν κατὰ μεταφορὰν καὶ ἀναλογίαν ἀπὸ τῶν κατ᾽ αἴσθησιν γνωρίμων χρῆται τῷ τῆς οὐσίας ὀνόματι (CatCom. 41, 18 - 19). ἀρρήτων οὖν ὄντων ὥσπερ μεταφορᾷ κέχρηται τῷ τῆς οὐσίας ὀνόματι, ἀπὸ τῶν αἰσθητῶν καὶ τῶν κατειλημμένων ἡμῖν τὰ ἀκατάληπτα γνωρίζων (CatCom. 41, 25 - 27). Das Wort der Welt ist zumindest homonymisch - analog in der über-

---

aus das vorgegebene Wort in einem gegebenen Kontext untersuchte, ging Aristoteles und der spätere Platonismus vom Sprachproduzenten aus, der gewisse πράγματα artikulieren will und dafür aus dem Gesamtwortschatz auszuwählen hat. Seine Frage ist nicht, was ein Wort bedeutet, sondern wie es eine Sache bezeichnet. (So HEITSCH [1972], S. 65 f. nach Aristot. Rhet. 1404 b 37 und Soph. elench. 165 a 6 ff). Für die Problematik des Sachbezugs von Sprache waren somit Homonymie und Synonymie geeignetere Begriffe, um diese Relationen zu ordnen: Zum Ausgangspunkt für die Bestimmung der οὐσία als Homonymie wurde so Aristoteles' Definition in Cat 1 a 1 - 4: Ὁμώνυμα λέγεται ὧν ὄνομα μόνον κοινόν, ὁ δὲ κατὰ τοὔνομα λόγος τῆς οὐσίας ἕτερος, οἷον ζῷον ὅ τε ἄνθρωπος καὶ τὸ γεγραμμένον· τούτων γὰρ ὄνομα μόνον κοινόν, ὁ δὲ κατὰ τοὔνομα λόγος τῆς οὐσίας ἕτερος. Danach besteht Homonymie zwischen verschiedenen Realitäten, die nur begrifflich zusammenfallen, während ihre Definition (λόγος) verschieden ist. Erst von diesem Verständnis von Homonymie aus konnte der Platonismus versuchen, die verschiedenen Seinsebenen mit dem Paradigma Homonymie - Synonymie zu beschreiben. Die Hypothese von M. ISNARDI PARENTE, Speusippo. Frammenti, Neapel 1980, S. 263 f., in der Forschung werde die Antithese Speusippos - Aristoteles überzeichnet, während der Akademiker durch die Aufgabe der Ideenlehre der Sprache einen autonomen, von der Transzendenz unabhängigen Status zugewiesen habe und so in Opposition zu Platon getreten sei, ist zwar inhaltlich vertretbar. Die Erosion der Speusippischen Terminologie in der weiteren Entwicklung zeigt aber, daß dieses Modell rezeptionsgeschichtlich deutlich hinter Aristoteles zurücktrat. Vgl. TARÁN S. 412 - 414.

weltlichen Wirklichkeit enthalten.

Übertragen auf die historische Problematik der Kategoriendeutung konnte trotz oder gerade wegen des Insistierens der nachporphyrischen Kommentatoren auf die sprachliche Orientierung der aristotelischen Schrift ihre Relevanz für die Kenntnis der Arché des Seins, dessen Hervorgegangenes die Sprache ist, illustriert werden.

Resumierend bleibt so festzuhalten, daß wir es mit einer Weiterentwicklung des Plotinismus durch Porphyrios zu tun haben, die nicht als unreflektierter Eklektizismus abzuwerten ist, sondern an einem bestimmten Punkt der Geschichte des Platonismus aus inneren Gründen möglich war und eine konkrete Leistung zu erfüllen hatte. Wie die Analyse der Dexippstelle klarmachen sollte, bestand Porphyrios' Ansatz im wesentlichen im Versuch, die Bereiche der empirischen Welt und des Intelligiblen auf die beiden Klassiker bzw. die Gegenstände ihres Denkens aufzuteilen. Wenn also die Kategorienschrift aufgrund ontologischer Prämissen abgelehnt wurde, unterstrich Prophyrios, daß ihr Ziel nicht in einem metaphysischen Anliegen zu finden sei[46]: Die zentrale Frage, wie die Tatsache, daß Aristoteles (Cat. 2 b 6) die grundlegend platonische Ansicht vom Primat und der Eigenständigkeit des Intelligiblen umstößt, mit dem Platonismus vereinbar ist, sollte auf diese Weise obsolet werden. Da die Kategorien nicht ausschließlich die ὄντα, sondern die semantische

46 Porphyrios macht sich dabei eine ältere peripatetische Interpretation zunutze, in der von Herminos und Alexander die Kategorien als linguistisch orientierte Schrift eingestuft wurden (CatCom. 57, 19 - 29; 59, 17 - 9; zu Alexander vgl. Simpl. CatCom. 10, 11 - 9). Vgl. EVANGELIOU S. 26, STRANGE (1992), S. 7.

Lexis[47] als solche behandelten, habe Aristoteles in dieser Schrift das Wahrnehmbare als πρώτη οὐσία aufgefaßt. Es ist das Erste, was von einem bezeichnenden Wort erfaßt wird - nicht das Erste hinsichtlich seines ontologischen Status. (CatCom. 88, 14 - 22).[48] Aristoteles - so die Argumentation des Porphyrios - habe nach Auskunft von Cat. 2 a 4 - 6 lediglich die Bedingungen des Behauptungssatzes untersuchen wollen. Dieser entstehe aber nicht durch Verknüpfung von Seiendheiten, sondern durch die von der διάνοια zustandegebrachten Verbindung der diese bezeichnenden einfachen Lexeis (CatCom. 91, 3 - 6). Mit dieser Rehabilitierung des Aristoteles schuf Porphyrios die Grundlage für die Rezeption der Kategorien im Neuplatonismus. Die Kategorie weist aufgrund ihres homonymischen Wesens von der Sprache zum ontologischen Ursprung (Dex. CatCom. 42, 9 - 10, Simpl. CatCom. 10, 21 - 2). [49] Sie ist eine erste Stufe, auf der das metaphysische Ziel nur umrißhaft zu erkennen ist. Mit der gemeinsamen Lesung der Kategorien bietet der Philosoph seinen Hörern eine propädeutische Schrift, in die als Subtext zwar bereits die Welt

---

[47] Wenn Porphyrios von λέξις spricht, meint er damit einen gegliederten und stimmlichen, nicht aber prinzipiell bedeutungsvollen Ausdruck. Dazu gehören beispielsweise Substantiva, Verba, Artikel, Konjunktionen, Metaphern und stilistische Kriteria allgemein (Simpl. CatCom. 10, 20 - 11, 1). Erst wenn eine λέξις Semantizität gewinnt und im Hinblick auf ein πρᾶγμα ausgesagt wird, heißt sie Kategorie (Simpl.CatCom. 11, 2 - 3). Zur Verwandtschaft des Porphyrios mit der stoischen und aristotelischen Verwendungsweise von λέξις vgl. Diokles bei Diog.Laert. VII 56 = SVF III 20. Dazu W. AX, Laut, Stimme, Sprache. Studien zu drei Grundbegriffen der antiken Sprachtheorie, Hypomnemata , Göttingen 1986, S. 211, A. SCHUBERT, Untersuchungen zur stoischen Bedeutungslehre, Hypomnemata 103, Göttingen 1994, S. 191 f.

[48] Porphyrios differenziert οὐσία in zwei Aspekten, in φύσει πρότερον bzw. in αἰσθήσει πρότερον. Vgl. Plotin Enn. VI 3 [44] 9, 23 - 28: Die γραμματική als solche ist nicht sekundär zu irgendjemandes γραμματική, sondern erst aufgrund einer φύσει vorhandenen Grammatik kann sie von einem Individuum ausgeübt werden. Dazu GERSON S. 91 - 93.

[49] Vgl. Dex. CatCom. 42, 5 - 8.

des Intelligiblen verwoben ist, deren Muster aber noch nicht erkannt werden muß.

Da nun der geistesgeschichtliche Platz bestimmt ist, an dem auch die Ammoniosschule ihr Sprachkonzept entwickelte, seien nun im Überblick die seit Porphyrios konstanten Techniken der Erläuterung und Kommentierung der Kategorien zusammengefaßt. 1) Seit Porphyrios gilt im Neuplatonismus als das Thema der Kategorienschrift eine Synthese aus linguistischen, ontologischen und noetischen Elementen. Demnach ging es Aristoteles um λέξεις, insofern sie πρὸς τὰ ὄντα orientiert sind und diese ὄντα semantisch fixieren, während z. B. Konjunktionen das Seiende nicht klären (Simpl. CatCom. 11, 15 - 29). Da die Kategorie, also die semantische λέξις, den Sachverhalt nicht in der Hypostase klärt, sondern als ein wahrhaft seiendes γένος, durch das man nur durch die διάνοια gelangt (ἐπινοεῖται: Simpl. CatCom. 11, 10 -12), schließt Porphyrios aus, daß der σκοπός ausschließlich a) in den φωναὶ ψιλαί b) in den ὄντα ᾗ ὄντα und c) in νοήματα allein liege. Somit formuliert er seine Sicht des σκοπός der Kategorien: εἰκότως Κατηγορίας ἐπέγραψεν τὴν περὶ τῶν ἁπλῶν **λέξεων** στοιχείωσιν τὴν καθὸ σημαντικαὶ τῶν **πραγμάτων** εἰσὶν προηγουμένως κατὰ **γένος** ἕκαστον θεωρουμένην (Porph. CatCom. 58, 18 - 20). Diese drei Bereiche seien für Porphyrios lediglich abstrahierbare Aspekte einer substantiellen Einheit von bezeichnendem Wort, Gedanken und Sein (Simpl. CatCom. 11, 32 - 4). 2) Die nachporphyrischen Kommentatoren sind sich der seit Andronikos' Edition des *Corpus Aristotelicum* vorhandenen divergierenden Meinungen über das Anliegen der Kategorien bewußt und referieren vor der eigentlichen Diskussion diese älteren Ansichten ablehnend.[50] Dabei wird generell - bis auf eine noch zu erörternde Ausnahme - dieser Streit als unlösbar und nicht nötig erachtet, weil jede Richtung die Bestimmung des σκοπός teilweise korrekt erfaßte.[51]

Nicht nachweislich auf Porphyrios zurückgehend, aber ebenso normativ wirksam, bildete sich ein Schema von zehn Punkten

---

[50] Doxographische Erörterungen über die verschiedenen σκοπός - Definitionen bieten Ammon. CatCom. 8, 20 - 13, 2, David CatCom. 129, 4 - 132, 4, Olymp. CatCom. 18, 14 - 22, 2, Philop. CatCom. 8, 27 - 12, 11, Simpl. CatCom. 9, 5 - 13, 26. Vgl. EVANGELIOU S. 29.

[51] Etwa David CatCom. 130, 16 - 8.

aus, nach dem in der Schule von Alexandria vor der Kommentierung der Kategorien eine Einführung in das Studium des Aristoteles gegeben wurde.[52] Dabei wurden aufgrund eines extremen Konservativismus inhaltliche Positionen nicht mehr geändert, die Persönlichkeit eines Kommentators ist vor allem über die Ausführlichkeit und die Disposition dieses *in nuce* ständig gleichbleibenden Vorrats an Motiven faßbar[53]: Als Prolegomena wurden erörtert 1) Der Ursprung des Namens der philosophischen Schulen 2) Die Einteilung der Schriften des Aristoteles 3) Womit soll das Studium beginnen? 4) Das letzte Ziel der Philosophie 5) Wie ist dies Ziel zu erreichen ? 6) Der Stil des Aristoteles 7) Worin besteht der Sinn seiner *obscuritas* ? 8) Welche Qualitäten zeichnen einen idealen Exegeten aus ? 9) Über welche Fähigkeiten muß der ideale Schüler verfügen ? 10) Vor jedem

---

[52] I. HADOT (1990), S. 169 führt dieses Schema auf Proklos zurück. Weil aber der ausführlichere Kommentar des Porphyrios zu den Kategorien nicht erhalten ist, läßt sich über die Rolle des Proklos bei der Weiterentwicklung der Eingangstopoi keine Sicherheit erzielen. Zu Verankerung des Einleitungsschemas in den rhetorischen Handbüchern des Hellenismus vgl. später Kap. II A 1.

[53] Vgl. ROMANO (1994), S. 598 f. und J. MANSFELD, Prolegomena. Questions to be settled before the study of an author or a text, Philosophia antiqua 61, Leiden - New York - Köln 1994, S. 22 f.

einzelnen Werk sind sechs Punkte zu klären: a) σκοπός,[54] b) Nutzen,

[54] Als zweiter Terminus mit dem Inhalt "Ziel", "Thema" kommt das ältere, bei Aristoteles noch untechnische "πρόθεσις" in Betracht (etwa AnPr. 47 a 15, Top. 100 a 18; vgl. MANSFELD [1994] S. 195 f., der das Aristotelicum nach Spuren jener Wendungen untersucht, die zur Topik des neuplatonischen Kommentarproömium gehörten). Porphyrios zog πρόθεσις vor, wenn er in seinen Kommentaren zur Werkintention Stellung nahm (CatCom. 57, 16 - 29; 58, 4; 58, 16; 59, 15; 70, 28 - 32; 71, 12 - 15; 91, 8 - 10; 91, 19; vgl. LARSEN S. 436 f.), lediglich einmal verwendet er σκοπός (Isag. 60, 1), in VitPlot. 4, 11; 5, 31; 24, 36 f.; 25, 31 f. ὑπόθεσις. Meines Wissens existieren nur zwei für die Unterscheidung der beiden Termini maßgebliche Texte, in denen sowohl σκοπός als auch πρόθεσις in unmittelbarer Nähe verwendet werden. 1) Prokl. TimCom. II 28, 14 - 17: Σκοπὸς μὲν ἡμῖν ... καταμαθεῖν, ὅπως συνέστη καὶ ἐκ πόσων τὸ πᾶν· τοιαύτης δὲ τῆς προθέσεως οὔσης ἔξεστι καθορᾶν... . 2) Im längeren Abschnitt CatCom. 9, 4 - 20 beginnt Simplikios die Untersuchung mit der Frage nach dem σκοπός, kommt dann aber in Form einer Variatio ohne Bedeutungsverschiebung auf die πρόθεσις zu sprechen, sodaß von hier keine Auskunft zu erwarten ist. Nimmt man aber Simpl. CatCom. 3, 5 hinzu, wo er seine Absichten als Kommentator wie Proklos mit σκοπός bezeichnet, ergibt sich der Schluß, daß das jeweils eigene schriftstellerische Anliegen der σκοπός ist, während πρόθεσις eher das Thema der interpretierten Schrift meint. Keinesfalls trat in der Zeit des Philoponos σκοπός uneingeschränkt an die Stelle von πρόθεσις, wenn in einem Proömium die sechs präliminatorischen Fragen vorgestellt wurden: Ammonios hat im CatCom. nur σκοπός, im IntCom. 1, 14; 21; 4, 5 πρόθεσις.

c) Stellung innerhalb des Kurses, d) Titel, e) Authentizität und f) Gliederung.[55] Betrachtet nun der Neuplatoniker das Wesentliche der Philosophie von der Warte des Porphyrios, wonach empirische und intelligible Welt als verschiedene Ausformungen des Einen aufgefaßt werden und die Bezeichnung des Partikulären das Allgemein - Universale mitmeint, so ist klar, daß die einzelnen Schriften des *Aristotelicum* verschieden gut in diese Seinslehre integrierbar sind. Daher entwickelten alle Kommentatoren ein Einteilungsprinzip, das den Stellenwert der Werke im Hinblick auf das letzte Ziel der Philosophie markierte und weiters auch die Rolle des Organon, damit des sprachlich-logischen Denkens klärt. Ammonios und Philoponos geben übereinstimmend folgende Dihärese über das Schrifttum des Aristoteles (Ammon. CatCom. 3, 20 - 5, 30, Philop. CatCom.3, 8 - 5, 14)):[56]

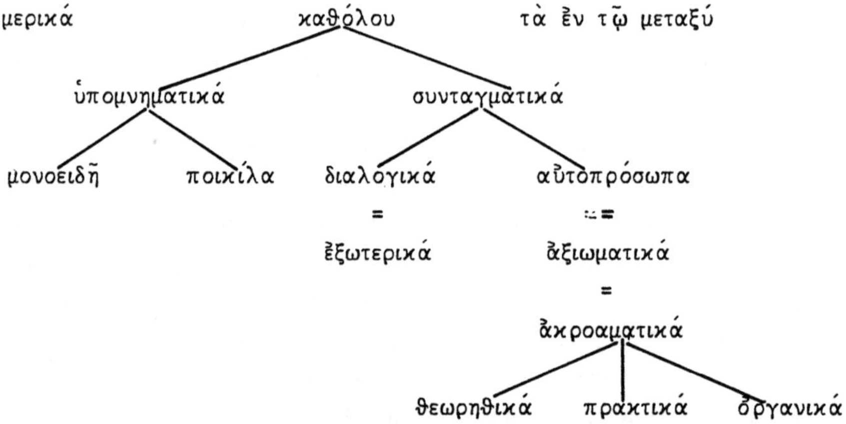

[55] Da sowohl I. HADOT (1990), S. 169 - 177 als auch L. G. WESTERINK, The Alexandrian commentators and the introductions to their commentaries, in: SORABJI (1990), S. 325 - 348, S. 342 - 5 eine genaue Bestandsaufnahme dieser Einteilung in zehn plus sechs Punkte bei jedem einzelnen Kommentator geben, kann hier auf eine weitere Erörterung verzichtet werden. Die oben angeführte Einteilung ist die des Simplikios (CatCom. 3, 18 -29). MANSFELD (1994) S. 10 - 19 diskutiert das Vorhandensein dieses Einleitungsschemas in Origenes' Hohelied- und im Psalmenkommentar.

[56] I. HADOT (1987), S. 252 gibt die Übersichtstabelle des Simplikios.

ὀργανικά

αἱ ἀρχαὶ τῆς μεθόδου | ἡ μέθοδος | τὰ ἄλλως εἰς τὴν μέθοδον συντελοῦντα

Da in den Texten die erhaltenen Werke des Aristoteles diesem Schema genau zugeordnet werden, kann hier davon abgesehen werden. Was interessiert, ist, welche Schriften einer Kommentierung für wert erachtet wurden, wobei die Begründung aus der obigen Klassifizierung direkt abgeleitet werden kann. Dem neuplatonischen "Rasiermesser" fallen jene Schriften zu Opfer, die keine propädeutische Funktion als Hinführung zum allgemeinen Sein erfüllen. Dazu zählt die Gruppe τὰ μερικά (z.B. Briefe) und τὰ ἐν τῷ μεταξύ (etwa Ath. Pol., HA). Davon ausgehend werden die Schriften des Typus καθόλου als Ganzes, also auch die hypomnematischen Schriften, in das *Curriculum* aufgenommen, da sie die allgemeine Physis eines (μονοειδές z.B. Cael.) oder mehrerer (ποικίλα) Sachverhalte untersuchen. Die Forderung nach einem auf das Wesen einer Sache abzielenden σκοπός stellt aber nur die primäre Richtschnur der Akzeptanz dar. Auf einer nächsten Ebene spielt das literarische Genus eine Rolle, insofern als sich die ὑπομνηματικά durch Aufnahme traditionellen Lehrguts und eine stilistische Ausgestaltung von der akroamatischen Gruppe abheben und dadurch eine Defizit aufweisen. Dieses wird bei der Besprechung des nächsten Zweiges der Dihärese evident, in deren Verlauf sich wiederum jenes Schriftcorpus als minderwertig erweist (διαλογικά), das offenbar aufgrund seines stilistischen Glanzes und einer inhaltlichen Klarheit einen weiteren Zuhörerkreis anspricht (Ammon. CatCom. 4, 11 - 3, Philop. CatCom. 4, 15 f.). Die Adressaten jener Werke, Hörer ohne Tiefgang (ἐπιπολαίως: Ammon. CatCom. 4, 23), müssen sich aufgrund einer noetischen Insuffizienz mit Wahrscheinlichkeitsargumenten aus dem Bereich der Erfahrungswelt zufrieden geben (Ammon. CatCom. 4, 25, Philop. Cat Com. 4, 21 f.). Es bleiben die akroamatischen Schriften als der Apex des Aristotelismus: Die letzte Begründung für die Kanonisierung dieser Werkgruppe liegt nicht in der Abhandlung eines einzigen Themas, das einen Anknüpfungspunkt zum Intelligiblen beinhaltet, sondern in ihrer exklusiven Ausrichtung auf eine elitäre Hörerschaft (Ammon. CatCom. 4, 26 f., Philop. CatCom. 4, 17), in einer literarischen Gestaltung, die einen tieferen Sinn hinter oder über der Textebene verschleiert.[57] Gerade diese Eigenschaften kommen dem für unser Anliegen der Rekonstruktion einer Semiotik der Ammoniosschule bedeutsamen Organon zu. Es zählt somit zum innersten Teil aristotelischen Denkens, ist integraler Bestandteil, nicht Werkzeug dieser Philosophie, bedarf einer ontologisch orientierten Interpretation, in der die sprachlogischen Elemente der Schriften als Aspekte des Seins aufgefaßt werden. Die eben besprochene Positionierung des Organon innerhalb des *Corpus* der Aristotelischen Schriften stimmt mit dem Anliegen des Pophyrios überein, durch eine Logik und Seinslehre vereinende Deutung der Kategorien diese im Neuplatonismus zu verankern.

3. Der σκοπός der Kategorien bei Ammonios und Philoponos

Das Organon stellt für den Neuplatoniker den ersten Schritt zu der

---

[57] Dies geht aus der Einteilung der Aristotelika hervor, wo Philoponos die gewollte Undeutlichkeit des Aristoteles in bestimmten Schriften mit seinem Anliegen, die wahrhaftig Interessierten zu erhöhter σπουδή anzuspornen, in Zusammenhang bringt (CatCom. 6, 22 - 28). Vgl. David CatCom. 124, 25 - 127, 2, Olymp. Cat Com. 11, 21 - 12, 17; MeteorCom. 4, 16 - 18, Simpl. CatCom. 7, 1 - 22. Dazu I. HADOT (1987), S. 264. Eine andere Art, den Inhalt zu verhüllen und Unwürdige auszuschließen, die Verdunkelung durch Mythen und Rätselsprache, lehnt Aristoteles nach Auffassung des Simplikios ab: Οὐ μὴν οὐδὲ μύθοις οὐδὲ συμβολικοῖς αἰνίγμασιν, ὥς τῶν πρὸ αὐτοῦ τινες, Ἀριστοτέλης ἐχρήσατο, ἀλλ᾽ ἀντὶ παντὸς ἄλλου παραπετάσματος τὴν ἀσάφειαν προετίμησεν (CatCom. 6, 30 - 32). Vgl. J. BARNES, Metacommentary, in: OStAPh 10, 1992, S. 267 - 282, S. 269. Ein früher Beleg für die Überzeugung, Aristoteles' Unklarheit beruhe auf seiner Kürze und nicht auf der ebenfalls in Frage kommenden mythischen Verschleierung ist Alex. Aphr. TopCom. 239, 14. MANSFELD (1994) S. 24 f. zeigt, daß bereits Galen in DeCapt. 90, 22 - 92, 1 ed. Edlow auf die Dunkelheit des Aristoteles hinwies. Er schließt daraus, Galen habe in der ihm vorliegenden Kommentarliteratur Bemerkungen zum Topos der *obscuritas Aristotelis* gefunden.

im Parmenides und Timaios entwickelten Theologie dar. Wie der Myste verschiedene Weihen in Stufenfolge durchlaufen muß, um endlich die Schau der höchsten Wahrheit zu erringen, so enthüllt sich auch für den philosophischen Novizen sukzessive der Schleier philosophischer Dunkelheit. Der Schleier verhüllt und ist selbst doch Grenze zum Profanen und erstes Bild des Wirklichen.[58] Da das Ziel e i n e s ist, muß der Exeget dies erkennen und festlegen, um seine Schüler vor dem Verlassen des rechten Weges zu bewahren.[59] Dies ist der über ein literarisches Anliegen hinausgehende Sinn, vor jedem

---

[58] In kaum zu überbietender Klarheit drückt Laktanz den Zusammenhang zwischen einer als werthaft anerkannten jenseitigen Wahrheit und deren Schutz durch Verschleierung (hier der Schleier der Dummheit) aus: *Apparet ibi potissimum esse quaerendam* (sc. *sapientiam*) *ubi stultitiae titulus apparet: cuius velamento deus, ne arcanum sui divini operis in propatulo esset, thesaurum sapientiae ac veritatis abscondit* (Div. Inst. 4, 2, 3). STÄCKER S. 212 zitiert als christliche Zeugnisse für die Auffassung, die göttliche Weisheit sei den Vielen verborgen, Paul 1 Cor. 2, 7 und Orig. De princip. 321, 15.

[59] Simpl. CatCom. 8, 13 - 5. Zuletzt hat STÄCKER S. 218 - 229 die eminente Bedeutung des Jamblich für die Herausbildung des σκοπός als des zentralen Moments der Exegese einer wissenschaftlichen Analyse unterzogen. Mit der Erkenntnis dieses "bestimmenden Leitgedankens" schenken die Götter in einem Gnadenakt den Schlüssel zum Verständnis des Mysteriums, das in einem inspirierten Text verhüllt ist. Auch Hermeias von Alexandrien, der Vater des Ammonios und einer der Wegbereiter des alexandrinischen Platonismus, stellt fest, daß jeder platonische Dialog einem σκοπός untergeordnet sei, damit die Schrift einem Lebewesen gleiche (PhaidrCom. 11, 18). Dahinter steht die im Phaidros von Platon erhobene Forderung, der ideale Text müsse wie ein Lebendes komponiert sein. Vgl. H. BERNARD, Hermeias von Alexandrien. Kommentar zum "Phaidros", Philosophische Untersuchungen 1, Tübingen 1997, S. 23 - 24.

kommentierten Werk den σκοπός präzise festzulegen.[60] Da in einer von Magie geprägten Zeit nur das Geheimnisvolle anziehend ist, besteht die Funktion dieser Verhüllung des wahren Sinnes neben der Festlegung der Grenze zu den ἐξώτεροι in der protreptischen Wirkung auf das Auditorium.[61] So kann auch die von Barnes erhobene Frage, was die Neuplatoniker legitimierte und bewegte, dieses angeblich notwendige und gewollte Dunkel der Schriften des Aristoteles zu

---

[60] Ziel des Umganges mit Texten ist nicht fachwissenschaftliche Philologie, sondern die Gewinnung der Wahrheit. Der Exeget ist nicht Interpret, sondern göttlicher Priester, der seine Vernunft in Ekstase setzt (Herm. PhaidrCom. 12, 26, Olymp. AlkCom. 3, 3 ff. GorgCom. 3, 1, Prokl. AlkCom. 7, 9 ff., KratCom. 1, 1 - 9, ParmCom. 618, 4 f.; 630, 12 ff., TheolPlat. 6, 16 - 17, 1, TimCom. I 1, 4).

[61] STÄCKER ist in seiner Untersuchung über Jamblich bestrebt, der alten, von Zeller inaugurierten und selbst in der neueren Forschung unterschwellig wirkenden Dichotomie von Philosophie und Theurgie ihre Gültigkeit abzusprechen, um der Denkweise dieses Platonikers gerecht zu werden. Dessen Rationalität müsse als Form seiner Religiosität verstanden werden, statt sie, wie besonders E. R. DODDS, Theurgie and its Relationship to Neoplatonism, in: JRomStud. 37, 1947, S. 57 - 69, als Verfallsform des griechischen Geistes zu diskreditieren, oder wie LARSEN S. 154 f. als eine auch von theurgischen Einsprengseln nicht zerstörbare Form rational wissenschaftlichen Denkens zu restituieren. Über den Gang der Forschung vgl. STÄCKER S. 18 - 26. Ergänzend bleibt anzumerken, daß bereits COULTER und BERNARD (von STÄCKER nicht herangezogen) die Homogenität der Weltsicht des späteren Neuplatonismus herausgestellt haben, gemäß der Literatur, philosophische Ontologie und Theurgie lediglich als verschiedene Aspekte einer Wahrheit begriffen werden. Zum Stellenwert der Magie vgl. C. ZINTZEN, Die Wertung von Mystik und Magie in der neuplatonischen Philosophie, in: RhM 108, 1965, S. 71 - 100. Unter demselben Titel später abgedruckt in C. ZINTZEN (Hrsg.), Die Philosophie des Neuplatonismus, WdF 436, Darmstadt 1977, S. 391 - 426.

erhellen, beantwortet werden:[62] Die jeweilige Schrift ist unklar, um zu fesseln, die σπουδή zu bewirken, nach ihrer Entschlüsselung ist sie freilich in ihrer Funktion als Etappe auf dem Weg zum Guten bedeutungslos geworden, und nur ein neues, noch tiefer verhülltes Werk vermag jetzt dieses magisch - noetische Fascinosum auszuüben. Bildung als geordnete Schriftexegese ist hier ein irreversibler Vorgang. So klären denn alle alexandrinischen Kommentatoren neben dem Generalthema der Schrift auch die interne Anordnung des zu erläuternden *Corpus*, damit verbunden die Echtheitsfrage.[63] Wird die korrekte Anordnung des Lesens nicht eingehalten, scheinen die in ihrer symbolischen Tiefe nicht erfaßten Texte als lächerliches Geschwätz alter Weiber (Iambl. VitPyth. 60, 19 - 21).

Soll im Rahmen dieser konstanten exegetischen Tradition das Spezifikum des Philoponos in seinem Kategorienkommentar ausgemacht werden,[64] scheint es nutzbringend, zuerst auf rein textlicher Ebene die von ihm entwickelte σκοπός - Definition mit der seines Lehrmeisters Ammonios zu kontrastieren, um dann auch Auf-

---

[62] BARNES S. 272 -274.

[63] Ammon. CatCom. 13, 6 - 11; 13, 20 - 14, 2, Olymp. CatCom. 22, 38 - 25, 4, Philop. CatCom. 14, 28 - 13, 5, Simpl. CatCom. 8, 16 f.

[64] LUNA S. 145 f. konnte in ihrer detaillreichen Studie über die internen Abhängigkeiten der neuplatonischen Kategorienkommentatoren keine wesentlichen inhaltlichen Abweichungen feststellen. Diskrepanzen treten nach ihrem Stemma vor allem bezüglich der Erweiterung eines vorhandenen Schatzes wiederkehrender Motive auf. Diese Verschiedenheit geht auf die Teilung der Überlieferung in zwei Stränge zurück, wobei die Gruppe mit Boethius, Simplikios, Sophonias und Dexippos über Jamblich aus Porphyrios schöpft, während die Ammoniosschule, also Philoponos, Olympiodor, David, direkt auf Proklos zurückgeht. Simplikios zitiert Ammonios nie, desgleichen gibt es auch keine Textparallele zu Philoponos.

schlüsse über seine denkerische Position innerhalb der Schule zu gewinnen.[65]

Ammon. CatCom. 8, 21 - 10, 14	Philop. CatCom. 8, 27 - 10, 8
ἰστέον τοίνυν ... διηνέχθησαν οἱ ἐξηγηταί ...οἱ μὲν περὶ φωνῶν εἰρηκότες τὸν φιλόσοφον διαλαβεῖν οἱ δὲ περὶ πραγμάτων οἱ δὲ περὶ νοημάτων.	τινὲς οὖν ... διηνέχθησαν καὶ οἱ μὲν εἰρήκασι περὶ φωνῶν μόνων εἶναι τὸν σκοπὸν οἱ δὲ περὶ πραγμάτων μόνων οἱ δὲ περὶ νοημάτων μόνων.

---

65 Beim Text des unter dem Namen des Ammonios überlieferten Kategorienkommentares handelt es sich nicht um die von eigener Hand angefertigte Endredaktion, sondern um eine Schülernachschrift des Typus ἀπὸ φωνῆς: Προλεγόμενα τῶνδέκα κατηγοριῶν ἀπὸ φωνῆς Ἀμμωνίου φιλοσόφου (Ammon. CatCom. 1, 1 - 2). M. RICHARD, Ἀπὸ φωνῆς, in: Byz 20, 1950, S. 191 - 222 kommt nach Untersuchung aller Beispiele dieses Titeltypus zum Schluß: "dans tous cette expression peut, dans la plupart elle doit, se traduire *d ' "apres l'enseignement oral de "* (S. 197). Der Kommentar des Philoponos trägt den Titel σχόλια. Zur Differenzierung zwischen ὑπομνήματα (selbstverfaßte Kommentare) und σχόλια (Nachschrift von Vorlesungen) vgl. LAMBERZ S. 5 f. Gleichwohl schließt die Zugehörigkeit eines Kommentares zur Gruppe der σχόλια die Artikulation eigenständiger Positionen nicht aus. So bezeichnet Philoponos seine Kommentare zur Meteorologie und Physik als σχόλια (MeteorCom. 35, 35, 18 f. PhysCom. 458, 31), wobei K. VERRYCKEN, The Development of Philoponus' Thought and it's Chronology, in: SORABJI (1990), S. 242 zu Recht den selbstbewußten Ton des Autors im MeteorCom. hervorhebt. WESTERINK (1990), S. 326 macht in diesem Zusammenhang darauf aufmerksam, daß der Kommentar zu *De Interpretatione* das einzige unmittelbar von Ammonios selbst verfaßte Werk größeren Umfangs darstellt. RICHARD S. 193 gibt zu bedenken, daß die zahlreichen Schülernachschriften eine persönliche Ausarbeitung der Vorlesungen durch Ammonios in vielen Fällen erübrigt haben mochten.

Jede Gruppe versucht, durch Aristotelsezitate ihre Position abzusichern: οἱ μὲν περὶ φωνῶν λέγοντες, ὅτι φαίνεται διαιρῶ τὰς φωνάς, ὅταν λέγῃ ... Zitat Cat 1 a 16.

καὶ οἱ μὲν λέγοντες περὶ φωνῶν μόνων: dazu gehört Alexander...ἐπλανήθησαν ... Zitat: Cat. 1 a 16. Begründung ihrer: Theorie: Wenn τὰ λεγόμενα als φωναί gelten, ist der σκοπός auch über φωναί.

οἱ δὲ περὶ πραγμάτων, ὅτι ταῦτα φαίνεται διαιρῶν, ὅταν λέγῃ ... Zitat Cat. 1 a 20.

οἱ δὲ περὶ πραγμάτων μόνων οἰηθέντες εἶναι τὸν σκοπόν ... Dazu gehört Eustathios ... Zitat Cat. 1 a 20. Begründung: Wenn die ὄντα als πράγματα gelten, ist der σκοπός über πράγματα.

οἱ δὲ περὶ νοημάτων .. Zitat Cat. 11 b 15. Ihre Folgerung: die γένη sind sekundär und ἐννοηματικά, sodaß Porphyrios sagt: Zitat Isag.9, 19. ὥστε καὶ ὁ σκοπὸς αὐτῷ περὶ μόνων νοημάτων.

οἱ δὲ περὶ νοημάτων μόνων νομίσαντες ... dazu gehört Porphyrios. Begründung: es geht um die zehn γένη, diese sind sekundäre Produkte der διάνοια: περὶ νοημάτων ἄρα ... τῷ Ἀριστοτέλει.

Ende des ersten Teiles des Referates über die drei einzelnen Skoposbestimmungen

ἕκαστοι ... δοκοῦσι διαφωνεῖν, τῷ ὄντι δὲ πάντες ἀληθεύουσιν. Die Skoposdefinition aller drei Richtungen ist partiell richtig.

ἐπλανήθη δὲ καὶ οὗτος ... Zitat: Cat. 11 b 15. Dessen korrekte Interpretation findet sich bei genauerer Lesart (ἀκριβέστερον λέγοντες) bei Iamblichos: der Sinn der Kategorien besteht nicht ... περὶ νοημάτων μόνων ... περὶ φωνῶν μόνων..περὶ πραγμάτων μόνων.

Die korrekte Skoposdefinition: περὶ φωνῶν σημαινουσῶν πράγματα διὰ μέσων νοημάτων.

Die korrekte Skoposdefinition: περὶ φωνῶν σημαινουσῶν πράγματα διὰ μέσων νοημάτων.

Beweisgang: Die Bestimmung des Skopos als ausschließlich a) linguistisch b) mentalistisch c) ontologisch bedingt gezwungenermaßen eine alle drei Aspekte vereinende, integrale Skoposdefinition.

Jedes einzelne der drei Elemente: Laut - Denken - Sache bedingt die beiden anderen.

Kein Hinweise auf die partielle Richtigkeit der älteren Skoposdefinitionen: οὐ καλῶς οἱ πρότερον ὡρίσαντο ...

A) Die Annahme eines Skopos "περὶ φωνῶν σημαντικῶν" setzt die Bezeichnung von πράγματα mittels νοήματα voraus, sodaß der Skopos aus diesen drei Teilen besteht.

Gegenüberstellung der drei Theorien mit λεγέτωσαν. A) περὶ πραγμάτων μόνων. Einschränkung auf tatsächliche Sachverhalte: Von diesen gibt es ein Konzept (ἔννοια), das durch die φωνή ausgedrückt wird: οὐκοῦν ... περὶ πάντων διαλέξεται.

B) ... οἱ περὶ πραγμάτων ... εἰς μέσον ἀγέσθωσαν. Einschränkung auf Sachverhalte. Diese werden nicht mit dem Zeigefinger angezeigt, sondern διὰ φωνῶν τινων σημαινουσῶν αὐτὰ διὰ μέσων νοημάτων.

B) λεγέτωσαν .. οἱ περὶ φωνῶν μόνων ἢ νοημάτων μόνων ... αὐτὸν διαλαμβάνειν.
Es geht um Laut- und Gedankenkonzepte, die πράγματα bezeichnen.

C) ... πρὸς τοὺς λέγοντας περὶ νοημάτων εἶναι τὸν σκοπόν.
Mentale Konzepte spiegeln Seiendes und werden durch semantische Laute ausgedrückt ...

C) Gedankenkonzepte können aufgrund der Körperlichkeit des Menschen nur lautlich ausgedrückt werden.

.ὅ τι ἂν τις εἴπῃ τῶν τριῶν, ἐξ ἀνάγκης ὁμολογήσει καὶ τὰ ἄλλα δύο.

Daher gilt folgende Skoposformel

Bestätigung der früheren Skoposdefinition ... περὶ φωνῶν σημαινουσῶν πράγματα διὰ μέσων νοημάτων.

Hinweis auf einfache und zusammengesetzte πράγματα/φωναί/νοήματα. Worum geht es Aristoteles? Die einer genen Lesart (ἀκριβῶς) entspringende Defintion lautet somit: ... περὶ ἁπλῶν φωνῶν σημαινουσῶν ἁπλὰ πράγματα διὰ μέσων ἁπλῶν νοημάτων.

4. Philoponos in der Tradition der neuplatonischen Kategorienkommentare

Die Auswertung der in beiden Abschnitten zu beachtenden Unterschiede ergibt:

1) Ammonios ist flüchtiger und unschärfer, der Gedankengang ist aus sich nicht immer nachzuvollziehen, auf Bekanntes wird kurz angespielt (CatCom. 9, 26: τραγέλαφος καὶ ὅσα τοιαῦτα). Wichtige Zwischenschritte in der Argumentation fehlen bei Ammonios' erstem Referat über die drei verschiedenen exegetischen Richtungen: Die Aristoteleszitate werden nicht in die Begründung der einzelnen Thesen eingebettet und bleiben für den nicht vorinformierten Leser isolierte Versatzstücke (CatCom. 9, 3 - 8).

2) Bei Philoponos ist eine generelle Tendenz der Präzisierung vorgegebener Argumente sichtbar. Sie drückt sich nicht nur in der Begründung der einzelnen Schulmeinungen, sondern auch in der Unterstreichung der Gedankenschritte durch literarische Gestaltungsmittel, wie des anaphorischen λεγέτωσαν (CatCom. 9, 16; 22) zur Einleitung divergierender Denkrichtungen aus. Dazu gehört auch die didaktisch ansprechende Strukturierung des Materials durch das Frage - Antwort Schema (Philop. CatCom. 9, 16 - 19; 22 - 26; 10 4 - 5),

das im neuplatonischen Schulbetrieb fest verankert war.[66]

3) Ein Eingriff in die exegetische Tradition zeigt sich einmal in der gegenüber der ursprünglichen Abfolge von φωναί - πράγματα - νοήματα veränderten Disposition bei Philop. CatCom. 9, 16: πράγματα - φωναί - νοήματα. Weiters zitiert Philoponos die um den Terminus ἁπλοῦς erweiterte und endgültige Skoposformel als Abschluß seines Überblicks über die Geschichte der Skoposdefinition (CatCom. 10, 7 - 8), während Ammonios durch einen Exkurs diesen Zusammenhang unterbricht und die präzise Bestimmung erst CatCom. 11, 18 - 12, 1 vornimmt. Der Einschub enthält einen Überblick über die Einteilung der Philosophie und die erste Setzung einfacher φωναί am Anfang menschlicher Verständigung. Diese erste θέσις ist der Prospekt, auf den die Kategorienschrift Bezug nimmt.[67] Als einziger der alexandrinischen Kommentatoren erörtert Ammonios die Skoposfrage, die Teil der vor jeder Aristotelischen Pragmatie zu behandeln-

---

[66] Man denke an den katechetischen Frage-und-Antwort Kommentar des Porphyrios zu den Kategorien. Vgl. K OEHLER, Aristoteles in Byzanz, in: P. MORAUX (Hrsg.), Aristoteles in der neueren Forschung, WdF 61, Darmstadt 1968, S. 383. Ein lebendiges Bild von der Bedeutung des Dialogs und der Elenchik in der Schule des Ammonios liefert Zacharias Scholasticus in seiner Schrift gegen die Ewigkeit der Welt (PG 85, 1011 - 1144). Darüber vgl. Ph. MERLAN, Ammonius Hermiae, Zacharias Scholasticus and Boethius, in: GRBS 9, 1969, S. 193 - 203. Vgl. Ch. SCHÄUBLIN, Untersuchungen zu Methode und Herkunft der Antiochenischen Exegese, Theophaneia 23, Köln - Bonn 1974, S. 55 - 65 zum Frage - Antwortkommentar bei patristischen Autoren. SCHÄUBLIN hebt die Ähnlichkeit des hermeneutischen Verfahrens zwischen Porphyrios und christlichen *Quaestiones* hervor.

[67] Der Zusammenhang zwischen der Entwicklung der Menschheit, in deren Verlauf zuerst aus einfachen φωναί Worte geschaffen und dann das ὄνομα vom ῥῆμα getrennt wurde, sowie dem Kursus des Organon, der diese anthropologische Entwicklung nachvollziehend mit den Kategorien als der Pragmatie über einfache stimmliche Laute einsetzt, findet sich auch bei Philop. CatCom. 11, 34 - 12, 3. Vgl. LUNA S. 78 - 81.

den sechs Punkte ist, nicht am Ende der allgemeinen, zehn Themen umfassenden Einführung in das Werk des Stagiriten, sondern als dessen vorletzten Abschnitt.

4) Trotz der von I. Hadot initiierten minutiösen Aufarbeitung des Kategorienkommentares des Simplikios, die mit großem Aufwand strukturelle wie inhaltliche Bezüge zu den anderen Kommentaren untersucht, ist in der gelehrten Literatur *ad rem* ein wesentliches Faktum noch nicht gewürdigt worden: Obwohl sich aufgrund einer ungemein starken Binnentradition der akademischen Schule Differenzen zwischen den fünf Kommentatoren oft nur als Unterschiede in der Disposition desselben Gedankengutes ausmachen lassen, beschreitet Philoponos an einem Punkt einen neuen Weg, indem er als erster auf den Dissens der neuplatonischen Interpreten zur Frage, was das eigentliche Ziel der Aristotelesschrift ausmache, insistiert. Dies erreicht er durch einen gewollten Akt sprachlicher Gestaltung, der m. E. seine σχόλια deutlich über den Rang einer Vorlesungsnachschrift hinaushebt und manche Aspekte der von Lamberz aufgestellten Kriterien zu Scheidung von den ὑπομνήματα fragwürdig erscheinen läßt. Wie aus der obigen Gegenüberstellung hervorgeht, fügt Philoponos gleich zu Beginn seines doxographischen Durchgangs über jene Philosophen, die in den Kategorien ausschließlich ein Thema erkennen wollen, konsequent μόνος zu den Vertretern der jeweiligen σκοπός Bestimmung (Typus περὶ μόνων φωνῶν etc.), um die Kompromißlosigkeit der drei Richtungen schärfer zu konturieren. Während Ammonios bemüht ist, diese Differenzen als nur scheinbare zu relativieren (δοκοῦσι διαφωνεῖν: CatCom. 8, 12; 9, 9), unterstreicht sein Schüler die διαφωνία auch durch das pejorative ἐπλανήθησαν (CatCom. 8, 31), das ein tatsächliches Abirren markiert und das Zugeständnis einer partiellen Richtigkeit der Zielbestimmung ausschließt. Dieser Tendenz entspricht die namentliche Zitierung der drei einander widersprechenden Exponenten (Alexander, Eusthatios, Pophyrios), die als Häupter gegnerischer Schulen aufgeführt werden. Dabei ist die Reihenfolge der Philosophen nicht historisch, sondern systematisch bedingt und von der vorgegebenen Anordnung φωναί – πράγματα – νοήματα abhängig. Da nur die am Ende zitierte integrale Skoposformel als die einzig gültige ausgewiesen wird, kann von einer graduell steigernden Aufzählung in dem Sinne, daß eine konstante

Entwicklung in der Geschichte der Kategorienkommentierung erkennbar wäre, nicht gesprochen werden. Die Funktion dieser διαφωνία besteht auch nicht wie in der skeptischen Akademie im Nachweis der Notwendigkeit der ἐποχή,[68] sondern in der Hervorhebung einer Autorität, des Jamblich. Was ist der Grund für dieses Ausscheren des Philoponos? Welche Konsequenzen ergeben sich für seine Hermeneutik?

Zunächst ist festzuhalten, daß seit dem Hellenismus philosophisches Wirken im Zusammenhang mit einer Schule als einer personalen Lehr- und Lerngemeinschaft zwischen Schulhaupt und Studenten verstanden wurde,[69] in der nicht primär divergierende Ansichten innerhalb der Schule, sondern der vermeintliche oder tatsächliche Abfall vom Schulgründer bzw. der anerkannten Tradition

---

[68] Als Beispiel für eine durch das Prinzip des Dissenses strukturierte Dihärese vgl. Cic. Ac. 1, 118 - 21. Vgl. L. FLADERER, Antiochos von Askalon. Hellenist und Humanist, GB Suppl. 7, Graz - Horn 1996, S. 13 f. Die Methode, Divergenzen zwischen verschiedenen Philosophen aufzulisten, um auf die Lösbarkeit der Problematik durch Anlehnung an die richtige Autorität hinzuweisen, spielt bei Philo (Abr. 162 - 4; Her. 246 - 8) eine wichtige Rolle. Dazu J. MANSFELD, Philosophy in the service of Scripture. Philo's exegetical strategies, in: J. DILLON - A. A. LONG (ed.), The question of »eclecticism«, Berkeley 1988, S. 93.

[69] Zum Verständnis von Philosophie in der Antike als geistig - sittliches *Exercitium* vgl. P. HADOT, Philosophie als Lebensform. Geistige Übungen in der Antike, Berlin 1991, S. 48 f. Zur Retrospektivität und Konzentration auf den personalen Bezug in der Akademie vgl. J. BARNES, Antiochus of Ascalon, in: M. GRIFFIN - J. BARNES (ed.), *Philosophia Togata*, Oxford 1989, S. 90, FLADERER S. 3 - 8. Was beispielsweise das Verhältnis des Origenes zu seinen Schülern betrifft, spricht C. SCHOLTEN, Die alexandrinische Katechetenschule, in: JbAC 38, 1995, S. 16 - 37 von einer "ganzheitlichen Lebensbegleitung", die generell für die Beziehung zwischen Lehrer und Student typisch war (S. 20).

zur Sezession und zur Spaltung einer philosophischen Gemeinschaft führen konnte.[70] In dem Maß, in dem die Legitimation einer denkerischen Position weniger in ihrer argumentativen Begründung als im Nachweis ihrer Verankerung in der Überlieferung bestand, wurde das Aufzeigen der συμφωνία bzw. der διαφωνία immer bedeutsamer.[71] Die Anerkennung oder Ablehnung eines Denkers als des spirituellen Schulgründers zieht eine Grenze zu zeitgenössischen Konkurrenten in der Auseinandersetzung um Orthodoxie und Häresie. Man nennt eine Person und meint die Sache. So gilt es, hellhörig zu werden, wenn Philoponos einen Dissens innerhalb der älteren Aristotelesinterpreten bezüglich der Einschätzung der Kategorien konstatiert, obwohl die korrekte Definition des σκοπός in seiner Generation schon lange außer Streit stand. Die fünf Kommentatoren äußern sich nun wie folgt über die vier möglichen Zentralthemen der Kategorien: Wort - Denken - Sache - Synthese aus diesen drei σκοποί:[72]

ΣΚΟΠΟΣ	Ammon.	Philop.	Olymp.	Elias
Wort	o	Alex	Porph.	Alex., Eusth.
Sache	o	Eusth.	Hermin.	Hermin.
Gedanke	Porph.	Porph.	Alex.	Porph.
Synthese	o	Iambl.	Iambl.	Iambl.

[70] Auch in der christlichen Antike bildete die Hörerschaft keine weltanschaulich kohärente Gruppe: Christen besuchten die Vorträge des Heiden Plotin (Porph. VitPlot. 7, 9, 16), umgekehrt hörten Häretiker und Pagane Origenes, der von Bischof Demetrios mit der Katechese beauftragt worden war (Eus. hist.eccl. 6, 3, 8; 8, 1 - 3: Vgl. U. NEYMEYER, Die christlichen Lehrer im zweiten Jahrhundert, VigChr. Suppl. 4, Leiden - New York 1989, S. 215 - 229, SCHOLTEN (1995) S. 19.

[71] Die doxographische Literatur verdankt ihr Gewicht eben diesem Interesse, das Eigene durch Evokation von Autoritäten abzusichern und Person und Lehrsystem als Einheit zu deuten. Vgl. FLADERER S. 6 f.

[72] Eine detaillierte Übersicht bringt LUNA S. 68 - 73.

ΣΚΟΠΟΣ	Simpl.
Wort	0
Sache	0
Gedanke	0
Synthese	Alex., Boethos, Alex. Aeg., Herm., Porph., Iambl., Syrian

Bei Betrachtung der Tabelle ergibt sich unbeschadet der philosophiehistorischen Korrektheit dieser Einschätzung die besondere Rolle des Porphyrios: 1) Ammonios erwähnt ihn als einzigen und ordnet ihm eine nur teilweise vertretbare Auffassung zu. Philoponos und Elias folgen dieser Wertung des Porphyrios, wie sie von Ammonios vertreten wurde. 2) Bei keinem Kommentator außer Simplikios gilt Porphyrios als Exponent der anerkannten Theorie, dagegen schätzt Simplikios den Philosophen aus Tyros als ersten Platoniker mit einer ganzheitlichen Sicht der Kategorien. Daraus ergeben sich folgende Schlüsse: 1) Simplikios, bei der Abfassung seines Kommentares räumlich und zeitlich von der Alexandrinischen Schule getrennt,[73] sieht in Porphyrios den eigentlichen spirituellen Scholarchen der Bewegung des Neuplatonismus, der in der richtigen Deutung des Aristoteles dessen Vereinbarkeit mit Platon erwiesen und Logik und Metaphysik unter einem Aspekt zu betrachten gelehrt hat. 2) Eine weitere Bestätigung findet diese Theorie von der Sonderstellung des Simplikios durch den Vergleich mit dem von Luna erarbeiteten Stemma, das die formalen, nicht inhaltlichen Abhängigkeiten der neuplatonischen Kategorienkommentare darstellt:

[73] I. HADOT (1987), S. 19 - 22 orientiert sich in ihrer Datierung von Leben und Werk des Simplikios vor allem an M. M. TARDIEU, Ṣâbiens coranique et <Ṣâbiens> de Ḥarrân, in: Journal Asiatique 274, 1986, S. 1 - 44. Die mit der Schließung der Athener Akademie 529 heimatlos gewordenen Platoniker, darunter Simplikios, seien mit ihrem Scholarchen Damaskios nach Ḥarrân (=Carrhae) ausgewandert und trotz des 532 zwischen Justinian und Chosroes erzielten Abkommens, das ihnen die Rückkehr erlaubt hätte, dort verblieben. Die danach entstandenen Kommentare des Simplikios (CaelCom., PhysCom., CatCom.) seien in Ḥarrân verfaßt worden.

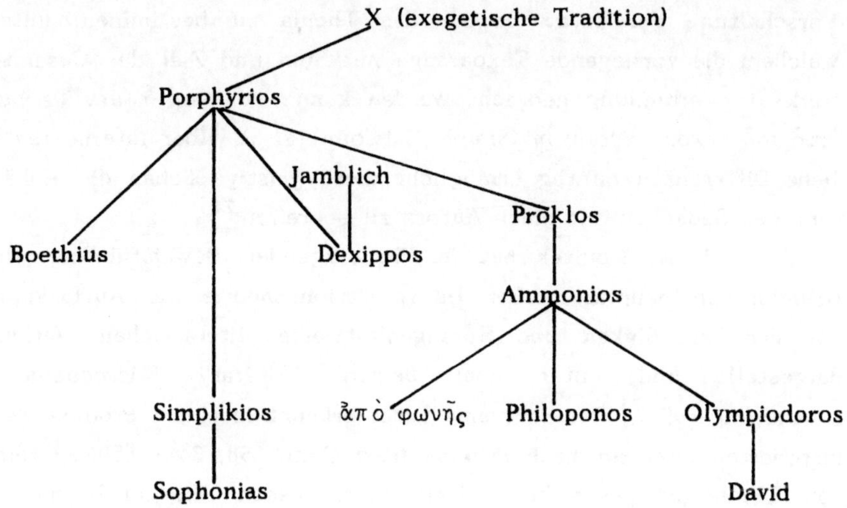

Von diesen schöpft alleine Simplikios alleine direkt aus Porphyrios, aus der Ammoniosschule steht nur er nicht in direkter oder indirekter Diadoche des Proklos, sodaß wir 3) zum Resumee kommen, daß sich Ammonios mit seinen Schülern als in der Nachfolge des Jamblich stehend begriff, der durch die richtige Festlegung des σκοπός das Organon in die Lehre der Platoniker integrierte. Aufgrund des mangelhaften Erhaltungsszustandes des Werkes des Jamblich, spielt für uns Proklos als eine von den alexandrinischen Kommentatoren akzeptierte Persönlichkeit für deren Deutung der platonischen und aristotelischen Sprachphilosophie eine wesentliche Rolle. Besonders bei der Rekonstruktion einer Hermeneutik des Philoponos', der im Gegensatz zu seinem Lehrer die nicht auf Jamblich und Proklos fussenden Richtung von der Orthodoxie ausschloß, ist auf das Weiterwirken proklischen Sprachdenkens zu achten.

Aus welchen Motiven wollte sich die Ammoniosschule, besonders aber Philoponos durch Anbindung an eine von Jamblich ausgehende Diadoche von Porphyrios abheben? Wie aus dem in Kapitel A 2 diskutierten Überblick des Simplikios über die Geschichte der Kategorienkommentierung hervorging, beruhte die hohe Geltung des Interpreten Jamblich auf seiner exegetischen Methode, durch

Vorschaltung der νοερὰ θεωρία das Thema zu bestimmen, unter welchem die vorliegende Texpassage mit Sinn und Ziel des Gesamtwerks in Verbindung gebracht werden kann.: καὶ γὰρ ἡ μὲν θεωρία ἀπὸ τοῦ τέλους ἀρξαμένη (Simpl. CatCom. 14, 5). Über interne textliche Differenzen hinweg ermöglicht diese geistige Schau die Kohärenz der Gedankenwelt eines Autors zu begreifen.[74]

J. A. Coulter hat in überzeugender Beweisführung als Grundprinzip neuplatonischer Interpretationstheorie die Auffassung von der Lebendigkeit und Homogenität eines literarischen Werkes dargestellt und unter dem Begriff "Literary Microcosmos" zusammengefaßt.[75] Der sorgsame Leser erkennt in einem Produkt der inspirierten Literatur nach Proklos (ParmCom. 658, 34 - 659, 23) ein vom Demiurgen geschaffenes Universum, dessen Teile in Harmonie zueinander stehen, weder überflüssig appliziert sind, noch sich gegenseitig beeinträchtigen, weil der wissende Schöpfer das Werk in Hinblick auf ein intelligibles Konzept geschaffen hat. Die einzelnen Niveaus in einem literarischen Werk repräsentieren nicht heterogene Teile, wie z. B. primär historische, mathematische oder ethische Überlegungen, sondern stehen durch Analogie in einer zuerst verhüllten, aber vom Wissenden zu erschließenden Verbindung

---

[74] Vgl. LARSEN S. 288 f.

[75] J. A. COULTER, The Literary Microcosm: Theories of Interpretation of the Later Neoplatonists, Leiden 1976, S. 84 f.; 96. Auch O. KIUSMA, Proclus' Defence of Homer, Helsinki 1996, S. 56 f. erkennt bei Proklos nach Auskunft von RempCom. I 68, 15 f. eine Analogie zwischen Dichter und ποιητὴς κοσμικός, warnt aber vor einer zu engen Gleichsetzung, da anthropomorphe Gottesvorstellungen abgelehnt worden seien. Kuisma vertieft den Ansatz Coulters, indem er die kosmischen Metaphern untersucht, mit denen das Universum als Werk der Literatur (z. B. als Dialog) beschrieben wird (vgl. S. 66 - 68).

zueinander.[76] Von Jamblich zuerst argumentativ als Gradmesser für die Bewertung und Deutung von autoritativen Texten ausgearbeitet, war die Orientierung des besten literarischen Werkes an den Gesetzen des lebenden Kosmos bis Olympiodor lebendig: καὶ τὸν οὖν ἄριστα κατεσκευασμένον λόγον δεῖ τῷ ἀρίστῳ τῶν ζῴων ἐοικέναι. Ἄριστον δὲ ζῷον ὁ κόσμος· ὥσπερ οὖν οὗτος λειμών ἐστι ποικίλων ζῴων, οὕτω δεῖ καὶ τὸν λόγον εἶναι πλήρη παντοδαπῶν προσώπων (AlkPrCom. 56, 15 - 18). Diese textuelle Vielfalt in der konzeptuellen Einheit fordert vom Exegeten die Fähigkeit, jeden Aspekt des Dialogs wie etwa seine Szenerie, die Wahl der *dramatis personae* und dergleichen als eine Konkretisierung des vorgegebenen einen Zentralthemas zu erfassen.[77] Genau hier sind nun die Motive für die Aufwertung des Jamblich in den Referaten über die verschiedenen Skoposdefinitionen, sowie die reservierte Haltung gegenüber Porphyrios zu suchen. Proklos bestimmt beispielsweise die Zielrichtung des Timaios durchgehend vom ersten bis zum letzten Wort als Lehre über die φύσις. Diese Tendenz müsse jedem aufgehen, dessen Sinn

---

[76] Prokl. AlkCom. 18, 13 - 19, 10: Die Prologe in den Dialogen Platons sind nicht aus dramaturgischen Gründen erfunden, sondern hängen vom Hauptthema ab und weisen bereits in den ersten Worten auf dieses hin. Wenn Platon im ersten Satz des Timaios Sokrates auftreten läßt, wie er zählend die Anwesenheit seiner Freunde überprüft, so gibt nach Proklos der Autor damit einen Hinweis auf die im Pythagoreismus wesentlichen Gedanken von Zahl und Freundschaft (TimCom. I 15, 26 - 16, 20), auf physikalischer Ebene deuten die Zahlen auf das Urprinzip des Pythagoras (TimCom. I 16, 20 - 17, 9). Dazu vgl. COULTER S. 88. Auch Anon. Proleg. 14 p. 209 hält fest, daß zwischen Logos und Lebewesen eine Analogie bestünde, derzufolge der schönste Logos dem schönsten Lebewesen entspreche - dieses aber ist der Kosmos. So ist das Universum ein Text, die Dialoge Platons als "schöne" Logoi die Welt. Der kosmische und göttliche Demiurg ist als Erzeuger von Unkörperlichem (Engel und Dämonen) und Materiellem (empirische Welt) dem Schöpfer Platon mit seinen unkörperlichen ἄγραφα δόγματα und den "stofflichen" Dialogen äquivalent (13 p. 207 - 208). Vgl. KUISMA S. 57, WESTERINK (1962). S. XXXV.

[77] Zu Bedeutung des e i n e n σκοπός vgl. Kap. I A 3.

nicht ganz vedunkelt ist: Ὅτι μὲν ἡ τοῦ Πλατωνικοῦ Τιμαίου πρόθεσις τῆς ὅλης φυσιολογίας ἀντέχεται καὶ ὡς πρὸς τὴν τοῦ πάντος ἀνήκει θεωρίαν, ἐξ ἀρχῆς εἰς τέλος τοῦτο πραγματευομένου, τοῖς μὴ παντάπασιν ἐσκοτωμένοις πρὸς τοὺς λόγους ἐναργὲς εἶναί μοι καταφαίνεται (TimCom. I 1, 4 - 8). Gegen diese Konzeption hat nun nach Proklos Porphyrios verstoßen, der aus dem Prolog des Timaios auch ein "politischeres", d. h. moralphilosophisches Anliegen Platons herauslesen will. Dem steht Jamblich in seiner monistischen Sichtweise des Dialogs gegenüber, der tatsächlich alle Facetten dieses diskursiven Universums als kohärente Teile des Einen versteht: καὶ σχεδὸν ἅπαντα τὰ πρὸ τῆς φυσιολογίας ὃ μὲν (sc. Jamblich) ἐξηγεῖται πολιτικώτερον, ὁ Πορφύριος, εἰς τὰς ἀρετὰς ἀναφέρων καὶ τὰ λεγόμενα καθήκοντα, ὃ δὲ φυσικώτερον· δεῖν γὰρ τῷ προκειμένῳ σκοπῷ πάντα σύμφωνα εἶναι· φυσικὸς δὲ ὁ διάλογος, ἀλλ᾽οὐκ ἠθικός (TimCom. I 19, 24 - 9). Diese vom Ammonioslehrer Proklos dem Porphyrios zur Last gelegte Unfähigkeit, bei wichtigen Werken verschiedene Aspekte lediglich als gedankliche Abstraktion eines unteilbaren, übergeordneten Zieles zu sehen, war verantwortlich für die Orientierung an Jamblich. Seine Schule verhieß dem Exegeten ein Werkzeug, mit dem er alle Äußerungen des Aristoteles über φωνή - πρᾶγμα - νόημα als untereinander verbundene, lediglich auf verschiedenen Niveaus existierende Realitäten deuten konnte.[78] Tatsächlich sind sich sämtliche Kommentatoren darin einig, daß die stimmliche Äußerung eine Funktion des rationalen Denkens darstellt, das seinerseits zum Zeitpunkt vor dem Eintritt in die Körperlichkeit mit dem Sein identisch war. Porphyrios verstieß nach dieser Anschauung nicht nur gegen den

[78] Ammonios steht in dieser Tradition, wenn er jene drei Elemente als Entsprechung der neuplatonischen Hypostasen Seele (Wort) - Intellekt(Denken) - Sache (Gott) deutet (IntCom. 24, 24 - 9). Als einer der ersten hat K. PRÄCHTER, Richtungen und Schulen im Neuplatonismus. Genethliakon für Carl Robert, in: H. DÖRRIE (Hrsg.), Karl Prächter, Kleine Schriften, Hildesheim - New York 1973, S. 165 - 216, die Kritik des Jamblich an Porphyrios' Mythenexegese richtig dahingehend gedeutet, daß Jamblich aus dem Text Beziehungen auf die Gesamtnatur des Seins knüpft, also eine Auslegung in jede Richtung ermöglicht, während Porphyrios sich nur auf jeweils einen, z. B. ethischen Aspekt beschränkt.

interpretatorischen Standard, sondern vermochte es nicht, die linguistischen und ontologischen Aspekte des Organon in einen Zusammenhang zu bringen. Wie aus der unten angeführten Übersicht, die aufgrund der größten Ergiebigkeit aus dem TimCom. des Proklos gewonnen wurde, hervorgeht, hat Proklos maßgeblich die Rezeption der Neuplatoniker vor ihm bestimmt, indem er Jamblich als vollkommenen Exegeten gegenüber Porphyrios konturierte. Wenn man nun Porphyrios las, so tat man es mit den Augen des Proklos. Simplikios, von Proklos weniger beeinflußt, schätzte Porphyrios und Jamblich gleichermaßen (z.B. CatCom. 3, 13 - 17).[79]

---

[79] Zitiert werden Stellen, in denen zumindest Porphyrios (=P), vorwiegend auch Jamblich (=I) zu einem Passus befragt werden. Zuweilen treten auch andere Interpreten dazu. Domninos (=D), Proklos (=Pr.), Syrianos (=S), Plotin (=Pl). Das Symbol "—" steht für Gegensatz, "=" für Übereinstimmung: TimCom I 24, 12 - 24 (Pr - P); 29, 31 - 30, 18 (P - I); 51, 12 - 21 (P - I und S); 64, 7 - 11 (P irrt in der Homererklärung); 77, 21 - 78, 6 (P - I und S); 94, 7 - 14 (Pr - P); 109, 24 - 110, 7 (P — D); 116, 25 - 117, 28 (P — I); 119, 16 - 120, 12 (P — Pr und I); 147, 6 - 28 (P — I); 152, 12 - 153, 27 (P — I); 156, 26 - 157, 23 (P — I); 159, 11 - 20 (P — I); 159, 25 - 160, 5 (P — I); 162, 31 - 163, 16 (P - Pr); 165, 16 - 31 (P — I); 171, 17 - 23 (P — I); 174, 24 - 32 (P — I); 194, 16 - 195, 30 (P — I); 204, 16 - 29 (P — I); 207, 24 - 209, 12 (P — I und Pr); 216, 20 - 217, 3 (P — Pr); 219, 20 - 27 (P = Pr); 257, 3 - 23 (P — Pr); 275, 22 f. (P = I); 277, 11 - 16 (Pl = P = Pr = I); 300, 1 - 13 (P — Pr); 306, 31 - 307, 20 (P — I); 321, 26 - 322, 7 (I — P); 352, 11 - 19 (P — Pr); 382, 12 - 20 (P = I); 422, 15 - 21 (P — Pr); 431, 20 - 26 (P — I); 437, 31 - 438, 1 (P = I); 439, 29 - 441, 15 (P — I); TimCom. II 104, 31 - 105, 29 (P — I und S); 109, 3 - 10 (P — I); 162, 25 - 163, 12 (P = S); 214, 4 - 215, 29 (P — I); 247, 18 - 29 (P — Pr); 253, 26 - 254, 1 (P — S); 282, 15 - 22 (P — Pr); 306, 1 - 8 (P übertrifft I); TimCom. III 33, 31 - 34, 7 (P — I). Allgemein kann beobachtet werden, daß nach Proklos die durchgehend theologische Interpretationsweise des Jamblich den Ausschlag zugunsten dieses Denkers gegenüber der auf einzelne Bereiche fixierten Exegese des Porphyrios gibt.

Durch den Einfluß des Proklos wurde Jamblich in der Ammoniosschule aufgewertet, um die eigene Schule als orthodoxe Vertreterin des Platonismus zu legitimieren. Doch die Methode, sich von der Tradition zu emanzipieren und Autoritäten gegeneinander auszuspielen, wurde in aller Schärfe erst von Philoponos praktiziert und stellt ein Spezifikum seiner geistigen Persönlichkeit dar. Wenn er in diesem Zusammenhang eine homogene Haltung des Neuplatonismus zu den Kategorien entschieden in Abrede stellt, so ist bereits in seinem frühen Schrifttum jene Haltung angelegt, gemäß der er als Christ dem Glauben der Paganen an eine Einheit von Aristoteles und Platon widerspricht.[80] Souverän wie sein Lehrer überschaut er die Positionen seiner Vorgänger, aber der Blickpunkt hat sich nach außen verlagert: Die säkularisierte geistige Tradition mutiert so zu einer

Porphyrios ist der Philosoph im Gegensatz zum göttlichen Jamblich (vgl. den *Index Nominum* bei Diehl). Bis auf eine Ausnahme stellt die Position des Jamblich *per se* eine Widerlegung des Porphyrios dar, oft vervollständigt er eine Deutung des Pophyrios, nie umgekehrt. Auch Proklos selbst bezieht Stellung gegen Porphyrios und beruft sich zuweilen auf seinen Lehrer Syrianos. In der überwiegenden Zahl der Fälle ist allerdings die Autorität des Jamblich oberstes Argument.

[80] Etwa Aetm. 29, 2 - 8: zeitgenössische Philosophen sträuben sich, einen Widerspruch in der Ursachenlehre zwischen Aristoteles und Platon anzunehmen. Aetm. 26, 24 - 32, 13, AnPostCom. 242, 14 - 243, 25: Aristoteles lehnt Platons Ideenlehre ab. Vgl. K. VERRYCKEN, The metaphysics of Ammonius son of Hermias, in: SORABJI (1990), S. 224 f.

Materialsammlung, die konkreten Argumentationsstrategien verpflichtet ist.[81]

Zuletzt soll noch einmal Philoponos selbst befragt werden, ob er unabhängig von der eben besprochenen Beeinflussung durch Proklos Kriterien für die Qualität der Jamblichischen Skoposdefinition angibt. Während die drei Wortführer einer ausschließlich linguistischen, mentalistischen bzw. ontologischen Skoposdefinition jeweils einen Terminus des Aristoteles durch einen anderen interpretieren (λεγόμενα = φωναί: CatCom: 8, 34; ὄντα = πράγματα: 9, 3 f.; γένη = νοήματα: 9, 11), gründet Jamblichs Autorität auf Genauigkeit (οἱ δὲ ἀκριβέστερον λέγοντες, ὧν εἷς ἐστιν ὁ Ἰάμβλιχος: CatCom. 9, 12), was zur präzisen Skoposbestimmung führt (ἀκριβῶς τὸν τῶν Κατηγοριῶν σκοπὸν ὁρίζοντες : CatCom. 10, 6). Dementsprechend zwingt Philoponos die einzelnen Philosophen zur Rechtfertigung ihrer Thesen, indem er, ihre Annahmen aufgreifend, diese konsequent und umfassend weiterdenkt. Dabei lehnt er eine Erklärung, die durch Aufspüren von Synonymen einen Ausdruck durch einen anderen ersetzen will, ab zugunsten einer kontextuellen Sichtweise, nach der die jeweiligen Termini als Bestandteile eines konkreten Bezugssystems Bedeutung gewinnen. Sein *quod erat demonstrandum* besteht im Nachweis, daß die operativen Felder der drei Termini φωνή - πρᾶγμα - νόημα in der Ebene "Bezeichnen" eine gemeinsame Schnittfläche haben und dort eine Einheit bilden (περὶ φωνῶν σημαινουσῶν πράγματα ... περὶ νοημάτων ... σημαινόντων πράγματα ... διὰ φωνῶν τῶν ἑρμηνευουσῶν νοήματα: CatCom. 9, 28 - 31). Philoponos gibt also - und diese Maxime wird bei seiner Exegese von *De Opificio* noch genauer zu verfolgen sein - selbst ein praktisches Beispiel für sein

[81] Bei der Erörterung von Aetm. kommt F. J. de HAAS, John Philoponus' New Definition of Prime Matter. Aspects fo its Backgrounds in Neoplatonism and the Ancient Commentary Tradition, Philosophia Antiqua 69, Leiden - New York - Köln 1996, S. 293 ff. zum selben Resultat, was den Einsatz Platons und Aristoteles in der naturwissenschaftlichen Argumentation betrifft. Nach de HAAS mache diese Distanz zur Tradition, die besonders in der Ablehnung Platons, dann in seiner Nutzbarmachung als Quelle für ein eigenes Theorem zu Tage trete, klar, daß Philoponos im Christentum den archimedischen Punkt seines Denkens gefunden habe.

Verständnis von ἀκρίβεια: Es ist die Forderung nach der quantitativen und qualitativen Berücksichtigung sämtlicher mit einem sprachlichen Ausdruck verbundenen Implikationen, die nicht oberflächlich (Gegensatz ist ἐπιπολαιότερος : CatCom. 162, 4) bei einem isolierten Begriff stehen bleibt.[82]

5. Zusammenfassung

A) In der Sprachphilosophie des alexandrinischen Neuplatonismus ist eine voll entwickelte Semiotik überliefert, die sprachliche Zeichen als syntaktische, semantische und pragmatische Phänomene im Sinne von Pierce beschrieb. Für die Rekonstruktion dieser Zeichentheorie kommt den spätplatonischen Kommentaren zum Organon des Aristoteles eine hohe Bedeutung zu, da hier Aussagen über das Verhältnis des Wortes zum Denken und zum Sein getroffen werden.

B) Einen Wendepunkt in der Geschichte des Platonismus stellte die auf Porphyrios zurückgehende Aufnahme der Kategorienschrift des Aristoteles in das philososophische Curriculum dar. Diesbezüglich erhebt sich die Frage, ob diese Verschmelzung von Platonismus und Aristotelismus als Problem gesehen, und welcher ontologische Stellenwert den zehn Kategorien des Aristoteles zuer-

[82] Philoponos steht mit seiner Auffassung von ἀκρίβεια bzw. ἀκριβολογία auf dem Boden rhetorisch - philologischer Tradition. B. NEUSCHÄFER, Origenes als Philologe, Schweizerische Beiträge zu Altertumswissenschaft 18/1-2, Basel 1987, S. 238 f. verweist auf Demetr. De elocut. 209, und auf die Scholien P. Q. T. zu η 126, wo quantitative und inhaltliche Exaktheit die ἀκρίβεια ausmachen. Als Beispiel für deren Verankerung in der christlichen Auslegungsmethodik bringt er Orig. InLucHom. 32. Einer Erwähnung wert ist, daß Philop. CatCom. 9, 12 f. mit der Argumentationsform, Jamblich sei "genauer", weil er nicht sage - und dann folgt die unpräzise Zusammenfassung der Gegenargumente -, sondern sage, was dem Text wirklich entspricht, einem alten Topos folgt. Vgl. NEUSCHÄFER S. 239 Anm. 699 bringt u. a. als Beispiele Schol. bT zu Δ 254 und N 506. Charakteristisch ist die Formel οὐκ - ἀλλά.

kannt wurde. Nach Simplikios und Dexippos, den relevanten Quellen für die Zeit des Philoponos, löste Porphyrios die Kategorien aus einem metaphysischen Kontext und begriff sie als Aussageform über die Empirie. Da die Kategorienschrift des Aristoteles nach dieser Lesart nicht metaphysische Inhalte transportiert, sind ontologische Vorbehalte von der Warte des Platonismus aus gegenstandslos.

C) Trotz ihres innerweltlichen Wesens verweist die Kategorie als Homonym auf das unsagbare Intelligible, die Schrift über die Kategorien besitzt somit propädeutische Funktion. Da das Höchste durch das Organon des Aristoteles noch verhüllt dargestellt ist, mußten die kommentierenden Philosophen das wahre Thema der Schrift, den σκοπός, bestimmen, um dessen didaktisch korrekte Einordnung in den als Aufstieg zum Einen begriffenen Weg der philosophischen Bildung zu gewährleisten. Entsprechend einer exegetischen Tradition wurde diese σκοπός - Definition am Ende der allgemeinen Einleitung in die entsprechende Pragmatie abgehandelt.

D) Um die Stellung des Philoponos innerhalb der neuplatonischen Kommentatorik zu begreifen, wurde seine σκοπός - Bestimmung der Kategorienschrift mit den Aussagen des Ammonios, Olympiodor, Elias und Simplikos verglichen. Dieser Ansatz schien deshalb fruchtbringend, weil durch die starke Binnentradition bei der Gestaltung dieser Prooemien etwaige Abweichungen leichter identifiziert und gegenseitige Abhängigkeiten demaskiert werden können. Ein Aspekt dieser Wirkmacht der Tradition ist der übliche Hinweis des jeweiligen Kommentators, wonach die philosophischen Vorgänger zwar verschiedene Aspekte bei der Zielbestimmung der Kategorien hervorkehrten, aber doch um Harmonisierung bemüht waren. Hier ist ein Ausscheren des Philoponos evident: Gegen Ammonios kehrt er den Dissens unter den Platonikern hervor, die jetzt nicht mehr als homogene Denkgemeinschaft verstanden werden, der man sich verpflichtet fühlt. Dieser neuartige methodische Zugang im Umgang mit den Alten, der Versuch, sich von der Last der heidnischen Tradition zu emanzipieren, ist ein indirektes Indiz für die Zugehörigkeit des Philoponos zum Christentum bereits in dieser Frühphase seines Schaffens, der sein Kategorienkommentar zuzuordnen ist.

E) Was nun die Bewertung der einzelnen Vorgänger in der Kategorienkommentierung betrifft, konnte ein prinzipieller Unterschied zwischen Simplikios auf der einen und Ammonios bzw. Philoponos auf der anderen Seite herausgearbeitet werden. Während jener in Porphyrios den Exegeten zu finden glaubte, der in vollkommener Weise das Organon in den Platonismus integriert hatte, heben die beiden Alexandriner Jamblich hervor. Dabei sind sie Proklos verpflichtet, der Jamblichs Interpretationsmethode als vollkommen pries, weil er in einem inspirierten Text ein lebendiges Wesen zu erkennen vermocht habe, das auf ein intelligibles Konzept hin geschaffen worden war. So verstanden ist jedes Motiv eines literarischen Organismus nur eine Facette eines übergeordneten Generalthemas, dessen Kenntnis das Verstehen des Einzelnen ermöglicht. Auch Philoponos wird dieser monistischen Sichtweise bei der Interpretation des Hexaemeron folgen und die konkreten Äußerungen der Bibel als situations- und zeitgebundene Verbalisierung der göttlichen Wahrheit erkennen.

B. DAS WORT IN DER KOMMUNIKATION

1. Wort - Denken - Sache: Das semantische Dreieck bei Ammonios

Der hermeneutische Zusammenhang, in dem diese Lehre bei den alexandrinischen Kommentatoren entwickelt wird, besteht nicht in einem grammatikalischen Anliegen,[83] sondern in einer dialektischen Fragestellung, welche die drei Elemente der Skoposformel als untrennbares Ganzes festlegt. Das Thema ist die Erkenntnis eines primär Seienden durch den menschlichen Geist im Rahmen der Kommunikation. Der in den Skoposbestimmungen zwischen dem Kategorienkommentar des Ammonios und seinem Hauptwerk, dem ὑπόμνημα zu *De Interpretatione* zu Tage tretende Unterschied bezieht sich nicht auf das von φωνή - πρᾶγμα - νόημα markierte semantische Feld, sondern betrifft die Komplexität der Verknüpfung sprachlicher Äußerungen. Von den einfachen, semantischen Lauten (Kategorien), über die einfachen λόγοι, die in Verbindung den Behauptungssatz ergeben (*De Interpretatione*), bis zu den Syllogismen (Analytiken)[84] bleiben die Grundelemente der Semiotik dieselben. Ammonios verteidigt diese einheitliche Sicht von Sprache und Zeichen, wenn er den Einwand, nach der Untersuchung der φωνή im CatCom. habe eine neuerliche Befassung mit ὄνομα und ῥῆμα keinen Sinn, widerlegt und feststellt, daß diese beiden Wortarten, φάσις und Definition (ὅρος) dem Substrat nach identisch seien und sich lediglich in ihren Relationen (σχέσει) unterschieden: Wenn es um Zeichengebung für πράγματα gehe, spreche man von φωναί, bei Zufügung eines Artikels von ὄνομα und bei einem Zeitbezug von ῥῆμα. Φωνή als Teil eines Behauptungssatzes heiße φάσις, als Element eines Syllogismus aber Definition (IntCom. 10, 1 - 17). Vor der Betrachtung dieses Kommentares ist somit wieder auf jene bereits erörterte Sichtweise aufmerksam zu machen, nach der eine sprachliche Äußerung immer noetische und ontologische Bezüge impliziert. Im vorliegenden Fall von *De Interpretatione* greift Ammonios den Behauptungssatz als Zen-

---

[83] Vgl. oben zu Ammon. IntCom. 65, 13 - 30.

[84] Ammon. IntCom. 2, 1 - 9; 4, 17 - 24.

tralthema heraus und schließt asemische Komponenten wie Artikel, Präpositionen und Konjunktionen von der Behandlung aus.[85]

Aristot. Int. 16 a 3 - 9 gilt als wichtigste zeichentheoretische Passage beim Stagiriten und gehört zu den *loci classici* in der Geschichte der Semiotik.[86] Die Kommentierung durch Ammonios zeigt die Grundelemente seines Sprachmodells: Semantische Ausdrücke bezeichnen direkt Gedanken (νοήματα) und durch diese πράγματα. Ein stoisches λεκτόν ist nicht nötig (IntCom. 17, 24 - 8). Das πρᾶγμα entspricht gemäß der neuplatonischen Metaphysik dem Bereich des Göttlichen (θεόθεν), das Denken dem Intelligiblen (νόερον), stimmliche Laute dem Seelischen (IntCom. 24, 22 - 29)[87]. Die Auffassung, daß a) das πρᾶγμα für alle dasselbe ist und b) das Denken einen Abdruck davon darstellt (πίναξ: IntCom. 20, 22; εἰκόνες : IntCom. 18, 29) bedingt die Vorstellung von einer kollektiv gleichen seelischen Reaktion auf einen Sachverhalt.[88] Bei der Aufnahme der Sache in die Seele selbst gibt es keine Fehlermöglichkeit, die Aufsplitterung in wahr / falsch tritt erst bei Aussagesätzen über zusammengesetzte Sachverhalte ein, die zusammengesetzte Gedanken evozieren, welche von zusammengesetzten stimmlichen Lauten bezeichnet werden (Int Com. 18, 4 - 10). Die Aufnahme, Verarbeitung und Artikulation eines einfachen πρᾶγμα ist gezwungenermaßen korrekt, d. h. alle Menschen verfügen über identische Gedanken über die von diesen abgebildeten

---

[85] Ammon. IntCom. 8, 30 f.; 12, 13 - 15.

[86] Aristoteles Peri Hermeneias. Übersetzt und erläutert von H. WEIDEMANN. Aristoteles: Werke in deutscher Übersetzung. Hrsg. von H. FLASHAR, Berlin 1994, S. 134.; ders., Ansätze zu einer semantischen Theorie bei Aristoteles, in: Zeitschrift für Semiotik 4, 1982, S. 241 - 257. Vgl. J. HENNIGFELD, Geschichte der Sprachphilosophie, Berlin - New York 1994, S. 70 - 94.

[87] Vgl. VERRYCKEN (1990 b), S. 212 - 214.

[88] WEIDEMANN (1994), S. 150 f. vermißt bei Aristoteles die klare Unterscheidung zwischen denen, die im Kommunikationsprozeß einen gleichen überindividuellen Gedanken denken, und dem, was der Seele des einzelnen beim Denken des allgemeinen Gedankens widerfährt. Vgl. SCHUBERT S. 176 - 180.

Sachverhalte.[89] Es ist unmöglich, eine Sache durch verschiedene gedankliche Konzepte zu bedenken, φωναί ändern nichts am Inhalt des Gedachten (IntCom. 20, 19 f.). Das allen Gleiche ist naturgegeben, also gelten auch πρᾶγμα und νόημα als φύσει (das Vorstellungsbild Löwe verweist bei allen Menschen auf den Löwen und nicht etwa auf Pferd), stimmliche Laute und Schrift werden von verschiedenen menschlichen Gemeinschaften verschieden ausgebildet und gelten in dieser Hinsicht als θέσει (IntCom. 19, 1 - 19). Stimmliche Äußerungen sind σύμβολα und σημεῖα des Denkens, dies ist ein ὁμοίωμα des Seins (besonders IntCom. 20, 1 - 26). Nur die rationale Seele kann Sprache als σύμβολον ausbilden (IntCom. 23, 1 f.). Als Kennzeichen der semantischen φωνή werden ihre Herkunft von der rationalen Seele (IntCom. 24, 28) und ihre Gliederung bzw. die Möglichkeit der Verschriftlichung (IntCom. 25, 21 - 25) genannt. Was die Bildung von Substantiv und Verb betrifft, gilt die φωνή als materielles Substrat, das von der λεκτικὴ φαντασία zu Wörtern geformt wird (IntCom. 22, 34 - 23, 2). Insofern sie das natürliche Rohprodukt für die Artikulation abgeben, sind die Laute φύσει, erst als gestaltete, aufgrund einer Konvention rational gebildete stimmliche Äußerung sind sie θέσει

89 In der wissenschaftlichen Diskussion der Gegenwart gibt es zwei Positionen über den Gehalt von Aristoteles' παθήματα ἐν τῇ ψυχῇ: N. KRETZMANN, Aristotle on Spoken Sound Significant by Convention, in: J. CORCORAN (ed.), Ancient Logic and its Modern Interpretation, Dordrecht - Boston 1974, S. 3 - 21, bes. S. 9 faßt die παθήματα als nicht ausschließlich gedankliche, sondern generell seelische Eindrücke auf. Dagegen betont H. WEIDEMANN, Grundzüge der Aristotelischen Sprachtheorie, in: P. SCHMITTER (Hrsg.), Geschichte der Sprachtheorie 2. Sprachtheorien der abendländischen Antike, Tübingen 1996, S. 170 - 192, S. 178, daß es Aristoteles zuerst allgemein um die Artikulation von Widerfahrnissen der Seele gehe, die er dann als παθήματα der Denkseele präzisiere. Zur Debatte vgl. HENNIGFELD S. 74. Ammonios legt sich auf die Bestimmung der παθήματα als Gedanken fest (Int Com. 22, 9 f.).

(IntCom. 23, 4 - 9).[90] Nach dieser ersten Annäherung an eine Zeichentheorie des Ammonios können seine Aussagen über die Zusammenhänge von Wort - Denken - Sein graphisch dargestellt werden (bes. IntCom. 20, 23 - 26):[91]

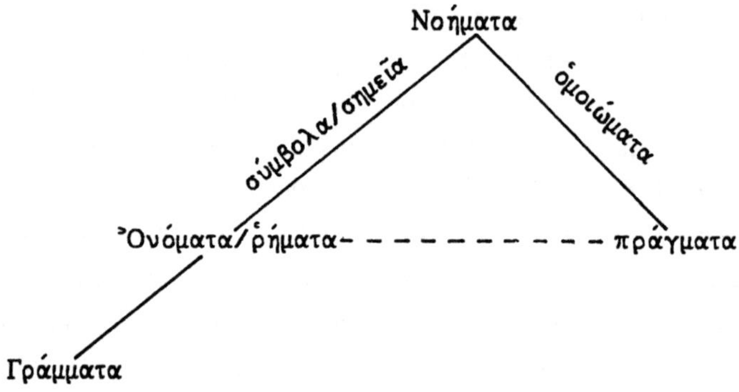

Sprechen und Verstehen hängen in diesem Modell nicht nur von der Kenntnis eines gemeinsamen Codes ab, sondern das Wissen des Seins ist insofern ein averbaler Prozeß, als sich das Sein abbildhaft nur im Denken spiegelt, das als natürlicher und korrekter Abdruck dieses intelligiblen Seins verstanden wird. Das Wort, nicht zur Gänze naturgegeben, wird zum parallelverschobenen Zeichen. Die sinnvolle Verknüpfung menschlicher Worte - Sprache - steht niemals als identischer Ersatz für die Sache, sondern markiert lediglich einen Gedanken. Ein und dasselbe Wort kann polynomisch von einem anderen Ausdruck ersetzt werden, da die Wortbildung als konventioneller Prozeß der Freiheit des Menschen obliegt (ἐφ' ἡμῖν: IntCom. 20, 7). Impliziert nicht auch die Möglichkeit einer unendlichen Zeichensetzung beim Sprecher eine Unendlichkeit der Zeichendeutung beim Rezipienten ? Zur Klärung dieser Frage müssen die Eckpunkte im

90 Vgl. W. AX, Ψόφος, φωνή und διάλεκτος als Grundbegriffe aristotelischer Sprachreflexion, in: Glotta 56, 1978, S. 255. Die Bindung des Symbolon an die Konventionalität entsprich Aristotelischem Denken. Als Beispiele vgl. Int. 16 a 28; 24 b 2. Dazu AX (1978), S. 251 f.

91 Das für Aristoteles von WEIDEMANN (1994), S. 149 entwickelte semantische Dreieck entspricht dem des Ammonios. Vgl. WEIDEMANN (1996), S. 183.

semantischen Dreieck des Ammonios und ihre Bezüge zueinander näher bestimmt und dazu weitere Belege aus dem vorliegenden Kommentar zu Rate gezogen werden.

2. Von der φωνή zum ὄνομα

Wenn es um die Kommunikations- und Referenzkraft menschlicher φωνή geht, hebt Ammonios ihre Herkunft von der rationalen Seele hervor (IntCom. 25, 6; 14 - 7).[92] Unter einem physiologischen Gesichtspunkt differenziert er zwei Bereiche des Lautbildungsapparates: 1) Organe (Lunge, Luftröhre) als phonetische Apparate der Lautbildung 2) andere Organe, die jene von diesen erzeugten Schallaute artikulieren (z. B.: Zunge, Lippen: IntCom. 24, 32 - 25, 10), indem sie, dem Impuls (ὁρμή) der rationalen Seele hilfreich zur Seite stehend, den noch quasi tierisch - hyletischen Laut (φωνή) gliedern, formen und zur γένεσις διαλέκτου führen. Der noch unstrukturierte Laut hebt sich seinerseits vom reinen Schall (ψόφος) ab, indem er von einem Lebewesen herrührt (IntCom. 30, 3 - 16). Danach unterscheidet Ammonios vier Arten von φωναί (Zusammenfassung IntCom. 31, 12 - 18): 1) jene, die etwas bezeichnen und gegliedert (ἐγγράμματος) sind, wie etwa ἄνθρωπος. Sie sind mit dem Wort identisch. 2) Laute semantischen Charakters wie das Bellen des Hundes, Schnarchen oder Lachen, die allerdings nicht das Kriterium der Gliederung und daher der Möglichkeit zur Verschriftlichung erfüllen. 3) Phantasieworte wie βλίτυρι, κνάξ, die zwar geschrieben werden können, aber nichts bedeuten. 4) Laute ohne Bedeutung und innere

---

[92] Damit befindet er sich in Übereinstimmung mit Aristot. GA 786 b 17 ff, Pol. 1253 a 7 ff.

Struktur wie das Pfeifen. Diese Verhältnisse lassen sich in einem Stemma zusammenfassen:[93]

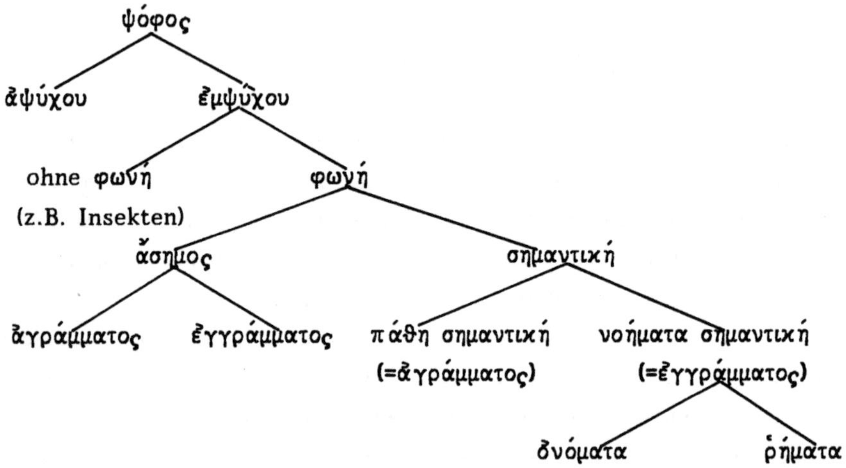

Wesentliche Aspekte dieses Sprachmodells gehen auf Aristoteles zurück. Dazu gehört die Differenzierung von Laut und Schall durch das Vorhandensein eines physiologischen Lautbildungsapparates (HA 535 a 15 - b 15), die Scheidung zwischen Organen, die Laute bilden und solchen, die sie gliedern (An. 420 b 4 ff., HA 535 a 30 - b 1), weiters die Tatsache, daß die Trennlinie zwischen tierischer und menschlicher Sprache nicht im Vorhandensein bzw. Nichtvorhandensein von Bedeutung besteht. Ammonios bestimmt das κατὰ συνθήκην des Aristoteles, also die Bindung der artikulierten und semantischen

---

93 AX (1986), S. 236 f. arbeitet den Einfluß der stoischen Dihärese der Stimme mit der zweifache Distinktion von Grammatizität und Semantizität heraus. Die Bestimmung der φωνή als ἀὴρ πεπληγμένος ἢ τὸ ἴδιον αἰσθητὸν ἀκοῆς (Diog. Laert. VII 55 = SVF III Diogenes von Babylon 17) weist eine enge terminologische wie inhaltliche Nähe mit der Definition des Ammonios von ψόφος auf: ψόφος μέν ἐστι πληγὴ ἀέρος αἰσθητὴ ἀκοῇ (IntCom. 30, 8), doch sind diese Bezüge leichter mit einer Beeinflussung der Stoa durch Aristoteles als durch Abhängigkeit des Ammonios von stoischen Quellen erklärbar. Πληγή ist genuin Aristotelisch (An. 420 b 29) und findet sich im gleichen Zusammenhang auch bei Philop. An Com. 375, 4.

Äußerung an eine Übereinkunft (Int. 16 a 3 ff.; b 33 ff.), als Schreibbarkeit, diese kommt nur dem Menschen zu. Ammonios konkretisiert die aristotelische Auffassung, wonach die Konventionalität der sinnvollen, stimmlichen Äußerung Bedingung und Wesen der menschlichen Sprache ist, indem er die Grammatizität von Lauten als Ausdruck ihres symbolhaften Charakters unterstreicht. Insofern die Art der Schrift nicht *a priori* feststeht und von verschiedenen Völkern verschieden gehandhabt wird, entspringt sie der menschlichen Satzung und ist deutlichstes Beispiel für eine auf Konvention beruhende Einrichtung (IntCom. 20, 14 -26). Ammonios verbleibt hier durchaus in Denkmustern, die Aristoteles vorgeformt hat, wenn er Schreibbarkeit, Zusammensetzbarkeit und Konventionalität von Lautgebilden als Einheit begreift.[94] Allerdings modifiziert er die Terminologie, indem er bei der φωνή gegen den Usus des Aristoteles, der Laut und Semantizität stets als Einheit versteht,[95] sowohl eine semantische, als auch eine asemantische Komponente feststellt. Während weiters der Stagirit auch Vögeln, die sich mit Hilfe strukturierter Laute verständigen, διάλεκτος zuschreibt (HA 536 a 20 ff.), bleibt Sprache bei Ammonios exklusiv dem Menschen vorbehalten (IntCom. 24, 32 f.), weil die organischen Voraussetzung der Bildung einer Dialektos aus dem Laut (Lippen, Zähne: IntCom. 25, 5 f.; 30, 14; 63, 4 f.) bei Vögeln nicht gegeben sind. Diese Notiz zur begrifflichen Eigenständigkeit des Alexandriners darf nicht als Hinweis auf eine systematische Abweichung verstanden werden. Im wesentlichen Punkt ist Ammonios ein tiefes Verständnis für die Position seines Lehrmeisters zu konzedieren: in beiden Entwürfen wird über eine physiologisch - organische Darstellung der Entstehungsvoraussetzung von Sprache immer auch ihre Abhängigkeit von der Vernunftseele des Menschen vorausgesetzt. Aristoteles erkennt auch Tieren διάλεκτος, nie aber λόγος zu (part.an. 659 b 27; 660 a 14 ff.; 786 b 17 ff.). Ammonios nimmt bei Tieren konsequenterweise keine Sprache an, weil er den aus Worten zusammengesetzten λόγος als Baustein von διάλεκτος versteht (IntCom. 64, 26 - 8). In beiden Entwürfen ist nur der Mensch das *animal rationale*, das Tier gleichwohl zur Verständi-

---

[94] Aristot. Int. 16 a 19 ff.; Poet. 1456 b 22 ff. Vgl. AX (1978), S. 257. Zur Bedeutung von κατὰ συνθήκην vgl. HENNIGFELD S. 81 - 84.

[95] Vgl. AX (1978), S. 256.

gung befähigt, deren Qualität sich allerdings deutlich abhebt, da sie nur Affektives bezeichnet. Letztlich macht nicht die Semantizität von stimmlichen Äußerungen als solche, sondern die Semiose als Prozeß der vernünftigen, auf Vereinbarung beruhenden Lautgestaltung das Spezifikum der menschlichen Artikulation aus. Diese ist weder bei Tieren möglich, noch bei Göttern notwendig: οὔτε γὰρ τῶν ὑπὲρ τὸν ἄνθρωπον οὔτε τῶν ὑπὸ τὸν ἄνθρωπον οὐδὲν πέφυκε τῇ συνθήκῃ χρῆσθαι· τὰ μὲν γὰρ οὐ δεῖται, τὰ δὲ οὐ δύναται πρὸς ἄλληλα συντίθεσθαι (IntCom. 31, 23 - 5).[96]

Im nächsten Schritt sind nun die seelischen Voraussetzungen der Laut- und Wortbildung zu untersuchen. Wie aus den bisherigen Erörterungen hervorgegangen ist, stellt die φωνή für Ammonios einen psychisch motivierten Laut dar, der - ohne Rücksicht auf eine Scheidung zwischen Tier und Mensch - aus dem Impuls als einer triebhaft-vitalen Seelenfunktion entspringt (κατά τινα ὁρμὴν τῆς ψυχῆς : IntCom. 30, 12) und aus einem Gefühl des Mangels heraus entstanden ist.[97] Das Wort hingegen wird mittels der φαντασία λεκτική von der ἐπίνοια bzw. den διανοήματα erzeugt (IntCom. 22, 25 - 27; 22, 33 - 23, 2):

ἐπίνοια

↓

φαντασία λεκτική

↓

μορφωθεῖσαι / διαπλασθεῖσαι φωναί = ὀνόματα + ῥήματα

---

[96] Wie Aristoteles fokusiert Ammonios seine Überlegungen hier auf die Kommunikationsfunktion der Sprache, wogegen die Relation des Wortes zum Denken zurücktritt. Vgl. HENNIGFELD S. 74; 76; 82 - 84.

[97] Ammon. IntCom. 5, 3 - 6 zählt zu den ζωτικαὶ καὶ ὀρεκτικαὶ δυνάμεις der Seele βούλησις, προαίρεσις, θυμός und ἐπιθυμία. Hier folgt Ammonios Aristot. An. 414 b 1, wo aus dieser Liste nur προαίρεσις nicht aufscheint. Naheliegend ist aber eine Übernahme aus An. 406 b 24 - 25, wo als Bewegungsursachen der Seele προαίρεσις und νόησις angegeben werden. Zum Streben nach Gütern vgl. Aristot. An. 414 b 12 f.

Bei der Produktion der gestalteten menschlichen Artikulation arbeitet also, ohne eigentliche Ursache zu sein, die Vorstellung mit, um sprachliche Abbilder des Noetischen herzustellen. Auch Aristoteles notiert (An. 420 b 29), daß für das Zustandekommen einer φωνή ein beseeltes Lebewesen mit einer gewissen φαντασία erforderlich sei, da es etwas ausdrücken wolle, d. h. daß ein Motiv, um etwas auszudrücken bereits gegeben ist. Φαντασία in diesem Zusammenhang ist nicht Ursache, sondern Instrument der Wortbildung.[98] Das Attribut λεκτική ist in mehrfacher Hinsicht bedeutsam. Zunächst wird auf rein terminologischer Ebene das Verständnis dieser φαντασία auf ihre Funktion in der Spracherzeugung eingeschränkt. Vor allem aber spielt die φαντασία λεκτική in der Sprachphilosophie des Proklos eine Rolle, die trotz der nur zweifachen Erwähnung des Terminus bei Ammonios (Int Com. 23, 1; 39, 25 - 28) inhaltlich eng verwandt ist. Nach Prokl. KratCom. 18, 29 verfügt die Seele über eine Kraft, Bilder zu formen, welche den minderwertigeren Seelenteil zum Besseren hin assimiliert (ἀ φομοιωτική). Voraussetzung dieses Konzepts ist die hierarchische Ordnung des Seins, in der die jeweils höhere Ursache in ihrer Wirkung enthalten ist, wobei das partizipierende untere Element Zeichen seiner Ursache und ihr damit in gewisser Weise ähnlich ist. Die Spitze der Seinsordnung, das nicht mehr ableitbare ἕν, ist somit in allen Ebenen der Hierarchie, auch in der Seele, vorhanden. Die Einzigartigkeit der rationalen Psyche besteht nun in ihrer

[98] Nicht damit zu verwechseln ist Aristoteles' Konzept von der Sinneswahrnehmung als Ausgangspunkt, weil er in dem Passus aus *De Anima* die Bedingungen der Stimm- und Sprachentstehung, nicht die Voraussetzungen des Denkens erläutert. Vgl. An. 431 a 14 - 17: Τῇ δὲ διανοητικῇ ψυχῇ τὰ φαντάσματα οἷον αἰσθήματα ὑπάρχει ... οὐδέποτε νοεῖ ἄνευ φαντάσματος ἡ ψυχή. Ungeachtet dessen thematisiert Ammonios auch diesen Aspekt von Vorstellung, wenn er IntCom. 25, 10 - 17 als Ursache für die unartikulierten stimmlichen Äußerungen der ζῷα seelische Wahrnehmungen und φαντασίαι ansetzt, von denen die alogischen Seelenregungen ausgelöst werden, die sich wiederum in der φωνή äußern. In diesem Fall folgt im Gegensatz zum rationalen Menschen der Laut unmittelbar auf das psychische πάθος ohne Zwischenstellung einer formenden φαντασία λεκτική.

Fähigkeit, den eigenen Status innerhalb der Seinsordnung festzulegen.[99] So paßt sich die Seele selbst den Göttern, Dämonen und Engeln an, die seinsmäßig über ihr stehen (KratCom. 19, 5), wobei sie die immateriellen Sprößlinge der λογικὴ οὐσία mittels der φαντασία λεκτική als Abbilder des Seienden generiert und damit die οὐσία der Worte herbeiführt.[100] Agens dieses Prozesses ist bei Proklos ebensowenig die Vorstellung wie bei Ammonios, sondern die διάνοια τοῦ ὀνοματοθέτου, die einen von Lunge, Luftröhre und Zunge geschaffenen Laut im Hinblick auf εἶδος und παράδειγμα formt (Krat Com. 17, 5 - 9) und der ἐπίνοια bzw. dem διανόημα des Alexandriners entspricht. Die Seele ist zur Selbstbewegung befähigt und kann aufgrund der ἐπιστροφή zu sich selbst[101] auf sich einwirken. Ihre Mittelstellung zwischen ὄντα und γιγνόμενα geht deutlich aus dem Umstand hervor, daß sie auf die hyletische Phone einwirkt, indem sie das Intelligible in dieses Substrat kopiert.[102] In sich findet sie nun die übergeordnete Ursache ihrer selbst, die als Bewirkendes in ihr überall vorhanden, aber doch verschieden ist.[103] Daraus folgt, daß

---

[99] Die wesentlichen Belege stellt KUISMA S. 48 - 51 zusammen: vgl. Prokl. KratCom. 103, 7 - 15, ThP. I 16, 19 - 17, 7, TimCom. I 186, 21 - 22.

[100] Eng verwandt ist Prokl. ParmCom. 841, 26 - 30 im Gedanken der Angleichung des ontologisch Sekundären an einen höheren Seinsstatus. Zum Verhältnis Begriff - Idee bei Proklos vgl. W. BERNARD, Spätantike Dichtungstheorien. Untersuchungen zu Proklos, Herakleitos und Plutarchos, BzA 3, Stuttgart 1990, S. 147. Die Bezüge zu Proklos werden an dieser Stelle nur insofern untersucht, als sie zum Verständnis dieses konkreten Ausdrucks beitragen.

[101] Vgl. Prokl. ETh. 18, 21 - 20, 2. Allgemein R. BEUTLER, Proklos, RE XXIII 1, 1957, 211 - 213; 234 - 238.

[102] Zur Mittelstellung der Seele vgl. Prokl. ETh. 148, 4 - 26, Remp Com. II 51, 9 ff.; 137, 4 ff. Die Seele bildet die Ideen in ihr ab und ist ἀφομοιωματικός: Prokl. TheolPlat. 345. Simplikios (CatCom. 12, 22) spricht ebenfalls von der Ausbildung von εἰκόνες durch die Seele, der Vorgang des Angleichens ist bei ihm ein ἐξομοιοῦσθαι.

[103] Zur Differenz von νοῦς und ψυχή vgl. Prokl. ETh. 160, 24 - 30, TimCom. II 143, 29 ff.

die Hinwendung zu sich das Vorfinden eines ursächlichen, wesenhaft Höheren nach sich zieht. Dieses - πρὸς τὰ κρείττω ἑαυτῆς - ist der einzelne νοῦς in ihr, der die Ideen beinhaltet, sodaß über ihn deren Kenntnis möglich ist.[104] Im Blick auf die Ideen gestaltet sie die sprachlichen Abbilder.[105] Da die Absicht des Ammonios bei der Kommentierung von *De interpretatione*, als dessen Thema der aus Substantiv und Verb bestehende Behauptungssatz gilt, zweifellos nicht in der Darstellung einer neuplatonischen Ideenlehre bestand, werden die mit der Nennung der φαντασία λεκτική gegebenen dialektischen Bezüge ausgeblendet. Ammonios stellt diese Seelenfunktion gleichsam in ihrer äußeren Wirkung dar, ohne die volle theologische Begründung für die Genese von Sprache zu geben. Da diese noch im selben Kommentar entwickelt wird, stellt der hier besprochene Passus Vorbereitung und Ansatzpunkt für eine höhere Lehre dar, ist aber gleichwohl aus sich heraus sinnvoll.

3. Ὄνομα als Symbol und Zeichen - eine Typologie der Korrelationen

Das Wort wird nicht um seiner selbst willen gesprochen, sondern zielt auf ein externes Objekt seiner Bedeutung - das Denken. Das von Platon im Kratylos eröffnete und in allen antiken Sprachtheorien diskutierte Problem, ob zwischen Wort und Signifikat eine abbildhafte Beziehung bestehe oder nicht, wurde von Aristoteles insofern auf eine andere Ebene gehoben, als er in *De Interpretatione* die Frage neu stellte und durch die Bestimmung des ὄνομα als Symbol und Zeichen nicht die Äquivalenz, sondern die Implikation untersuchte.

---

[104] Vgl. Prokl. ETh. 168, 30 - 170, 3.

[105] Vgl. Prokl. EuclCat. 95: die φαντασία verkörpert die Fähigkeit der Seele, Abbilder zu gestalten, indem sie den Weg von den unteil- und unformbaren ὄντα zur bildhaften λογικὴ οὐσία beschreitet. Vgl. J. TROUILLARD, Übereinstimmung der Definition der Seele bei Proklos, in: ZINTZEN (1977), S. 328.

G. Manetti hat vor kurzem dieser Einschätzung der Aristotelischen Sprachtheorie als einer Semiotik mit Vehemenz widersprochen.[106] Dabei vertritt er die These, Aristoteles habe zwischen Symbol und Zeichen auf zweifache Weise geschieden, wonach σύμβολον a) ein konventionelles b) auf die menschliche Sprache bezogenes Äquivalent sei, das zwischen artikulierten Lauten und seelischem Denken vermittle. Hingegen stehe das σημεῖον a) naturgegeben und b) in einem ikonischen Verhältnis zwischen Realität (Sache) und Denken. Die beiden Paare des semantischen Dreiecks Wort - Denken und Denken - Sache seien also durch zwei verschiedene "relationships" - dort symbolisch, konventionell, hier ikonisch, motiviert - verbunden.[107] Das Wort als Symbol werde von Aristoteles gemäß dem Gebrauch bei Demokrit (D - K, 668 B 5, 1) als reziprokes Gegenstück zu den von ihm artikulierten Gedanken gefaßt, die in absoluter Austauschbarkeit und Transparenz für einander stehen. Wort und Gedanke befinden sich in voller Übereinstimmung gemäß einer zuvor getroffenen Übereinkunft, von der die Korrektheit des sprachlichen Äquivalentes garantiert werde.[108] Vom sprachlichen Ausdruck als Zeichen, das etwas enthülle, von einer Linguistik mit semiotischem Einschlag, sei Aristoteles zu einer Sprachtheorie übergegangen, in dem das Zeichen

[106] G. MANETTI, Theories of the sign in classical antiquity, Bloomington 1993. Damit setzt MANETTI die Interpretation von KRETZMANN fort, der σημεῖον als natürliches Symptom bzw. Zeichen vom konventionellen σύμβολον abhebt (S. 7 f.; 15 f.). WEIDEMANN (1996), S. 181 f. widerspricht dieser Interpretation, indem er auf die in den Kapiteln 2, 3 und 4 notwendige Ergänzung der Worte σημεῖον, σημαίνειν und σημαντικός durch κατὰ συνθήκην verweist; σημεῖον ist also wie σύμβολον konventionelles Zeichen.

[107] MANETTI S. 72.

[108] MANETTI S. 74 gewinnt dieses Verständnis von σύμβολον aus den Gebräuchen der Gastfreundschaft. Es bezeichnete die Marke, die in zwei Hälften zerbrochen wurde und als Erkennungsmal diente. W. MÜRI, ΣΥΜΒΟΛΟΝ. Wort- und sachgeschichtliche Studie, in: E. VISCHER (Hrsg.), W. Müri, Griechische Studien. Ausgewählte wort- und sachgeschichtliche Forschungen zur Antike, Basel 1976, S. 2 bringt die wesentlichen Belege.

keine Rolle spiele und die demnach prinzipiell unsemiotisch sei. Demgegenüber ist etwa von Ax die bislang vorherrschende Ansicht vertreten worden, wonach die Konventionalität des Symbols die Trennlinie zum Zeichen markiere - Symbole sind nach dieser Lesart Zeichen in einer speziellen Form. [109]

Wie nun Aristot. Int 16 a 3 - 9 und Poet. 1456 b 22 f. zeigen, engt Aristoteles das Vorkommen des σύμβολον tatsächlich auf die menschliche Kommunikation ein und stellt so den Gegensatz zu tierischen Sprachformen her, in denen die Verständigung durch σημεῖα erfolgt (Int. 16 a 28, GA 786 b 17 ff, Pol. 1253 a 7 ff.). Hat er damit aber zwingend dem menschlichen, symbolhaften Wort jedweden Zeichencharakter abgesprochen ? Einwände gegen Manettis Theorie scheinen angebracht, zumal Aristoteles das ὄνομα als zeichenhaften Laut versteht und Semantizität zu einem Attribut der sprachlichen Äußerung macht (Int. 16 a 19). Dazu setzt Aristoteles in *De Interpretatione* einmal (16 a 5) Laut und Zeichen gleich, ohne daß hier mit Manetti ein "weak sense" angenommen werden müßte. Außerdem ist in Metaph. 1012 a 24 das Wort als Zeichen des Begriffs definiert: ὁ γὰρ λόγος οὗ τὸ ὄνομα σημεῖον ὁρισμὸς ἔσται. Weiters bringt Manettis Verständnis von σύμβολον als reziprokem und gleichrangigem Äquivalent seine Hypothese insofern ins Wanken, als gesprochene Laute (τὰ ἐν τῇ φωνῇ: Aristot. Int. 16 a 3) als Symbole gleichwertig mit ihrem Referenzobjekt, den νοήματα, sein müßten. Diese absolute Identität von φωνή, die Aristoteles als Hyle des Logos betrachtete, und deren Entstehung von der Vorstellung, aber auch von physiolo-

---

[109] Vgl. AX (1978), S. 265 zu Aristot. Int. 16 a 3 ff., wo die φωνή als Symbol und Zeichen bestimmt wird. Symbole sind spezielle Zeichen, die das Signifikat κατὰ συνθήκην angeben: AX (1986), S. 134 f. HENNIGFELD geht von der Bedeutung "Zeichen" für das Symbol aus, wodurch die Opposition, die MANETTI zwischen σύμβολον und σημεῖον konstruiert, verschwindet: "*Aristoteles faßt das Wort als ein Zeichen (symbolon), über das man sich so geeinigt hat, daß man dadurch jemandem etwas anzeigen, ihn auf etwas verweisen kann (semainein)*" (S. 73). KRETZMANN S. 7 f.: Lautliche Äußerungen sind zuerst Symptome, dann Symbole von Empfindungen. SCHUBERT S. 182 versteht σημεῖον als übergeordneten Gattungsbegriff für σύμβολον.

gischen Kriterien abhängt,[110] mit den immateriellen νοήματα scheint nicht plausibel. Ausgehend von einem zu engen Verständnis von σύμβολον als einem Gegensatz zum enthüllenden Zeichen kommen in der von Manetti rekonstruierten Sprachtheorie jene Aspekte zu kurz,[111] die den Verweischarakter von Sprache betonen. Das Symbol-

---

[110] Aristot. HA 535 a 27 - b 15. Vgl. AX (1986) S. 251.

[111] Der Sinn der geteilten Marke, an der der Hausherr den Gastfreund erkennt, besteht ja nicht im Nachweis, daß die beiden Hälften zueinander passen, sondern in der Bezeugung eines Dritten, nämlich der vorherigen Abmachung der Gastfreundschaft. So betont P. CROME, Symbol und Unzulänglichkeit der Sprache. Jamblichos, Plotin, Porphyrios, Proklos, München 1970 zu Recht als wesentliches Merkmal des Symbols die Tatsache, daß "*aus dem einen Moment ein anderes erfaßt werden will*" (S. 211). Erst dadurch gewinnen die σύμβολα Bedeutung und Funktion. Wenn also auch das gegenständliche Symbol implizites Zeichen ist, von dem aus etwas Zugehöriges erschlossen wird, verliert die von Manetti aus *De Interpretatione* abgeleitete Dichotomie Symbol - Zeichen ihre sachliche Berechtigung, vgl. MÜRI S. 16 f. Generell zu beachten ist der Umstand, daß von Aristoteles' Verwendung von Symbolon in einem linguistisch - philosophischen Zusammenhang bis zum Neuplatoniker Ammonios dieser Terminus eine wesentliche Vermehrung seiner Signifikate erfuhr. Nach Porphyrios machten die Alten Höhlen bzw. Grotten zum Symbol für den aus der ὕλη entstandenen Kosmos (Ant. 6, 21 - 28) und aufgrund ihrer Dunkelheit aller unsichtbaren Kräfte (Ant. 8, 29 - 32). Wenn etwa Proklos in vielen seiner Schriften (nicht im Kratyloskommentar) Name und Symbol gleichsetzt (TheolPlat. 28 p 70, Tim Com. I 210, 30; 272, 26 - 273, 9, RempCom. 73, 12; 83, 9; 125, 5), so geschieht dies in einem theologisch - theurgischen Kontext. Als die Mysterienreligionen und die Allegorese sich des Wortes bemächtigten, wurden die alten Bedeutungen zwar nicht aufgehoben, doch wandelte sich das Symbol zu einem Gegenstand autarken Wesens, in dem das Göttliche verhüllt ist und das deswegen als Unterpfand jene Vereinigung mit der Gottheit verbürgt, die auf dem Wege geistigen Erkennens nicht mehr möglich ist (Iambl.

wort des Aristoteles ist konventionelles Zeichen. Diese Verbindung von Sprachtheorie und Semiotik bildete den Ausgangspunkt für Ammonios' semiotische Reflexionen.

Wie der Autor des Organon versteht Ammonios das Symbolon als Ergebnis einer freien Vereinbarung, das aus dem semiotischen Dreieck die Punkte Schrift - Wort und Wort - Denken verbindet (IntCom. 23, 30 - 4). Doch an drei Stellen zeigt er, daß zumindest nach neuplatonischer Sicht die Überlegungen des Aristoteles zum Verhältnis von sinnvoller sprachlicher Artikulation und ihrer Inhalte gegen die Lesart Manettis als Zeichentheorie verstanden wurden, wenn die φωνή *expressis verbis* als σημεῖον definiert wird (IntCom. 19, 32 - 4; 20, 23 - 6; 23, 34 - 24, 12). In Opposition zu dem Paar Symbol-Zeichen steht die ὁμοιότης, die in natürlicher, jeder Konvention enthobenen Weise Denken und Sein aufeinander bezieht (IntCom. 20, 14 - 23). Ausgehend von Int. 16 a 5: ὧν μέντοι ταῦτα σημεῖα πρώτως präzisiert Ammonios die Relationen innerhalb des semiotischen Feldes, indem er dem Wort eine zweifache Deixis zuschreibt: es symbolisiert bzw. zeigt direkt und primär die psychischen Eindrücke, dann weist es mittelbar über die νοήματα auf das Sein (IntCom. 24, 5 - 12). Weil das Symbol, über das dingliche Gegenstück hinausweisend, sich auf ein abstraktes Allgemeines bezieht, war die Koppelung an das Zeichen nach dem Typus eines Hendiadyoin vorgeprägt und in sich stimmig. Letztlich verweist dieses Symbol-Zeichen trotz seiner Genese aus dem veränderlichen menschlichen Willen auf das metaphysisch Gegebene. Diese Verwendung von Symbolon ist nicht nur aus der ursprünglichen Bedeutung als Freundschaftsmarke abzuleiten, vielmehr belegt bereits Demetrios die Verwandtschaft des Symbols mit der Allegorie, weil beider Wirkweise

---

De myst. II 11, 96, 14 - 17; die Symbole können nur von den Göttern alleine gedacht werden und bewirken aufgrund ihrer Kraft die demiurgische Henosis: De myst. II 11, 96, 13; vgl. ZINTZEN [1965], S. 91). In den Chaldäischen Orakeln säte der väterliche Nus die Symbola in den Kosmos (Frg. 108 des Places) und ist so auf jeder Stufe der universalen hierarchischen Ordnung präsent. Prokl. TimCom. I 210 30 - 211, 8 greift diesen Gedanken auf, wenn er von σύμβολα ἄρρητα in der Seele spricht, wodurch diese auf der Brachylogie beruhe (De eloc. 180, 21 - 5).[112] Mit der Allegorie und der Metapher teilt es die Fähigkeit, die göttliche Wahrheit zu verhüllen, es weist auf ein anderes hin, gerade weil es ihm nicht ähnlich ist (Prokl. RempCom. I 198, 15 - 9), wobei die Verbindung zu diesem Anderen durch Analogie gegeben ist, der Weg zum Verständnis als Aufstieg der Seele verstanden wird (Prokl. RempCom. I 81, 28 - 83, 10).[113]

Konnte somit plausibel gemacht werden, daß zur Zeit des Ammonios unter Symbol auch ein Zeichentypus verstanden wurde, ist noch nach den Konnotationen von σημεῖον zu fragen, weil das Wort ja nicht bloß als Symbol, sondern auch als Zeichen in Korrelation

---

Anteil am Gutsein der Götter besitzt. Die Götter implantieren in ihre Emanation Symbole als Ursache ihrer selbst und setzen so alles mit sich selbst in Beziehung: Prokl. KratCom. 30, 29 - 31, 5. Vgl. W. BEIERWALTES, Proklos. Grundzüge seiner Metaphysik, Philosophische Abhandlungen 24, Frankfurt/Main 1965, S. 172 f. MÜRI S. 33 f. A. SHEPPARD, Studies on the 5th and 6th Essay of Proclus' Commentary on the Republic, Hypomnemata 61, Göttingen 1980, S. 152. So vermitteln auch die Pythagoreer ihre *arcana* συμβολικῶς (Iambl. VitPyth. 13, 23 f., Porph. VitPyth. 36, 14 f.). Vgl. STÄCKER S. 36 f.

112 Unter den christlichen Exegeten verwob besonders Philon die beiden Begriffe. Vgl. J. PÉPIN, Dante et la tradition de l'Allegorie, Montreal - Paris, 1970, S. 16.

113 Demgegenüber versteht die klassische stoische Allegorese des Herakleitos den Mythos als unvollkommene Vorstufe des Logos, der dieses frühe Stadium der Weltdeutung, diese Fabeln zum Delectamentum der Zuhörerschaft in eine philosophische Wahrheit übersetzt (Alleg. Hom. p 26). Vgl. H. BLUMENBERG, Paradigmen zu einer Metaphorologie, Bonn 1960, S. 84.

zum Denken steht.[114] Eine durchgehende Bedeutung von Zeichen in der griechischen Semiotik besteht in der Auffassung, daß Zeichen und Bezeichnetes verschiedener Natur sind (z. B. Dexipp. CatCom. 6, 8 - 15), wobei das Signifikat in seinem Anderssein vom Zeichen enthüllt wird. Ausgehend vom Platonischen Mythos (Politeia 614 c), in dem die Richter den Seelen Zeichen ihres Urteils vorne bzw. hinten an die Brust heften, unterscheidet Proklos zwei Arten von Zeichen, wobei die einen δι᾽ ὁμοιότητος, die anderen δι᾽ ἀναλογίας wirken (RempCom. II 151, 4 - 8). Diese Klassifizierung ist bereits bei Sextos voll ausgeformt.[115] Beide Zeichenarten verfügen über eine οἰκειότης

---

[114] Nach COULTER S. 71 f. unterscheidet Proklos in seiner Interpretationstheorie zwischen eikonischen und symbolischen Ähnlichkeitsverhältnissen. Dabei entspricht das Dichten εἰκονικῶς einem kongruenten Urbild - Abbild - Schema, während in den symbolischen Mythen eine geheimnisvolle Beziehung zur Wahrheit besteht. Die Kraft des Symbols liegt in seinem paradoxen Gehalt, der zur Suche nach der Lösung des Rätsels anspornt. Dieses Paradoxon verbindet die Metapher mit dem Symbol. Zum Verhältnis Metapher - Allegorie vgl. U. ECO, Die Grenzen der Interpretation, München 1995, S. 193 f.

[115] Sext. Emp. PH II 99 - 101 beschreibt Zeichen aufgrund von Ähnlichkeit als ὑπομνηστικά und die analogischen σημεῖα als ἐνδεικτικά. Dazu FESTUGIERE (1970) S. 96 Anm. 2. Die im Hellenismus getroffene Unterscheidung zwischen dem κοινὸν und ἴδιον σημεῖον (Philod. De Sign. I 1 - 17) wird später mit diesem Paar der ὑπομνηστικά und ἐνδεικτικὰ σημεῖα (Sext. Emp. Adv. Math. VIII 143) verbunden. Dabei verweisen hypomnematische Zeichen auf ein zum Zeitpunkt der Beobachtung des *significans* nicht empirisch faßbares, aber geistig mit ihm stets in Zusammenhang gebrachtes Signifikat, wie Rauch ein nicht sichtbares Feuer anzeigt. Dagegen ist ein endeiktisches Zeichen nicht selbstverständlich mit seiner Referenz verbunden, sondern bezeichnet das, wovon es Zeichen ist, durch seine eigene Natur. Die Bewegung des Körpers ist beispielsweise eindeiktisches Zeichen für die Regungen der Seele (Sext. Emp. Adv. Math. VIII 151 - 5). MANETTI S. 99 - 103 ist vorsichtig bezüglich einer Zuweisung dieses Sextosstückes zur Stoa.

im Hinblick auf ihr Signifikat, das sie aber lediglich umrißhaft darstellen, da ihre Hypostase ἀμυδρότερα ist (RempCom. II 152, 10 f.). Die Struktur des Zeichens, das bedingt, was es selbst nicht ist, macht schließlich seinen konditionalen, impliziten Charakter aus gemäß der Operation "wenn p, dann q".[116]

Zusammenfassend kann festgestellt werden, daß nach Ammonios Sprache als Zusammenfügung von ὄνομα und ῥῆμα, welche die Bedingungen von Symbol und Zeichen erfüllen, auf ein wesenhaft anderes, nämlich das nichtsprachliche Denken verweist. Dabei ist das Wort von ambivalentem Charakter, weil Ammonios im Gefolge des Aristoteles konsequent an der Konventionalität der Wortbildung als dem Spezifikum menschlicher Kommunikation festhält, andererseits aber dem Begriff Symbol im kulturellen Umfeld des späten Neuplatonismus deutlich die Konnotation des von den Göttern herrührenden verhüllenden Zeichens inhärent war. Wie und mit welcher Begründung wurde in der noch zu skizzierenden Sprachtheorie zwischen dem Anspruch des Menschen auf sprachliche Autonomie und dem Eintritt des Seins in das Wort vermittelt? Ein zweites Problem tut sich auf, wenn wir den Aspekt der Verständigungssicherheit betrachten. Das Konzept einer arbiträren Bezeichnung des Wirklichen birgt ja in sich die Gefahr, Sprechakten ihren Sinn zu nehmen, wenn ein und dasselbe Vorstellungsbild von diesem realen Sein auch innerhalb derselben Sprache mit beliebigen Worten artikuliert werden kann. Gerade die Gleichsetzung von Wort mit dem Begriffspaar Symbol - Zeichen, das unserer Verfügungsgewalt anheimgestellt ist (IntCom. 20, 6 f.), erhöht die Möglichkeit der Kontaminierung des die Wirklichkeit implizierenden Zeichens. Wie kann Verständigung überhaupt erzielt werden, wenn ein Vorstellungsbild wie etwa |Kriegsbeginn| durch Fanfarenklang, die Kriegsfackel und unzählige andere σύμβολα verabredet werden kann (Int Com. 20, 8 - 14) ? Ist hier nicht ein Abgleiten in eine unendliche Interpretation vorgegeben ?

[116] Zum impliziten Charakter des Zeichens vgl. MANETTI S. 103 - 107. Dieser Aspekt ist bereits bei Dionysios Thrax deutlich artikuliert: Bei der Einteilung der Bindewörter definiert er die σύνδεσμοι συναπτικοί als ... ὕπαρξιν μὲν οὐ δηλοῦσι, σημαίνουσι δὲ ἀκολουθίαν. εἰσὶ δὲ οἵδε· εἰ εἴπερ εἰδή εἰδήπερ (§ 20 p. 91, 2 - 92, 1 ed. Uhlig).

4. Wortbildungstheorien bei Ammonios: Naturalisten versus Konventionalisten

An diesem Punkt, der Aristotelischen Bestimmung des κατὰ συνθήκην Symbol werdenden Wortes (Int. 16 a 21 ff.), verläßt Ammonios den Bezugsrahmen von *De Interpretatione* und legt in einem Exkurs seine platonisierende Lehre über die Korrelation von Wort und Sein dar.[117] Vom Kratylos Platons ausgehend, glaubt er die Tendenz dieses Dialoges in einer von Sokrates erzielten Synthese zwischen der von Kratylos vertretenen naturalistischen Auffassung von Sprachentstehung und -bedeutung (A) und der konventionalistischen Theorie des Hemogenes (B) erkennen zu können.[118] Die konträren Auffassungen

---

[117] Der Beginn ist mit κἀνταῦθα ζητῆσαι ἄξιον (IntCom. 34, 17), das Ende mit ... ταῦτα μὲν ἐπὶ πλέον ἐμηκύναμεν (IntCom. 39, 11) markiert. Üblicher ist der Terminus πόρισμα in der Bedeutung "Exkurs" (Ammon. IntCom. 40, 21; ebenso Damasc. De Princ. 251, Hierocl. InCarmAur. 469).

[118] Das Motiv des Σωκράτης διαιτῶν (IntCom. 37, 1 - 13) konnte Ammonios direkt bei Prokl. KratCom. 4, 6 ff. finden. Vgl. M. HIRSCHLE, Sprachphilosophie und Namenmagie im Neuplatonismus, Meisenheim am Glan 1979, S. 4. MANETTI S. 62 - 66 führt den Eindruck, Plato habe im Kratylos einen Kompromiß zwischen einem konventionalistischen und naturalistischen Sprachmodell vermitteln wollen, auf zwei im Dialog angelegte Aspekte von Sprache zurück, die deren praktisch - kommunikative und deren mimetische Funktion beschreiben. Tatsächlich beziehen in der Szenerie des Dialogs weder Kratylos noch Hermogenes erratisch starre Positionen, sondern modifizieren ihre Standpunkte im Verlaufe des Diskurses (Hermogenes: 384 c 10 - d 8; Kratylos: 383 a 4 - b 2; 393, d 4; 422 d 1 - 3; 428 e 4; 433 b 3; 435 d 4 - 6; 438 c 2 - 3; 439 b 6 - 7). Der Kratylos ist für divergierende Auslegungen besonders offen, da Platon auf einer vordergründigen, an argumentativ gewonnenen Ergebnissen orientierten Diskursebene die Korrelation von Wort und Wesen der Sache normativ beschrieben hat, während auf einer Metaebene sprachphilosophische Probleme

von Sprache als φύσει oder θέσει gegebene Funktion gleicht Ammonios aus, indem er sowohl im naturalistischen, als auch im konventionalistischen Konzept jeweils zwei Ansätze unterscheidet.[119]

Gemäß der ersten, radikalen Ansicht sind

A (1) Worte natürlich, weil sie als Schöpfungen (δημιουργῆματα) der Physis einem entsprechenden Objekt (πρᾶγμα) zugeteilt wurden. Sie gleichen den natürlichen Abbildern des Sichtbaren wie etwa den Schatten von Gegenständen im Wasser. Der Wissende vermag jeden natürlichen Namen zu erfassen (IntCom. 34, 22 - 32).[120]

Dagegen glauben die Vertreter eines milderen Naturalismus ebenso, daß

---

lediglich angerissen und für eine weitere Untersuchung terminologisch - sachlich vorbereitet wurden. Zu dieser Deutung der Struktur des Kratylos gelangt H. - G. SCHMITZ, Die Eröffnung des sprachphilosophischen Feldes. Überlegungen zu Platons "Kratylos", in: Hermes 119, 1991, S. 45. Eine ähnliche Deutung des Kratylos, wonach Platon hier, ohne sich auf einen naturalistischen oder konventionalistischen Standpunkt festzulegen, Probleme eher aufzeigen als lösen wollten, vertraten zuvor K. LORENZ - J. MITTELSTRASS, On Rational Philosophy of Language: the Programme in Plato' s Cratylus Reconsidered, in: Mind 76, 1967, S. 1 - 20, bes. S. 1 - 3. Diese ambigue *intentio operis* mußte bei den Kommentaren, die auf der Suche nach einem einzigen σκοπός einer Schrift waren, zu einer Interpretation führen, die auch die Ansichten der beiden Kontrahenten als prinzipiell vereinbar erachtete.

[119] Prokl. KratCom. 26, 2 f.: διττὸν γὰρ ἦν τὸ φύσει ὥσπερ καὶ τὸ θέσει.

[120] Die Unterscheidung in natürliche und künstliche Abbilder ist bei Plot. Enn. VI 4 [22] 10, 11 - 15 belegt: während ein künstliches Abbild weiter existiert, wenn das Original zerstört ist, besteht das natürliche Bildnis wie etwa der Schatten und das Spiegelbild, nur synchron mit dem Urbild. Vgl. GERSON S. 89.

A (2) Worte Abbildern gleichen, allerdings nicht natürlichen, sondern künstlichen Gemälden. Durch Analysis kann von den Worten aus die Physis des Benannten erfaßt werden (IntCom. 35, 1 - 12).[121]

---

[121] Ἀναλύειν ist hier verstanden als Aufstieg vom Abbild, dem ὄνομα, zur φύσις des Benannten. Dies entspricht Proklischem Sprachgebrauch: διὰ τὴν εἰς ἓν συναγωγὴντῆς τε οὐσίας τοῦ θεοῦ καὶ τῆς ἐνεργείας, καὶ οὕτως ἀνιὼν καὶ ἀναλύων φαίνεται(KratCom. 4, 1 f.). Analogie dient im Neuplatonismus als Erkenntnismöglichkeit des Intelligiblen (ἄρρητον / νόητον), weil sie die Ähnlichkeitsverhältnisse in der hierarchischen Seinsordnung eines durch Sympatheia verbundenen Universums darstellt: Dexipp. CatCom. 2, 41, Prokl. TimCom. II 3 f. Simpl. CatCom. 74. Bemerkenswerte Einigkeit herrscht in der Forschung über die von Plotin vertretene Bildkonzeption, die in engem Zusammenhang zu seinen Vorstellungen einer auf kosmischer Sympathie gegründeten analogischen Struktur des Seins steht. Demnach bedeutet das Urbild - Abbild Denken nicht die Vorstellung von der Seins - losigkeit des Bildes, vielmehr beruht die Verschiedenheit auf einer abgestuften Deriva-

A (1) Worte natürlich, weil sie als Schöpfungen (δημιουρ-

tion des Seins in das Bild, das unvermittelt am Wirklichen partizipiere. Akzentuiert wird nicht die Ferne von Sein, sondern das Identitätsmoment des Bildes, das eine analogischen Rückwendung zum Ursprung ermöglicht. Zum Forschungsstand vgl. den Überblick bei HORN S. 52 - 55. Die Ansicht von EVANGELIOU S. 178, die konservative Gruppe um Plotin, für die EVANGELIOU außer Plotin keine Mitglieder namhaft machen kann, habe Aristoteles' Kategorien nur unter der Bedingung rezipiert, daß "we do not lose sight of the *horrific homonymy* (Kursive von mir) involved in this unavoidable double talk about things as they are and as they appear to be" ist nicht zutreffend und beruht auf Unkenntnis der wichtigen Arbeiten von W. BEIERWALTES, Denken des Einen. Studien zur neuplatonischen Philosophie und ihrer Wirkungsgeschichte, Frankfurt/Main 1985 und von M. SCHROEDER, Representation and Reflection in Plotinus, in: Dionysius 4, 1980, S. 37 - 59. Die Urbild - Abbildrelation, eine Metapher für Homonymie

Demgegenüber wird auch die Schule der Konventionalisten von zwei Gruppierungen vertreten:

B (1) Einmal wird restriktiv die willkürliche Zuweisung von Namen an Objekte behauptet (IntCom. 35, 13 - 5),[122]

wogegen

B (2) ein idealer Namengeber (ὀνοματοθέτης) postuliert wird, der entweder in direkter Kenntnis der Natur oder nach Unterweisung durch einen Wissenden in Einklang mit der Natur den passenden Namen bedenkt und setzt (ἐπινοῆσαι, θέσθαι: IntCom. 35, 15 - 21).

Auffällig an B (2) ist der vierfache Hinweis auf eine höhere Seinsebene einmal durch den mysteriösen, nicht näher benannten Wissenden, dann durch die Bezeichnung der Namengeber als δημιουργοί, deren nushafte Seelenfunktion (λογικῆς ἐπίνοια ψυχῆς: IntCom. 35, 22) sie drittens ontologisch ebenso hebt wie viertens ihre Orientierung am männlich / weiblichen Prinzip, von dem ausgehend sie *per analogiam* die Klassifizierung der πράγματα vornehmen (IntCom. 35, 21 - 32). Wenn wir bedenken, daß Ammonios später dem Modell B (2) als vereinbar mit A (2) den Vorzug gibt, so gewinnen die hier getroffenen Aussagen besonderes Gewicht. Vordergründig bewahrt der Alexandriner hier seine von ihm explizit auf Aristoteles zurückgeführte,

---

(Plot. Enn. VI 3 [44] 1, 21), empfindet Plotin keineswegs als schockierende Tatsache des Nichtseins im Abbild. HORN S. 51 f. zitiert und erörtert Enn. I 4 [46] 3, 16 - 24, wonach die Arten von Leben (pflanzliches, tierisches Leben) im Hinblick auf ihren Rang nur homonymisch erfaßt und artikuliert werden können. Homonymie verbindet also verschiedene Seinsniveaus und ist ebensowenig "*horrific*" wie das Urbild - Abbildverhältnis selbst.

122 Ammonios bezieht sich hier auf die dritte und konsequenteste der vier von Hermogenes vorgebrachten Theorien (Plat. Krat. 384 d 2 - 3): Jede beliebige Bezeichnung ist die jeweils richtige. Hermogenes begründet seine Hypothese mit dem Beispiel der Metathese: Der Brauch, Sklaven beliebige Namen zu geben, beweise, daß eine Korrelation von Wort und Sache nicht vorhanden sei (384 d 3). Vgl. SCHMITZ S. 51.

mit den Ergebnissen des Kratylos in einer ersten Annäherung nicht völlig vereinbare Theorie von der Konventionalität von Sprache, die er aber in einem zweiten Schritt durch die Koppelung des Namengebers an die Schau der φύσις relativiert und mit einer Kratylosdeutung, die auf einer Synthese der beiden konträren Sprachmodelle abzielt, in Einklang bringen kann. So ist nicht nur das neuplatonische Dogma von der Einheit zwischen Platon und Aristoteles bestätigt,[123] sondern Ammonios hat den sprachphilosophischen Diskurs des Organon um platonisierende Elemente erweitert, für die im einzelnen folgende Motive kennzeichnend sind:

1) Der Blick des Namengebers ist auf die spezifische Natur der Sache gerichtet, auf deren göttlichen Charakter Ammonios bereits verwiesen hat (IntCom. 24, 25 - 9). Ebenso entsprechen bei Proklos die πράγματα oder die φύσις τῶν πραγμάτων der Ebene der ἀίδια, der wirklichen, metaphysischen Welt, die die Ursache der niedrigeren Seinsstufen darstellt.[124]

2) Proklos geht von der autonomen Aktivität der Seele aus, die über die Kraft verfügt, sich dem ihr immanenten Einzelnus mit seinen intelligiblen λόγοι anzupassen und Worte als Abbilder des Seienden herbeizuführen.[125] Übereinstimmend damit schaut die namenstiftende Seele in Ammonios' Darstellung die Ordnung des männlich - weiblich Göttlichen, über das sie zum πρῶτον gelangt (IntCom. 36, 17).

---

[123] Zur Harmonisierung von Aristoteles und Platon im Umfeld des Ammonios vgl. z. B.: Asklep. MetaphCom. 44, 32 - 7, Simpl. PhysCom. 1360, 28 -31, Zachar. Ammon. 952.

[124] Prokl. AlkCom. 22, 11 ff.; 119, 18 ff.; 231, 7 ff.

[125] Prokl. KratCom. 19, 5 - 11. Auf die Präsenz der Paradigmata im demiurgischen Intellekt weist Ammonios auch im Kategorienkommentar hin: CatCom. 41, 20 - 42, 26; 63, 14 - 16. Nur den Seelen ist Sprechen eigentümlich: TimCom. III 243, 25. Vgl. J. TROUILLARD, L' activité onomastique selon Proclos, in: O. REVERDIN (Hrsg.), De Jamblique a Proklus, Fond. Hardt 21, Genève 1974, S. 239 - 255, hier S. 240. Vgl. R. L. CARDULLO, Skeptiker und Neuplatoniker, in: P. SCHMITTER (Hrsg.), Geschichte der Sprachtheorie 2. Sprachtheorien der abendländischen Antike, Tübingen 1991, S. 238 - 272, S. 259.

3) Die ἐπίνοια der Vernunftseele findet in der empirischen Welt analoge Verhältnisse vor,[126] über die sie zu einer Benennung nach dem Gesichtspunkt männlich - weiblich gelangt (IntCom. 35, 21 - 4). Ein auch hier zu Tage tretendes Prinzip neuplatonischer Analogie ist es, durch sie von jeder Stelle des sich in Form einer Kette nach unten ausfaltenden und verfielfachenden Einen zu einem höheren Prinzip innerhalb dieser σειρά zu gelangen. So kann beispielsweise durch das Erfassen des Wesens des Regenbogens nicht nur die φύσις der Sonne erkannt, sondern auch deren faktische Beziehung zueinander erschlossen werden.[127] Wir haben also anzunehmen, daß sich bei der Wortbildung ein ähnlicher Prozeß abspielt und parallel mit dem epistemologischen Fortschritt des Namengebers aufgrund der Einheit des Lebewesens "Kosmos" [128] eine korrektere Beziehung zwischen Wort und Signifikat gegeben ist. Sprachlichkeit und Ontologie stehen in einem analogen Verhältnis, der Demiurg der Worte teilt den Dingen Namen zu nach Maßgabe der Analogie zu den beiden

---

[126] Bei Aristot. AnPost. 98 a 20 - 23 dient die Analogie als Klassifizierungsprinzip dort, wo es bislang keine Namen gab. Dieser Gedanke scheint im Platonismus dahingehend umgeformt worden zu sein, daß der mit Namen nicht faßbare, unaussprechliche Gott als nur noetisch mit Hilfe der Analogie erkennbar gedacht wurde (Alkin. Doctr.Plat. 23 - 5). Vgl. M. J. F. M. HOENEN, Art. Analogie, in: G. UEDING (Hrsg.), Historisches Wörterbuch der Rhetorik I, 1992.

[127] Das Regenbogenbeispiel ist überliefert bei Plut. Isid. 358 e - 359 a. Vgl. BERNARD S. 215 f., COULTER S. 51. Ebenso steht der Lotos, dessen Blüten sich entsprechend der Bahn der Sonne öffnen bzw. schließen mit dieser in einem Sympathieverhältnis: Prokl. Hier. Techn. 148, 23 - 149, 18.

[128] Plot. Enn. IV 32, 13 - 14: συμπαθὲς δὴ πᾶν τοῦτο τὸ ἕν, καὶ ὡς ζῷον ἕν, Prokl. RempCom. II 258, 11: ταύτην δὲ αὖ ἀποδεικτέον ἡμῖν ἐκ τοῦ ζῷον ἓν εἶναι τὸ πᾶν. Vgl. KUISMA S. 58 - 60.

Geschlechtern (Flüsse - männlich, weil sie einströmen / Meere und Seen - weiblich, weil sie aufnehmen: IntCom. 35, 24 - 6).[129] Wenn wir sagen, der Fluß sei männlich, ist dies aus rein positivistischer Sicht ebenso absurd wie die Wendung "Christus, das Opferlamm": Ein Fluß ist kein Mann, Christus kein Tier. Doch geht jede Benennung *per analogiam* von einer proportionalen, nicht mimetischen Korrelation zweier Vergleichspaare aus. In dieser Hinsicht ist die Metapher verwandt,[130] wenn Aristoteles in einem oft zitierten Beispiel den Schild Becher des Ares nennt (Poet. 1457 b 17 - 34). Erst durch die Proportion Becher : Dionysos = Schild : Ares und die Korrelation zu dem zuerst nicht genannten Dionysos gewinnt die Metapher ihre Bedeutung. Das Wort verdankt seine Existenz einem vorgegeben Wissen des Namengebers um dessen proportionale Komponente, d. h. seine Einbettung in die ontologische Ganzheit: Ohne das Wissen um die Verbindung von |Einströmen| und |Zeugung| wäre beispielsweise die Bezeichnung von Flüssen mit maskulinen Namen ebenso unmöglich und sinnlos wie die Metapher vom Becher des

---

[129] Die Abhängigkeit des späteren Platonismus von der Stoa in seiner Auffassung von Analogie als einem Kosmos und Sprache verbindendem Strukturmerkmal ist unbestreitbar. Vgl. H. DÖRRIE, Spätantike Symbolik und Allegorese, in: H. DÖRRIE (Hrsg.), Platonica minora, München 1976, S. 112 - 123, hier S. 116 f. Varros Ausspruch, *Qui negant esse rationem analogiae, non vident naturam non solum orationis, sed etiam mundi* (L. L. 9, 33) ist aufgrund der Beeinflussung des Römers durch Antiochos von Askalon nicht ausschließlich auf die Stoa zurückzuführen. TROUILLARD (1974) hebt besonders hervor, daß Proklos die Fähigkeit des Benennens und Namengebens als demiurgische Tätigkeit verstehe (S. 250).

[130] Aristot. Poet. 1457 b 16 - 19: τὸ δὲ ἀνάλογον λέγω, ὅταν ὁμοίως ἔχῃ τὸ δεύτερον πρὸς τὸ πρῶτον καὶ τὸ τέταρτον πρὸς τὸ τρίτον· ἐρεῖ γὰρ ἀντὶ τοῦ δευτέρου τὸ τέταρτον ἢ ἀντὶ τοῦ τετάρτου τὸ δεύτερον.

Ares, wenn der Konnex zwischen Dionysos und |Trinken| nicht gewußt wird.[131] Die linguistische Ebene stellte sich so als Konfiguration von verbalen Symbolen und Zeichen dar, die, isoliert gefaßt, keine Aussage beinhalten. Erst das Übereingekommensein des Namengebers mit dem Intelligiblen gibt dem Wort Wahrheit.

4) Der Namengeber gelangt analogisierend in die Welt der ὑπερκόσμια (IntCom. 36, 13), wobei die beiden Geschlechter metaphorisch für die Kraft von Zeugung und Gebären stehen (IntCom. 36, 10 - 2). Da Ammonios auf die Benennung der als Götter gefaßten Gestirne abzielt und auch die vitale Kraft von Himmel und Erde anspricht, die als Ursache der γενόμενα gelten, setzt er für den neuplatonisch vorgeprägten Leser ein Merkmal, die Referenzobjekte der ὀνόματα als Ideen zu verstehen: Gestirne gelten Proklos als Ideen (KratCom. 19, 5), die als väterliche, schöpferische Lebewesen die unter ihnen stehenden Entitäten hervorbringen.[132] Damit setzt die Semantik des Wortes bei den Ideengöttern, nicht bei Einzeldingen oder Allgemeinbegriffen an. Wenn also die Ammoniosschule unter den Bedingungen für das ὄνομα Semantizität und Herkunft von der Vernunftseele des Menschen angab, so ist dieser ursprünglich aristotelische Gedankengang in einen neuplatonischen Rahmen transponiert und von der Ideenlehre des Proklos her metaphysisch begründet worden: Den aktiven Part in der Wortschöpfung übernehmen nun die lebensspendenden Ideen, die im Menschen als νόημα nicht im Sinne des Gedachten sondern des Denkens selbst präsent sind (Prokl. ParmCom.

[131] M. ESPER, Allegorie und Analogie bei Gregor von Nyssa, Bonn 1979, S. 83 führt Mißverständisse bei der Auslegung eines Textes auf die Unkenntnis der Vergleichspunkte des Autors oder das buchstäbliche Verständnis einer metaphorischen Identifikation zurück.

[132] Prokl. ParmCom. 841, 19 ff.; 894, 32 - 40; 855, 30 - 2; 909, 2 f.; 935, 10ff. Vgl. BERNARD S. 141 - 147. Erde und Himmel gehören wie für Ammonios auch nach Proklos zu den ὑπερκόσμια (Tim Com. I 46, 16 - 47, 7). Ammonios ist hier Proklos sehr verpflichtet, weil dieser in seinem Timaioskommentar die Kategorien männlich - weiblich den ὑπερούσια zugeordnet hat als αἱ ἐν τῷ παντὶ δυνάμεις(TimCom. I 131, 23 - 26). Die beiden Geschlechter gehören zur ἰδιότης der Götter (TimCom. I 131, 24 - 26).

892, 9 ff.). Nicht existierende Abstrakta wie τραγέλαφος (Bockshirsch) können, da nicht real - lebendig, nicht Emanation der wirklichen Ideen in der menschlichen Seele sein. Ammonios stellt zu Recht fest, daß solche Begriffe zwar etwas bezeichnen, aber nur in der ψιλῇ ἐπινοίᾳ (CatCom. 9, 26, IntCom. 29, 8 f.) verankert sind. Vor dem Hintergrund des Proklischen Modells heißt dies, daß Namen wie Bockshirsch nicht von Ideen herrührend zeitlich und ontologisch erst nach dem wahrnehmbaren Vielen entstanden sind und im Gegensatz zu diesen keine οὐσία besitzen.[133] Worauf blickt nun der ideale Namengeber des Ammonios? Sein Nach-Denken (ἐπίνοια: IntCom. 35, 22) ist nicht zu verstehen als ein Denken in Abhängigkeit von wahrnehmbaren Einzeldingen, sondern von dem als paradeigmatisch - zeugend aufgefaßten Kosmos der Ideen, dem auch seine Vernunftseele ihre Existenz verdankt. Worte werden somit *post ideam* gebildet. Auch bei Proklos rührt die Entstehung der Worte von einem νόμος her, der gemäß den immerwährenden λόγοι gestaltet ist.[134]

5. Der Lösungsversuch des Ammonios

Ammonios versteht unter dem Modell A (2) lediglich einen anderen Aspekt von B (2): Aufgrund der Orientierung des Namengebers an der φύσις der Dinge kann die Wortschöpfung als natürlich betrachtet werden; insofern diese auf einen Akt der Benennung zurückgeht,

[133] Vgl. das Schema bei FESTUGIÉRE (1970), S. 178. Die Relationen zwischen intelligiblen Ideen und Begriffen lassen sich nach Prokl. ParmCom. 892, 20 - 34 wie folgt zusammenfassen:

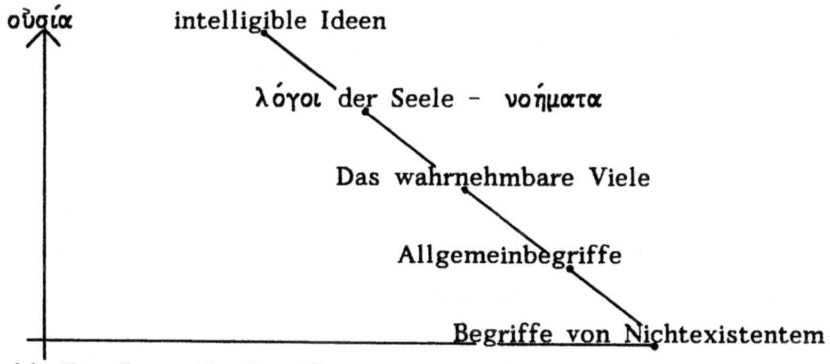

[134] Prokl. KratCom. 18, 13 - 15.

entspringt sie einer Setzung und ist θέσει (IntCom. 36, 22 - 37, 1). Dieses Amalgam eines natürlichen Konventionalismus bezüglich Sprachentstehung und -bedeutung ist zwei Einwänden ausgesetzt (a: IntCom. 37, 28 - 38, 17 bzw. b: 38, 23 - 39, 10):

a) Die Erfahrungstatsache der Metathese widerspricht jeglicher Form von Naturalismus. Ammonios' Entgegnung geht vom semantischen Dreieck ὄνομα - νόημα - πρᾶγμα aus: Verschiedene Begriffe bedeuten nicht verschiedene οὐσίαι, sondern verweisen lediglich auf die jeweiligen Konzepte (ἔννοιαι), unter denen ein- und dieselbe Sache gedanklich wahrgenommen wird. Die Fülle an Namen für das identische Objekt schließt nicht aus, daß jeder einzelne von ihnen deren Wesen entpricht (IntCom. 38, 3 f.). Die von Ammonios als Beispiel gebrachte Möglichkeit, die sich gleichbleibende οὐσία |Mensch| alternierend als μέροψ oder βροτός zu bezeichnen (IntCom. 38, 6 - 17), ordnet diese Diskussion in eine umfassendere Problematik ein, wonach das Verhältnis von Wort und Sache unter den Kategorien identisch - nicht identisch auf vierfache Weise als Homonymie - Polynomie bzw. Synonymie - Heteronymie bestimmt wurde. Der Blick auf die entsprechenden Äußerungen in den Kommentaren des Simplikios und Philoponos soll die sehr kurz gehaltene Argumentation des Ammonios verständlicher machen und als spezifisch neuplatonische Erweiterung der aristotelischen Auffassungen darstellen.[135] Demnach liegt im Fall der Bezeichnung von |Mensch| einmal als μέροψ, dann als βροτός Polynomie vor, weil eine identische Sache ab-

[135] Eine umfassende Untersuchung über Struktur und Inhalt, die vor allem auf die Beziehung der Kommentare zueinander eingeht, hat LUNA S. 37 - 146 vorgelegt.

weichend benannt wird.[136] Im weitesten Sinne kann die Vielzahl menschlicher Sprachen als Polynomieerscheinung verstanden werden, da sich die πράγματα und deren seelische Abbilder von Volk zu Volk gleich bleiben, der entsprechende Wortschatz aber doch differiert (IntCom. 20, 16 f.). Die Ursache der Polynomie ist der Fall der Seelen ins Leben (Ammon. CatCom 15, 3 - 10, Philop. CatCom. 14, 1 - 5), wodurch die abbildhafte Äquivalenz Sein - Denken verdunkelt wurde. Wie ist nun ein Verstehen möglich, wenn durch tautonymisch / heteronymische Verzerrungen die Korrelation zwischen den lediglich συμβολικῶς bezeichnenden Worten und den Bewußtseinsinhalten gestört ist? Wie oben gezeigt, ist das Wort aus der Welt des Intelligiblen in analoger Weise gesetzt worden, sodaß der Aufstieg zum Wissen in umgekehrter Richtung seinen Ausgang vom Wort nimmt und über dieselbe analoge Stufenfolge zum Wissen in seiner reichsten Ausformung, dem averbalen Zustand der Seele vor ihrer Niederkunft, gelangt. Die Hinwendung zum Wesen des Seins wird über die menschliche Gemeinschaft bestritten, wobei jetzt die Fähig-

---

136 Simpl. CatCom 22, 26; 39, 18 Prokl. KratCom. 7, 10 ff. bringen dieselben Beispiele. Vgl. HIRSCHLE S. 33. Für das Verständnis der Erwägungen über jene drei Begriffe ist von der antiken Etymologie auszugehen, wonach ἄνθρωπος aus den Bestandteilen ὄπωπε und ἀναθρεῖν gebildet wird: Der Mensch gilt Platon (Krat. 399 c) als Wesen, das im Gegensatz zum Tier das, was es gesehen hat (ὄπωπε), unmittelbar bedenkt (ἀναθρεῖ). Μέροψ zerlegen die antiken Grammatiker in μείρομαι und ὄψ im Sinne von "Stimme teilen" d. h. "Sprache artikulieren": Hesych. Schol.Il. 1, 250. Βροτός, verwandt mit Ambrosia und lat. morior, bedeutet sterblich und ist in dieser Bedeutung seit Homer üblich.

keit, Laute zu bilden, die Vermittlung der Gedanken ermöglicht.[137] Vor der Kontamination der Seele mit dem Körper war hingegen der direkte, von jeder Sprachlichkeit befreite Gedankenaustausch möglich (Philop. CatCom. 14, 2 - 3).

Da Ammonios und Philoponos an diesem Punkt ihrer Kategorienkomentare nur in Abbreviatur über den epistemologischen Aspekt von Sprache Auskunft geben, muß der entsprechende Abschnitt bei Simplikios (CatCom. 9, 1 - 13, 18) als Ergänzung herange-

---

[137] Ammon. CatCom. 15, 9: διακονούσης αὐταῖς τῆς φωνῆς εἰς τὸ διαπορθμεύειν ἀλλήλαις τὰ νοήματα. Διαπορθμεύειν wird von Neuplatonikern oft im Zusammenhang mit der Vermittlung intelligiblen Wissens gebraucht; vgl. Prokl. RempCom. I 118, 12; 124, 17. Die der menschlichen κοινωνία zugemessene Bedeutung für das Verstehen des Seins könnte bei der Bewertung von Ammonios' Modell zu dem Mißverständnis führen, dieses Kollektiv als quasi transzendente Instanz zu deuten (vgl. ECO [1995] S. 439), die normativ ihre Verstehensgewohnheiten als Wahrheit ausgibt. Diese Epistemologie, nach der Wissen nicht durch die Struktur des Geistes, sondern durch den Kommunikationsprozeß hervorgebracht wird, ist mit dem System der alexandrinischen Neuplatoniker nicht vereinbar. Gemeinschaft ist nach Ammonios nicht Bedingung für Erkenntis in dem Sinne, daß die Erkenntnis der Realität nur ihr angehöre. Vielmehr existiert das reale Sein als vollkommenes Signifikat vor der Sozietät und kann auch durch noetische Schau individuell erfahren werden. Die Zusammenfindung der Menschen ist für den Neuplatoniker von nur praktischem Belange, weil das Wort ausschließlich im Rahmen einer Gruppe eine Wiedererinnerung auszulösen vermag.

zogen werden:[138] Ursprünglich war die Einheit von bezeichnenden λέξεις - φύσις τῶν ὄντων - νοήματα gegeben (Simpl. CatCom. 12, 10 - 6). Sein und Denken bildeten vor dem Eintritt der Seele ins Körperliche eine unteilbare ἕνωσις. Einen Nachhall dieser Vorstellung finden wir bei Ammon. CatCom. 15, 4 - 5: πάντα ἂν ἐγίνωσκον ἑκάστη. In diesem Stadium war Erkennen ein intuitives Schauen des Ganzen, das später vom diskursiven Denken abgelöst wurde. Jetzt entfernt sich die Seele vom Nus, wird ihm unähnlicher und beinhaltet die λόγοι lediglich als Abbilder, nicht als πρωτότυποι des Intelligiblen. Doch ihr Bestreben, das Denken mit dem Sein in Einklang zu bringen, bleibt aufrecht (Simpl. CatCom. 12, 24 f.). Erst mit der Geburt

---

138 I. HADOT (1990) S. 145 hat plausibel die doxographische Verwandtschaft der beiden Zweige neuplatonischer Kategorienkommentatoren erwiesen, sodaß dieses Vorgehen gerechtfertigt erscheint. Besonders das mentalistische Sprachmodell, nach dem ein Wort nie direkt, sondern nur über das Medium des Denkens das Reale bezeichnet, stellte ein Charakteristikum dieser Richtung des Platonismus dar. Vgl. zudem Dexipp. CatCom. 7, 21 - 30; 9, 22 - 7. Keinesfalls kann gerade im Lichte der hier skizzierten Konvergenz zwischen Ammoniosschule und Simplikios der Ansicht von CARDULLO (S. 253) beigepflichtet werden, wonach Simplikios im Gegensatz zu den Alexandrinern der Natur keine Funktion bei der Sprachentstehung zuerkannt und stattdessen die metaphysischen Ursachen hervorgehoben habe.

(Simpl. CatCom. 12, 25) vergißt die Seele.[139] Der bei Ammonios formulierte und aus sich heraus nur schwer verständliche Gedanke von der Notwendigkeit menschlicher Gemeinschaftsbildung für die Erkenntnis gewinnt erst durch Einbeziehung des Simplikios an Klarheit: Gesellschaft ist erforderlich, weil nur in ihr die Wiedererinnerung ausgelöst wird dergestalt, daß das Wort dessen, der die Wahrheit geschaut hat, aus einer wahren Gedankenwelt strömt und die noch erstarrten Vorstellungsgehalte eines Hörers in Bewegung setzt: δεῖται γὰρ τοῦ ἤδη τεθεαμένου τὴν ἀλήθειαν διὰ φωνῆς ἀπὸ τῆς ἐννοίας προφερομένης κινοῦντος καὶ τὴν ἐν αὐτῇ τέως ἀπεψυγμένην ἔννοιαν (Simpl. CatCom. 12, 26 - 28). Durch die Anpassung der Denkweisen entsteht die γνῶσις τῶν ὄντων (Simpl. CatCom. 13, 1 - 4),[140] durch den Zusammenschluß der Menschen als Gruppe ist es der Vernunftseele möglich, sich in einer anderen wiederzuerkennen und auf der Basis des gleichen Denkens, das präverbal gegeben ist, die polynomische Vielfalt von Sprache in dieses Wissen einzuordnen und so sinnvoll zu machen. Sprechen und Verstehen ist nur dann möglich, wenn schon im vorhinein gewußt wird, was der jeweils andere meint. So verliert der erste Einwand seine Berechtigung, weil gerade Phänomene wie Metathese und Polynomie die Abhängigkeit des sprachlichen Zeichens von einer φύσει gegebenen Ursache der Sprache belegen.

---

[139] Eine entfernte Parallele zum Motiv der durch die Körperwerdung in ihrer Erkenntniskraft graduell geschwächten Seele, wie sie Simpl. CatCom. 12, 22 - 5 beschreibt, läßt sich auch zu einem Gedanken bei Philoponos (CatCom. 171, 4 - 11) - dort allerdings in anderem Kontext - ziehen: Die Kenntnisfähigkeit (γνῶσις) ist eine zweifache, je nachdem ob sie als reine Substanz das Wahre betrachtet - νοερά - oder in Form des diskursiven Wissens oder Meinens - διανοητική / δόξα - mit dem Falschen korrespondiert. Als Vergleich bringt Philoponos das mit der Sonne substantiell (οὐσιῶδες) verbundene, in ihr verharrende Licht (entspricht der γνῶσις νοερά), sowie das aus ihr heraustretende, in der Luft nur akzidentiell vorhandene Licht, das als Gegenstück das Dunkel hat (entspricht der dianoetisch - doxastischen Form der Erkenntnis).

[140] Zu einer ähnlichen Deutung allerdings ohne Einbeziehung der Ammoniosstelle gelangte HOFFMANN S. 84 - 90.

b) Der von Vertretern einer naturalistischen Sprachphilosophie vorgetragene Einwand (Ammon. IntCom. 38, 23 - 8) geht von der Wirkkraft der ὀνόματα im sakralen Zusammenhang aus: Daraus, daß der Einfluß von Sprache in Gebet oder in Flüchen auf den namentlich Genannten evident, eine Absprache zwischen Mensch und Gottheit über die Setzung von Namen aber nicht anzunehmen sei, folge, daß hier dem Wort eine naturgegebene Zeichenfunktion zukomme. Die von Ammonios ins Treffen geführten Gegenargumente (IntCom. 38, 28 - 39, 10) gehören zu den interessantesten Passagen seines Kommentares, weil hier seine Semiotik mit ethischen, physikalischen und theologischen Positionen verknüpft ist, die, nicht im Zentrum seiner Aufmerksamkeit stehend, gleichwohl umrißhaft deutlich werden. Der Passus ist zudem als Schluß des Exkurses, von dem oben die Rede war, endponderiert hervorgehoben. Das Stück zerfällt in zwei Abschnitte (Übergang bei IntCom. 39, 2), wobei zunächst die Freiheit des Menschen als λόγικος und αὐτοκίνητος auf einen Schöpfungsakt der Götter zurückgeführt wird. Die Wendung πολλῶν πράξεων κυρίου (IntCom. 38, 29) findet sich in ähnlicher Form auch IntCom. 130, 31: κύριοι πράξεών τινων ὄντες, wobei die menschliche Verantwortung bei der Wahl zwischen Gut und Schlecht gegen eine alles bestimmende ἀνάγκη behauptet und als *condicio sine qua non* jeder Moralphilosophie betrachtet wird. Diesen ethischen Gesichtspunkt - selbstbestimmtes Handeln im Zusammenhang mit einem göttlichen Gebot - stellt Ammonios in einen semiotischen Bezug, es geht jetzt um selbsbestimmtes Sprechen angesichts der Abhängigkeit des Wortes vom Intelligiblen. Diese beiden letzten Instanzen widersprechen einander ebensowenig wie die Autonomie des Menschen dem Gebot der Vorsehung. Diese Freiheit zum göttlichen Plan versinnbildlicht das Gleichnis vom Herrscher Helios, der mittags die gesamte Hemisphäre ausleuchtet und trotzdem die Möglichkeit läßt, sein Licht zu genießen oder durch eigenes Verschulden die Augen zu schließen (IntCom. 39, 5 - 10).[141] Daß wir auf dieses Sehen hin konditioniert sind (κατὰ φύσιν: IntCom. 39, 7), nimmt uns nicht die Freiheit,

[141] Marin. VitProkl. 22 berichtet über den Sonnenkult in der neuplatonischen Akademie: Scholarch und Schüler wandten bei Sonnenaufgang, zu Mittag und bei Sonnenuntergang ihre Gebete an Helios.

zu sehen oder nicht zu sehen.

Wie in der positiven Darlegung seiner Wortbildungstheorie markiert Ammonios auch in der hier zur Debatte stehenden Refutatio seinen Standpunkt durch Zeichen, deren Bedeutung durch den Kontext bestimmt wird: Durch Zuordnung des Motivs der vom Menschen verantworteten Namengebung zur πρόνοια- Diskussion erhalten die Ausdrücke κύριοι und αὐτοκίνητος unter der Voraussetzung eines im Platonismus beheimateten Lesers eine andere Relevanz, als es die Lexik vermuten ließe. Plotin versuchte in Enn. III 2 [47] und 3 [48] menschliche Freiheit und universale Vorsehung in Harmonie zu bringen.[142] Dabei verglich er die Menschen auf der Weltenbühne mit Schaupielern, die auf einer Theaterbühne agieren: πρόσεστι δέ τι τοῖς ὑποκριταῖς ἅτε ἐν μείζονι τόπῳ ἢ κατὰ σκηνῆς μέτρον ὑποκρινομένοις, καὶ τοῦ ποιητοῦ <τοῦ> παντὸς τούτους ποιοῦντος κυρίους, καὶ δυνάμεως οὔσης μείζονος ἐπὶ πολλὰ ἰέναι ειδη τόπων τιμὰς καὶ ἀτιμίας ὁρίζουσι (III 2 [47] 17, 54 - 8).[143] Wie Schauspieler trotz des vorgegebenen Textes die Art der Darstellung selbst festlegen und sich frei auf der Bühne bewegen, so sind auch die Menschen in der Szenerie ihres Lebens vom Schöpfer des Alls als κύριοι ausgestattet. Ihre Autonomie besteht nicht zuletzt in der Wahl des Platzes (17, 25), von dem aus agierend sie ihre von der πρόνοια als dem Weltautor festgelegte Rolle spielen. Die Vorsehung übernimmt nicht die Funktion eines kleinlichen Regisseurs, der strikte Vorgaben macht, wo und wie wir zu spielen haben: Wir können im Gegensatz zu professionellen Schauspielern entscheiden, wohin wir gehen wollen. Die drei Motive von den Menschen als κύριοι, der selbstbestimmten Bewegung und der auf einen Schöpfer zurückgehenden Freiheit übersetzt Ammonios in einen sprachtheoretischen Kontext, der seinem idealen Leser / Hörer dem Text eine vertiefte Bedeutung beimessen läßt: Die Welt ist ein sinnvoll konzipiertes Stück, dessen Rollen wir

---

[142] Vgl. K. ALT, Der Mensch als Herr über das All? Zu Plotin III 2, 17, 56, in: Hermes 117, 1982, S. 230 - 233.

[143] Zur Einfügung des τοῦ vgl. die gut begründete Argumentation von ALT S. 231 ff. Als Belege für die Bedeutung von κύριος als "entscheidend", "verantwortlich" mit oder ohne Genitiv bringt ALT S. 232 f. Plot. Enn. III 3 [48] 3, 1; 2, 1; 4 [15] 5, 1 f.; VI 8 [39] 2, 17 ff.

ohne direkten Eingriff der lediglich beobachtenden Götter (ὁρῶντές τε πάντα τὰ ἡμέτερα: Ammon. IntCom. 38, 30) mit dem dazugehörigen Text selbst festlegen, ohne freilich die Abläufe des Weltendramas zu verändern. Der sprechende Mensch muß sein Wort in Einklang bringen mit dem Text des Kosmos (συμφωνεῖν τῷ τοῦ παντὸς λόγου: Plot. III 2 [47] 17, 60 f.), Sprechen ist zu verantworten, Annäherung an den eigentlichen Sinn und Versagen sind beide möglich. Der Schauspieler kann geehrt oder entlassen werden (Plot. III 2 [47] 17, 45 - 9), der Mensch ist als Akteur bestimmt für Ehre oder Schmach (Plot. III 2 [47] 17, 53).[144] Plotin veranschaulicht seine Auffassung von Freiheit als Übereinstimmung auch am Beispiel des Patienten, der mit dem Urteil seines Arztes konform geht (abermals σύμφονον γὰρ τῷ λόγῳ: III 3 [48] 5, 47 f.). Dabei handelt er selbstverantwortlich aber auch κατὰ λόγον des Arztes. Ebenso sind in einem universaleren Kontext die Handlungen des Menschen niemals direkt determiniert (Typus ὑπὸ προνοίας), sondern je nach Entscheidung παρὰ oder aber κατὰ προνοίαν (III 3 [48] 5, 50 - 6). Ammonios' tiefe Überzeugung von einer göttlichen Vorsehung, die im ganzen Kosmos gütig wirkt, kommt in einem ausführlicheren Zusammenhang bei der Erörterung des neunten Kapitels der Kategorien zum Ausdruck (Int Com. 132, 8 - 133, 12): Auch dort illustriert er das Walten der Vorsehung mit der Kraft des Helios, dessen Licht wir uns willentlich entziehen können, ohne aber seiner wärmenden Kraft zu entgehen. In so einem Fall entfallen wir zwar der πρόνοια, bleiben aber doch stets in ihr: οὕτω καὶ οἱ διά τινα κακοζωίαν ἔξω τῆς προνοίας τῶν θεῶν λεγόμενοι πίπτειν οὐ παντάπασίν εἰσι αὐτῆς ἔξω (IntCom. 133, 4 - 6).

[144] Bei der Tätigkeit der Namengeber existiert kein Anspruch auf Richtigkeit: Die Ägypter wählten fälschlicherweise ein maskulines Vokabel für den Mond (Ammon. IntCom. 36, 2 - 10). Der ὀνοματοθέτης kann sich irren: Prokl. KratCom. 3, 7 - 24.

Aus der Untersuchung der von Ammonios in den beiden Kommentaren entwickelten Semiotik ergab sich, daß der Alexandriner mit Aristoteles von einer verbalistischen Grundkonzeption ausgeht,[145] wonach Worte prinzipiell etwas bedeuten und mit dem Denken als Signifikat in einer zeichenhaft - symbolischen Beziehung stehen. Erst von dieser Position aus ist die Entwicklung einer Zeichenlehre möglich, erst jetzt ist die Frage nach der Qualität der Beziehung zwischen Wort und seinem Referenzobjekt sinnvoll. Dabei kann nun eine Opposition zwischen einem Äquivalenzmodell, wonach das Wort ein identisches Gegenstück zur Sache darstellt, also Wort- und Weltkenntnis zusammenfallen, oder einer Implikationstheorie entwickelt werden, die verbale und ontologische Struktur in ein konditionales Verhältnis bringt: Das Wort kann, muß aber nicht einen bestimmten Sachverhalt zur Folge haben. Ammonios entscheidet sich entsprechend einer Konstante in der neuplatonischen Sprachphilosophie für die zweite Auffassung, indem er bei der Diskussion von Aristot. Int. 17 a 1 ff.: Ἔστι δὲ λόγος ἅπας μὲν σημαντικός, οὐχ ὡς ὄργανον δέ, ἀλλ᾽ ὥσπερ εἴρηται, κατὰ συνθήκην bemüht ist, Aristoteles' Weigerung, das Wort als Instrument anzuerkennen, zu relativieren. Dies erreicht er methodisch, indem er des Stagiriten Bemerkung in den Rahmen der φύσει / θέσει Debatte einordnet (IntCom. 62, 21 - 63, 2): Nur im engeren Sinne, daß ein Logos als natürliches Werkzeug einer natürlichen Kraft angesehen werden kann und daher dessen Setzung nicht menschlicher Konvention unterliege, habe sich Aristoteles gegen die Definition des bezeichnenden Wortes als Instrument verwahrt. Die Proportion | Sehkraft : Auge = Sprachfähigkeit (φωνητικὴ δύναμις) : Logos | sei nicht gültig, weil als Werkzeuge des naturgegebenen Sprachsinnes Organe wie Luftröhre und Lunge anzusehen seien, nicht die arbiträr entstandene, bezeichnende Rede (λόγος), die

145 SCHMITZ S. 49 verwendet diesen Terminus bei der Erörterung von Platons Kratylos. Im Gegensatz zu einer verbalistischen Sprachtheorie stünden Worte als historisch determinierte Werturteile in keiner Beziehung zu Sachverhalten. Für Ammonios sind die aus Worten zusammengesetzten λόγοι die ἐξηγηταὶ τῶν πραγμάτων (IntCom. 154, 16 - 20). Damit folgt er dem Dogma des Aristoteles, wonach jeder Logos bezeichnend ist (Int. 16 a 33 f.).

das Tätigsein dieser physiologischen Wortbildungselemente erst sinnvoll gestalte (Logos als ἀποτέλεσμα: IntCom. 63, 2 - 7). Dagegen habe Aristoteles in einem weiteren Sinne den Logos sehr wohl als Instrument verstanden, allerdings als ein ausschließlich auf die rationale Psyche des Menschen fixiertes Werkzeug. Ammonios argumentiert mit einer den triebhaften Bedingungen des alogischen Lebewesens enthobenen, selbstbewegten menschlichen Psyche, deren Dianoia nicht φύσει konditioniert sei , sondern τεχνικῶς tätig werde. Das physiologische Instrumentarium der Lautbildung mache nicht den entscheidenden Unterschied zum Tierreich aus, sondern die freie Nutzung der so gebildeten Phoneme im Hinblick auf die Semiose (Int Com. 63, 7 - 26).[146] Sieht man nun aber im Logos ein Werkzeug der dianoetischen Seele, so entsteht das Problem, wie ein konventionell - "technisches" Instrument im Dienste einer φύσει gegebenen Entität wie der menschlichen Psyche stehen kann (IntCom. 63, 31 - 64, 4). Die Lösung des Ammonios basiert auf einem kumulativen Konzept, wonach die Seele zusätzlich zu ihrer vitalistisch-körperhaften Tätigkeit mit den dafür passenden Werkzeugen (Atmung, Lautbildung) auch über rein noetisch - "technische" Funktionen verfügt, die ihrerseits den Logos als adäquates Instrument des Bezeichnens verwenden. (IntCom. 64, 19 - 25). Der Logos ist mit seinen Teilen (ὄνομα und ῥῆμα) Werkzeug des Bezeichnens (IntCom. 64, 19) und daher mit

---

[146] Ammonios vergleicht das menschliche Sprechen mit dem Tanz: Die Fähigkeit der Ortsbewegung ist φύσει gegeben, die Darstellung eines bestimmten Charakters wie des Achill hingegen komme über konventionell fixierbare Bewegungsmuster zustande (IntCom. 63, 9 - 13). Dieses Bild geht direkt auf Proklos zurück (KratCom. 16, 30 - 17, 1).

dem Bezeichneten nicht ident.[147]

Zugleich mit der Entscheidung für ein sprachliches Implikationsmodell fällt Ammonios sein Urteil zugunsten einer konventionalistischen Sprachtheorie (IntCom. 63, 27 f.). Auch hier ist es die διάνοια, von der nach Satzung und Vereinbarung die Laute autonom geformt werden. Betrachtet man nun IntCom. als Niederschlag einer Ergebnisphilosophie im Sinne eines nicht auf neue Fragemodi, sondern auf lehrbares Wissensgut abzielenden Werkes, so hat Ammonios zu folgenden Problemen Stellung bezogen:

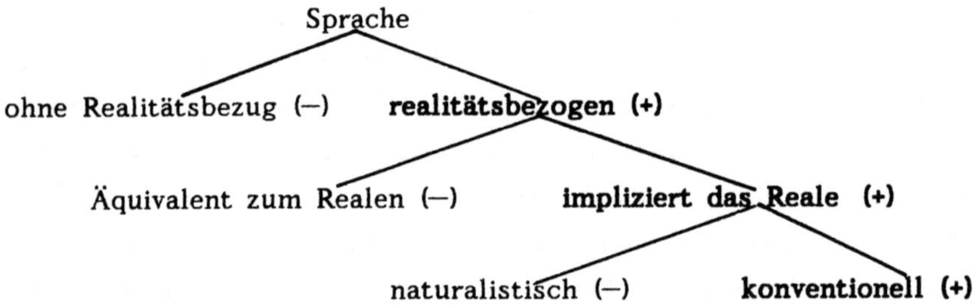

[147] Wenn Ammonios und sein Lehrmeister Proklos (vgl. unten S. 72) Aristoteles zum Trotz auf der Bestimmung des Wortes als Instrument beharren, so ist dies ein Eckstein ihrer Argumentation. Als Platoniker konnten sie den Dialog des Sokrates mit Hermogenes im Kratylos (388 e 5 - 390 a 2) nicht ignorieren, in dem die Tätigkeit des Wortbildners (ὀνοματουργός) mit der eines Handwerkers verglichen wird. Beide benötigen ein Werkzeug, das sie im Hinblick auf ihr Arbeitsziel verfertigen. So wie jedes Weberschiffchen nach einem idealen Modell gefertig ist, sich die Art der Ausführung aber nach den konkreten Erfordernissen richtet, existiert ein für jedes Sein gleichbleibender Name an sich, der aber bei verschiedenen Völkern aus verschiedenem Material, d. h. Lauten und Silben hergestellt werden kann. Phonetisch differente Begriffe für eine Sache bei Griechen und Barbaren erfüllen demnach die gleiche Funktion des Bezeichnens. Die Neuplatoniker leiten daraus in legitimer Weise den Schluß ab, daß das empirisch faßbare Wort als materielle Gegebenheit nicht mit seiner eidetischen Wirklichkeit äquivalent ist.

Für seine Arbeitsweise ergibt sich, daß er die im Kratylos auf einer zweiten Diskursebene als sprachphilosophische Probleme ins Bewußtsein gehobenen Fragen, die Platon als Autor nicht entscheiden wollte, auf der ersten Ebene einer ergebnisphilosophisch orientierten Abhandlung erörtert hat, in der er Forschungsresultate vorlegen will.[148] Die befürworteten Positionen (im Schema "+") werden den Erfordernissen der Kommentierung entprechend als einheitliche Lehre der beiden Philosophen dargestellt. Notwendig ist dies Vorgehen wegen des im neuplatonischen Philosophiebetrieb gepflegten Lektürekanons, in dem der Kratylos nach der einführenden Behandlung des *Aristotelicum* gelehrt wurde,[149] sodaß jede Exegese des Aristoteles einer neuplatonischen Sichtweise Platons standhalten bzw. auf sie verweisen mußte. Eine ausschließlich aristotelisierende Sprachphilosophie, in der das Wort als konventionelles Zeichen eine Vorstellung markiert und damit Reales impliziert, würde zu wenig Spielraum für ein genuin neuplatonisches, den Ontologiebezug von Sprache erläuterndes Modell offenlassen. An entscheidenden Stellen instrumentalisiert Ammonios die Argumentationsfäden, mit denen Platon im Kratylos den Streit zwischen Naturalisten und Konventionalisten festmacht, zu einem neuen Anliegen, zur Anbindung des Aristotelismus an den Platonismus.

---

148 SCHMITZ S. 45 scheidet im Kratylos zwischen einem Diskurs erster Ordnung, der auf Normsetzung abziele und einer Metaebene oder einem Diskurs zweiter Ordnung, welcher der Strukturierung wie der Deskription sprachphilosophischer Probleme vorbehalten bleibe.

149 Zum Lektürekanon vgl. oben S. 7 f. und M. DUNN, Iamblichus, Thrasyllus and the reading order of the Platonic dialogues, in: R. B. HARRIS, (ed.) The significance of Neoplatonism, Norfolk 1976, S. 59 ff., A. - F. FESTUGIÈRE (1969) S. 284 f. und H. D. SAFFREY, Proclus, Diadoque de Platon, in: J. PÉPIN et H. D. SAFFREY (ed.), Proclus. Lecteur et interprète des Anciens, Paris 1987, S. XI - XXVIII.

6. Ammonios und Proklos über den Bildcharakter des Wortes

Wie aus dem Abschnitt über die Beziehung von Wort - Denken - Sache im IntCom. hervorging, ist Ammonios in wesentlichen Fragen zu Sprachentstehung und -bedeutung Proklos verpflichtet. Es zeigte sich, daß auch Proklos am Wort einen εἶδος - und ὕλη Aspekt schied (KratCom. 17, 3 ff.), wobei das eidetische Wort - ὄνομα - aus der Dianoia eines Onomatotheten entspringt, der hyletische Laut - φωνή - von der Tätigkeit des physiologischen Stimmbildungsapparates zur Verfügung gestellt wird. Als Proklische Elemente in dem Passus über das Organon Sprache läßt sich neben engen wörtlichen Entsprechungen[150] besonders das Konzept bestimmen, wonach bei der Wortbildung die Tätigkeit der Vernunftseele als τεχνικῶς gefaßt wird.[151] Wir gelangen zu dem für Proklos charakteristischen Gegensatzpaar φύσις - ψυχὴ διανοητική,[152] wobei unter "Natur" die ontologisch unter der noetischen Seele angesiedelten Stufen der triebhaft vitalen Seele verstanden wurden.[153] Worte entspringen somit nicht dem Naturtrieb, sondern gehören trotz etwaiger Ähnlichkeiten mit tierischen Sprachformen ausschließlich dem denkenden Menschen.

Entsprechend dem semiotischen Dreieck, das sich für Ammonios rekonstrieren ließ, besteht zwischen Wort und seelischem Konzept eine symbolisch-zeichenhafte Korrelation, zwischen Denken

---

150 Ammon. IntCom. 63, 2 - 4: Τὰ μὲν οὖν ὄργανα τῆς φωνητικῆς δυνάμεώς εἰσιν ὅ τε πνεύμων καὶ ἡ τραχεῖα καλουμένη ἀρτηρία; Prokl. KratCom. 17, 4 - 6: τὴν μὲν οὖν φωνὴν τὰ φυσικὰ ὄργανα ἀποτελεῖ, οἷον γλῶσσα καὶ ἀρτηρία καὶ πλεύμων καὶ τὰ τοιαῦτα.

151 Ammon. IntCom. 63, 24: ψυχῆς καὶ τεχνικῶς ἐνεργεῖν δυναμένης; Prokl. KratCom. 17, 17 f.: τὸ ποιοῦν αὐτὸ τέχνη ἐστίν. SHEPPARD (1987) S. 144 f. zitiert als Parallele zu Ammonios die Ansicht des Proklos, daß stimmliche Äußerungen - φωνή - das Substrat für die Formgebung durch die menschliche διάνοια ist, Prokl. Krat Com. 17, 6 - 9.

152 Vgl. die Gegenüberstellung von ἐπιστημονικῶς und φυσικῶς in KratCom. 8, 5. Dazu HIRSCHLE S. 4 f.

153 Zur ὁρμή als Überbegriff der ὀρεκτικαὶ δυνάμεις vgl. Ammon. Int Com. 30, 12.

und Sein (πρᾶγμα) ein Abbildverhältnis. Dem Wort wird als konventionellem Konstrukt eine äquivalente Bildhaftigkeit abgesprochen.[154] In einem ersten Durchgang (besonders IntCom. 18, 29; 20, 3 ; 20, 21) weist Ammonios ausschließlich seelischen νοήματα Bildhaftigkeit gegenüber der Natur des Seins zu. Wenn dann aber doch die Anwälte eines milderen Naturalismus, den Ammonios *propria persona* befürwortet, behaupten, Worte seien Abbilder, allerdings nicht natürliche, sondern "technisch" verfertigte (IntCom. 35, 6 - 12), ändert das nichts am prinzipiellen Befund, daß in Ammonios' Sprachphilosophie zwischen Wort und Sein kein metaphysisch begründetes Abbildverhältnis besteht, weil die hier genannten εἰκόνες ja von Menschen gestaltet sind als Abbilder eines seelischen Urbildes. Auch in Int Com. 38, 1 - 10 ist der Kommentator sorgsam bemüht, dem Wort eine Teilhabe am Urbild abzusprechen.[155]

Die terminologische Beschränkung auf εἰκών, dessen Koppelung an eine gleichsam künstlich-technische Entstehungsweise, ist Ausdruck eines sprachphilosophischen Programmes, nach dem Ammonios das Verhältnis von verbalem *significans* und metaphysischem *significatum* anders verstanden wissen wollte als Proklos. Dieser stellte die Beziehung von Wort und Sein durch den Vergleich des ὄνομα mit einem Standbild (ἄγαλμα) dar: Das Götterbild verhält sich zur Gottheit wie das Wort zur Sache.[156] Bezeichnen wir eine dingliche Sache, so ist das Wort dafür Abbild eines Abbildes, weil die Sache ihrerseits eine Idee abbildet, denn es gilt, daß alles Existierende abbildhaft besteht im Hinblick auf eine Teilhabe.[157] Proklos knüpft die Kette einer Seinshierarchie durchgehend von den intelligiblen Ideen (νοερὰ εἴδη), deren Abbildern, den seelischen Ideen, bis

[154] Das Abbildverhältnis ist von der menschlichen Verfügbarkeit ausgenommen: Ammon. IntCom. 20, 3 - 6.

[155] Die urbildhafte οὐσία Mensch wird unmittelbar von gedanklichen Konzepten abgebildet und erst sekundär von verbalen Begriffen dargestellt.

[156] Prokl. KratCom. 19, 12 ff.; ParmCom. 849, 33 ff.; 852, 4 ff. Vgl. HIRSCHLE S. 12 f.; 17 - 19.

[157] Prokl. ETh. 62, 13 f.: Πᾶν τὸ ὁπωσοῦν ὑφεστὸς ἢ κατ᾽ αἰτίαν ἔστιν ἀρχοειδῶς ἢ καθ᾽ ὕπαρξιν ἢ κατὰ μέθεξιν εἰκονικῶς.

hin zu den Worten als den psychischen ἀγάλματα dieser Ideen.[158] Ammonios' Anliegen zielt nun nicht auf eine Trennung dieser σειρά dergestalt, daß die Verschiedenheit des Wortes gegenüber der noetischen Seele betont würde - wir wissen, daß das Wort als konventionelles Symbol Produkt des menschlichen Geistes ist, daß weiters der ideale Wortschöpfer die Dinge auf das Seiende hin benennt -, sondern in einer anderen Nuancierung von "Bild". Proklos setzt in diesem Zusammenhang das Wort oft mit ἄγαλμα gleich und gibt damit dem neuplatonischen Rezipienten ein Signal, darunter ein Sympathieverhältnis zwischen dem bildhaften Wort und der Gottheit zu verstehen. Besonders in der Theurgie, also der Praxis, mithilfe be-

[158] F. ROMANO, Proclo Lettore e interprete del Cratilo, in: PÉPIN - SAFFREY S. 132 diskutiert nach Prokl. KratCom. 20, 13 ff. die einheitliche Herkunft aller ὀνόματα von einem göttlichen Wortschöpfer, von dem in abgestufter Ordnung Dämonen sowie Engel und dann auch die Menschen die Fähigkeit zur Wortbildung besäßen. Vgl. Prokl. ParmCom. 908, 3, TheolPlat. 26, 2 - 27, 17 : Die intelligiblen Ideen als das Allgemein - Eine schlechthin, das all das, was später hervortritt, in reicherem Maße beinhaltet, besitzen gegenüber den emanierten Ideen in der menschlichen Seele mehr Sein. Da ein Charakteristikum des Seins das Leben ist, sind die Worte des Menschen erkaltet, lebloser als ihr intelligibler Ursprung. In analoger Weise ist auch das Götterbild gegenüber der Gottheit eine erkaltete ἀφομοίωσις (ParmCom. 852, 4 ff.). Nach HIRSCHLE S. 51 - 54 ist Proklos vom Plutarchschüler Hierokles von Alexandria in der Gleichsetzung von ὄνομα und ἄγαλμα abhängig. Zur σειρά, die Intelligibles und alle Erscheinungsformen der empirischen Welt verbindet, vgl. Prokl. Hier. Techn. 149, 28 - 150, 2: οὕτω μεστὰ πάντα θεῶν, τὰ μὲν ἐν γῇ τῶν οὐρανίων, τὰ δὲ ἐν οὐρανῷ τῶν ὑπὲρ τὸν οὐρανόν, καὶ πρόεισιν ἑκάστη πληθυομένη σειρὰ μέχρι τῶν ἐσχάτων· τὰ γὰρ ἐν ἑνὶ πρὸ τῶν πάντων, ταῦτα ἐν πᾶσιν ἐξεφάνη.

stimmter Riten eine Vereinigung mit den Göttern zu erzielen,[159] spielten ἀγάλματα als Götterbilder eine wesentliche Rolle zur Herbeiführung der Gottheit. Bei Plotin, der an eine mögliche Beseelung von Götterbildern glaubte (Enn. IV 3 [27] 11), war die Telestik, also das Verfahren, durch Riten und Gebete die personale Präsenz im Bildnis herbeizuführen, für den Aufstieg der Seele praktisch noch nicht von Bedeutung.[160] Doch vor allem Jamblich integrierte religiös magisches Gedankengut in das rational begründete System des Neuplatonismus. Nasemann zitiert einen Passus aus Photios (Bibl. 215, p. 173 b 6 - 17), wonach Jamblich in seiner verlorenen Schrift περὶ ἀγαλμάτων neben den vom Himmel gefallenen Bildnissen auch von Künstlern verfertigte Skulpturen als übernatürlich ansah. Ebenso entschieden vertrat er die Ansicht, daß Götternamen als Bilder nicht nur auf die Götter verweisen, sondern mit ihnen wesenseins sind (De myst. 255, 5 - 17; 258, 7). Der Name besitzt als solcher die Kraft, die Seele emporzuführen (De myst. 258, 8 f.). Proklos selbst, der nach Auskunft seines Biographen chaldäische Orakel gleich schätzte

---

159 Zur Begriffsklärung vgl. B. NASEMANN, Theurgie und Philosophie in Iamblichos De Mysteriis, BzA 11, Stuttgart 1991, S. 277 ff. mit relevanter Literatur. Als theurgische Symbole kommen ἀγάλματα ebenso in Betracht wie Weihrauch, Lorbeer oder Edelsteine. Vgl. Prokl. Hier. Techn. 150, 30 - 151, 5. Dazu CROME S. 165 f.

160 NASEMANN S. 281.

wie Platons Timaios[161] und sich selbst theurgisch betätigte,[162] glaubte, daß dämonische Götternamen (TimCom. III 6, 13 ff.; 89, 19) wie auch Standbilder mit bestimmten Symbolen, die in einem Sympathieverhältnis zu den Göttern stünden,[163] diese herbeirufen könnten (KratCom. 25, 1 - 7). Der Name als Emanation des Göttlichen kann

---

[161] Marin. VitProcl. 38. In TimCom. III 63, 21 - 24 bezeugt Proklos seinen Glauben an die Orakel. Vgl. KUISMA S. 42.

[162] Marin. Vit.Procl. 28 ff.; Entscheidend für die Aufwertung der Theurgie im späten Neuplatonismus und besonders bei Proklos ist für ZINTZEN [1965], S. 96 - 100 (nach Auskunft von Prokl. ParmCom. 948, 14) die völlige Trennung der menschlichen Seele von der Gottheit, sodaß ein Aufstieg über die Selbstbesinnung nicht mehr möglich ist. Dagegen glaubte Plotin noch an das Vorhandensein des Ἓν in der menschlichen Seele, welche dies Göttliche in sich nur enthüllen mußte, um mit ihm eins zu werden (Enn. III 8 [30] 9, 21 - 3; V 1 [10] 10, 5 f.). Zumindest partiell verbleibt die Seele im Intelligiblen (Enn. IV 7 [2] 10, 30). Materielle Gegenstände und innerweltliche Praktiken sind demnach im System Plotins für den Aufstieg der körperlosen Seele weder erforderlich noch möglich, da letztlich nur Gleiches Gleiches erkennt (I 6 [1] 9, 29 - 34). NASEMANN unterstreicht S. 281 ebenso das in De myst. Jamblichs zum Ausdruck kommende Gefühl der Schwäche des Menschen, seiner Gottferne, die er mit der Herbeiführung des Göttlichen im anschaulichen Bilde zu überbrücken sucht, als Movens für das Vordringen der Theurgie in den Platonismus. STÄCKER S. 113 Anm. 412 zitiert De myst. 5, 4, 204, 11 f.: τὸ θεῖον, ὃ μηδὲν ἔχει κοινὸν πρὸς ἡμᾶς als Beleg für Jamblichs These von der Gottferne des Menschen. Diese generische Verschiedenheit kann weder durch Tugendhaftigkeit, noch durch Klugheit der Seele überwunden werden (De myst. 3, 20, 149, 4 - 8). Der Mensch ist erlösungsbedürftig.

[163] Zur Übernahme der Poseidonischen Theorie der Sympathie bei Plotin und Jamblich vgl. NASEMANN S. 105 - 119. Die Auffassung, wonach ἔν τε τοῖς πρώτοις τὰ ἔσχατα und in τοῖς ἐσχάτοις τὰ πρώτιστα gesehen werden kann (Hier. Techn. 148, 9), spiegelt die Grundtendenz von Proklos' Sympathielehre. Vgl. CROME S. 162 - 168.

vom Theurgen auf seine Ursache, die Gottheit zurückgewendet werden und deren Parusie bewirken (KratCom. 72, 13 ff, RempCom. I 78, 18 - 79, 4, TimCom. III 89, 16 ff.).[164] Durch konsequentes Ignorieren des theurgisch konnotierten Begriffes ἄγαλμα vermeidet Ammonios terminologisch und sachlich die im späten Neuplatonismus belegbare direkte Anbindung des Wortes an das Sein und entscheidet sich für die aristotelische Bestimmung von ὄνομα als Symbolzeichen. Dies ist wie im Neuplatonismus ein Produkt des Intelligiblen, aber es gibt keine theurgische Handhabung, die dem Wort eine Verfügungsgewalt auf Göttliches einräumen könnte.

Als weitere Bestätigung für diese These seien zwei in ihrem beiderseitigen Verhältnis noch nicht geklärte Textpassagen aus Proklos und Ammonios gegeneinander abgewogen: Prokl. KratCom. 16, 15 - 19: δεῖται δ᾽ ὡς μὲν ὄργανον τοῦ χρωμένου, ὡς δὲ εἰκὼν τῆς πρὸς τὸ παράδειγμα ἀναφορᾶς · ὥστε δῆλον ἐκ τούτων ὅτι οὐκ ἔστι τὸ ὄνομα σύμβολον οὐδὲ θέσεως ἔργον τῆς τυχούσης, ἀλλὰ συγγενὲς τοῖς πράγμασι καὶ φύσει οἰκεῖον. Ammon. IntCom. 40, 18 - 21: Ἔσται γὰρ τὸ μὲν ἀσκόπως τεθὲν μόνως σύμβολον, τὸ δὲ κατὰ λόγον ὡς μὲν δυνάμενον ἐξ ἄλλων καὶ ἄλλων συγκεῖσθαι συλλαβῶν ἐοικὸς τοῖς συμβόλοις, ὡς δὲ τῇ φύσει τοῦ ὀνομαζομένου προσῆκον ὁμοίωμα, καὶ οὐ σύμβολον. Vor dem ausgeschriebenen Zitat erläutert Ammonios die Definitionsmöglichkeit von ὄνομα als Symbol oder ὁμοίωμα. Dabei unterscheidet er eine Betrachtungsweise, nach der der Name hinsichtlich des Genus als Symbol zu definieren ist, und eine auf dessen Substrat und Form abzielende Bestimmung. Nur die Einbeziehung des zweiten Aspekts könne die Funktion des Definierten voll klären: Ebenso bleibe die Definition von "Thron" als geformter Holzteil (Erklärung des Genus) trotz ihrer Richtigkeit unvollständig, wenn nicht auch sein Zweck erklärt werde. Die Definition von Wort als mit dem Bezeichneten lautlich verbundenem Symbolzeichen (Erklärung des Genus) ist korrekt. Hier steht nur die Korrelation Zeichen - Bezeichnetes im Blickpunkt. Erst wenn man über den Zeichencharakter des Wortes hinausgeht und seine Form als der Physis des Signifikats entsprechendes Symbol bestimmt, enthüllt sich das Wort auch als Abbild (ὁμοίωμα) und ist unter diesem Aspekt nicht mehr Symbol.

Die Proklosstelle ist vor einem größeren Zusammenhang

---

[164] COULTER S. 55, HIRSCHLE S. 14 - 17.

des Kapitels 48 zu sehen, in dem der Kommentator besonders den Werkzeugcharakter des Wortes herausstellt: dies ist ein belehrendes (διδασκαλικόν) und auf die Physis der Dinge hinweisendes (ἐκφαντορικόν) Instrument, das sich substantiell an das Bezeichnete fügt (σημαινομένοις συνηρμοσμένην: KratCom. 16, 22 ff.) und lehrend die Kenntnis des Wesens der Dinge ermöglicht: ὅθεν καὶ τὸ ὄνομα διττὰς ἔχει δυνάμεις, τὴν μὲν διδασκαλικὴν τῶν ἐννοιῶν καὶ κοινωνίας αἰτίαν, τὴν δὲ διακριτικὴν τῆς οὐσίας (KratCom. 20, 18 - 20).

Unbestreitbar ist, daß beide Denker in ihren sprachtheoretischen Erörterungen das gleiche Material heranziehen. Als Schnittpunkt ihrer Argumentationslinien läßt sich deutlich die Überzeugung 1) von einer Korrelation zwischen Wort und paradeigmatischem Signifikat, 2) damit verbunden die semantische Kraft des Wortzeichens und 3) die Herkunft des Wortes aus der dianoetischen Seele eines Techniten feststellen. Die entscheidende Differenz liegt im Ausschnitt, den beide Kommentatoren aus diesem gegebenen definitorischen Feld vornehmen: Ammonios sieht in jedem Wort auch das Symbol, somit auch die arbiträre Zusammenstellung von Silben, die erst durch einen Onomatotheten zu einem Abbild des Seins wird und eine Qualität erhält. Dort, wo das Wort nicht das allgemein Wirkliche (φύσις) eines Benannten bezeichnet (IntCom. 40, 2), ist es Symbol, wo es auf ein Sein deutet, zusätzlich auch ὁμοίωμα. Dagegen spricht Proklos dem Wort Symbolcharakter ab, weil es bereits unmittelbar bei seiner Entstehung als Werkzeug kreiert wurde, um lehrend auf die οὐσία hinzuweisen, mit der es wesensmäßig verschmolzen ist. Ammonios unterstreicht dagegen, daß in der ersten Phase der Wortsetzung sich das ὄνομα direkt nur auf das ὀνομαζόμενον, keinesfalls auf dessen φύσις bezieht. Für Proklos ist das Wort in jeder Qualität und Zeit ein Glied in der universalen σειρά, die das Universum vom Untersten bis zum Einen durchzieht.[165] Wenn Proklos sich gegen den Terminus σύμβολον sträubt, so nicht wegen der damit ausgedrückten Semantizität von Sprache, sondern weil der Begriff in einem sprachphilosophischen Kontext mit der Konnotation

165 Daher sein Insistieren auf die Sorgfalt beim Aussprechen von Götternamen, die mit der Gottheit substantiell verwandt sind (KratCom. 94, 10 - 3).

"arbiträr, auf einer Vereinbarung beruhend" behaftet war.[166] Dies erklärt auch das verwirrende Faktum, daß Proklos in anderen Schriften sehr wohl Wort und Symbol gleichsetzt.[167] Dies geschieht jeweils in einem Zusammenhang, der nicht linguistisch - sprachphilosophisch, sondern im weiteren Sinne theologisch geprägt ist. Σύμβολον hatte im Laufe seiner Geschichte eine Vermehrung seiner Signifikate erfahren, ohne daß die neu entstandenen Bedeutungen die alten aufgehoben hätten.[168] Das Symbol wandelte sich jetzt zu einem Gegenstand autarken Wesens, in dem das Göttliche verhüllt ist und das die Vereinigung mit der Gottheit verbürgt.[169] In dieser Bedeutung setzt Proklos Symbol auch mit σύνθημα gleich, das als sichtbares

---

166 ROMANO S. 119 ist entgangen, daß Proklos im Kratyloskommentar σύμβολον nie direkt zur Definition von ὄνομα, sondern vorwiegend im theurgischen Zusammenhang verwendet. In KratCom. 10, 25 ff. und 15, 28 beruht die Gleichsetzung von Wort mit Symbol auf Syllogismen, die in ihrem Wortmaterial unmittelbar von dem erörterten Text (Plat. Krat. 384 d bzw. Arist. Int. 17 a 2 - 5) bestimmt sind. Aufschlußreich ist das Stück KratCom. 19, 12 - 9: Wie die Telestiker durch Symbole die Standbilder den Göttern anglichen, so schaffe der Nomothet die Worte als ἀγάλματα der Dinge in Angleichung an das wirkliche Sein. Sobald die Rede im Kratyloskommentar aufs Wort kommt, vermeidet Proklos den Begriff Symbolon.

167 RempCom. 48, 1 - 1373, 12; 83, 9; 125, 5, TimCom. I 51, 25; 210, 30; 272, 26 - 273, 9.

168 Vgl. NASEMANN S. 129 ff.; 278, MÜRI S. 26.

169 Iambl. De myst. 96, 17 - 97, 2: ἀλλ᾽ ἡ τῶν ἔργων τῶν ἀρρήτων καὶ ὑπερ πᾶσαν νόησιν θεοπρεπῶς ἐνεργουμένων τελεσιουργία ἥ τε τῶν νοουμένων τοῖς θεοῖς μόνον συμβόλων ἀφθέγκτων δύναμις ἐντίθησι τὴν θεουργικὴν ἕνωσιν. Vgl. ZINTZEN (1965), S. 91.

Zeichen unsichtbarer Kräfte gilt.[170] Daraus ergibt sich der Schluß,

---

[170] Prokl. KratCom. 30, 29 - 31, 5: ὥσπερ οὖν ἡ φύσις καὶ ἡ μονὰς ἡ δημιουργικὴ καὶ αὐτὸς <ὁ> πάντων ἐξῃρημένος πατὴρ ἐνέσπειραν τοῖς δευτέροις τῆς οἰκειάς ἰδιότητος συνθήματα, καί δι᾽ ἐκείνων ἐπιστρέφουσι πάντα πρὸς ἑαυτούς, οὕτως δὲ καὶ πάντες οἱ θεοὶ τοῖς ἀφ᾽ ἑαυτῶν παραγομένοις ἐνδιδόασι τῆς σφετέρας αἴτιας σύμβολα, καὶ διὰ τούτων ἑδράζουσι πάντα ἐν ἑαυτοῖς. Der Kosmos stellt hier einen einheitlichen, durch Sympathieverhältnisse gegliederten Organismus dar, dessen Zusammenhang auf der Inhärenz der Götter in den von ihnen emanierten Seiendheiten beruht. Deutlich klingt hier die Lehre von der σειρά an, derzufolge jeder Gott an der Spitze einer Reihe von Wesen steht, die an seiner ἰδιότης teilhaben. Der Name | Apollon | bezeichnet den Gott Apollon als Führer der σειρά, kann aber auch für einen untergeordneten Dämon dieser Reihe stehen. So deutete Proklos den Streit zwischen Achill und Apollon als Auseinandersetzung des griechischen Helden mit einem auf niedriger τάξις angesiedelten Mitglied der "Apollonkette", um sein eigentliches Interpretationsziel, die Verteidigung Homers von dem Vorwurf der anthropomorphen Verzerrung göttlicher Wesen, zu erreichen. Zur Interpretation von Il. 22, 15 - 20 bei Prokl. RempCom. I 147, 11 - 15 vgl. KUISMA S. 60 f. Vgl. auch KratCom. 69, 11 - 19 und zu Jamblich als Vorläufer der σειρά - Theorie NASEMANN S. 135 f. Demnach ist das Wort als theurgisches Symbol, wenn auch in reduzierter Form, Gott. COULTER S. 51 - 55 stellt nach Prokl. RempCom. 81, 28 - 83, 10; ETh. 145 überzeugend die auf Analogie basierende Verbindung sprachlicher Kunstwerke wie etwa symbolischer Mythen mit dem obersten Gott der gleichen Reihe dar. Zwischen dem göttlichen Führer der Reihe und seinen Derivaten besteht ein Verhältnis der Sympathie. Wichtig sind COULTERS Ergebnisse, weil sie eine ontologische Verbindung zwischen Literatur, Metaphysik und Theurgie im Proklischen System offenlegen, die für Ammonios' Semiotik auf jeden Fall von maßgeblicher Bedeutung gewesen sein mußte. Weiters Prokl. Remp Com. 138, 5 f.; 147, 6. In TimCom. I 272, 6 - 273, 30 gelten σύμβολα / συνθήματα als heilige Zeichen für das immanent Gött-

daß Proklos genosspezifisch in ausschließlich sprachphilosophischen Zusammenhängen die Gleichsetzung von Symbol und Wort mied, weil aufgrund der starken Wirkung dieser Tradition dort die Bedeutung von Symbol als ein auf Abmachung beruhendes Zeichen die metaphysische Bedeutung abschwächte. Ἀγάλματα und εἰκόνες sind da besser geeignet, um die Emanation des Wortes aus dem Intelligiblen auszudrücken. Wenn Proklos diese Interferenz nicht zu fürchten brauchte, z. B. in den Kommentaren zum Parmenides, dem Timaios und der Politeia, konnte die substantielle Verwandtschaft von Wort und Sein durch den theurgischen Terminus συμβολον artikuliert werden. Daß Ammonios gegen Proklos auch *in linguisticis* σύμβολον im Sinne des Aristoteles verwendet, enthüllt seine theologische Ferne gegenüber Proklos, insofern als er dem verbalen Symbol keine reziproke Wirkung auf die von ihm verhüllte Göttlichkeit beimißt. Dies ist ein starkes Indiz für die These, daß Ammonios' Lesart der Klassiker auf die Vermittlung von Platon und Aristoteles ausgerichtet war. Doxographisch betrachtet, wurde die aristotelische Logik nicht zugunsten einer ausschließlich theologisch - theurgischen Sprachphilosophie aufgegeben. Auch wenn viele Verweise in seinem Kommentar zu *De Interpretatione* auf eine dem Neuplatonismus vorbehaltene Deutung der Sprache vorausverweisen, ist nicht anzunehmen, daß die dem Aristoteles zugeschriebene Semiotik später aufgegeben oder als minderes Propädeutikum in Abrede gestellt worden wäre.

Im Gegensatz zu Proklos tendiert Ammonios nicht dazu, die bei Aristoteles vorgefundene Onomatologie zu transzendieren oder aus dem logischen Traktat einen universal theologischen Kern zu schälen. Nach Romano macht gerade dies den hermeneutischen

---

liche. Vgl. SHEPPARD (1987), S. 145 f.). Auf dem Gebiet der Literaturtheorie schied Proklos zwischen eikonischen - und symbolischen Mythen (TimCom. I 30, 11 - 8; II 205, 1 - 16). Die letzteren sind für Rezipienten bestimmt, die ihren Intellekt auf alle Stufen des Seins richten können, weil in ihnen kein lineares Vorbild - Abbild - Schema entwickelt wird, sondern die Beziehung zur Wahrheit oft in geheimnisvoll abschreckender Weise hergestellt wird (RempCom. I 85, 26 - 86, 23). Vgl. COULTER S. 41, f.; 50.

Ansatz des Proklos im Umgang mit Platons Kratylos aus,[171] wenn er die im Dialog vorherrschende erkenntnistheoretische Ebene auf ein psychologisch - kosmologisches Niveau transformierte (die Seelen bilden Worte als Teil eines universalen Schöpfungsvorganges), um von dort das wirklich Göttliche zu thematisieren (die Seelen aktualisieren in der Wortbildung ihre Assimilationskraft an das Göttliche - Worte sind Symbole des göttlichen Seins). [172] Dagegen akzentuiert Sheppard die inhaltliche Konvergenz zwischen Proklos und Ammonios. Entsprechend der *communis opinio* hält sie die Scheidung zwischen einem theologisch - platonischen Neuplatonismus in Athen und einer wissenschaftlich - aristotelischen Ausformung der Schule von Alexandria für überholt.[173] Die verschiedenen Gewichtungen dort, wo sich Stellungnahmen bei den Interpreten zur selben Vorlage nachweisen lassen, seien auf den mangelhaften Erhaltungszustand des nur als Exzerpt überlieferten Kratyloskommentars und genosspezifische Differenzen zurückzuführen.[174] Auch wenn Proklos im KratCom. explizit Aristoteles Anschauungen aus *De Interpretatione* zurückweise, habe er diese Kritik in einem dem Stagiriten gewidmeten Werk wie seinem verschollenen IntCom. zweifellos abgeschwächt.[175] Als Argument zieht Sheppard im Lauf ihrer Untersuchungen den IntCom. des Ammonios heran, der als Material dient, verkürzt erhaltene Aussagen zur Sprachphilosophie des Proklos zu ergänzen. M. E. verfällt Sheppard hier einer *petitio principii*, indem sie von der Voraussetzung ausgeht, Ammonios und Proklos stimmten in ihren beiden

---

171 Vgl. ROMANO (1987), S. 120.

172 Ebenso vertrat Proklos gegen andere, die den Parmenides als aporetische Schrift mit logischem Charakter werteten, die Ansicht, Platon habe in dem Dialog systematisch seine Theologie ausgebreitet: TheolPlat. 9, 34; 31, 25; 55, 11 f. Dazu vgl. M. ERLER, Platons Schriftkritik und der Sinn der Aporien im Parmenides nach Platon und Proklos, in: PÉPIN - SAFFREY S. 154 f.

173 Vgl. BARNES S. 277.

174 SHEPPARD (1987) S. 139; 145 f. Aus Ammon. IntCom. 1, 6 - 11 schließt sie auf eine verlorene Exegese von Aristoteles' *De Interpretatione* durch Proklos.

175 Vgl. KratCom. 11, 30 - 12, 17; 15, 27 - 16, 4. SHEPPARD (1987), S.142.

Kommentaren überein, um zu rekonstruieren, was Proklos aufgrund dieses *consensus* zu Aristoteles *De Interpretatione* gesagt haben müßte. Ökonomischer ist hingegen eine Interpretation, die zwar die auf einer Metaebene angesiedelten Neuplatonismen des Ammonios akzeptiert, aber die Differenzen zu Proklos als solche stehenläßt - deren entscheidende ist die Ablehnung einer Sicht des Wortes, die ihm theurgische Kraft zuschreibt. Gerade die divergierenden Ansichten im späteren Neuplatonismus zur Theurgie zeigen, daß diese nicht als *condicio sine qua non* einer korrekten philosophischen Haltung galt.[176] Ammonios' gegenüber Proklos eigenständige Sprachphilosophie fand ihren Erben in Philoponos.

7. Die Kriterien der richtigen Interpretation nach Philop. AnCom.

Ausführliche Überlegungen zum Verhältnis zwischen dem symbolhaften Wort eines inspirierten Textes und den Phänomenen der empirischen Welt stellt Philoponos in seinem Kommentar zu *De Anima* an. Gegenstand und Anlaß dieser Reflexionen ist der Mythos von der Schaffung der Weltseele im Platonischen Timaios, wo der Demiurg diese nach den Prinzipien der Identität und Verschiedenheit (ἡ φύσις θατέρου und ταὐτοῦ) als zwei Gerade in Form eines X bildet, die er wiederum in einen inneren, bzw. äußeren Kreisbogen krümmt,[177] welche auf eine hier nicht zu erläuternde Weise die Beziehung der kosmischen ψυχή zur Welt der Phänomene symbolisieren.[178] Nachdem Philoponos selbst die Erzählung des Timaios paraphrasierend gedeutet hat (AnCom. 116, 1 - 21), verwahrt er sich durch Berufung auf Plat. epist. II 314 a gegen eine Auslegung inspirierter Texte wie des Timaios, die auf die wörtliche Oberfläche des narrativen Gebildes beschränkt bleibt (AnCom. 116, 23 - 26). Wie selbstverständlich deutet Philoponos dann die Timaioserzählung als Symbol, indem er sie

---

176 Nach Eunap. VS 43, 5 ff. mißbilligte Eusebios von Myndus, ein Hörer des Jamblichschülers Aidesios, Theurgie. Dazu SHEPPARD (1987) S. 154.

177 Plat. Tim. 35 A - 36 C.

178 Zur Rezeption dieses psychogonischen Mythos und die Interpretation des X vgl. Prokl. TimCom. II 247, 18 - 32, der hier ein Porphyrioszitat (Porph. Frg. 70 Sodano) überliefert.

auf eine Stufe mit den Arkana der Pythagoreischen Weisungen stellt. Entsprechend der bereits erörterten Tendenz im späteren Neuplatonismus,[179] setzt Philoponos auch bei dem als heilig empfundenen Text Platons Dunkelheit voraus und begründet sie mit ihrer Schutzfunktion gegenüber Unwürdigen, besonders aber mit ihrer protreptischen Wirkung: Καὶ αὐτὰ δὲ τὰ συμβολικῶς εἰρημένα διὰ τῆς κατὰ τὸ φαινόμενον ἀτοπίας ἐνάγει ἡμᾶς εἰς τὸ ζητεῖν ἐν αὐτοῖς τὴν κεκρυμμένην ἀλήθειαν (AnCom. 117, 8 - 10). Das Faszinosum dieser Form von Literatur besteht gerade in ihrer utopischen Wirklichkeitsferne, ihrer Nichtzugänglichkeit gegenüber dem Logos aus didaktischen Erwägungen: Διὸ συμβολικὴν τὴνδιδασκαλίαν ἐποιήσαντο δι᾽αὐτοῦ τοῦ παραλόγου εἰς ζήτησιν τῆς κεκρυμμένης ἀληθείας ἐνάγοντες (An Com. 117, 12 - 14). Da Philoponos hier nicht über die Entstehensweise des Wortes reflektiert, wo unter dem Symbol immer auch die Vereinbarung mitgemeint ist,[180] verwendet er σύμοβολον und σημεῖον synonymisch. Der Text zeigt verrätselnd auf ein Höheres (ᾐνίττοντο: AnCom. 117, 24; σημαίνει καὶ τὸ νοερόν: AnCom. 117, 35), dessen Gehalt vom Interpreten, im gegebenen Fall der Timaiosdeutung Philoponos selbst, vollständig enthüllt und quasi mit Ist - Gleich - Zeichen versehen auf die Ebene der analytischen Rationalität rückübersetzt werden kann. Ohne Zögern lüftet der Kommentator den Schleier über jenem Bild vom kreisförmig gebogenen X der Weltseele, um Punkt für Punkt zu dem *fabula docet* vorzustoßen: Βουλόμενος οὖν ὁ Τίμαιος καὶ τὸ ζωτικὸν αὐτῆς σημᾶναι καὶ τὸ νοερόν, τὴν εὐθεῖαν παραλαμβάνει καὶ τὸν κύκλον, τὸν μὲν κύκλον τῆς νοερᾶς ἐνεργείας σύμβολον (AnCom. 117, 34 - 36). Der *terminus technicus* für diesen hermeneutischen Vorgang ist das δηλοῦν[181] als Gegenstück zum κρύπτειν bzw. αἰνίττεσθαι bei der Verschlüsselung der Wahrheit durch

---

[179] Vgl. oben Kap. I A 2.

[180] Zu Symbol und Zeichen als Relation zwischen Wort und Denken vgl. Kap. I B 3-4.

[181] Etwa AnCom. 117, 30; 118, 5; 119,11; 119, 24; 119, 35; 121, 6.

einen Autor.[182] Als fehlerhaft und töricht gilt demgegenüber jede auf die räumliche und zeitliche Ebene beschränkte Deutung, welche die Synopse zwischen Literalsinn und noetischem Inhalt nicht vollzieht und symbolische Aussagen als Verweise auf die extensionale Welt mißversteht. Dieser Aspekt wird zu berücksichtigen sein, wenn wir später nach Inhalt und Begründung von Philoponos' Polemik gegen Theodoros von Mopsuestia in Opm. fragen.[183] So bedeutet der Begriff der Größe in einem theologischen Werk wie dem Timaios nicht die räumliche oder lineare Dimensionalität, sondern weist auf die empirisch nicht wahrnehmbare Verkettung der Weltseele im kosmischen Ganzen (AnCom. 122, 19 - 26). Platon rückt so in die Nachfolge des Pythagoras mit seiner symbolischen Zahlenontologie, in der numerische Entitäten analog für kosmische Gegebenheiten stehen.[184]

In diesen Passagen, in denen sich Philoponos zum Verhältnis von Wort und Sein äußert, tritt seine gegenüber Proklos pragmatischere Interpretationsweise zu Tage: Das Wort in einem Text weist als Zeichen primär auf das Gedankenkonzept des jeweiligen Autors, das zu klären ist, nicht direkt auf die Wirklichkeit als solche. Das Interesse des Textinterpreten Philoponos gilt diesem Segment zwischen der Welt der änigmatischen Sprache und der *intentio auctoris*, er fragt, was Platon will, und deutet seine διάνοια.[185] Erst nach dem Verstehen des Autors enthüllt sich die ihm präsente Wahrheit. Dagegen versucht Proklos durch interpretatorische Opera-

---

[182] Die Frage nach den Gründen der Dunkelheit des zu erklärenden Autors bildete einen Topos innerhalb der vor der eigentlichen Kommentierung zu klärenden Präliminarien. Vgl. Amm. CatCom. 7, 7 - 14, David CatCom. 124, 25 - 127, 2, Olymp. Proleg. 11, 21 - 12, 17, Philop. CatCom. 6, 22 - 28, Simpl. CatCom. 7, 1 - 22. Dazu I. HADOT (1990) I S. 116 f.

[183] Τίς οὕτως ἠλίθιος ὡς οἴεσθαι τὸν Πλάτωνα ταῦτα οὕτω κατὰ τὸ φαινόμενον λέγειν (Philop. AnCom. 117, 28 - 29).

[184] Dieses Motiv des Πλάτων Πυθαγόρειος verarbeitet Philoponos auch im späteren Kommentar zur Physik (PhysCom. 388, 24 - 389, 20).

[185] ... τὴν διάνοιαν δηλῶσαι: AnCom. 117, 30, βούλεται: AnCom. 119, 4; βουλόμενος: AnCom. 117, 34; 121, 6.

tionen am Lautbestand deren metaphysische Ursache herbeizurufen, weil das Wort des inspirierten Dichters wie ein magisches Instrument auf seinen Ursprung einwirken kann.[186] Ohne den "Umweg" über das Denken des Autors nehmen zu müssen, katapultiert dessen Sprache den Kundigen zum Wesen der Sache an sich.[187] Der Dichter bietet ob seiner inspirierten Gottnähe einen ontologisch hochgelegenen Ausgangspunkt für den Aufstieg zum Einen, ohne *per se* im Mittelpunkt der Interpretation zu stehen. Proklos erklärt am Text das Höchste, Philoponos das Denken des Autors. Für beide ist das Wort Symbol und Zeichen.

C. DIE HERMENEUTISCHEN TECHNIKEN DER AMMONIOSSCHULE

1. Augustinus und Ammonios im Vergleich

Im Benennen der Dinge unter dem Aspekt des Weiblich/Männlichen geht der Onomatothet den Weg zurück von der Vielheit zur Einheit. Wie dessen Ausformung in Gottheiten und Geschlechter zeigt, deutet Ammonios das erste Prinzip als das Lebendigste im allgemeinen Sinne, das die Geschlechter emaniert und ontologisch vor diesen ist. Zielpunkt des Weges ist das Erste als Einheit, die nicht weiter zerteilbar ist. Damit verfügt der Wortschöpfer über die in den Platonika als philosophische Tugend schlechthin dargestellte Fähigkeit,

---

[186] Zu den Differenzen der Sprachphilosophie des Proklos und der Ammoniosschule vgl. oben S. 67 - 71. Ein Beispiel aus Proklos: Bei der Deutung von Hom. Il. 18, 239 - 240: Ἠέλιον δ᾽ ἀκάμαντα ... πότνια Ἥρη / πέμψεν ἐπ᾽ Ὠκεανοῖο ῥοάς versteht er den Namen Hera als unmittelbares Abbild eines πρᾶγμα, weil durch oftmaliges Sprechen die Schlußsilbe -α in der attischen Form des Wortes an den Anfang rückt und so aus Ἥρα ἀήρ wird. Aus dem Vers wird dann ersichtlich, daß Hera als Göttin Luft in einem realen Zusammenhang mit dem Untergang der Sonne hinter dichten Wolken steht.

[187] Vgl. ProklKratCom. 92, 9 - 18.

hinter den Einzeldingen das lebendig Allgemeine, die Idee zu erfassen.[188] Für ihn hat sich auf rationale Weise das Eine in den eben durchschrittenen Stadien des Aufstiegs im Vielen offenbart, alles Einzelne wiederum führt ihn zum Einen. Für die daraus abzuleitende Haltung der Ammoniosschule zum geschriebenen Wort folge, daß dieses unter der Bedingung, daß es von einem inspirierten Autor stammt, in sich, wenn auch verborgen, das Göttlich-Eine trägt. Der Interpretationsakt stellt in der Welt der Sprache das Beschreiten jenes Wegs nach oben dar, den die Seele des wissenden Autors bei ihrem metaphysischen Abstieg vom Einen zum Wort durchgemacht hat. Der gelungene interpretatorische Aufstieg führt zum selben Ziel, dem Denken des Philosophen, das ein Abbild des Einen darstellt. Dies Ziel ist der empirischen Welt enthoben. Aufgrund des Zusammenhangs von Ontologie und Literatur darf geschlossen werden, daß eine auf die Oberfläche der Phänomene gerichtete Fixierung bei der Textgestaltung und -deutung zu divergierenden (= nicht auf das Eine zielenden), daher sinnlosen Aussagen und zum Kollaps der Erkenntnismöglichkeit führt. Entscheidend ist, wie Ammonios anhand des sprachlichen Versagens der Ägypter lehrt, die den Mond mit einer maskulinen Vokabel belegen, nicht die Methode der Wortgebung, nicht schriftstellerische Technik, sondern die Blickrichtung: Wie der weise Wortschöpfer teilen die Ägypter mit Hilfe der Analogie männlich/weiblich die Namen den Gestirngöttern zu, aber ihre Benennung

[188] Das Verdienst von COULTER (bes. S. 75; 77 - 80) ist es, die in Phdr. 268 a - d erhobene Forderung, wonach richtiges Sprechen über einzelne Erscheinungsformen eines Gegenstandes die ganze Kenntnis des betreffenden Themas voraussetzt, als Basis neuplatonischer Literaturtheorie verständlich gemacht zu haben: Der wahrhafte Künstler trägt die einheitliche Wahrheit in sich und stimmt jeden Aspekt seiner literarischen Produktion auf diesen einen Orientierungspunkt ab. Jedes konkrete philosophisch / poetische Werk ist aus seiner einmaligen Intention - den σκοπός - zu erfassen. Vgl. die Ergänzungen in der Rezension von W. BEIERWALTES in: Gnomon 51, 1979, S. 428 - 432. Ähnlich bestimmt STÄCKER S. 229 den einen Gott, der den σκοπός ausmacht, als Ziel- und Ausgangspunkt der richtigen Exegese.

trifft nicht das Richtige, weil sie im Gegensatz zu den Griechen den Maßstab ihrer Wortarbeit vom Blick zur Erde, also einem minderen Sein aus, gewinnen (IntCom. 36, 1 - 6). Weder bei Textproduktion noch in der Textdeutung kann eine abolut gesetzte literarische Technik wie die Analogie die korrekte Darstellung oder das volle Verständnis sprachlicher Gehalte verbürgen - es geht vielmehr um eine einheitliche Sicht des Einheitlichen.

Von der Warte des Lesers aus betrachtet, der mit Hilfe eines Textes die Wahrheit erst sucht, stellt sich die linguistische Ebene als Konfiguration von Symbolen dar, die, isoliert gefaßt, keine eindeutige Aussage beinhalten. In radikalster Konsequenz, die, soweit ich sehe, nur Augustinus überlegte, verliert das Wort *per se* jeden Zeige- und Informationswert. Es genügt hier, die wesentlichen Linien der Sprachphilosophie des Kirchenlehrers nachzuzeichnen, um von dessen eminent platonischem Denkansatz ausgehend das Feld abzustecken, in das die späteren Reflexionen des Ammonios einzuordnen sind, und zu illustrieren, welche Interpretationstheorien über die Grenzen von Christentum und Heidentum hinaus wissenschaftsgeschichtlich in der Ammoniosschule auch möglich gewesen wären.[189]

Als deutlich von neuplatonischen Sprachvorstellungen abhängig erweist sich Augustinus vor allem in entsprechenden Passagen

---

[189] Vgl. grundsätzlich W. BEIERWALTES, Zu Augustins Metaphysik der Sprache, in: Augustinian Studies 2, 1971, S. 179 - 185, HENNIGFELD S. 133 - 153, B. D. JACKSON, The Theory of Signs in St. Augustine's »De doctrina christiana«, in: Revues des Études Augustinienne 15, 1969, S. 9 - 49, MANETTI S. 157 - 168, R. A. MARKUS, St. Augustine on Signs, in: Phronesis 2, 1957, S. 60 - 83, C. P. MAYER, Die Zeichen in der geistigen Entwicklung und in der Theologie des jungen Augustinus, Würzburg 1969; ders.; Die Zeichen in der geistigen Entwicklung und in der Theologie Augustins. II: Die antimanichäische Epoche, Würzburg 1974, A. POLLASTRI, Nota sul *De Doctrina Christiana*: Un riferimento biblico per l' *Intellegere* e per il *Proferre*, in: Augustianum 35, 1995, S. 527 - 536.

aus *De magistro* und *De Doctrina Christiana*,[190] die hier ohne Anspruch auf Vollständigkeit gegenüber Ammonios abgewogen werden sollen. Wie dieser vertritt Augustinus eine mentalistische Konzeption von Sprache, wonach Worte, entstanden durch Kompression austretender Luft (Ammon. IntCom. 30, 8; 12 - Aug. Doctr.Chr. II 4, 5), als konventionelle Zeichen seelische Regungen anzeigen: *data vero signa sint, quae sibi quaeque viventia invicem dant ad demonstrandos quantum possunt, motus animi sui vel sensa aut intellecta quaelibet* (Doctr.Chr. II 2, 3). Charakteristikum menschlichen Sprechens ist neben der Konventionalität - *signa data* - die Strukturierung, die das Wort von der tierischen Sprache abhebt: *qui enim loquitur, suae voluntatis signum foras dat per articulatum sonum* (Mag. 1, 2).[191] Die Semantizität des Wortes erstreckt sich im kommunikativen Akt nicht nur auf die Vorstellungsbilder, sondern auch auf die von ihnen beinhalteten *res*: *verbum est uniuscuiusque rei signum, quod ab audiente possit intellegi a loquente prolatum* (Mag. 1, 2). Verstehen ist möglich, es wird vom Wort aber nicht garantiert. Im Gespräch mit seinem Sohn Adeodatus konzentriert nun Augustinus seine Argumente dahingehend, daß die wesentliche Funktion von Sprache gerade nicht in der Erhellung eines unbekannten Sachinhaltes liegt, wobei besonders die mit seinem Dialogpartner erarbeitete Interpretation von Verg. Aen. II 659 eine Schlüsselfunktion für das Verständnis auch der neuplatonischen Interpretationstheorie einnimmt:[192]

---

[190] J. PÉPIN, Le probléme de la communication des consciences chez Plotin et saint Augustin, in: Revue des métaphysique et de morale 55, 1950, S. 128 - 148. Nach PÉPIN (1950), S. 141 - 145 hebt die Personalisierung des Kommunikationsaktes als eines Gesprächs zwischen dem Ich und Gott, dem inneren Lehrmeister, das Sprachdenken des Augustinus vom Neuplatonismus ab.

[191] Vgl. die ἔναρθρος φωνή bei Ammon. IntCom. 24, 32; 31, 5, ἐγγραμμάτικος φωνή bei Ammon. IntCom. 25, 33; 31, 4.

[192] August. Mag. 2, 3. Vgl. MANETTI S. 161, der auch Mag. 10, 33 zum Vergleich bringt: Neue Vokabel wie *sarabara* lösen keinen Lernprozeß aus, wenn der Hörer nicht zuvor die Sache erfahren hat: *tantum mihi sonus erat hoc verbum.*

Si nihil ex tanta superis placet urbe relinqui

Vor der gleich einem Kommentar in einzelnen Lemmata ablaufenden eigentlichen Worterklärung versichert sich Augustinus, ob sein Sohn den Vers verstanden habe: Erst nach dieser Bestätigung setzt die Deutung ein. Wir haben hier - zuerst nur durch die Dialogregie deutlich gemacht - eine Sicht von Textexegese, die das Verstehen von der Verbalität trennt und als Prämisse vor die Wortdeutung setzt. Der zu erklärende Vers ist besonders klug gewählt, da dessen ersten drei Worte die landläufige Auffassung vom Wort als Stellvertreter einer Sache ins Wanken bringen. So antwortet Adeodatus auf die Frage nach der Bedeutung von |*ex*|, es drücke denselben Inhalt wie |*de*| aus. Augustinus gibt sich mit dieser Lösung nicht zufrieden, weil zwar |*de*| ein Synonym von |*ex*| sei, nun aber die Definition von |*de*| anstehe. Die abschließend gebotene Erklärung, |*ex*| bezeichne die Trennung von einer Sache, ist zwar gültig, erfährt aber erst durch eine zusätzlich gegebene Anweisung des Augustinus, daß man kontextbezogen diese Präposition a) als Trennung von etwas nicht mehr Existierendem (hier Troja) oder b) einem existenten Objekt verstehen müsse, ihre erforderliche Präzisierung. Der Sinn eines Wortes enthüllt sich erst im Gefolge einer Instruktion für seine möglichen kontextuellen Verwendungsmöglichkeiten.[193] So verunsichert, möchte Adeodatus den Begriff des Zeichens überhaupt aufgeben, da man Inhalte, die aus sich heraus verständlich sind, ohne Vermittlung eines *signum* darstellen könne: *mihi milia rerum iam occurrunt, quae ipsae per se valeant non per signa monstrari, ut edere, bibere, stare, clamare et innumerabilia cetera* (Mag. 3, 6). Ist es nicht möglich, durch Gehen das |Gehen| selbst darzustellen? Augustinus' Widerlegung dieser Hypothese grenzt seine Auffassung weiter ein: Um Gehen als Zeichen dafür zu installieren, daß er geht, müßte Adeodatus auffällig, z. B. schnell, gehen. Damit ist aber Polyvalenz und daher ein Irrtum beim Rezipienten vorgegeben, weil

[193] MANETTI S. 167 f. hat in der Erörterung dieses Stückes aus *De Magistro* als erster die Vorwegnahme jüngster Forschungsrichtungen in der Semiotik ("instructional model") durch Augustinus zur Debatte gestellt. Vgl. U. ECO, Semiotik und Philosophie der Sprache, München 1985, S. 60 f.

das Gezeigte mit dem zu Zeigenden nicht mehr deckungsgleich ist. Das *signum* ist ein wesenhaft Anderes, Augustinus bestimmt es als dem Signifikat Beigegebenes - ... *si enim nihil addamus* (Mag. 3, 6) - und bereitet an diesem Beispiel eine zentralere Aussage vor: Ohne Einverständnis mit dem Beobachter, |*ambulare* | durch schnelleres Gehen zu bezeichnen, verliert dieser Kommunikationsversuch jeden Erfolg: ein Signifikationsprozeß - Markieren von |*ambulare*| durch Geschwindigkeit - führt nicht zwingend zur Verständigung, sondern zur Verwechslung mit |*festinare*|. Erst wenn der Kontext gegeben ist, können Zeichen als Wegweiser für semantische Ergebnisse verstanden werden. Das letzte aus *De Magistro* zu besprechende Argument thematisiert bereits die Bedingungen erfolgreichen Mitteilens im Sinne eines rechten Verständnisses der Heiligen Schrift und führt daher nahtlos zurück zu unseren Überlegungen zu einer Interpretationstheorie der Ammoniosschule: Ein Vogelfänger ist trotz seiner spezialisierten, sich vom Alltäglichen abhebenden Ausrüstung für einen Beobachter, der noch nie Bekanntschaft mit Vogeljagden geschlossen hat, als solcher nicht erkenntlich. Die Ausrüstung bezeichnet ihren Träger erst dann, wenn dieser einen Vogel gefangen hat: *nonne illum spectatorem suum doceret nullo significatu, sed re ipsa quod ille scire cupiebat* (Mag. 10, 32). Die Information kommt primär durch das Faktum zustande, *docere* ist ohne *signa* möglich:[194] *ita magis signum re cognita quam signo dato ipsa res discitur* (Mag. 10, 33). Das Signifikat ist zwar im Wort angelegt, dies wird aber als verbales Zeichen erst nach dem Verständnis der Sache erfahren - "gelernt": *potius enim, ut dixi, vim verbi, id est significationem, quae latet in sono, re ipsa, quae significatur, cognita discimus, quam illam tali significatione percipimus* (Mag. 10, 34). Ist es also möglich, beim Lesen der Schrift aus ihren sprachlichen Zeichen im Rahmen einer Interpretation zu lernen? Wenn man die Frage präzisiert in dem Sinne, der Lernen als Aufnahme eines Neuen begreift, fällt Augustinus' Antwort eindeutig aus: Durch Bibelexegese kann man nichts N e u e s lernen, weil ein Zeichen erst *a posteriori* enthüllend

[194] *Docere* bedeutet im sprachtheoretischen Kontext bei Augustinus auch das unsprachliche Bekanntmachen einer Sache. K. KUYPERS, Der Zeichen- und Wortbegriff im Denken Augustins, Amsterdam 1934, S. 18 schlägt eine Übersetzung mit "mitteilen" vor.

wirkt: *Respondebo cuncta, quae illis verbis significata sunt, in nostra iam notitia iam fuisse* (Mag. 11, 37). Das ist der entscheidende Punkt, daß der vorher erfaßte Gehalt eines heiligen Textes der Maßstab für die Bedeutung der in ihm enthaltenen sprachlichen Zeichen ist.[195] Wozu dann Exegese? Ihre Relevanz besteht nicht im Gewinn neuer Information, sondern sie bildet den Menschen auf moralischem wie auch intellektuellem Gebiet.[196] Der große Heilige konnte so mühelos der Bibel Dunkelheit zuschreiben: *obscure dicta quaedam densissimam caliginem obducunt* (Doctr.Chr. II 6, 7), da wie bei den Aristoteleskommentatoren diese Unklarheit die pädagogische Funktion erfüllt, den Hörer / Leser moralisch für die Aufnahme der Wahrheit zu rüsten:[197] *ad edomandam labore superbiam et intellectum a fastidio revocandam* (Doctr.Chr. II 6, 7). Tugend ist also die Frucht der *ars interpretandi*, hier christlich umgedeutet als *humilitas*, bei den Pla-

---

[195] Vgl. Doctr.Chr. II 6, 8. Dazu nicht im Widerspruch steht, daß unter der Voraussetzung der richtigen religiösen Überzeugung der Exeget berechtigt ist, mit Hilfe der Allegorese aus einem Text mehrere Bedeutungen zu gewinnen : Civ. 11, 19, conf. 13, 24, 36 f. Vgl. H. I. MARROU, Augustinus und das Ende der antiken Bildung, Paderborn 1982, S. 405 - 413. Augustinus zieht besonders in seinem Spätwerk Prov. 2, 6: *dominus dat sapientiam, et a facie eius scientia et intellectus* und Sap. 7, 16: *in cuius manu sunt et nos et sermones nostri* heran, um die beiden hermeneutischen Dimensionen des Kommunizierens mit der Heiligen Schrift biblisch zu begründen (*Modus inveniendi quae intellegenda sunt / modus proferendi quae intellecta sunt*: Doctr.Chr. I 1, 1). Dazu POLLASTRI S. 527 f.

[196] Doctr.Chr. IV 8, 22. Vgl. MARROU S. 407.

[197] Das Geheimnis bringt Ehre und erhöht den Wert des Verborgenen: *vela faciunt honorem secreti* (Serm. 51). Auch wenn Augustinus hier über die Paläste der Vornehmen spricht, deren Vorhänge sie vom Volk absondern, besteht doch ein enger Zusammenhang zur neuplatonischen Vorstellung von der Dunkelheit eines Aristoteles, die ihn wie ein Tempelvorhang (παραπέτασμα) dem Profanen entzieht und so seine Anziehungskraft steigert.

tonikern σπουδή.[198] Die Interpretationsrichtung bleibt stets dieselbe und geht vom Verstandenen aus zu dem noch nicht in seinen Kontext eingebetteten Zeichen: ... *ut ad obscuriores locutiones illustrandas de manifestioribus sumantur exempla* (Doctr.Chr. II 9, 14). Doch gilt für Augustinus wie für den Neuplatoniker als tiefste Form des Kommunizierens das sprachlose Einswerden mit Gott. Die göttlichen λόγοι in der Vernunftseele, die vor bzw. nach ihrer Fesselung an den Körper durch die Identität von Denken und Sein Verbalität nicht mehr benötigen, sind eine pagane Fassung von der Vorstellung der rationalen Seele als der Wohnstatt Gottes in uns: *Deus autem in ipsis rationalibus animae secretis, qui homo interior vocatur, et quaerendus et deprecandus est* (Mag. 1, 2). So zitiert er in Doctr.Chr. II 12, 17 auch den Vers aus Is. 7, 9 *nisi credideritis, non intellegitis* als Beleg, daß vor allem menschlichem Bemühen, wie auch dem sprachlichen Verstehen, ein Gnadenakt Gottes steht.[199] Literaturkritische Techniken stellen keinen Wert an sich dar, sondern gewinnen erst unter der Bedingung der Hinwendung zu Gott ihre eigentliche Relevanz: *non solum admonendi sunt studiosi venerabilium litterarum, ut in scripturis sanctis genera locutionum sciant, et quomodo apud eas dici aliquid solebat, vigilenter advertant, memoriterque retineant, verum etiam, quod et praecipuum et maxime necessarium, orent, ut intellegant* (Doctr.Chr. III 37, 56).

Diese Einbindung des Augustinus in den sprachphilosophischen Diskurs der spätantiken Neuplatoniker war nicht quellengeschichtlich motiviert, obwohl sich die Schulung des Mannes aus Hippo anhand platonischer Kommentarwerke nicht verleugnen läßt,[200] sondern es sollte aufgezeigt werden, daß sich die Grenze zwischen

---

[198] Zur schrittweisen Hebung der Seele im Vorgang des Interpretierens vgl. Simpl. CatCom. 29, 30 - 30, 17.

[199] POLLASTRI S. 533 - 555 weist auf die antipelagianische Zielrichtung dieser Argumentation hin.

[200] Die gründliche Kenntnis der antiken Grammatik ist für Augustinus eine Selbstverständlichkeit. J. COLLART, Saint Augustin grammairien dans le "*De magistro*", in: Revues des Études Augustinienne 17, 1971, S. 279 - 292 weist bezüglich der Analyse des Vergilverses und der Definition des Pronomen (5, 13) auf Parallelen zu Probus, Charisius und Diomedes hin (S. 282).

Christentum und Heidentum nicht ebenso in eine Trennung in zwei divergierende Methoden, mit Texten umzugehen, niederschlug. Augustinus und Ammonios standen auf dem gleichen sprachphilosophischen Substrat, das sie allerdings entsprechend ihrem verschiedenen geistigen Profil in andere Formen brachten. Kehren wir abschließend zum Demiurgen des Ammonios zurück, dessen analog gebildete Wortgeschöpfe Symbol- und Zeichencharakter tragen. Am Beispiel der Benennung von Flüssen, Meeren und Seen, der Sonne und des Mondes mit Hilfe geeigneter männlicher und weiblicher Vokabeln (IntCom. 35, 24 - 36, 15) ist gezeigt worden,[201] daß die Wortsetzung auf einer analogen Proportion beruht, die als vorausgegangene Abmachung - σύμβολον - den Sinn festlegt. Wortbildung durch Analogie führt zu Zeichen, deren Referenzobjekt der Definition entsprechend nicht zusammen mit dem Zeichen erscheint: Das Signifikat muß also aus dem Wesen des Zeichens erschlossen werden. Das Wort Fluß ist insofern symbolisch, als sein Verständnis auf einer vorausgegangenen proportionalen Assoziation beruht und insofern Zeichen, als es nicht an den Vorstellungsinhalt |Fluß| gekoppelt ist. Diese Trennung von Wort und Signifikat ist nicht nur zeitlich aufzufassen, wonach der Demiurg zuerst den Gedanken in sich trägt, bevor er benennt, sondern ist auch eine ontologische: Das Männliche des Flusses als lebendig Reales erscheint auf der linguistischen Ebene nur undeutlich in Form des grammatikalischen Geschlechts. Dem Hörer / Leser zeigt das Wort also das Signifikat nicht zusammen, sondern nur einen Umriß, den er auf ein Höheres beziehen muß. Daß dieser interpretatorische Schritt gelingen kann, verbürgt die auf Sympatheia beruhende Verbindung zwischen Kosmos, Sein und Psyche, zwischen dem literarischen Mikrokosmos und dem Universum. So kann der interpretative Akt unter zwei Aspekten verstanden werden: einmal als Weg vom Wort zu dem implizierten Sein, das die Verbalität an Wirklichkeit übertrifft, und ein andermal textimmanent als Aufstieg vom Verständnis des einzelnen Wortes in seinem isolierten Wert hin zur Schau des Textes als eines einheitlich gewollten Ganzen, somit zum σκοπός der Schrift.

---

201 Vgl. Kap. I b 3 zu den beiden Zeichentypen δι᾽ ὁμοιότητος (hypomnestische Zeichen) und δι᾽ ἀναλογίας (endeikitische Zeichen).

2. Die Strukturen der Textdeutung bei Ammonios und Philoponos

Ausgehend von der hier erarbeiteten Semiotik der Ammoniosschule ist es angebracht, die Hermeneutik des Philoponos in Opm. nach folgenden Gesichtspunkten zu untersuchen. Auch wenn er sich zu den erhobenen Maximen ablehnend äußert oder sich nicht alle Gesichtspunkte in seiner Genesisauslegung thematisiert finden, sollen sie ein Koordinatensystem abgeben, um die Interpretationsmethode des Philoponos innerhalb des in seinem Umfeld Möglichen genauer zu fixieren:

1) Der Genesistext ist wie jedes einzelne Wort prinzipiell polynomisch: Kein Wort ist zwingend genau dieses.
2) Das Wort selbst ist dem Inhalt des Denkens nicht äquivalent. Verstanden kann nur das νόημα des Verfassers werden. Trennung der *intentio auctoris* von der *inentio operis.*
3) Das Wort beruht auf konventioneller Setzung einer Gemeinschaft. Als Symbol für diese Vereinbarung kann es nur kontextuell im Rahmen eben dieser Denkgemeinschaft verstanden werden.
4) Bei der Entschlüsselung des Wortes kann der Exeget auf die Analogie zurückgreifen, mit der es der Textverfasser als analoges Zeichen für ein Höheres generierte. Den Studenten gibt die der wörtlichen Interpretation vorangestellte Theoria die Voraussetzungen an, von denen aus der Autor analoge Metaphern bildete.
5) Das orthodoxe Verständnis des νόημα wird vom Exegeten als dem spirituellen Führer vermittelt. Inspirierte Texte sind durch Unklarheiten oder Mythen verdunkelt, sodaß ein pädagogischer Anreiz gegeben ist, den tieferen Sinn zu entdecken. Dazu sind in esoterischer Manier nur Eingeweihte befähigt.
6) Inspirierte Autoren verfügen über Wissen in Fülle, immanente Widersprüche und eine geistige Entwicklung sind unmöglich. Es liegt ein System vor, in dem von jedem Punkt eines Werkes aus jeder andere erklärt werden kann.
7) Dieses kohärente System muß mit Akribie durchforscht werden. Dabei zählt nicht der isolierte Ausdruck, sondern die συμφωνία der Gedanken.
8) Bei der Interpretation ist von der als bekannt angenommenen

Lehre der Textvorlage auszugehen. Nur im Zusammenhang mit diesem Sinn kann der sprachliche Code entschlüsselt werden, bekommen die Worte als Symbole dieser Abmachung ihre Valenz.

9) Vermeintliche Widersprüche lösen sich, wenn sie auf ein verschiedenes Adressatenniveau zurückzuführen sind: Wie der Textproduzent die passenden Worte wählen mußte, um die Seele des Hörers zu bewegen bzw. zu erwärmen, hat der Interpret die Befindlichkeit der Rezipienten einzubeziehen.

10) Das Wort ist nicht Abbild und hat direkte Methexis an den göttlichen Ideen.

11) Geschriebenes ist zwar im Gegensatz zur Oralität ausschließlich θέσει, aber wie das gesprochene Wort auch Symbol. Daher ist keine Kritik an der Schriftlichkeit im platonischen Sinne zu erwarten.

12) Eine hermeneutische Abdrift im Sinne einer schrankenlosen Allegorese ist für diese Schule nicht zu erwarten, da eine klar umrissene Autorintention angenommen wird und die Entstehung eines Textes an eine reale Gemeinschaft mit einem konkreten Code gebunden war.

13) In dem Kommentar sind Hinweise zu suchen, inwiefern die Vorlage als dunkel empfunden wurde (ἀσάφεια oder Mythologie) und ob die die Unklarheit des Autors als beabsichtigt gesehen wird. Was muß der Kommentator wem erklären?

14) Es ist zu untersuchen, ob das Anliegen der Exegese darin liegt, den Schüler zum wortlosen Verstehen des einen Gottes zu bringen, ihn die Verbalität überwinden zu lassen. Welcher Wert wird in diesem Zusammenhang einer vorwiegend linguistisch - grammatikalischen Textbetrachtung zugemessen? Fragt also Philoponos eher nach dem Denken des Autors (Moses) oder nach der Struktur der Welt?

15) Aufgrund einer universalen Sympathie impliziert die Erkenntnis des literarischen Universums das Verständnis des göttlichen Kosmos selbst. Der Textverfasser ist ein mikrokosmisches Analogon zum Weltenschöpfer. Der ideale Interpret verfügt über einen νοῦς, der dem des Textproduzenten äquivalent ist. Daher erkennt er hinter den partikulären Ausformungen eines Literaturwerkes den einen göttlichen Sinn.

16) Entsprechend den bisherigen Analysen müßte jene Interpretationsmethode im Zentrum Philoponianischer Polemik stehen, die die buchstäbliche Ausdrucksweise als den eigentlichen Sinn mißversteht.

3. Zusammenfassung

Basierend auf Aristoteles' *De Interpretatione* entwickelt Ammonios ein Sprachmodell, in dem das Wort als konventionelles Symbol und Zeichen auf das Denken verweist, das als Affektion der Seele durch einen Sachverhalt aufgefaßt wird. Zu den Bedingungen, die einen Laut zum Wort machen, zählen dessen Herkunft von einem beseelten Lebewesen, seine Zeichenfunktion und die Gliederung in Buchstaben ben. Im Anschluß an Proklos bestimmt Ammonios den Vorgang der Lautentstehung als Impuls der rationalen Seele auf die Lautbildungsorgane des Menschen, die den Schall gliedern und formen. Nicht die Semantizität als solche, sondern die auf vernünftige Vereinbarung beruhende, sinnvolle stimmliche Äußerung macht das Spezifikum der menschlichen Sprache gegenüber der tierischen Lautgestaltung aus. Die Formung des betreffenden Lautes geschieht nach Ammonios und Proklos ursächlich durch die zur Selbstbewegung fähige Vernunftseele, die intelligible Vorbilder in den ontologisch minderwertigen hyletischen Lautbestand kopiert.

Nach der Beschreibung der Seelenfunktion im Sprachentstehungsprozeß galt es, die Korrelationen zwischen Wort und Denken bzw. Denken und Sein zu klassifizieren. Gegen Manetti, der dem Wort in der Sprachtheorie des Aristoteles den Charakter des Zeichens, das naturgegeben und bildhaft die Realität darstelle, abspricht, wurde festgestellt, daß auch für Aristoteles das Wort Zeichen ist, und daß Ammonios diese Semiotik des Stagiriten rezipierte. Das ianushafte Wort des Ammonios ist demnach Symbol und Zeichen. Als Symbol beruht es, wie die Vielzahl menschlicher Sprachen zeigt, auf Vereinbarung, als Zeichen weist es mittelbar über die seelischen Affektionen auf das Intelligible. Als Grundaxiom des spätplatonischen und auch für Ammonios gültigen Sprachdenkens konnte festgehalten werden, daß das Wort nicht als Äquivalent des Wirklichen, sondern stets nur als Implikation eines wesenhaft Anderen, des averbalen Denkens verstanden wurde.

Eine Theorie, die einerseits im Faktum der Wortbildung einen Ausdruck menschlicher Autonomie sieht, andererseits das Wort von den göttlichen Ideen ableitet, muß die Korrelation von Wort und Inhalt darlegen. Damit verbunden ist die Frage, ob und wie aufgrund des arbiträren Charakters der Sprache Verständigung überhaupt erzielt werden kann. Die von Ammonios vorgestellten Modelle von jeweils zwei naturalistischen und zwei konventionionalistischen Sprachentstehungstheorien laufen auf einen Kompromiß hinaus. Wie Proklos bestimmt Ammonios das Wort als ein gegenüber dem Sein parallelverschobenes Zeichen, das zusammen mit seinem Bedeutungsgehalt Teil einer universellen Einheit ist dergestalt, daß der Namengeber im Blick auf eine ideelle Wirklichkeit den Dingen ihre Bezeichnung per Analogie mitteilt. Das Wort geht somit auf eine Satzung zurück (Konventionalismus), die der Namengeber gemäß der Schau der Ersten Dinge getroffen hat (Naturalismus). Der Aufstieg zum Wissen vermag in umgekehrte Richtung vom *post ideam* gesetzten Wort auszugehen und in analoger Stufung zu jener Wirklichkeit zu führen, die als averbaler Zustand der Seele vor ihrer Körperwerdung das Urbild des Wortes abgegeben hat. Wenn nun die Verbalität des Menschen als Prägung des Intelligiblen ins Empirische verstanden wird, gilt es, die Freiheit des Menschen zur Sprache zu begründen. In Einklang mit Plotins Konzept von πρόνοια verstand Ammonios die Freiheit bei der Namengebung als autonom zu verantwortende Übereinstimmung mit dem Sein. Eine direkte Determinierung durch die πρόνοια ist auch bei der Wortenstehung nicht gegeben.

Während sowohl Proklos als auch Ammonios vom Bildcharakter des Wortes ausgehen, das die Wirklichkeit nur symbolisiert und impliziert, ohne mit ihr äquivalent zu sein, vermeidet Ammonios die Bestimmung dieses Bildes als ἄγαλμα. Indem er dem Terminus εἰκών den Vorzug gibt, vermeidet er die mit ἄγαλμα verbundene religiös-theurgische Konnotation, wonach durch das Sympathieverhältnis von Wort und wirklichem Sein das Wort direkte Kraft auf das mit ihm verbundene Göttliche ausübt. Für Ammonios ist das Wort ein konventionelles Erzeugnis, Wortkenntnis ist nicht *per se* identisch mit der Kenntnis des Ersten. Diese gegenüber Proklos pragmatischere Haltung tritt auch in einem der Interpretationstheorie gewidmeten Passus aus Philoponos AnCom. zu Tage: Ein Text weist auf das Denken des Autors, nicht direkt auf das Sein, während für Proklos das Wort auch magisches Instrument sein kann, um beispielsweise über etymologische Verfahren die Wirklichkeit als solche zu beschwören. Philoponos erklärt am Text die Intention des Autors,

Proklos das Höchste.

Diese Überlegungen mündeten in die Beschreibung der hermeneutischen Prinzipien, denen sich Ammonios und Philoponos verpflichtet fühlten. Der Vorgang der Interpretation stellt den geistigen Aufstieg auf jenem Weg dar, den die Seele des inspirierten Autors bei ihrem Abstieg vom Intelligiblen zum Wort beschritt. Eine gelingende Exegese erkennt hinter dem isolierten und ohne Kontext beliebigen Wort das Zeichen für den ontologisch höheren Sinn, der die Verbalität eines Textes an Wirklichkeit übertrifft. Werkimmanent betrachtet, macht diese ideale Deutung die Einbettung des einzelnen Wortes in das Textganze deutlich. Die Säule, auf der diese Hermeneutik ruht, ist die Überzeugung von der Sympathie von Wort und Sein, der Glaube an die Kongruenz von literarischem Kosmos und Universum.

D . DIE PHILOLOGISCHE ARBEITSWEISE DES PHILOPONOS

1. Die grammatische Technik in historischer Perspektive

Mit der Erörterung der Vor- und Rückverweise auf den kommentierten Text und der anschließenden Untersuchung über die in einigen Kapiteln greifbare Binnengliederung der Exegese in τάξις und λέξις werden in Kap. II B 2 zwei Wesenszüge der Exegese des Philoponos herausgearbeitet und auch ihre Verzahnung mit spätplatonischem und christlichem Sprachdenken gezeigt werden. In den hier folgenden Kapiteln soll der rote Faden dieser Monographie, der uns durch die vielfältige Problematik dieses Hexaemeronkommentars zum Ziel, einer Würdigung seiner hermeneutischen Technik, führt, weitergesponnen werden. Es geht jetzt um die einzelnen Operationen des Philoponos am Text selbst, um Gesetzmäßigkeiten in der Erklärung der Lemmata, um die Tätigkeit des Philoponos als Philologe und Grammatiker. Was im ersten Hauptteil an sprachphilosophischen Prämissen formuliert wurde, kann nun an der konkreten Arbeit des Philoponos am Text praktisch verifiziert oder falsifiziert werden. Da es keinem Leser zumutbar wäre, die einzelnen philologischen Techniken in der Reihe ihrer Anwendung in Opm. vorgeführt zu bekommen, muß ein Raster erstellt werden, in dem die Einzelbeobachtungen als Bestandteile einer übergeordneten philologischen Methode erscheinen. Die antike Tradition der grammatischen Texterklärung hatte bereits lange vor dem γραμματικός Philoponos diese Systematik festgeschrieben,[202] die Grammatik in vier Teile (μέρη) und Instrumente (ὄργανα) gegliedert und Aussagen über deren Status getroffen.

Auch wenn die Frage der Echtheit aller Teile der als

---

[202] Simpl. CaelCom. 119, 7 berichtet, Philoponos habe sich selbst γραμματικός genannt: οὗτος ὁ Γραμματικὸν ἑαυτὸν ἐπιγράφων. So auch Suid. 649, 15: Ἰωάννης γραμματικὸς Ἀλεξανδρεύς, ὁ ἐπικληθεὶς φιλόπονος. Zur Bildung von Eigennamen aus Berufsbezeichnungen vgl. WOLFF (1978), S. 108, über die Namen des Philoponos auch SORABJI (1987), S. 5, SCHOLTEN (1997), S. 24 - 26, der Choeroboscus Schol. TheodCan. 106,3 f., 309, 28 f. anführt, wo von Philoponos' Ausbildung bei einem Grammatiker Romanus berichtet wird.

γραμματικὴ τέχνη unter dem Namen des Dionysios Thrax übelieferten Schrift nicht endgültig entschieden ist[203] und ebenso feststeht, daß Dionysios in der kaiserzeitlichen Grammatik über unangefochtene

---

[203] Der erste Teil gilt aufgrund der textnahen Übersetzung von Dionysios' Zeitgenossen Varro als authentisch: Γραμματική ἐστιν ἐμπειρία τῶν παρὰ ποιηταῖς τε καὶ συγγραφεῦσιν ὡς ἐπὶ τὸ πολὺ λεγομένων (GG I 1, 5, 2 - 3). *Ut Varroni placet, "Ars grammatica, quae a nobis litteratura dicitur, scientia est ⟨rerum⟩ quae a poetis, historicis oratoribusque dicuntur ex parte maiore"* (Mar. Vict. 1, 6 = GRF Frg. 234 FUNAIOLI). Vgl. D. M. SCHENKEVELD, The Linguistic Contents of Dionysius' Παραγγέλματα, in: V. LAW - I. SHEITER (ed.), Dionysius Thrax and the Technē Grammatikē, Münster 1995, S. 41 - 53, bes. S. 51 f. Zur Ähnlichkeit der Paragraphen 6 - 20 mit Papyrusfunden aus den ersten beiden nachchristlichen Jahrhunderten vgl. A. WOUTERS, The Grammatical Papyri and the Technē Grammatikē, in: LAW S. 95 - 109, der kritisch gegen die Spätdatierung von V. Di BENEDETTO, At the origins of Greek grammar, in: Glotta 68, 1990, S. 19 - 39 argumentiert. Dagegen erhob Di BENEDETTO im Nachwort des Buches von LAW abermals Einspruch: Parallelen der Techne zu frühen Papyri aus der Zeit vor dem vierten nachchristlichen Jahrhundert bewiesen nicht die Kenntnis dieser Schrift, sondern seien lediglich Zeugnis für die Verbreitung gewisser grammatikalischer Theorien, die genausogut in die späte Techen kompiliert hätten werden können (S. 151 f.). Zur Datierungsfrage vgl. weiters J. LALLOT, La Grammaire de Denys le Thrace, Paris 1989, S. 20 - 26.

Autorität verfügte,[204] eröffnet seine Definition der Grammatik und die Bestimmung ihrer Teilgebiete doch einen Zugang zur philologischen Arbeit des Philoponos. Am Anfang des ersten systematischen Werkes über Grammatik steht deren Bestimmung als ἐμπειρία, nicht als τέχνη, was nach Sextos Adv. Gramm. 1, 60 den Zorn des Peripatetikers Ptolemaios und die Kritik des Asklepiades von Myrlea hervorgrufen haben soll (Adv. Gramm. 1, 72), die darin eine Abwertung der Grammatik zur Erfahrungswissenschaft ohne universal-theoretische Geltung erblickten.[205] Diese kritische Auseinandersetzung mit Dionysios ist nun näher zu betrachten, weil sie die kaiserzeitlichen Reflexionen über den Stellenwert der Grammatik bzw. die Aufgaben des γραμματικός spiegelt, zu denen Philoponos sich zählte.

Die Abwertung der Empirie geht auf die mit diesem Begriff verbundene negative Konnotation als alogischer, auf reiner Gewohnheit beruhender und die Kenntnis der Ursachen ausschließen-

---

[204] Sextus Empiricus orientiert sich Adv. Gramm. I 91 - 96; 248 - 253 an Asklepiades, Apollonios Dyskolos bezieht sich nur einmal namentlich auf Dionysios (Pron. 5, 18 - 19), für ihn ist Tryphon die Autorität. Philoponos orientiert sich in seiner Schrift über die Akzente der Homonymen an Herodian (So L. W. DALY, Iohannis Philoponi De Vocabulis quae diversum significatum exhibent secundum differentiam accentus, Philadelphia 1983, S. XII - XIII). Vgl. SCHENKEVELD S. 42 f. WOUTERS hat in Auswertung der auf Papyri erhaltenen τεχναί festgestellt, daß es keine kanonische Ausbildung zum *grammaticus* gab, so daß es der Eigeninitiative überlassen blieb, Art und Umfang der Aufnahme älterer Terminologie und Beispiele zu bestimmen.

[205] R. H. ROBINS, The Initial Section of the Tékhnē grámmatikḗ, in: P. SWIGGERS - A. WOUTERS (ed.), Ancient Grammar: Content and Context, Orbis Suppl. 7, Leuven - Paris 1996, S. 3 - 15, führt einen Passus aus den Dionysiosscholien an (S. 9), wo von einem ἐκφαυλίζειν der τέχνη die Rede ist (GG I 3, 166, 25).

der Übung zurück.[206] Dadurch hielt man den Stellenwert der τέχνη für kontaminiert, wenn etwa beim oben zitierten Ptolemaios oder in den Dionysiosscholien die angeblich logische τέχνη einer τήρησις und μνήμη ἄλογος gegenübergestellt wird, beides Merkmale der ἐμπειρία.[207] Aus den Scholien lassen sich nun folgende Strategien rekonstruieren, mit deren Hilfe die Dignität der Grammatik gesichert werden sollte. Einmal wies man legitimerweise auf die Ambivalenz in der Formel des Dionysios hin, in der zuerst Grammatik als Empirie des normalen Sprachgebrauchs der Dichter und Prosaautoren erscheint, im Abschluß der Bestimmung einer ihrer sechs Teile - die κρίσις ποημάτων - als Schönstes dieser nun zur τέχνη verwandelten Disziplin erscheint: ὅ δὴ κάλλιστόν ἐστι πάντων τῶν ἐν τῇ τέχνῃ (Dion. 6, 3). Daraus sei zu schließen, daß Dionysios sehr wohl die Grammatik in den Rang einer Wissenschaft erhoben habe.[208] Zum anderen schließt der Scholiast unter Berufung auf Eur. Phoen. 531 ff. eine semantiche Opposition von ἐμπειρία und τέχνη aus, weil erstere nach dem Typ der Benennung κατ᾽ ἐξοχὴν ein Wissen vieler Sachverhalte bezeichnen könne: Die Empirie sei demnach als πολυπειρία zu fassen. Hier wird nicht textimmanent argumentiert, sondern die Vielschichtigkeit des Begriffs Empirie verwertet.[209] Soweit ich sehe, geht der dritte Rechtfertigungsversuch nicht vom Wortlaut der Defi-

206 Platon formulierte das bewußte Erfassen des zugrundeliegenden Prinzips einer Tätigkeit als Bedingung für das Vorliegen von τέχνη (Gorg. 448 b 12; 465 a). Vgl. ROBINS S. 7. Ohne die Erfahrung in Relation zur theoretischen Wissenschaft zu schmälern, wies auch Aristoteles der τέχνη die Kenntnis der allgemeineren und einfacheren Gründe zu (An. Post. 71 b 9 ff.). Vgl. Anm. 339.

207 Schol. Dion. GG I 3, 165, 16 - 19. Die ἄλογος τριβή vermag das Weswegen nicht anzugeben: Schol. Dion. GG I 3, 166, 22 - 28; ähnlich ἄλογος τήρησίς τε καὶ μνήμη ... μήτε αἰτίαν ἀποδοῦναι δυνάμενος: Schol. Dion. I 3, 300, 17 - 19. Vgl. Sext. Emp. Adv. Gramm. I 73 f.

208 Schol. Dion. GG I 3, 166, 7 - 10; 300, 28 - 30.

209 Schol. Dion. GG I 3, 165, 31 - 166, 7; der Argumentationstyp "ἐμπειρία πολαχῶς φράζεται", der die Erfahrung zur λογικὴ γνῶσις mutieren läßt, ist auch in GG I 3, 166, 35 - 167, 4 belegt.

nition oder der Semantik des in Frage stehenden Begriffes aus, sondern analysiert den Gegenstand einer wissenschaftlichen Grammatik. Dabei macht man sich den Umstand zunutze, daß die γραμματική nicht durchgehend von der Anwendung kausallogischer Prinzipien bestimmt ist, sondern beispielsweise auch Unregelmäßigeiten in der Flexion beschreibt, ohne dafür Gesetzmäßigkeiten anführen zu können.[210] Grammatik erscheint in dieser Sichtweise als Kompositum - μικτή - aus praktisch angewandter und logisch begründender Sprachbeschreibung, die in der Festlegung als Empirie durchschlägt, hinter der die höhere τέχνη terminologisch unsichtbar zurücktritt (Schol. Dion. GG I 3, 167, 10 - 16). Ein anderes, damit verwandtes Argument geht von der adressatenbedingten Konzeption des Dionysischen Lehrwerkes aus: Als Einführungsschrift für noch Ungeübte seien darin schwer zugängliche Probleme nicht zur Sprache gebracht und die analogisch-technische Seite der Grammatik unter dem weiten Begriff der Empirie miteingeschlossen worden (Schol. Dion. GG I 3, 166, 32 - 167, 4). Dabei sieht der Scholiast offensichtlich die Schrift des Dionysios unter einem historisierenden Aspekt, zumal er zuvor die Zweiteilung der Grammatik auch als Trennung in eine vor Troja existierende Methode des Vorlesen- und damit auch des Sprechenlernens ("Alte Grammatik") sowie in der Vemittlung des

---

210 ἐπειδὴ γὰρ οὐ λόγῳ πάντοτε κατορθοῦται ἡ γραμματική, ἀλλὰ πολλάκις καὶ ψιλῇ παραδόσει, ὡς ἐπὶ τοῦ Σκείρων καὶ εἰμί καὶ μεγάλως καὶ ὀλίγος, καὶ πολλάκις εὑρίσκομεν τὴν γραμματικὴν ἄλογον, φασὶν οὕτως ἔχειν τὸν ὅρον· "γραμματική ἐστιν ... Schol. Dion. GG I 3, 165, 20 - 24. Ähnlich 300, 19 - 22. ROBINS S. 3 führt diese Notiz plausibel auf die Analogie - Anomalie - Debatte zurück. Auch Varro LL VIII - X geht bei seiner Skizze zum Streit zwischen den Analogisten der alexandrinischen und den Anomalisten der pergamenischen Schule vom Gegesatz zwischen *ratio* und *consuetudo* aus. Zur Historizität dieser Kontroverse äußert sich W. AX, Sprache als Gegenstand der alexandrinischen und pergamenischen Philologie, in: P. SCHMITTER (Hrsg.), Geschichte der Sprachtheorie 2. Sprachtheorien der abendländischen Antike, Tübingen 1991, S. 275 - 301 positiv, auch wenn er auf die schlechte Quellenlage aufmerksam macht, die eine Rekonstruktion ihres Inhaltes erschwere (S. 294).

ἑλληνισμός ("Neue Grammatik") festgestellt hatte, wie sie Aristoteles zur Vollendung geführt hätte (GG I 3, 164, 23 - 29). Die rezeptive Sprachbeherrschung, Inhalt der παλαιά γραμματική, konnte leicht als Arbeitsfeld der empirischen Grammatik dem Anfängerunterricht zugewiesen werden. Dieser ist dann Vorstufe zum grammatischen τέλος des ἑλληνισμός, der im εὖ γράφειν besteht und erst Fortgeschrittenen vermittelt wird. In der Chronologie der Entstehung von Grammatik vollzieht sich somit derselbe Gang von der passiven zur aktiven Sprachverwendung wie in ihrer didaktischen Umsetzung. Aus den Überlegungen der Scholiasten geht klar hervor, daß man die sechs Teile der Grammatik bei Dionysios ebenso unter den Raster der progressiven Steigerung ordnete: Erst wenn das jeweils vorangegangene Lehrziel erreicht ist, kann die nächsthörere Stufe in Angriff genommen werden, ohne daß dieses Kursprogramm reversibel oder reduzierbar wäre.[211]

Die hier erarbeitete Tendenz der kaiserzeitlichen Theorien zum Wesen der τέχνη treten uns in den Scholien in kanonisierter Form als Endpunkt einer langen Entwicklung vor Augen und waren zur Zeit des Philoponos Selbstverständlicheit geworden. Ihr wesentlicher Gehalt bestand in der Festlegung der Grammatik als τέχνη, was für die interpretatorische Arbeit des Philoponos noch zu besprechende Konsequenzen nach sich zieht. Dabei gilt den Scholiasten τέχνη als systematische Zusammenstellung von miteinander in Beziehung stehenden und verifizierbaren Einzelerkenntnissen, welche die

[211] τὴν τῶν μερῶν οὖν ἀπαρίθμησιν οὐ πεποίηται κατὰ τὸν φυσικὸν λόγον, ἀλλὰ κατὰ τὸν διδακτικόν (Schol. Dion. GG I 3, 453, 3 - 4). Zum kursartigen Aufbau vgl. Schol. Dion. GG I 3, 169, 3 - 170, 10. Die Dionysische Grammatik mündet in der κρίσις ποιημάτων, die auf den vorangegangenen Arbeitsschritten basiert: ... καὶ ὅτι εἰ μὴ προοιδέ τις τὰ λεχθέντα μέρη τῆς γραμματικῆς, τοῦ κρίνειν ποιεῖν τὸ ἔργον οὐδύναται (Schol. Dion. GG I 3, 170, 9 - 10).

Frucht vielfacher gelehrter Bemühungen darstellen.[212] Nicht kumulative Anhäufung einzelner Theoreme macht τέχνη aus, sonderen Orientierung an einem nützlichen τέλος, das im Falle der Medizin in der Gesundheit, der Rhetorik in der Überzeugung und der Grammatik im korrekten Sprachgebrauch, dem ἑλληνισμός, besteht.[213] Die Elemente der Grammatik sind Teile, die im Gegensatz zu den εἴδη anderer Disziplinen wie der Rhetorik nicht autark sind, sondern sich notwendigerweise aneinander und an einem τέλος orientieren.[214] Bemerkenswert ist nun die Nähe und Vereinbarkeit dieser Sicht von Grammatik mit den im ersten Hauptteil beschriebenen Aufgaben des neuplatonischen Kommentators: Dieser hat seine Bemühungen ebenso auf die Dechiffrierung des εἷς τέλος des Autors zu richten wie der Grammatiker, auch er ist von der Überzeugung geleitet, es mit einem systematischen Lehrgebäude zu tun zu haben, aus dem kein Teil isoliert werden kann. Schließlich ist auch das philosophische Bildungsprogramm so angelegt, daß es die Exegese der Dialoge einer strikten Reihenfolge zuordnet[215] - ἀκολουθία und τάξις bilden aber ebenso das Gerüst der grammatischen Dichtererklärung: Ἐξήγησίς

---

[212] Von Schol. Dion. GG I 3, 109, 2 - 12 am Beispiel der Medizin illustriert. In seinem Versuch, der Grammatik die Qualität einer τέχνη abzusprechen, bedient sich Sextos derselben Prämisse: Die Annahme von Grammatik als τέχνη bedingt *per definitionem* von τέχνη als eines σύστημα ἐκ καταλήψεων das vollständige Wissen um das von Dichtern und Prosaschriftstellern Gesagte. Da dies unmöglich, weil unendlich ist, würde Grammatik selbst aufgehoben werden, beharrte man auf ihrer Bestimmung als Kunst (Adv. Gramm. I 75).

[213] Schol. Dion. GG I 3, 109, 12 - 15; 109, 36 - 38.

[214] Zur Unterscheidung von εἶδος und μέρος vgl. Schol. Dion. GG I 3, 164, 9 - 22; 168, 20 - 22; 301, 30 - 34; 453, 5 - 9, Sext. Emp. Adv. Gramm. I 94 - 95. Dazu ausführlicher im nächsten Kapitel.

[215] Zur Abfolge der Dialoge im neuplatonischen Unterricht vgl. Kap. I A 2.

ἐστιν ἡ τοῦ ἑξῆς ὁδήγησις, τουτέστι τοῦ νοήματος καὶ τῆς διανοίας ἀκολουθία καὶ τάξις (Schol. Dion. GG I 3, 455, 22 - 23).[216] Ob und in welchem Umfang die Praxis der Grammatiker den Philosophenkommentar beeinflußte oder umgekehrt neuplatonische Ideen vom literarischen Kunstwerk als lebendigem Symbolzeichen des Einen Selbstverständnis und Arbeitsweise der spätantiken γραμματικοί prägte, kann hier nicht entschieden werden und ist für dieses Vorhaben auch nicht maßgeblich. Wichtiger ist es, klar festzuhalten, daß Philoponos keiner schizophrenen Verrenkungen bedurfte, um als γραμματικός Philosophenkommentare zu verfassen: Waren Homer und Platon als Propheten einer göttlichen Wahrheit erst einmal auf derselben Stufe des inspirierten Autors angesiedelt, konnten die Instrumentarien der Grammatik, die anfänglich der Poetenerklärung vorbehalten waren, nun auch für die Exegese des Philosophen eingesetzt werden.[217] Denn Dichter wie Platon verbergen ihr Denken hinter dem Schleier einer Dunkelheit, deren Enthüllung eigentliche Aufgabe sowohl der grammatischen als auch der philosophischen Exegese ist.[218] Die Grammatik entwickelt sich derart zu einer Disziplin mit universellem Anspruch, weil sie, ausgehend von der Exegese als Erklärung der Gedankenfolge, mit Hilfe ihres einzelwissenschaftlichen analytischen und stilistischen Instrumentariums buchstäblich alles erklären kann: ὥστε ὁ γραμματικὸς ὀφείλει ἐξηγεῖσθαι καὶ τὰ φιλόσοφα καὶ τὰ ῥητορικὰ καὶ πᾶσαν συγγραφήν, εἴ γε τὸ ἑξῆς λέγει· εἰ γὰρ τεχνίτης ἐστὶν ὁ γραμματικὸς τῆς τοῦ λόγου συνθέσεως καὶ τῆς τάξεως τῆς ἐν τῇ ἀπαγγελίᾳ, καὶ γλώττης πάσης καὶ ἱστορίας καὶ τρόπου καὶ φράσεως, ἅπερ ἐμπίπτει ἐν τῇ ἐξηγήσει, δῆλον ὅτι πάντα ἐξηγήσεται (Schol. Dion. GG I 3, 455, 28 - 33). In einer schönen Ethopoiie schildert die *Grammatica* bei Martianus Capella ihre Entwicklung von einer linguistischen Disziplin zur Wissenschaft von der Erkenntnis, die sie auf eine Stufe mit der Philosophie hebt: *Officium ... meum tunc*

---

[216] Der Scholiast bemüht hier sogar die etymologisch abenteuerliche Rückführung der Exegese auf ἑξ[ῆς ὁδ]ήγησις, um die reihenartige Struktur der Textinterpretation zu veranschaulichen.

[217] Ein direkter Beleg für die Exegese der Πλατωνικά durch den Gramatiker bei Schol. Dion. GG I 3, 301, 17 - 19.

[218] Zur Klärung der Dunkelheit (ἀσαφὲς) dichterischer Tropen in der grammatischen Exegese vgl. Schol. Dion. GG I 3, 302, 16 - 19.

fuerat docte scribere legereque, nunc etiam illud accessit, ut meum sit erudite intellegere probareque. Quae duo mihi vel cum philosphis criticisque videntur esse communia (3, 230). Philoponos' Lehrer Ammonios kommt von der Philosophie ausgehend zum selben Resultat. In dem Maße, in dem Philosophie für alle τέχναι notwendig ist, partizipieren sämtliche Künste an der Philosophie als ihrem Urprinzip: καὶ γὰρ γραμματικὴ ὁμοίως· περὶ γὰρ τόνου καὶ χρόνου καταγίνεται ἅπερ ἐστὶ μουσικῆς, ἡ δὲ μουσικὴ φιλοσοφίας ἐστὶ μέρος (InPorphIsag. 8, 22 - 24).

2. Teile und Instrumente der Grammatik

Nach der Herausarbeitung der methodischen und strukturellen Kongruenz von γραμματκὴ τέχνη und platonischer Kommentatorik nähern wir uns nun der Systematisierung jener konkreten Operationen, die Philoponos vor dem Hintergrund dieses philologischen Lehrgebäudes am Text des Hexaemeron vornehmen konnte. Unlösbar mit dieser Aufgabenstellung verknüpft ist die intensive Diskussion um die Teile und Werkzeuge der Grammatik.[219] Wir gehen dabei von den in den Scholien zu Dionysios greifbaren prinzipiellen Erwägungen über die Charakteristika von εἶδος - μέρος - ὄργανον aus und versuchen dann, das Verhältnis der Grammatikeinteilung des Dionysios zu diesem späteren System zu klären. Dabei wird sich die Unvereinbarkeit des in der τέχνη ermittelten Schemas mit späteren Modellen herausstellen und zu Konsequenzen bei der Erstellung jenes Paradigmas führen, in das wir die einzelnen philologischen Methoden des Philoponos einordnen.

Die Auskunft des Scholion GG I 3, 164, 9 - 22 ist wünschenswert klar: Die Grammatik zerfällt in vier μέρη: 1) ἀναγνωστικόν, 2) ἐξηγητικόν, 3) διορθωτικόν, 4) κριτικόν und vier ὄργανα: 1) γλωσ-

219 Πολλῆς οὔσης καὶ ἀνηνύτου παρὰ τοῖς γραμματικοῖς περὶ μερῶν γραμματικῆς διαστάσεως (Sext. Emp. Adv. Gramm. 1, 91).

σηματικόν, 2) ἱστορικόν, 3) τεχνικόν, 4) μετρικόν.[220] Wesensmerkmal des μέρος ist es, daß es im Gegensatz zum εἶδος nicht die Verwirklichung in sich trägt (αὐτοτελές) und ohne Zusammenhang mit dem Ganzen und dessen Teilen stets unvollständig bleibt. Es ist nur für das geschaffen, dessen Teil es eben ist: Der Mensch als εἶδος des *genus* Lebewesen ist hingegen alleine beständig, bedarf keiner Ergänzung, die übergeordnete Gattung ist ihm immanent.[221] Ein und dasselbe ὄργανον kann wiederum für verschiedene τέχναι nutzbar gemacht werden. Die Konsequenz für die literarischen Formen besteht nun darin, daß dort, wo ein εἶδος auftritt, dieses autarke Geltung besitzt und sein Betreiber diese τέχνη vollständig beherrscht: So zerfällt die Rhetorik in εἴδη, wie etwa die Gerichtsrede, und derjenige, der diese Art der Redekunst beherrscht, ist mit Fug und Recht Redner. Die hingegen in μέρη gegliederte Grammatik fordert das Verständnis aller Teile, wer nur in einem kompetent ist, gilt noch nicht als Grammatiker.[222] Der Einsatz der Werkzeuge ist nicht auf eine τέχνη bzw. einen ihrer Teile beschränkt. Sowie der Drillbohrer am Schiff, aber auch für den Hausbau verwendbar ist, kann das γλωσσηματικόν in der Rhetorik wie in der Medizin eingesetzt werden.[223] Damit verbietet sich eine ausschließliche Zuweisung einzelner grammatischer Arbeitsschritte zu einem einzelnen μέρος, wie sie Neuschäfer vorgenommen hat, der in seinem Origenesbuch die vier Instrumente der Grammatik ausschließlich auf einen ihrer Teile, das ἐξηγητικόν, bezogen hat.[224]

Betrachten wir nun die einzelnen Elemente der beiden Viererlisten aus den Scholien, so ergibt sich eine deutliche Abweichung

---

[220] Ebenso Schol. Dion. GG I 3, 170, 17 - 20. Zu den peripatetischen Wurzeln dieser Opposition von Teil und Werkzeug vgl. H. USENER, Ein altes Lehrgebäude der Philologie, S. 582 - 684, der Aristot. Polit. 1253 b 25 und Alex. Aphr. AnPrCom. 3, 3 als Belege beibringt (S. 589). Ein instruktive Tabelle zu diesem Schema bringt H. GLÜCK, Priscians Partitiones und ihre Stellung in der spätantiken Schule, Spudasmata 12, Hildesheim 1967, S. 19.

[221] Schol. Dion. GG I 3, 164, 9 - 22; 168, 19 - 25.

[222] Schol. Dion. GG I 3, 301, 30 - 302, 2; 453, 5 - 14.

[223] Schol. Dion. GG I 3, 169, 2.

[224] NEUSCHÄFER S. 139 - 246.

vom alten Schema des Dionysios, der nur von μέρη sprach, dafür aber eine hexadische Gliederung vornahm: 1) ἀνάγνωσις, 2) ἐξήγησις κατὰ τοὺς ... ποιητικοὺς τρόπους, 3) γλωσσῶν τε καὶ ἱστοριῶν ... ἀπόδοσις, 4) ἐτυμολογίας εὕρεσις, 5) ἀναλογίας ἐκλογισμός, 6) κρίσις ποιημάτων. Die Reaktion der späten Grammatiker, die sich einerseits Dionysios als dem Archegeten ihrer Wissenschaft verpflichtet fühlten, für die aber andererseits die vierfache Gliederung kanonische Gültigkeit besaß[225], bestand im Versuch der Verbindung beider Systeme: Heliodor, so berichtet das Scholion, habe in den Elementen 3, 4, und 5 Unterarten des zu seiner Zeit selbstverständlichen διορθωτικόν erkannt. Wollen wir uns aber der Frage stellen, welchen Teilen der Grammatik die Arbeit des Philoponos am Text des Hexaemeron tatsächlich entsprach, ist von jenen retrospektiven Rettungsversuchen der Dionysischen Gliederung abzusehen.

Die relevanten Testimonien zur Strukturierung von Grammatik in der Kaiserzeit berichten von einer Zwei- Drei- Vier- und

[225] Die Wirkkraft dieser Tradition in byzantinischer Zeit geht aus ihrer unveränderten Rezeption bei Choiroboskos hervor (GG IV 1, 104, 27 - 31), der Philoponos oft heranzog und auch namentlich zitierte. Zu den Quellen vgl. den *Index auctorum et dialectorum* in der von A. HILGARD besorgten Ausgabe: *Theodosii Alexandri Canones, Georgii Choeroboscii Scholia, Sophronii Patriarchae Alexandrini Excerpta,* GG IV, Lipsiae 1894 und A. HILGARD, *Scholia in Dionysii Thracis Artem Grammaticam,* GG I 3, Lipsiae 1901, p. XVIII.

Sechsteilung der Grammatik.[226] Auszugehen ist von Marius Victorinus: *huius (sc. grammaticae) plerique quot partes tradiderunt ? duas. quas ?* ἐξηγητικήν *atque* ὁριστικήν. *quae est* ἐξηγητική *? quae enarrat. quae* ὁριστική *? quae definit* (Ars 1, 5 - 6). Die Zweiteilung, bestehend aus einem exegetischen und definitorischen Part, kennen auch Diomedes: *Grammaticae partes sunt duae, altera quae vocatur exegetice, altera horistice* (GL 1, 426, 15) und Quintilian: *haec igitur professio, cum brevissime in duas partis dividatur, recte loquendi scientiam et poetarum enarrationem, plus habet in recessus quam in fronte promittit* (Inst. 1, 4, 2). Der Dichtererklärung steht die Horistik als definitorische Kunst gegenüber, die Redeteile sowie stilistische *vitia virtutesque* feststetzt.[227] Den Inhalt dieser Teilgebiete der Grammatik präzisiert dann Quintilian, indem er über die Bezeichnung der *ratio loquendi* als *methodicen*, die der *enarratio auctorum* als *historicen* berichtet. So ist hier die zweifache Einteilung der grammatischen Sprachbetrachtung in einen linguistischen-praktischen und literaturtheoretischen Aufgabenbereich greifbar, die Marius Victorinus in seiner dem obigen Zitat vorausgehenden Grammatikdefinition

---

[226] USENER versuchte in seiner berühmten Studie über das Lehrgebäude antiker Philologie seinem religionshistorischen Forschungsansatzes entsprechend die Systematisierung der Grammatik mit dem mythischen Charakter der Drei- und Vierzahl in Verbindung zu bringen. Auch wenn der metaphysische Kern seiner Theorie nicht verifizierbar ist, verdient das Ergebnis seiner Bemühungen Beachtung, weil er die durchgehende Tendenz der griechischen Fachschriftsteller bewußt machte, ihre Wissenschaft auf harmonischen Zahlenverhältnissen zu gründen. Vgl. bes. USENER S. 591 f. und E. SIEBENBORN, Die Lehre von der Sprachrichtigkeit und ihren Kriterien. Studien zur antiken normativen Grammatik, Studien zur antiken Philosophie 5, Amsterdam 1976, S. 32.

[227] Diom. GL 1, 426, 16, Quint. Inst. 2, 15, 3; 5, 10, 14. Zur Erörterung dieser Belege vgl. I. MARIOTTI, Marii Victorini Ars Grammatica, Florenz 1967, S. 116 - 118. Zur normativen Sprachbetrachtung der antiken Linguistik im Gegensatz zum deskriptiven Verfahren jetzt A. UHL, Servius als Sprachlehrer. Zur Sprachrichtigkeit in der exegetischen Praxis des spätantiken Grammatikunterrichts, Hypomnemata 117, Göttingen 1998.

anklingen ließ: *Grammatica autem ars quae est ? spectativa orationis et poematos* (Ars 1, 4). Offenkundig nimmt er die später nachgereichte Formel des Varro - *ars grammatica, quae a nobis litteratura dicitur, scientia est* ‹*eorum*› *quae a poetis historicis oratoribusque dicuntur ex parte maiore* - (Ars. 1, 6) vorweg, das sein "*oratio*" und "*poematos*" unschwer als Kurzform von "*quae a poetis*" und "*quae ab historicis oratoribusque dicuntur*" zu erkennen ist. Die Exegese von Dichtern und Prosaautoren wird also dem theoretischen (θεωρητική/ *spectativa*) Arbeitsbereich der Grammatik zugeordnet, dem die als aktiv (πρακτική/*activa*) definierte Arbeit an der Sprache selbst gegenübersteht.[228] Neben dieser sachlichen Bipartition und mit ihr verzahnt, begegnete uns in der Rede der *Grammatica* bei Martianus Capella aber auch eine chronologische Trennung in eine alte (*docte scribere legereque*) und neue *erudite intellegere probareque*) Grammatik,[229] wobei auf inhaltlicher Ebene die Sprachvermittlung als Grammatik im engeren Sinne, die Erweiterung um Hermeneutik als "große" Grammatik aufgefaßt werden kann. Dieser Dualismus einer μικρά bzw. μαγάλη γραμματική bringt ein Dionysiosscholion zum Ausdruck: Διχῶς οὖν λέγεται παρὰ τοῖς ἀρχαίοις γραμματικὴ μικρὰ καὶ γραμματικὴ μεγάλη· καὶ μικρὰ μέν ἐστιν, ἧς ἔργον τοὺς χαρακτῆρας τῶν γραμμάτων εἰδέναι καὶ τὰς συλλήψεις αὐτῶν ... καὶ ἔστιν αὕτη τέχνη περὶ τὸ γράφειν καὶ ἀναγινώσκειν τὴν ἔγγραφον φωνήν. Μεγάλην δὲ γραμματικὴν λέγουσι τὴν καταγινομένην περὶ τὴν ἑρμηνείαν τῶν ποιητῶν

---

228 Zur Opposition von *grammatica spectativa* und *activa* bringt MARIOTTI S. 114 Quint. Inst. 3, 5, 11. Grammatik als θεωρητκὴ τῶν παρὰ ποιηταῖς τε καὶ λογεῦσι vgl. Schol. Dion. GG I 3, 121, 20. Im Kapitel D 1 wurde bereits festgehalten, daß in den Reflexionen über den Stellenwert der Grammatik als Empirie oder τέχνη das Argument vorgebracht wurde, die γραμματική könne auch eine alogischen Methode einschlagen, wenn sie etwa Unregeläßigkeiten in der Morphologie behandle, ohne dafür eine letzte Begründung geben zu können. Grammatik ist also eine μικτή, zerfallend in λογική und πρακτική, was wiederum der Differenzierung in θεωρητική und πρακτική äquivalent ist.

229 Dem *officium tunc fuerat* der alten Grammatik steht das *nunc accessit ut* der modernen, literaturtheoretischen Disziplin gegenüber.

(Schol. Dion. I 3, 114, 23 - 28).[230] Die einzelnen Aspekte einer Teilung der Grammatik in zwei μέρη lassen sich nun so zusammenfassen:

ARS GRAMMATICA

activa	*spectativa*
recte loquendi scribendique ratio	*intellectus poetarum*
horistice	*exegetice*
methodice	*historice*
vetus	*nova*
μικρά	*μεγάλη*

Dieser dualistischen Sichtweise kann man ob des klaren Blicks zurück auf die Geschichte der eigenen Profession und des Bewußtseins um die Aufgabe der Teilbereiche die Anerkennung nicht versagen, auch wenn Lallot in seiner monumentalen Ausgabe des Apollonios Dyskolos die Entwicklung der griechischen Grammatik abweichend beurteilt und auch hinsichtlich ihrer Binnenstruktur die Grenzen anders zieht.[231] Dabei unterscheidet er eine philologisch - exegetische Richtung, die im Homererklärer Aristarch ihren Höhepunkt fand. Sie ist Erbe der alten Rhapsoden, bemüht um schöne Rezitation, Sprach- und Sacherklärung, ἐμπειρία. Daneben tritt die "technische" Variante dieser Disziplin, die in Fortsetzung der Sprachphilosophie von den Sophisten bis zum Hellenismus eine Metasprache entwickelte, die der älteren Grammatik ein wissenschaftliches Instrumentarium zur Beschreibung und Erläuterung von Autoren zur Verfügung stellt. Lallot klassifiziert diesen Zweig als linguistisch, sein hervorragendster Vertreter ist Apollonios Dyskolos. Beide Arbeitsgebiete sind aufeinander bezogen und werden deshalb vom

[230] Die Kritik des Sextos ziehlt auch nur gegen die moderne Grammatik als Literaturwissenschaft mit dogmatischem Wahrheitsanspruch. Die γραμματιστικοί der Frühzeit, die Lesen und Schreiben lehrten, nimmt er von seiner Kritik aus (Adv. Gramm. 1, 56).

[231] Vgl. J. LALLOT, Apollonius Dyscole. De la construction Vol. I. Histoire des doctrines de l´antiquité classique 19, Paris 1997, S. 13 - 18.

Grammaticus gepflegt, hinter dessen ambiguem Namen sich aber nach Lallots Darstellung jeweils ein Philologe oder ein Linguist verbirgt.

Versucht man nun, diesem Modell das antike Ordnungsprinzip gegenüberzustellen und die Differenzen auf den Punkt zu bringen, so wird man wohl das Fehlen eines *expressis verbis* artikulierten Bewußtseins von Metasprache konstatieren müssen. Umgekehrt kann oder will Lallot in seinem Schema Lehre und Normierung des rechten Sprachgebrauchs nicht integrieren, da sich weder der Homerexeget noch der Linguist um die schulische Weitergabe von Sprache kümmern. Dementsprechend erhält die Dichotomie ἐμπειρία – τέχνη auch einen anderen Stellenwert, bei Lallot ist jene dem Philologen, der mit und an der Sprache der Dichter arbeitet, diese dem Sprachphilosophen zugeordnet, der Theorien über den Text bildet. Die griechischen und lateinischen Grammatiker selbst bestimmen die Empirie als Erlernen der Sprache, die Arbeit mit und am Text als τέχνη. Am nächsten stehen sich beide Systeme in der chronologischen Gliederung, derzufolge das theoretische Verfahren historisch auf das praktische folgt. Da Lallot den Aspekt des Sprechen- und Vorlesenlernens nicht verfolgt, spielen bei ihm entwicklungspsychologische Überlegungen konsequenterweise keine Rolle.

Da m. E. beide Schemata in sich stimmig den Sachverhalt von einer anderen Perspektive betrachten, soll hier nicht einem System der Vorzug gegeben werden. Der Wert des Entwurfs von Lallot besteht in seiner Ferne zur Selbstdarstellung der kaiserzeitlichen Grammatiker, deren Systematik sich gerade durch den Kontrast gegenüber eine ihnen unbekannte Klassifikation schärfer abzeichnet. Für sie ist die Trennung des Sprachlehrers vom Literaturinterpreten maßgeblich.

Von Mariotti und nach ihm Dahlmann wurde bereits einleuchtend dargestellt,[232] daß die vorliegende Zweiteilung leicht mit der von Victorinus präferierten Gliederung in drei Bereiche zur Dekkung gebracht werden kann, wenn man das *recte loqui* und *recte*

---

[232] H. DAHLMANN, Zur Ars Grammatica des Marius Victorinus, AAMz, Abh. der geistes- und sozialwiss. Kl. 1970 Nr. 2, Mainz 1970, S. 10, MARIOTTI S. 118.

scribere als selbständige Teile betrachtet.[233] Was hat es nun mit der bei Varro, den Dionysiosscholien, Martianus Capella und Audax zutage tretenden Vierteilung für eine Bewandtnis?[234] Sind deren Elemente miteinander vereinbar? Wir stellen gegenüber:

MART. CAP.	DOSITH./AUDAX/VARRO	SCHOL.DION./VARRO	
scribere	*lectio*	διορθωτικόν	*scribere*
legere	*enarratio*	ἀναγνωστικόν	*legere*
intellegere	*emendatio*	ἐξηγητικόν	*intellegere*
probare	*iudicium*	κριτικόν	*probare*

Klar ist, daß 1) *legere* - *lectio* - ἀναγνωστκόν, 2) *intellegere* - *enarratio* - ἐξηγητικόν, 3) *probare* - *iudicium* - κριτικόν ihrer Bedeutung nach identisch sind. Zu begründen ist noch der Konnex zwischen dem *scribere* und dem Paar *emendatio* - διορθωτικόν. Nun bringen aber die Quellen die Textemendation stets mit der Korrektur (διόρθωσις) der Schreibfehler in Zusammenhang, die Herstellung richtiger ἀντίγραφα fällt unter das grammatische *officium* der *emendatio*:

233 Die dem Marius Victorinus nahestehende Definition des Dositheus unterliegt demselben Raster: *Ars grammatica est scientia emendati sermonis in loquendo et scribendo poematumque ac lectionis prudens praeceptum* (Dosith. GL VII 376, 3 - 4).

234 Audax GL VII 321, 6 - 7: *Grammatica quid est ? Scientia interpretandi poetas atque historicos et recte scribendi loquendi ratio;* GL VII 322, 4: *Grammaticae officia quot sunt ? Quattuor id est lectio, enarratio, emendatio, iudicium.* Dositheus GL VII 376, 5 - 7: *artis grammaticae officium constat partibus quattuor, lectione emendatione enarratione iudicio.* Mart. Cap. 3, 230: *docte sribere legereque erudite intellegere probareque* . Schol. Dion. GG I 3, 164, 9 - 10: Μέρη δὲ αὐτῆς τέσσαρα, ἀναγνωστικόν, ἐξηγητικόν, διορθωτικὸν καὶ κριτικόν. Varro bei Diomedes GL I 426, 21 f.: *Grammaticae officia, ut adserit Varro, constant in partibus quattuor: lectione enarratione emendatione iudicio* (=Frg. 236 FUNAIOLI); Varro bei Mar. Vict. 1, 7: *eius praecipua officia sunt quattuor, ut ipsi (sc. Varroni) placet: scribere legere intellegere probare.* Vgl. MARIOTTI S. 119 f. über die Identität der vier *officia* bei Diomedes und Marius Victorinus.

emendatio est qua singula pro ut ipsa res postulat dirigimus aestimantes universorum scriptorum diversam sententiam, vel recorrectio errorum qui per scripturam dictionem fiunt (Diomed. GL I 426, 26 - 28).[235] Somit erweist sich eindrucksvoll die sachliche Übereinstimmung und Vereinbarkeit einer Einteilung der Grammatik in zwei, drei, bzw. vier Teile und damit auch die Geschlossenheit eines Systems von der Zeitenwende bis in die hohe Kaiserzeit. Paradoxerweise fällt nun Dionysios, der τενικός der grammatischen Wissenschaft schlechthin, als einziger aus dem Rahmen dieser Systematik. Man kann zwar wie Dahlmann Wort- und Sacherläuterung, Etymologie sowie Analogie Varros dem διορθωτικόν zuweisen,[236] um auf vier Teile zu kommen, doch ändert das nichts am Faktum, daß die ansonsten kanonische Gliederung der Grammatik in Teile und Instrumente zerstört wird, sobald man einzelne ὄργανα als Sonderformen eines μέρος wertet, deren Zahl allein bei Dionysios sechs betrug. Für die praktische Tätigkeit der späten *grammatici* maßgeblich war nicht die späthellenistische Galionsfigur ihrer Disziplin, sondern der kaiserzeitliche Lehrbetrieb mit der Systematisierung der Grammatik in je vier Teile und vier Instrumente, die vor allem aus doxographischen Erwägungen auf das hexadische System des alten Meisters zurückgeführt wurde.[237]

Überträgt man die zur wissenschaftlichen Grammatik und ihrer Strukturierung gewonnen Fakten auf die *officia*, denen sich der

---

235 Ähnlich Dositheus: *emendatio est recorrectio errorum, qui per scripturam dictionemve fiunt* (GL VII 376, 8 - 9). Origenes führt die Notwendigkeit der Emendation u.a. auf die Inkompetenz der Schreiber zurück (MattCom. GCS 40, 542, 1 - 6). Zur weit verbreiteten Klage über fehlerhafte Abschriften vgl. NEUSCHÄFER S. 127 f.

236 DAHLMANN S. 11 Anm. 3 mit Verweis auf Schol. Dion. GG I 3, 13, 7; 453, 15. Das Motiv dieser in sich widersprüchlichen Konstruktion entsprang der Achtung vor der Autorität des Dionysios.

237 Der von USENER S. 582 entwickelten Theorie vom zeitlichen Vorrang des tetralogischen Systems hat GLÜCK S. 20 mit gutem Grund widersprochen. Skeptisch zu beurteilen ist aber dessen Ansicht, die Vierteilung sei Ausdruck einer bruchlosen Systematisierung des älteren Dionysischen Systems.

Grammatiker Philoponos in Opm. stellte, erhalten wir Kriterien, wie diese Schrift, die nach Scholtens Rekonstruktion des Titels als ἐξηγητικόν konzipiert wurde,[238] zu beurteilen ist. Philoponos verweist zunächst einmal all jene Aspekte der Sprachbetrachtung aus seinem Interessenshorizont, die nach dieser Klassifikation von Grammatik als praktische und am Text eines anerkannten Autors erarbeitete Anleitung zur Beherrschung des ἑλληνισμός verstanden wurden. Normative Festlegung der Sprachrichtigkeit ausgehend von einem Regelkanon fällt ebenso aus dem Aufgabengebiet des Exegeten wie die Emendation des Textes. In der Beschränkung auf das ἐξηγητικόν als *enarratio scripturae* sind keine über das Lemma hinausführenden Erläuterungen zu erwarten, die ohne Textbezug lediglich dem Interesse des *recte loqui et scribere* verpflichtet sind.[239] In positiver Formulierung beinhaltet das ἐξηγητικόν den theoretischen, d. h. den philosophisch begründenden Zugang zum Autor, dessen Gedanken aus ihrer Dunkelheit gelöst und nach dem Prinzip des geordneten Zusammenhanges dargestellt werden.[240] Da ἐξηγητικόν und κριτικόν nur zwei gedanklich abstrahierbare Aspekte des theoretischen Teiles der Grammatik darstellen, gehören sie unweigerlich zusammen, mit anderen Worten, ein Grammatiker, der Exegese eines Textes betreibt, arbeitet unweigerlich auch an der κρίσις ποιημάτων, dem letzten und schönsten *officium* seiner Profession, das sich einer präzisen Bestimmung zu entziehen scheint.

---

238 SCHOLTEN (1996), S. 15 - 20.

239 Für die Vollform des grammatischen Kommentares geht UHL S. 95 von einer zweifachen Funktion, 1) der Absicherung des Textverständnisses und 2) der Unterweisung in der Muttersprache aus. Dabei bietet der Grammatiker Zusatzinformationen zur Sprache mitunter auch ohne Bezug zum Lemma.

240 τάξις und ἀκολουθία. Vgl. Schol. Dion. GG I 3, 455, 22 - 33.

3. Κρίσις ποιημάτων[241]

Neuschäfer führte als erster nach einem Testimonium bei Philodem den Ursprung dieser Formel auf Krates von Mallos zurück, von wo sie Eingang in die Homererklärung und in die *Ars grammatica* des Dionysios gefunden habe.[242] Der reiche Entwurf des Krates, dessen Poetik die κρίσις als logische Betrachtung des Zusammenhanges von sprachlichem Ausdruck und inhaltlicher Wahrheit von Literatur entwickelt habe,[243] sei in der kaiserzeitlichen Grammatik auf den Aspekt einer Beurteilung von Echtheit und ästhetisch - technischer Vollkommenheit reduziert worden.[244] Unklar bleibt, an welchen Teilen der Grammatik eine moralisierende Wertung von Literatur und Poesie festgemacht werden konnte, da es keine Zeugnisse gebe, die unter der κρίσις ποιημάτων auch die Abhandlung ethischer Fragen verstehen. Diese hätten ihre Wurzel in den paganen Überlegungen über den doppelten Zweck von Poesie als ὠφέλεια oder τέρψις.[245] Es lohnt sich also, die von Neuschäfer vorgebrachten Testimonien noch einmal zu betrachten und neue Belege hinzuzuziehen, um Erkenntnisobjekt und Erkenntnismethoden der grammatischen Exegese des Philoponos zuverlässiger zu bestimmen.

Zunächst ist Neuschäfers unter Vorbehalt entwickelte These, die κρίσις ziele neben der Klärung der Echtheitsfrage auf eine ästhetisch - moralische Beurteilung, zu präzisieren: 1) Κρίσις ποιημά-

---

[241] Da als selbstverständlicher Inhalt der Grammatik neben die Beschäftigung mit metrisch gebundener Sprache auch Prosawerke traten (Cic. de orat. 1, 187, Mar. Vict. 1, 4; 1, 6 - 7, Quint. Inst. 1, 4, 2; 1, 2, 14, Sext. Emp. Adv. Gramm. 1, 318), blieb die κρίσις nicht auf die Dichtersprache beschränkt. So Dositheus: κρίσις ἐστιν ᾧ τὰ ποιήματα καὶ τὰ λοιπὰ γραφὰς διαρτῶμεν καὶ διασταθμώμεθα (GL VII 10 f.).

[242] Philod. Poem. 5, 57, 9 - 11 ed. JENSEN. Vgl. NEUSCHÄFER S. 249 Anm. 16.

[243] Philod. Poem. 5, 57, 19 - 29 ed. JENSEN.

[244] NEUSCHÄFER S. 250.

[245] NEUSCHÄFER S. 253 f.

των τὸ κρίνειν τὰ ἔμμετρως γεγραμμένα, τουτέστι τὰ ποιήματα, εἴτε δεόντως εἴτε μὴ δεόντως, εἴτε καλῶς εἴτε φαύλως κεῖται ἐν τῷδε τῷ τόπῳ ἢ ἐν τῷδε, καὶ τὰς τούτων αἰτίας εἰδέναι καὶ ἀποφαίνεσθαι (Schol. Dion. GG I 3, 15, 26 - 29). Die Untersuchung der αἰτίαι ist Ausdruck jener theoretischen Form der Grammatik, unter die sowohl das ἐξηγητικόν als auch das κριτικόν fallen. Im Rahmen dieser auf Begründung von Phänomenen abzielenden Richtung wird auch die Metrik analysiert, allerdings nicht als Problem der Ästhetik an sich, sondern als Kontextphänomen: Es geht um die prosodischen Erscheinungen an dieser oder jener Stelle (... ἐν τῷδε τῷ τόπῳ ἢ ἐν τῷδε). Nun wissen wir, daß Studien zur Metrik im tetradischen Gliederungsprinzip der Grammatik zu deren ὄργανα gerechnet wurde, der *per definitionem* als variables Arbeitsinstrument für alle vier Aufgaben der grammatischen Exegese herangezogen werden konnten.[246] Liest man unter diesem Blickwinckel Schol. Dion. GG I 3, 170, 2 - 5, ergibt sich ein konsistentes Bild über die Wertigkeit einer ästhetischen Textuntersuchung: 2) Κρίνει δὲ τὰ ποιήματα οὐχ ὅτι καλά ἐστιν ἢ κακά ποιητοῦ γὰρ ἂν εἴη τὸ τοιοῦτον· ἀλλ᾿ ἐπειδὴ πᾶν μέτρον ὑπὸ τὴν τέχνην ἐστίν, ἀνάγκη τὸν γραμματικὸν ταῦτα πάντα διακρίνειν, εἰ τοῦ αὐτοῦ ἐστι ποιητοῦ ἢ οὔ. Die Metrik steht unter der Botmäßigkeit der τέχνη - gemeint ist die Disziplin des Grammatikers, von der hier durchgehend die Rede ist - sie dient nicht dazu, literaturästhetische Positionen zu begründen, sondern die Echtheitsfrage zu beantworten. So gewinnt man ein Urteil, ob eine metrische Erscheinung an dem einen sprachlichen Ort (Text 1) für einen Dichter typisch ist oder nicht (Text 2). Die beobachtete Vereinbarkeit oder Unvereinbarkeit (ἀνόμοια - ὅμοια) ist dann das Kriterium der Authentizität.[247] So schließt denn der Scholiast τὸ ποιητικόν als Inhalt und Methode der Grammatik aus und legt den Aufgabenbereich der κρίσις im Gegensatz zur σύγκρισις, dem Vergleich zweier verschiedener Variablen, als Sondierung des ἕκαστον ἐκ τῶν ἰδίων fest.[248] Die immanente, gegebenenfalls auch metrisch angelegte Überprüfung des Textes zur

---

246 Vgl. Kap. I D 2.

247 Κρίνει δὲ ὡς οὔ, πότερον αὐτοῖς καλῶς γέγραπται ἢ οὔ, ἀλλὰ ποῖα ἀνόμοια καὶ ποῖα ὅμοια, καὶ ποῖα νόθα τῶν ποιημάτων καὶ ποῖα γνήσια (Schol. Dion. GG I 3, 304, 2 f.). Vgl. NEUSCHÄFER S. 248.

248 Schol. Dion. GG I 3, 303, 28 - 35. Vgl. auch 471, 26 - 29.

Feststellung seiner Echtheit macht die Funtkion des κριτικόν aus. Wenn Neuschäfer Quint. Inst. 1, 4, 3 heranzieht, um für das *iudicium* ein literturästhetisches Anliegen zu belegen,[249] so ist die Zuordnung dieser Passage zur Frage nach dem Schönen in der Poesie nicht begründet. Quintilian berichtet hier über das kritische Verfahren der Grammatiker, anstössige Stellen zu verwerfen oder im Extremfall ganze Bücher als unecht zu erweisen. Der dabei waltende Kanon ist auch Maßstab für die Akzeptanz oder Ablehnung von Autoren.

Diese Rekonstruktion der Wesensbestimmung des κριτικόν als ein mit semantischen, metrischen, inhaltlichen und grammatischen Methoden installiertes Kriterium zur Festlegung des richtigen Textes läßt sich auch an Hand der unmittelbaren Erzeugnisse der alten Grammatiker, besonders der Homerscholien, absichern. Wie naheliegend und fruchtbringend es auch ist, den Blick auf das Schreibpult der Ahnherrn der Philologie zu lenken, so konsequent wurde dieser Weg vermieden. Dagegen hat in der aktuellen Forschung van Thiel zur Ehrenrettung der philologischen Kompetenz des Zenodot und seiner Kollegen deren gelehrte Textbearbeitungen untersucht und den Unterschied zu modernen Texteditionen klar herausgestellt: Rand und Interlinearapparate in Form von Textscholien in räumlicher Nachbarschaft zum kommentierten Bezugswort bildeten zusammen mit dem eigentlichen Homertext reiche Informationen in Form von Parallelverweisen und Vergleichen.[250] Diese zusätzlich gebotenen Daten wurden in späterer Zeit als Textvarianten mißverstanden und daher als Verbesserungen in die Handschriften übernommen oder, wie im Falle Zenodots, als unmögliche Konjekturen kritisiert. Zenodots Bearbeitung enthielt neben dem unveränderten Text einen Randkommentar

---

[249] NEUSCHÄFER S. 248 Anm. 9. Quintilian hält fest: ... *mixtum his omnibus iudicium est: quo quidem ita severe sunt usi veteres grammatici, ut non versus modo censoria quadam virgula notare et libros, qui falso viderentur inscripti, tamquam subditos submovere familia permiserint sibi, sed auctores alios in ordinem redegerint, alios omnino exemerint numero* (Inst. 1, 4, 3).

[250] Vgl. van THIEL (1992), S. 2 f., wo als Beispiel für die alte Form des kritischen Textes u. a. PTebtunis 4 (= Pack 632) aus dem zweiten vorchristlichen Jahrhundert aufgeführt ist.

als Stütze für seine Erklärungen, nicht aber als alternative Lesart.[251] Für unsere Argumentation ist nun die Beobachtung van Thiels relevant, wonach nur in den Scholien von A in etwa 200 Fällen die Wendung ἐν ἄλλῳ, zu ergänzen mit στίχῳ oder τόπῳ, auftritt.[252] Diese Notizen dienten dem internen Textvergleich zur Bildung eines kritischen Urteils. Im τὸ κρίνειν εἴτε καλῶς εἴτε φαυλῶς κεῖται ἐν τῷδε τῷ τόπῳ ἢ ἐν τῷδε von Text 1 ist noch ein Nachhall jener Formel der alten Homererklärer aus der Spätphase der antiken Grammatik vor uns. Dieser Nachweis lexikographischer, morphologischer und metrischer Parallelen kann zu einem sicheren Ergebnis des κριτικόν führen, nämlich festzustellen, ob der Vers zum selben Autor gehört oder nicht: ... διακρίνειν, εἰ τοῦ αὐτοῦ ἐστι ποιητοῦ ἢ οὔ (Text 2).[253] So kann eine Konstanz in der Zielsetzung der κρίσις einem der vier Teile der Grammatik von der hellenistischen bis zur kaiserzeitlichen Philologie angenommen werden. Der *grammaticus* untersucht darin ein Werk im Hinblick auf einen Kanon gültiger ästhetischer Wertmaßstäbe, nicht aber zur Reflexion über das Schöne und Gute an und in der Literatur als einem Phänomen *sui generis.* Stilkritik konstituiert keine Poetik, sondern den authentischen Textkanon, die hermeneutischen Kategorien der Schönheit und des sittlichen Nutzens bilden kein autarkes Paradigma des Bibelverständisses, sondern sind

---

251 Nach van THIEL (1992), S. 6.

252 Beispielsweise Aristonikos Schol. Θ 493 a; Λ 356 a, Ξ 95 a. Vgl. van THIEL (1992), S. 16.

253 Eine Betrachtung der Randkommentare Zenodots zeigt, daß er jene Methoden, die in der Kaiserzeit unter das systematisierte Paradigma der vier grammatischen ὄργανα gebracht werden sollte, für seine Textvergleiche gebrauchte. Stellvertretend seien angeführt: γλωσσηματικόν (B 502, H 127; 188), ἱστορικόν (B 55, Ξ 37, Υ 114, Φ 335, X 578, Ψ 533), τεχνικόν (B 634, Δ 139, N 246; 692, Σ 222, Ψ 484). Das μετρικόν läßt sich ausgehend von der Zitierung einiger Worte naturgemäß nicht nachweisen.

von subsidiärer Funktion.[254]

4. Die vier Instrumente der grammatischen Exegese

Die vorhin versuchte Zuordnung von Opm. zum ἐξηγητικόν und κριτικόν der grammatischen Texterklärung, in der die praktisch-angewandten Teilbereiche der ἀνάγνωσις und διόρθωσις keine Rolle spielen, lassen es nicht sinnvoll erscheinen, die Untersuchung der philologischen Praktiken des Philoponos, wie es Neuschäfer für Origenes getan hat, nach der Richtschnur dieser vier Teile der Grammatik zu bemessen. Eine adäquate Systematik hat im Gegensatz dazu die vier Methoden seines Vorhabens zu beschreiben, die nach antiker Auffassung für jedes der vier *officia* grammatischer Textbetrachtung ange-

---

[254] Demgegenüber vertritt S. DIEDERICH, Die antike Horazkommentierung im Rahmen der kaiserzeitlichen Schul- und Bildungstradition, Bonn 1998 (dabei handelt es sich um eine vorläufig noch unpublizierte Bonner Dissertation, in die mir freundlicherweise Herr Prof. W. AX Einsicht gewährte) S. 211 den Entwicklungsgedanken, wonach in der κρίσις ποιημάτων die ursprüngliche Echtheitskritik eines Aristarch oder Dionysios vom ästhetischen Aspekt verdrängt worden sei. Dennoch muß sie eingestehen, daß bei dem von ihr untersuchten Horazkommentator Porphyrio ästhetische Reflexionen bis auf rudimentäre Spuren fehlen. Damit gewinnen wir eine weitere Stütze für die oben favorisierte Theorie, wonach Fragen der literarischen Schönheit primär an den Text herangetragen wurden, um durch Binnenvergleich einen Maßstab für die Echtheit zu gewinnen. Im Bezug auf ein moralisch - didaktisches Anliegen der kommentierenden Grammatiker stellt DIEDERICH S. 220 klar heraus, daß außer Allerweltsgnomen zur rhetorischen Propädeutik Porphyrio keine moralische Unterweisung bietet. Fragen, ob Literatur nützen und/oder erfreuen soll, wurden zweifelsohne diskutiert, doch nicht in der Schule der Grammatiker. Diese Dinge gehörten, wie bereits H.-I. MARROU, Histoire de l´education dans l´antiquité, Paris 1965[6], S. 255 konstatierte, nicht zur κρίσις ποιημάτων, sondern in den Aufgabenbereich des Rhetors.

wandt werden konnten.[255]

A) Γλωσσηματικόν

Quintilian definiert als Gegenstand der glossographischen Methode: *singula (verba) sunt aut nostra aut peregrina, aut simplicia aut composita, aut propria aut translata, aut usitata aut ficta.*[256] Der Zugriff auf die zu interpretierenden Glossen erfolgt auf fünffache Weise: a) κατὰ ἐτυμολογίαν, b) κατὰ διάλεκτον, c) κατ᾽ ἐπίλυσιν, d) ἐξ ἀντιφραζομένου, e) κατὰ ἱστορίαν.[257]

B) Ἱστορικόν: Die ausführlichste Nachricht *ad rem* überliefert Sextos, der die Einteilung des Asklepiades von Myrlea referiert (Adv. Gramm. 1, 252 - 253).[258] Danach untersucht der Grammatiker in diesem Arbeitsgang den Text im Hinblick auf die Historizität von Ereignissen, die entweder wahr (ἀληθὴς ἱστορία), mythisch (ψευδής)

---

[255] Über die Zuweisung der vier ὄργανα der Grammatik zu all ihren Teilen vgl. oben Kap. I D 2.

[256] Vgl. USENER S. 609.

[257] Schol. Dion. GG I 3, 469, 12 - 26. Das große Interesse an der Bestimmung von Worten als der eigenen oder einer fremden Sprache zugehörig sowie am spezifischen Wortgebrauch Homers ist seit dem Hellenismus greifbar. Philetas Ἄτακτοι γλῶσσαι zeigen ebenso eine dialektologische Fragestellung (vgl. W. KUCHENMÜLLER, Philetae Coi reliquiae, Borna - Leipzig 1928, etwa Frg. 29, 31 - 38, 40, 42) wie auch die Schrift des Philemon von Athen Περὶ Ἀττικῶν ὀνομάτων ἢ γλωσσῶν. Neoptolemos von Parion verfaßte Περὶ γλωσσῶν Ὁμήρου und Φρύγιαι φωναί (vgl. H. METTE, Neoptolemos von Parion, in: RhM 123, 1980, S. 1 - 23 bes. Frg. 9 - 11). Zu den Ἰταλικαὶ γλῶσσαι des Diodor von Tarsos, den Κρητικαὶ γλῶσσαι des Hermonattes, Moschos' Werk über die rhodischen Glossen und den verschollenen glossographischen Werken des ersten Jahrhunderts vgl. E. DEGANI, La Lessicografia, in: G. CAMBIANO - L. CANFORA - D. LANZA (ed.), S. 505 - 527, bes. S. 510 f.

[258] Sextos hält sich auch Adv. Gramm. 1, 92, wo er die Gliederung des ἱστορικόν *propria persona* vornimmt, an Asklepiades. Vgl. auch Adv. Gramm. 1, 257 und die anschließende strikte Trennung von historisch - biographischer Erläuterung und dem τεχνικόν des Grammatikers.

oder fiktiv (ὡς ἀληθής) sein können. Dabei werden die Handlungen ihrerseits nach ihren Akteuren (als πρόσωπα sind Götter, Heroen oder herausragende Menschen möglich) eingeteilt und Angaben zur Topologie, Geographie, Chronologie und Genealogie gemacht.

C) Das Μετρικόν, gebunden an die Dichtersprache, ist für Opm. nicht relevant, wohl aber das

D) Τεχνικόν: Hier steht die Frage nach der Sprachrichtigkeit als Grammatik des ἑλληνισμός im engeren Sinn im Vordergrund. Dabei werden als Maßstab die Kriterien der Analogie, der Tradition und des üblichen Sprachgebrauchs (συνήθεια/*consuetudo*) eingesetzt, um festzustellen, "*welche Wortform man korrekt gebrauchen darf, mit welchen Wörtern die Dinge richtig benannt werden und welche syntaktischen Verbindungen grammatisch einwandfrei sind.*'[259] Die Unterteilung von Varro, der a) *natura*, b) *analogia*, c) *consuetudo*, d) *auctoritas* nennt, und Quintilians Schema mit a) *ratio*, b) *vetustas*, c) *auctoritas* und d) *consuetudo*[260] stehen in einem inneren Zusammenhang und beschreiben das τεχνικόν von verschiedenen Seiten. Die erste Brücke zwischen den beiden Listen besteht zwischen der *analogia* Varros und Quintilians *ratio*, da in der kaiserzeitlichen Grammatik die Analogia dem λόγος zugeordnet wurde: Ἀναλογία δέ ἐστι λόγος ἀποδεικτικὸς καθ᾽ ὁμοίου παράθεσιν τῆς ἐν ἑκάστῳ μέρει λόγου φυσικῆς ἀκολουθίας (Schol. Dion. GG I 3, 169, 26 - 27).[261] Die menschliche Vernunft erkennt Ähnlichkeitsverhältnisse, aus denen sie für einzelne Worte oder Wortformen zwingende Folgerungen ableitet und, um das Beispiel des Scholiasten aufzugreifen, begründen kann, warum μῆνιν, nicht aber μήνιδα die korrekte Form ist. Bereits Usener ist eine einleuchtende Erklärung des Zusammenhanges zwischen *natura* (Varro) und *vetustas* (Quintilian) geglückt, wenn er *natura* als

259 SIEBENBORN S. 36. Ohne am wichtigen Buch Neuschäfers beckmessern zu wollen, muß doch festgehalten werden, daß entgegen der dort entwickelten Einteilung (S. 143) die Untersuchung der συνήθεια niemals zur Worterklärung zählte, sondern als Element des τεχνικόν fungierte.

260 Varro bei Diomedes GL I 439, 16 f., Quint. Inst. 1, 6, 1.

261 Auch UHL S. 27 Anm. 28 sieht in der *analogia* Quintilians einen Aspekt der *ratio*, die auch die Etymologie miteinschließt.

allgemeineren Ausdruck für *etymologia* begreift.[262] Da diese nach den ältesten Bedeutungen des Wortes forscht, kann sie wie bei Quintilian unter dem Begriff der *vetustas* artikuliert werden, der im Gegensatz zum grammatisch konnotierten *etymologia* den historischen Aspekt betont.

Während Analogie und Etymologie mit rationalen Methoden der Feststellung der korrekten Orthographie, Prosodie und der Phonemfolge verpflichtet sind,[263] erforscht der Grammatiker am Wortgebrauch auch außersprachliche Gesetze des Ausdrucks.[264] Hier haben wir im Gegensatz zu den ersten Begriffen der beiden Viererlisten keine terminologischen Probleme zu lösen, sondern die verschiedenen Klassifikationen von συνήθεια/*consuetudo* vorzustellen. Nach Auskunft der alten Grammatiker können in diesem Arbeitsschritt nach dem Muster der glossographischen Kommentare mit ihrem Interesse für die lexikalischen Eigenheiten der griechischen Stämme die Schichten Dialekt - Gemeinsprache sondiert werden.[265] Eine zweite Form der Stratifikation von Sprachformen ist die diachrone Einteilung in altertümlich und gegenwärtig, in der die συνήθεια τῶν παλαιῶν hervorgehoben wird.[266] Der dritte und letzte des an der Sprache zu beobachtenden Üblichen bezieht soziologische Parameter mit ein, wobei das umgangssprachliche Idiom dem der Gebildeten gegenübergestellt wird. Je nach Temperament kann dabei eher die Sprache der Mehrheit - z. B. Varros *multorum consensio*[267] - oder die Gewohn-

---

262 USENER S. 624. Auch SIEBENBORN S. 153 setzt *natura* in Relation zu dem im Sprachgefühl Vorgegebenen, das mit Hilfe der Etymologie ermittelt wird.

263 Vgl. UHL S. 29, SIEBENBORN S. 141 - 146.

264 Vgl. Schol. Dion. GG I 3, 446, 18 - 30.

265 Vgl. Schol. Dion. GG I 3, 455, 6 - 9; 469, 8 f.

266 So Schol. Dion. GG I 3, 443, 12. Vgl. auch Diomed. GL I 311, 11 - 13: *figurae, quae consuetudine quidem per alium casum dicuntur, ab antiquis autem diversum, velut "utor hac re" nos dicimus, ab antiquis autem "utor hanc rem" dictum est.*

267 Diomed. GL I 439, 23.

heit der Gebildeten normstiftend wirken.[268] Eine besondere Facette dieser Systematisierung ist in der Konturierung der Alltagssprache als Bemessungsgrundlage für die Nähe oder Ferne der Dichtersprache gegenüber dem Sprachgebrauch des täglichen Lebens faßbar.[269] Sehr schön hat Neuschäfer bewiesen, daß Origenes συνήθεια tatsächlich als Synonym für die gewöhnliche Sprache verwendet, die weder bei den gebildeten (=paganen) Griechen (παρὰ τοῖς φιλοκάλοις τῶν Ἑλλήνων), noch in der Bibel vorkomme.[270]

5. Grammatische und philosophische Exegese

Die bisher getätigten Untersuchungen zur Sprachphilosophie der Ammoniosschule sowie zum Aufbau der Arbeitsbereiche und -methoden der kaiserzeitlichen Grammatik waren von dem Bestreben geleitet, das hermeneutische Umfeld abzustecken, vor dem das Wirken des Philoponos als Kommentator gewürdigt werden kann. Es galt, einen authentischen Kanon zu entwickeln, den Fundus an Möglichkeiten eines interpretatorischen Zuganges zur Heiligen Schrift zu bestimmen, aus dem Philoponos wählen konnte, aber nicht mußte. Was im Rahmen dieses theoretischen Vorspannes unvermittelt nebeneinander steht, bildete in der Realität ein kohärentes Instrumentarium zur Textdeutung. Aus diesem Grunde wäre es methodisch verfehlt, die Frage, ob nun Philoponos den Weg der grammatischen oder der philosophischen Kommentierung beschreite, in disjunktiver Schärfe zu stellen. Grammatik als μεγάλη γραμματική umfaßte den eigentlich linguistischen Zugang ebenso wie rhetorische und philosophische Perspektiven, war als Universalwissenschaft der Suche nach allen

---

268 UHL S. 31 beobachtet Quintilians Einschränkung der συνήθεια auf die Übereinstimmung der Gebildeten: *consensus eruditorum* (Inst. 1, 6, 45). Vgl. SIEBENBORN S. 96 f. Die Sprache der "Vielen" ist für Quintilian ebensowenig normbildend wie für Diomedes: *Hanc speciem in consuetudine parum multi observant inperitia lapsi, cum dicunt "nescio quid facis" ... eruditius enim dicetur "nescio quid facias".*

269 Vgl. etwa Schol. A zu A 277; B 585; Γ 220; M 159, Sext. Emp. Adv. Math. 1, 84. Dazu NEUSCHÄFER S. 143 f.

270 Orig. InPs. 4, 5 = PG 12, 1144 C bei NEUSCHÄFER S. 144 Anm. 53.

αἴτια des Textes längst zum Tautonym für Philosophie geworden. Dies lehren Aussagen aus den Dionysiosscholien, wenn der Grammatiker mit der Exegese von Philosophie und Rhetorik betraut wird. Mit dem Anspruch, alles zu erklären, vollzieht die Grammatik ihre Metamorphose zur philosophischen Hermeneutik an kanonisierten Texten: ὥστε ὁ γραμματικὸς ὀφείλει ἐξηγεῖσθαι καὶ τὰ φιλόσοφα καὶ τὰ ῥητορικὰ καὶ πᾶσαν συγγραφήν, εἴ γε τὸ ἑξῆς λέγει ... δῆλον ὅτι πάντα ἐξηγήσεται (Schol. Dion. GG I 3, 455, 28 - 33). Da die Sprache des zu interpretierenden Autors als von der allgemein üblichen Norm abweichend empfunden wurde, versuchte der Grammatiker im Zuge seiner Exegese die Umsetzung in den vertrauten Sprach- und Gedankenduktus. Mit dem Blick auf die συνήθεια richtet er die poetischen Wendungen der Reihe nach ein,[271] sodaß, wie Schäublin feststellt, die grammatische Erklärung stets mit einer Betrachtung rhetorischer Ausdrucksformen verbunden ist.[272] Wenn es in der Anlage dieser Arbeit an manchen Stellen notwendig sein wird, grammatische, rhetorische und philosophische Textoperationen getrennt darzustellen, so sollte dafür lediglich der methodische Zwang verantwortlich gemacht werden, ausgebreitet zu erörtern, was in Wirklichkeit im Kopf des Exegeten eine Einheit bildete.

---

271 Ἐξήγησις als ἑξῆς ὁδήγησις (Schol. Dion. GG I 3, 455, 22).

272 Der von SCHÄUBLIN (1974) S. 111 Anm. 99 gebrachte Passus aus Tryphon demonstriert mit dem obigen Passus aus den Dionysiosscholien eindrucksvoll die Zuständigkeit des antiken Grammatikers für Rhetorik und Philosophie: τούτους δὲ ποιητικοὺς καλοῦσιν (sc. τρόπους), ἐπεὶ κατά γε τὸ πλεῖστον ἡ τούτων χρῆσις παρὰ ποιηταῖς, καὶ ὅτι τούτοις οἱ γραμματικοὶ χρῶνται ἐξηγούμενοι τὰ κυρίως ἢ τροπικῶς τοῖς ποιηταῖς εἰρημένα (RhetGr. 3, 191, 18). Zur engen Verbindung von Rhetorik und Grammatik auch in personeller Hinsicht vgl. P. WOLF, Vom Schulwesen der Spätantike. Studien zu Libanios, Baden- Baden 1952, S. 36 - 39 mit der Besprechung von Lib. epist. 1368 T. 11, p. 415, 21 ff., wo von Nikokles, dem Grammatiker und Erzieher des Julian berichtet wird, der wegen seiner rhetorischen Fähigkeiten mit der Übernahme einer Gesandtschaft betraut wurde.

6. Zusammenfassung

In der Spätantike war die Einschätzung der Grammatik als τέχνη normativ geworden. Dabei wurden Systematik, Lehrbarkeit und die Nutzbarmachung der Einzelergebnisse für ein übergeordnetes Ziel zu den Bedingungen von Wissenschaft gezählt, die auch die *ars grammatica* erfüllte. Diese Orientierung an einem Ziel verband grammatische und philosophische Exegese, die - freilich mit verschiedenen Arbeitsmethoden - an Werken der Literatur deren einen, verborgenen Sinn erkennen wollten. Die Grammatik wurde in vier Teile, in das διορθωτικόν, ἀναγνωστικόν, ἐξηγητικόν und κριτικόν gegliedert. Davon waren die ersten beiden Bereiche der Sprachvermittlung, die beiden letzten der Literaturinterpretation verpflichtet. Unter diesem Aspekt wird auch eine dualistische Gliederung in einen praktischen und theoretischen Teil tradiert. Die vier Instrumente der grammatischen Texterschließung, die Worterklärung, Sacherklärung, das τεχνικόν als Untersuchung der grammatischen und rhetorischen Strukturen im eigentlichen Sinn, sowie die Metrik können für jeden der vier Teile der Grammatik herangezogen werden. Wenn Philoponos seinen Hexaemeronkommentar als ἐξηγητικόν bezeichnet, scheidet er gemäß der Zweiteilung der Grammatik jene Untersuchungen aus, die der Sprachrichtigkeit oder der Textemendation vorbehalten bleiben. Das mit dem ἐξηγητικόν verbundene und der literaturtheoretischen Ebene angehörende κριτικόν darf nicht als autarkes Paradigma einer Ästhetik verstanden werden, sondern die Stilkritik ist der Feststellung der Echtheit eines sprachlichen Ausdrucks verpflichtet. Auf ihrer Suche nach den αἴτια des Textes ist spätantike Grammatik letztlich zur Universalwissenschaft geworden, die rhetorische und philosophische Perspektiven der Textbetrachtung in ihre Untersuchung integrierte.

II DIE HERMENEUTIK IN PHILOPONOS' *DE OPIFICIO MUNDI*

A. IM LABYRINTH DER VERNUNFT – BEOBACHTUNGEN ZUM PROOEMIUM VON OPM.

1. Platonisierende Elemente

Scholten hat in seiner Erörterung der Einleitung von Opm. die Zugehörigkeit dieses Werks zum literarischen Genus des Philosophenkommentares deutlich gemacht.[273] Von den Formelementen des spätantiken Kommentarprologs lassen sich der erste und wichtigste Punkt, die Bestimmung des σκοπός der vorliegenden Schrift (Opm. 2, 13 - 15; 3, 11 - 21), Reflexionen über den Nutzen (Opm. 3, 22 - 4, 7), die allerdings nicht vom technischen Terminus des χρήσιμον ausgehend lediglich das allgemeinere ὠφελεῖν thematisieren, sowie indirekt auch die Definition der τάξις, der Einordnung der Einzelschrift in das Gesamtoeuvre bzw. in den schulischen Lektürekanon erkennen: Nach Scholten legt die Gegenüberstellung von Moses' Schöpfungsbericht mit Platons Tim. 41 B - D (Opm. 4, 17 - 24) zunächst das zeitliche Verhältnis zwischen dem biblischen Text und der philosophischen Kosmologie fest, womit zugleich die Abhängigkeit des späten Platon von Moses und die literarische Verschiedenheit der beiden Texte unterstrichen werde: Moses habe sich ohne astronomische Spekulationen an Ungebildete gerichtet, während Platons Auditorium aus Philosophen bestanden habe. Trotzdem sei ihre Botschaft substantiell dieselbe. Mit dieser Einbindung paganer Philosophie in die mosaische Theologie löse Philoponos die von heidnischer Seite als *locus classicus* für die Anfanglosigkeit der Welt zitierte Timaiospassage[274] aus dieser Inanspruchnahme und suggeriere sie als philosophisches Pendant zur christlichen Lehre von der zeitlichen Entstehung der Welt. Schließlich stehe Philoponos auch mit der Artikulation seines übergeordneten exegetischen Zieles (σκοπός) in Übereinstimmung mit der

---

[273] SCHOLTEN (1995), S. 235 - 244.

[274] Vgl. M. BALTES, Die Weltentstehung des platonischen Timaios nach den antiken Interpreten 2, Philosophia antiqua 35, Leiden 1978, S. 116 ff.

Absicht des Moses im Schöpfungsbericht die Vereinbarkeit biblischer Aussage mit den Phänomenen der Erfahrungswelt zu demonstrieren (Opm. 6, 14 - 24), auf dem Boden der paganen Kommentartradition.

Diese Fixpunkte bieten nun einen festen Grund, auf dem weitere Beobachtungen zur Philoponischen Hermeneutik in ihrer Ianushaftigkeit als *modus inveniendi quae intellegenda sunt* und *modus proferendi quae intellecta sunt* (Aug. Doctr.Chr. I 1, 1) angestellt werden sollen.

Πολὺς μὲν ἐμοὶ περὶ τῆς τοῦ κόσμου γενέσεως ἐν πολλαῖς πραγματείαις διήνυσται λόγος, τούς τε ποικίλους τῶν συλλογισμῶν καὶ δυσδιεξόδους ἀνελίσσοντι λαβυρίνθους, δι᾽ ὧν οἱ ἐκ τῆς σεμνῆς φιλοσοφίας μὴ γεγονέναι τουτονὶ τὸν κόσμον δεικνύειν ἔδοξαν (Opm. 1, 6 - 10). Πολλαὶ μὲν οὖν εἰς τὴν πραγματείαν ἐκείνην ὑπὸ πολλῶν οὐκ ἄκομψοι σπουδαὶ κατεβλήθησαν (Opm. 2, 16 - 17) . Zunächst markiert Philoponos durch das anfangsponderierte πολύς die Gliederung seines Prooemiums in zwei Teile und evoziert durch das Polyptoton im ersten Satz seiner Schrift (Πολύς ... ἐν πολλαῖς πραγματείαις διήνυσται λόγος) eine Reminiszenz an verwandte Floskeln im Prolog aus dem IntCom. seines Lehrers Ammonios: Πολὺ μὲν ἐν σοφοῖσι κοὐκ ἀνώνυμον τὸ Περὶ ἑρμηνείας τοῦ Ἀριστοτέλους βιβλίον ... διὸ καὶ πολλῶν ἐξηγητῶν πολλαὶ περὶ αὐτὸ κατεβλήθησαν φροντίδες (Ammon. IntCom. 1, 3 - 6).[275] Auch Simplikios greift in seinem späteren CatCom. auf eine fast identische Formulierung zurück und erweist die Wortwahl des Philoponos als Phänomen einer prooemialen Eingangstopik: Πολλοὶ πολλὰς κατεβάλοντο φροντίδας εἰς τὸ τῶν Κατηγοριῶν τοῦ Ἀριστοτέλους βιβλίον (CatCom. 1, 3 - 4). Philoponos setzt noch vor den von Scholten erörterten, inhaltlichen und stilistischen Charakteristika für den Leser ein Signal, seinen Text nicht nur allgemein als Kommentar zu verstehen, sondern ihn speziell mit der neuplatonischen Exegese des Aristotelischen Organon in Beziehung zu setzen. Einem vorgegebenen Kursus entsprechend sollte dort ausgehend von den semantischen Lexeis über den Behauptungssatz bis hin zu den syllogistischen Schlußverfahren die Logik des Aristoteles vermittelt werden. Wahre und falsche Urteile beschränkten die Kommentatoren

275 Zur Geschichte dieses Eingangstopos, der sich entgegen der allgemein üblichen Spätdatierung bis in den Hellenismus zurückverfolgen läßt vgl. S. 170 f.

übereinstimmend auf den Bereich des Behauptungssatzes und des Syllogismus.[276] Wenn nun Philoponos seinen Idealleser an die Organonkommentierung denken läßt, in ihm also den Gedankenreflex "Syllogismus = wahr / falsch" auslöst, gewinnt das nun folgende Bild vom Labyrinth der Syllogismen insofern einen tieferen Sinn, als den Vertretern der "erhabenen Philosophie" ihre schärfste Waffe der Erkenntnis, der rational - wissenschaftliche Syllogismus entrissen wird, da er sie in kosmogonischen Fragen in unentwirrbare Widersprüche verstrickte. Die Wendung τοὺς τε ποικίλους τῶν συλλογισμῶν καὶ δυσδιεξόδους ἀνελίσσοντι (sc. ἐμοὶ) λαβυρίνθους wurde trotz ihres metaphorischen Reichtums noch nicht untersucht, vermag aber bei näherer Betrachtung wesentliche Aufschlüsse über das Selbstverständnis des Philoponos als Kommentator des Hexaemeron zu geben. Als unmittelbares Vorbild läßt sich m. E. ein Abschnitt aus der 28. Rede des Gregor von Nazianz, der zweiten seiner fünf theologischen Reden nachweisen.[277] Hier stellt Gregor seinen Hörern das Schauspiel des sinnvoll geordneten Kosmos vor Augen, in dem gerade an der Intelligenz alogischer Lebewesen Gottes Wirken ablesbar ist. Gregors Fragen nach Ursache und Ablauf innerweltlicher Bewegungsprozesse, die ohne direkten Zugriff einer höheren Macht autonom und gleichwohl gelingend vor sich gehen - τίς ἡ κίνησις; πῶς κάτω ῥέω καὶ ἄνω φέρομαι (or. 28, 22, 2 - 4) -, sein Interesse an der Entstehung physikalischer Phänomene entsprechen *in nuce* der Fra-

[276] Etwa Ammon. IntCom. 5, 4; 10, 24.

[277] Zum hohen Bekanntheits- und Verbreitungsgrad der Reden unmittelbar nach ihrer Entstehung vgl. H. R. DROBNER, Lehrbuch der Patrologie, Freiburg - Basel - Wien, 1994. F. W. NORRIS, The Authenticity of Gregory Nazianzen's five theological orations, in: VigChr. 39, 1985, S. 331 - 339 spricht sich nachdrücklich für die Echtheit aller fünf Reden aus. Zuvor hatte R. WEIJENBORG, Les cinque Discours théologique, attribués à Grégoire de Nazianze, en partie oeuvre de Maxime Héron le Cynique, alias Évagre le Pontique d' Antioche, in: Antionianum 48, 1973, S. 476 - 507 die Authentizität der Reden 29 - 31 bestritten. Über die Rezeption der beiden hl. Gregore bei Philoponos, die er Opm. 148, 27 - 149, 4 als orthodox anerkennt, existiert bislang keine systematische Studie.

gestellung des Philoponos in den Werken vor und in Opm. Die Rede des Kappadokiers mündet in einem Hymnus auf die gottgegebene Pracht dieser in sich sinnvollen Welt, wie sie sich auch in der Vielfalt der gegensätzlichen Lebewesen widerspiegelt,[278] die von der Ratio nicht nachgeahmt werden kann: Welcher Euklid hätte mit nicht existenten Linien kalkulierend, sich mit Beweisen plagend, das feingewobene Netz der Spinne, das von keinem sichtbaren Anfang auszugehen scheint - ἐξ ἀφανῶν τῶν ἀρχῶν (or. 28, 25, 13) -, adäquat nachbilden können? Funktionalität und Schönheit der einfachsten Geschöpfe Gottes ist vom menschlichen Planen, das in Palamedes, sowie Malern wie Phidias und Zeuxis seine hervorragendsten Vertreter findet, nicht einholbar (or. 28, 25, 17 - 22). Auch dem Dädalos mit seinem harmonischen Tanzplatz für Ariadne gelang dies nicht. An diesem Punkt seiner Darlegung greift Gregor auf den Mythos vom Labyrinth von Knossos zurück: Τίς Κνώσσιος Δαιδάλου χορὸς ἐναρμόνιος, νύμφῃ πονηθεὶς εἰς κάλλους περιουσίαν, ἢ λαβύρινθος Κρητικὸς δυσδιέξοδος καὶ δυσέλικτος, ποιητικῶς εἰπεῖν, καὶ πολλάκις ἀπαντῶν ἑαυτῷ τοῖς τῆς τέχνης σοφίσμασι (or. 28, 25, 21 - 25). Der Verweis auf den poetischen Sprachmodus markiert diesen Ausdruck als Metapher, das identische Wortmaterial bezeugt die Übernahme durch Philoponos: λαβύρινθος und δυσδιέξοδος findet sich bei beiden Autoren, das δυσέλικτος Gregors entspricht vom selben Stamm gebildeten ἀνελίσσοντι in Opm. Weiters kann die Vorstellung von den "bunten", "mannigfaltigen" Labyrinthen als den Gebilden der menschlichen Rationalität als Abbreviatur der bei dem kappadokischen Heiligen entwickelten Farb- und Lichtmetaphorik betrachtet werden. Gregor spricht nämlich in or. 28 der Schöpfung in ihren einzelnen Elementen immer wieder ποικιλία zu.[279] Allerdings verkehrt Philoponos die Vorzeichen, jetzt sind es die von Menschen geschaffenen syllogisti-

---

[278] Auch Gregor von Nyssa erklärt in seinem Hoheliedkommentar die kunstreiche Weisheit Gottes durch die gegensätzlichen Strukturen der Welt: ἡ ποικίλη τοῦ θεοῦ σοφία ἡ διὰ τῶν ἐναντίων θαυματουργήσασα τὰ μεγάλα θαυμάσια (CantcantCom. p. 255, 6 f.). Nach ESPER S. 95 f. dient diese Analogie der Gegensätze als argumentatives Vehikel, um das gesamte Sein als Einheit zu begreifen.

[279] Or. 28, 25, 19; 26, 5; 26, 8; 26, 33 f.

schen Denkweisen, die als bunt im pejorativen Sinne das einheitliche Verständnis des Kosmos verhindern. Erst mit dem Vorwissen der Gregorianischen Deutung des Universums enthüllt sich dem Rezipienten die dialektische Spannung zwischen göttlichem Wissen und irdischer Klüngelei, gewinnt das Bild von den ποικίλοι λαβύρινθοι als Kontrapunkt zur wahren ποικιλία der Welt an Schärfe und Aussagekraft. Dem harmonisch - vollkommenen Netz der Spinne gegenüber drückt das Gespinst der heidnischen Denker deren zum Scheitern verurteilte arrogante Haltung aus (σεμνῆς φιλοσοφίας), die Welt technologisch in den Griff zu bekommen, sowie auch Euklid versagen müßte, wollte er mit Hilfe geometrischer Operationen ein Spinnennetz entwerfen. Die Philosophen sitzen in den Labyrinthen der Vernunft, aus denen nun Philoponos mit seinen Schriften den Weg in die Freiheit weist (ἀνελίσσοντι).

War erst einmal der Terminus ποικίλος aus dem transzendenten Konnex eines christlich - kosmologischen Hymnus gelöst und auf seine immanente Zuständigkeit beschränkt, konnte Philoponos nun den zweiten Schlag gegen die paganen Anwälte einer unzeitlichen Kosmogonie führen und diese jetzt von ihren eigenen Voraussetzungen her attackieren. Dem im Platonismus vorherrschenden Verständnis von ποικίλος zufolge steht das Bunt - Mannigfache dem intelligiblen Einen als dessen ontologisch minderes Abbild gegenüber. Als ein Beleg von vielen ist Plutarchs allegorische Interpretation des Isismythos zu erwähnen, in der er der Sonne als dem Bild für die intelligible Wirklichkeit den bunten Regenbogen als deren Abglanz in der empirischen Welt gegenüberstellt.[280] Dem platonischen Denkmuster folgend sind unter den beiden Kontrastbildern Regenbogen und Sonne die Gegensätze von ausgefalteter und intelligibler Wahrheit, von buntem und reinem Licht, von Abbild und Wirklichkeit, Vielheit und Einheit, diskursivem und ganzheitlichem Wahrnehmen subsumiert. Ποικιλία kennzeichnet also segmentiertes Verständnis, das der Welt in ihrer partikulär - empirischen Gestalt verhaftet ist. Genau in diesem Zustand noetischer Befangenheit, in dieser vielfachen

280 Plut. Isid. 358 F - 359 A: Καὶ καθάπερ οἱ μαθηματικοὶ τὴν ἶριν ἔμφασιν εἶναι τοῦ ἡλίου λέγουσι ποικιλλομένην τῇ πρὸς τὸ νέφος ἀναχωρήσει τῆς ὄψεως, οὕτως ὁ μῦθος ἐνταῦθα λόγου τινὸς ἔμφασίς ἐστιν ἀνακλῶντος ἐπ᾽ ἄλλα τὴν διάνοιαν.

labyrinthischen Ausweglosigkeit verharren die von Philoponos Kritisierten, welche im Gegensatz zu den Wissenden - den μαθηματικοί Plutarchs - den Aufstieg vom Mythos zum Logos nicht geschafft haben. Seine Argumentation beruht auf der Resemantisierung der in seiner Vorlage im christlichen Sinn positiv bewerteten ποικιλία: Bedeutet diese dem Christen die sich im Zusammenfall der Gegensätze offenbarende Kraft Gottes, ist sie für den heidnischen Denker die Vielfalt an Phänomenen, die nicht als Wirkung des einen Gottes begriffen werden.[281]

Im Zusammenhang damit kann nun die Frage der Einschätzung der Schrift des Moses aber auch des Textes über diesen biblischen Bericht präziser beantwortet werden. Wie Scholten richtig anmerkte,[282] gilt als σκοπός des Hexaemeron nicht Astronomie im

---

[281] Ein zeitgenössisches Testimonium für das Spiel mit den verschiedenen semantischen Möglichkeiten der Wortgruppe des Stammes ποικιλ- ist in der um 533 zu datierenden Widmungsinschrift zu den großen Fußbodenmosaiken der Basilika von Apamea am Orontes erhalten. In zwei iambischen Trimetern (ediert in J. CH. BALTY, L' évêqe Paul et le programme architectural et décoratif de la cathédral d' Apamée, in: Mélanges d´histoire ancienne et d´ archéologique offerts à Paul Collart, Lausanne 1976, S. 31 - 46) heißt es dort von Bischof Paul:

Τὴν ποικίλην ψηφῖδα Παῦλος εἰσάγει
ὁ ποικιλόφρων τῶν ἄνωθην δογμάτων.

G. AGOSTI, The ΠΟΙΚΙΛΙΑ of Paul the Bishop, in: ZPE 116, 1997, S. 31 - 38 hat in dieser Studie den Verlauf der Resemantisierung des in der vorchristlichen Literatur als negativ bewerteten ποικιλόφρων (Alk. Frg. 69, 6 - 7 ed. Voigt, Eur. Hek. 131) nachgezeichnet. Über die Gleichsetzung von πολύτροπος und ποικιλόφρων als Attribut des sich stetig wandelnden und doch gleichbleibenden Proteus bei Nonnos Dion. 1, 13 - 15 konnte Paul die verschiedenen Gestalten des einen himmlischen Gottes als ποικιλία deuten. Im bunten Mosaik der Basilika kann eine göttliche Wahrheit erkannt werden, weil Paul als dessen Konzipator die göttlichen Dogmata kannte (AGOSTI S. 34 f.)

[282] SCHOLTEN (1996) S. 41.

Sinne einer περὶ φύσεως τεχνολογία (Opm. 3, 1), sondern die θεογνωσία (Opm. 3, 12),[283] welcher der ethische Nutzen als sich zwangsläufig ergebende Konsequenz folgt.[284] Die Funktion der Metapher bestand also in der Vorbereitung des Lesers auf diese Einschätzung der Intention des Hexaemeron als eines Berichtes, in dem einzelwissenschaftliche Aussagen zugunsten der Gotteserkenntnis abgewertet werden: Im Gegensatz zu den einer partikulären Denkweise verpflichteten Naturwissenschaftern vermag der auf das Hohe gerichtete Sinn des Theologen Moses seine Hörer zur Kenntnis Gottes zu führen.[285] Dem technitischen Wesen der Philosophen, die wohl mit dem gescheiterten Techniten Dädalos des Gregor von Nazianz verwandt sind,[286] steht der Theologe Moses gegenüber,[287] von dem umgekehrt auch keine fachwissenschaftliche Kompetenz verlangt werden darf, die für die Hinführung zu Gott nichts taugt : Μὴ οὖν ... ἀστρονομεῖν τις ἀπαιτείτω Μωυσέα ἢ τῶν φυσικῶν αἰτίας τεχνολογεῖν. Οὐ γὰρ ταῦτα θεολόγων ἐστὶ σκοπὸς οὐδὲ τῆς εἰς θεογνωσίαν ἀναγωγῆς διδασκαλία (Opm. 6, 3 - 6).[288] Problematisch scheint nun die genaue Zuständigkeit der drei um dasselbe Thema kreisenden Schriften des Moses, Basileios und des Philoponos. Wenn es Moses gelang, einfache Men-

---

283 In Opm. 4, 4 erklärt als πρὸς θεὸν χειραγωγία. Θεογνωσία als Ziel ebenfalls in Opm. 4, 19; 6, 5.

284 Philoponos entspricht damit den von Jamblich fixierten und auch in den Prolegomena erhobenen Forderung nach dem εἷς σκοπός (Anon. Proleg. 9 p. 214 - 217). WESTERINK (1962), S. XXXVI gibt einen Überblick über die im Werk des Proklos geäußerten Richtlinien zur Auffindung des maßgeblichen Zieles des zu kommentierenden Werkes. Entsprechend der terminologischen Scheidung zwischen σκοπός und πρόθεσις bezieht sich Philoponos mit σκοπός auf seine eigene Intention, während πρόθεσις die Absicht des interpretierten Autors meint (Opm. 2, 3).

285 Opm. 5, 25: ὑψηλότερα.

286 Opm. 3, 1: φυσέως τεχνολογία; Opm. 6, 4: τεχνολογεῖν; Opm. 6, 6: τεχνιτῶν ἔργον.

287 Opm. 5, 17: τεθεολόγηκε Μωυσῆς.

288 Gregor von Nazianz legt τεχνόλογος / τεχνολογία in einer Kontroverse gegen Eunomios eine pejorative Konnotation bei (or. 29, 21).

schen, die kaum mehr als die vordergründigen Phänomene der Erfahrungswelt kannten, zur Kenntnis Gottes zu führen, und er zugleich auch den gebildeten Hörern, die bereits Gott als Ursache begreifen, größten Nutzen gebracht hat, wozu dann der Kommentar des Philoponos? Wie definiert er seine eigene Rolle in der Tradition der Hexaemeronliteratur, welche literarischen Methoden standen ihm zu Gebote, um in einem festgelegten System literarischer Konventionen seine Selbsteinschätzung verständlich zu machen?

Zunächst soll abermals vom topischen Beginn von Opm., hier im Besonderen von der πολλοί - Formel ausgegangen werden, die seit dem Hellenismus und auf christlicher Seite sehr früh bei Luk. Ev. 1, 1 belegt ist.[289] Besonders charakteristisch für diese sich über Jahrhunderte gleichbleibende Motivik ist der Beginn von Ciceros *De natura deorum: Cum multae res in philosophia nequaquam satis adhuc explicatae sint, tum perdifficilis, Brute, quod tu minime ignoras, et perobscure quaestio est de natura deorum, quae et ad cognitionem animi pulcherrima est et ad moderandam religionem necessaria. De qua tam variae sunt doctissimorum hominum tamque discrepantes sententiae, ut magno argumento esse debeat causam esse philosophiae inscientiam prudenterque Academicos a rebus incertis adsensionem cohibuisse* (Cic. nat. 1, 1). Wie aus einer brieflichen Notiz Ciceros vom Juli des Jahres 44 hervorgeht, kursierten *volumina prohoemiorum*, aus denen Cicero, wie er Atticus freimütig bekennt, unbedachtsam für *De Gloria* und für das dritte Buch der Akademika dasselbe Prooemium geschöpft habe: *Nunc neglegentiam meam cognosce. De gloria librum ad te misi, et in eo prohoemium id quod est in Academico tertio. id evenit ob eam rem quod habeo volumen prohoemiorum. ex eo eligere soleo cum aliquod σύγγραμμα institui* (Att.

---

[289] Luk. Ev. 1, 1: Ἐπειδήπερ πολλοὶ ἐπεχείρησαν ἀνατάξασθαι διήγησιν περὶ τῶν πεπληροφορημένων ἐν ἡμῖν πραγμάτων ... . Weitere Belege bei J. B. BAUER, ΠΟΛΛΟΙ Luk. 1, 1, in: NovTest. 4, 1960, S. 263 - 266.

16, 6, 4).[290] Doch der Hinweis auf eine in der Zeit Ciceros bereits lehrbuchartig vermittelte literarische Tradition, über die Heiden und Christen gleichermaßen verfügen konnten, bleibt steril, wenn nicht, wie Klein richtig feststellt,[291] die Gründe für deren Aneignung offengelegt werden. Der vorliegende Topos kann prinzipiell sowohl den Gegensatz des Autors zu den Vielen als auch die Einordnung in eine als wertvoll verstandene Tradition signalisieren.[292] Zur Klärung des spezifischen Eröffnung des Philoponos sind verwandte Beispiele aus der Ammoniosschule heranzuziehen: Πολὺ μὲν ἐν σοφοῖσι κοὐκ ἀνώνυμον τὸ Περὶ ἑρμηνείας τοῦ Ἀριστοτέλουσ βιβλίον τῆς τε πυκνότητος ἕνεκα τῶν ἐν αὐτῷ παραδιδομένων θεωρημάτων καὶ τῆς περὶ τὴν λέξιν δυσκολίας. διὸ καὶ πολλῶν ἐξηγητῶν πολλαὶ περὶ αὐτὸ καταβλήθησαν φροντίδες (Ammon. IntCom. 1, 3 - 6). Der sich anschließende Hinweis auf Proklos als den göttlichen Lehrer, dessen Exegese Ammonios die Kompetenz verdankt, einen Beitrag zum Verständnis der Kategorien zu liefern, zeigt die Tendenz dieses Kommentarprologs: Ammonios streicht die Schwierigkeit des Unterfangens heraus, er selbst integriert sich in eine als normativ empfundene Interpretationsgeschichte, dergegenüber Widerspruch nicht denkbar ist. Der Ammoniosschüler Simplikios variiert trotz der deutlichen textlichen Anklänge die Funktion des Topos entscheidend: Πολλοὶ πολλὰς κατεβάλοντο φροντίδας εἰς τὸ τῶν Κατηγοριῶν τοῦ Ἀριστοτέλους βιβλίον, οὐ μόνον ὅτι προοίμιόν ἐστι τῆς ὅλης φιλοσοφίας ... ἀλλὰ καὶ ὅτι τρόπον τινὰ περὶ ἀρχῶν ἐστι τῶν πρώτων, ὡς ἐν τοῖς περὶ τοῦ σκοποῦ μαθησόμεθα λόγοις (CatCom. 1, 3 - 7). Die thematische Tiefe der Kategorien als

---

[290] Zur Verwendung dieses Kompendiums für die Abfassung der Einleitung zu *De natura deorum* vgl. A. St. PEASE, M. Tulli Ciceronis De Natura Deorum I, Cambridge (MA) 1955, S. 111. Wir finden hier übrigens bereits den für die sechs vor jeder Schrift zu klärenden Fragen konstitutiven Punkt des χρήσιμον deutlich artikuliert.

[291] G. KLEIN, Lukas 1, 1 - 4 als theologisches Programm, in: G. BRAUMANN (Hrsg.), Das Lukas - Evangelium. Die Redaktions- und kompositionsgeschichtliche Forschung, WdF 280, Darmstadt 1974, S. 170 - 203, bes. S. 172.

[292] Vgl. BAUER S. 264.

logische und ontologische Schrift bewog viele zur Exegese, wobei im Laufe der Interpretationsgeschichte andere auftraten, die den Kategorien divergierend einen exklusiven σκοπός als linguistische, psychologische und ontologische Schrift zuwiesen (CatCom. 1, 9 - 18). So läßt Simplikios aus der πολλοί - Formel einen doxographischen Überblick über die zahlreichen Deutungsversuche erwachsen, der seinerseits als Folie dient, um die Zielsetzung des eigenen literarischen Projekts gegenüber den Vorgängern abzuheben. Die beiden obersten Autoritäten stellen dabei in dieser Reihenfolge Jamblich und Porphyrios dar (CatCom. 2, 30 - 3, 17). Als sein dreifaches Anliegen nennt Simplikios 1) die Präzisierung des Jamblich, 2) die Verbreitung seines für die Vielen unzugänglichen Denkens - τὸν ὑψηλὸν νοῦν τοῦ ἀνδρὸς καὶ τοῖς πολλοῖς ἄβατον ... καταγαγεῖν (CatCom. 3, 7) und 3) in einer Zusammenfassung der in Masse kursierenden Abhandlungen zu diesem Thema. Nach den Göttern gebührt Jamblich und Porphyrios Dank ob ihrer spirituellen Führung - χειραγωγία (CatCom. 3, 12),[293] sodaß Simplikios die Absicht seiner Schrift als Einführungs- und Übungsbuch - εἰσαγωγῇ καὶ γυμνασίῳ - zum tieferen Erfassen einer als paradigmatisch bewerteten Klassik definiert (CatCom. 3, 15 - 17).

Die Synopse von Inhalt und Einsatz der Eingangstopik bei Philoponos, Ammonios und Simplikios ergibt zunächst die klare Zweiteilung seiner Einleitung in ein Prooemium 1 und ein Prooemium 2, deren Beginn jeweils von der πολλοί - Formel markiert wird. Im Unterschied zu den anderen verglichenen Texten kreist Prooemium 1 um den Autor selbst, der sich, wieder gegen die Konvention, nun selbst zitiert, auf seine eigene literarische Arbeit rückblickend, selbstbewußt ihren Wert taxiert. Jetzt sind es nicht mehr die vielen Schriften vieler Vorgänger, die Zeugnis von der Schwierigkeit eines wissenschaftlichen Unterfangens geben, sondern im reichen eigenen Œuvre ist die Lösung des wesentlichen kosmogonischen Problems - die Frage nach der Zeitlichkeit der Weltentstehung - gelungen. Δέδειχα schreibt Philoponos Opm. 1, 13 im Zustandsperfekt, " ich habe gezeigt", das Forschen als investigatives Hervorbringen von Neuem ist jetzt zu einem Abschluß gekommen, die Ergebnisse liegen beweiskräftig vor. Diese Resultate werden offenbar auch von den

[293] Zu diesem Begriff in Opm. 4, 4 vgl. unten S. 190 f.

christlichen Gegnern anerkannt, die Anfeindungen beruhen auf dem angeblichen Übergehen des mosaischen Schöpfungsberichtes und sind methodisch motiviert: Πολλοὶ δὲ διὰ ταῦτα συνεχῶς ἡμῖν ἠνώχλουν ἠρέμα πως καὶ ὑπωνείδιζον, ὡς τῶν ἐξωτερικῶν μὲν λόγων πρὸς ἔλεγχον διηγώνισταί μοι τάχα που καὶ πέρα δυνάμεως,τῶν δὲ τοῦ μεγάλου Μωυσέως περὶ τῆς τοῦ κόσμου παραγωγῆς θεόθεν ἡκόντων ἀμελήσαιμι ῥημάτων (Opm. 1, 14 - 2, 1).[294] Auf diese Kritik antwortet Philoponos mit dem Prooemium 2, das sich im Gegensatz zu Prooemium 1 völlig in das Schema der in der Ammoniosschule üblichen Kommentarprologe einordnet: Πολλαὶ μὲν οὖν εἰς τὴν πραγματείαν ἐκείνην ὑπὸ πολλῶν οὐκ ἄκομψοι σπουδαὶ κατεβλήθησαν καὶ μάλιστα Βασιλείῳ τῷ πάνυ, θείᾳ τε καὶ ἀνθρωπίνῃ πάσῃ κεκοσμημένῳ σοφίᾳ (Opm. 2, 16 - 19). 1) Ausdrücklich integriert Philoponos seine schriftstellerische Intention in den Gesamtablauf einer prinzipiell gelungenen - οὐκ ἄκομψοι - Bibelexegese, die in Basileios ihren Höhepunkt fand. Nun läßt sich klar zeigen, daß die Charakterisierung des Basileios einem kodifizierten Muster folgte, wonach im Genus des Kommentares der Typus des göttlichen Lehrers geprägt wurde. Wenn Philoponos den großen Kappadokier durch θείᾳ τε καὶ ἀνθρωπίνῃ πάσῃ κεκοσμημένῳ σοφίᾳ ausgezeichnet sein läßt, so entsprechen diese Attribute substantiell den Eigenschaften, die Ammonios und Simplikios in ihren Prooemien ihren jeweiligen Lehrern zumessen. Ammonios erinnert sich des θείου ... διδασκάλου Πρόκλου (IntCom. 1, 8), für Simplikios ist Porphyrios ὁ πάντων ἡμῖν τῶν καλῶν αἴτιος (CatCom. 2, 4), Jamblich ist θεῖος und verfügt über einen ὑψηλὸν νοῦν (CatCom. 3,

---

[294] Vgl. SCHOLTEN (1997), S. 73 Anm. 7 versteht die "exoterischen" Logoi als Argumente der Außenstehenden, d.h. nach christlichem Sprachgebrauch als Gedanken der Heiden. Diese Ansicht könnte auch durch Gregor von Nyssa bestätigt werden, der die Disziplinen der griechisch - paganen Wissenschaft als μαθήματα τῆς ἔξω φιλοσοφίας bezeichnet (HexApol. 65 B).

6).[295] 2) Zweck und Methode des eigenen Kommentares werden jeweils von diesem Lehrer her bestimmt. Aufgrund der auf seine Gemeinde abgestimmten Hexaemeronhomilie konnte Basileios das Thema der Übereinstimmung von Glaube und empirischer Wirklichkeit dort nicht abhandeln: Ἐπειδὴ δὲ τῶν αὐτῆς μερῶν ἔτι διαπορεῖταί τινα, οὔπω τοῖς φαινομένοις ὁμολογεῖν πιστευόμενα, παραλέλειπται δὲ Βασιλείῳ δικαίως ἐπ᾿ ἐκκλησίας τοὺς ἑαυτοῦ πρὸς ὠφέλειαν τοῦ πλήθους δημοσιεύοντι λόγους, ὡς τῇ ἰδιώτιδι καὶ ἀκοῇ καὶ διανοίᾳ μὴ σύμμετρα, ταῦτα πρὸς δύναμιν ἐγὼ συνεργοῦντος θεοῦ ζητῆσαι πειράσομαι (Opm. 2, 19 - 25). Diese Lehrstellen auszufüllen ist Absicht des somit als Ergänzung und als Aufhellung von Unklarheiten vestandenen Kommentares. Auch Ammonios bestimmt den Zweck seiner Exegese als σαφήνεια (IntCom. 1, 7), Simplikios will den Kategorienkommentar des Jamblich präzisieren, publik machen und die übrige Literatur zur Sache ersetzen. Seine Schrift bewertet er wie Philoponos als εἰσαγωγή, freilich nicht als Hinführung zur Bibel, sondern zu Jamblich (CatCom. 3, 15 ?). 3) Bei allen drei hier besprochen Kommentaren wird die Überzeugung vom Beistand Gottes artikuliert: συνεργοῦντος θεοῦ (Philop. Opm. 2, 25); τῷ λογίῳ θεῷ χάριν ὁμολογήσαιμεν (Ammon. IntCom. 1, 11); τοῖς ἀνδράσι τούτοις μετὰ τοὺς θεοὺς χάρις (Simpl. CatCom. 3, 11). 4) Ebenfalls signifikant ist das durchgehende Auftreten des Bescheidenheitstopos "soweit es in meiner Macht steht": πρὸς δύναμιν (Philop. Opm. 2, 24; 6, 19); εἰ δέ τι καὶ ἡμεῖς δυνηθείημεν (Ammon. IntCom. 1, 4 f.); ὡς ἂν δυναίμην (Simpl. Cat Com. 3, 5). Philoponos denkt als Kommentator - dies ist das Zwischenergebnis des vorangestellten Vergleichs der Eingangstopoi - in neuplatonischen Bahnen, die eigene Position wird angebunden an die von der innerschulischen Sukzession vorgegebene Möglichkeit, die Intention ist bestimmt von philosophischen Leistungen der Schule ausgehend von ihrem inspirierten Gründer bis zu den Werken des quasi göttlichen Lehrers.

---

[295] Sicher für Proklos, nicht unbedingt für Simplikios, steht hinter der Vergöttlichung des Lehrers der Glaube, daß wahre Exegese der Ausdruck einer übernatürlichen Einigung des Deuters mit dem Einen ist, der dadurch selbst in den Rang einer Gottheit emporsteigt. Vgl. Prokl. TheolPlat. 6, 16 - 7, 1.

Wenn wir das Schema bedenken, nach dem im neuplatonischen Lehrbetrieb die Anordnung der interpretierten Werke zueinander festgelegt wurde, läßt sich gerade unter Berücksichtigung der eminent platonisierenden Haltung des Philoponos zur Literatur die Gleichsetzung Moses mit Platon deutlich nachweisen. Der Alexandriner stellte beispielsweise Opm. 4, 17 - 6, 1 Moses' Kosmologie und Platons Timaios 41 B - D gegenüber und behauptete auch unter Verweis auf das höhere Alter des Moses dessen höheren Grad an göttlicher Inspiration: πόσῳ ταῦτα τῶν Πλάτωνος ὑψηλότερα καὶ θεοπρεπέστερα (Opm. 5, 20 f.).[296] Die beiden Galionsfiguren des Kampfes um die Überlegenheit von Christentum und Philosophie hießen Moses und Platon. Scholten meint nun: " *Wenn also J. Ph. diesen Text der von Moses überlieferten Rede Gottes im Hexaemeron gegenüberstellt, dann vergleicht er die mit höchster Dignität ausgestatteten pagan - philosophischen und christlichen Passagen zur Beteiligung Gottes an der Weltentstehung miteinander: die eine will nach An-*

[296] Zum alten Topos der Überlegenheit mosaischer Weisheit vgl. H. DÖRRIE, Der Platonismus in der Antike, Bd. 2. Der hellenistische Rahmen des kaiserzeitlichen Platonismus, Stuttgart - Bad Cannstatt 1990, S. 198 - 217; 488 - 505. D. RIDINGS, The Attic Moses. The Dependency Theme in Some Early Christian Writers, Studia Graeca et Latina Gothoburgensia 59, Göteborg 1995, S. 112 - 139. Maßgebliche Testimonia sind Clem. Alex. Paedag. 3, 54, 2 (Platon ahmt Moses nach), Strom. 1, 165, 1 - 166, 5; 5, 73, 3 (Platon konzipiert nach Moses Gott als Platz der Ideen); 5, 92, 1 - 4 (Platon übernimmt von Moses Nomothetik und Kosmogonie), Iustin. Apol. I 44; 59 - 60 (Platon ist Plagiator im Bereich des Unsterblichkeitsglaubens, der Lehre von den οὐράνια sowie der Kosmogonie), Eus. praep.ev. 11, 8, 1 (Platon bezieht sich auf die νοητά und ἀσώματα des Moses). Theodoret sieht in Platon einen attisch sprechenden Moses (Cur. 2, 114 f.), Platon und die Neuplatoniker schöpfen aus dem biblischen Wissen über das Verhältnis Gottes zur Schöpfung (Cur. 2, 116 f.). Philoponos hält Moses für inspiriert: Vgl. etwa Opm. 1, 18 - 2, 1; 25, 23 f.; 35, 3 f.; 79, 5 - 82, 12. Platon wäre auch offener gewesen für die Lehren der Heiligen Schrift, wenn er nicht Furcht vor der Masse gehabt hätte (Aetm. 331, 17; 640, 1).

sicht ihrer antiken Interpreten eine göttlich inspirierte Aussage über die Beziehung Gottes zur Erschaffung der Welt machen, die auf der Ebene der φύσις Geltung beansprucht, während die andere, ebenfalls für inspiriert gehalten, theologisch das Verhältnis Gottes zur Welt beschreibt. So erklärt es sich, daß J. Ph., wenn er beide Texte miteinander in Beziehung setzt, bemüht ist klarzumachen, daß Moses nicht in dem Sinne mißverstanden werden darf, als wolle er »ἀστρονομεῖν« oder »τῶν φυσικῶν αἴτια τεχνολογεῖν«, also - wie Platon - den Anspruch erheben, naturwissenschaftliche Hypothesen aufzustellen bzw. philosophische Reflexionen über die Ursachen der Naturdinge zu vermitteln."[297] Dem ist zuzustimmen, was die Dignität der beiden Texte als Zeugnisse der letzten Wahrheit über Gott und φύσις anbelangt. Widerspruch ist aber gegen Scholtens Sichtweise der Rolle Platons im Bildungsprogramm des Neuplatonismus vorzubringen. Wie im ersten Abschnitt gezeigt und wie von Scholten auch akzeptiert,[298] bildete der Timaios zusammen mit dem Parmenides den Abschluß des Studienplanes, wobei seit Porphyrios die Verschmelzung zwischen Aristotelismus und Platonismus durch eine Aufteilung der Forschungsbereiche institutionalisiert wurde, wonach Aristoteles die Phänomene der empirischen Welt, Platon die ὑπερκόσμια zugewiesen bekamen. Nach neuplatonischer Lehre von der Einheit des lebenden Kosmos, nach der Sprach- und Seinslehre nur als zwei gedanklich abstrahierbare Aspekte einer unteilbaren Wirklichkeit verstanden wurden, sprach man den Pragmatien des Aristoteles als Subtext Verweischarakter auf die ontologisch höhere Metaphysik Platons zu.[299] An diese wurde der Student aber erst nach dem als Propädeutikum verstandenen Aristotelesstudium herangeführt. Philoponos ist also nicht so zu verstehen, als ob er in Platon den naturwissenschaftlichen Lehrer sieht im Gegensatz zum Theologen Moses. Die Konkurrenzbeziehung zwischen den beiden Denkern kann sinnvollerweise nur dann glaubhaft sein, wenn beide ihren Platz auf derselben Stufe philosophischen Wirkens einnehmen. Wie sollte auch sonst Platon als Plagiator verstanden werden können, wenn sich sein Thema, die Schöpfung der Welt, nicht mit dem des Moses überschnitt?

---

[297] SCHOLTEN (1996), S. 41.

[298] Vgl. SCHOLTEN (1996), S. 40.

[299] Vgl. Kap. I A 2.

Πλάτων τοὺς ἤδη φιλοσοφήσαντες τὴν ἐκ θεοῦ τοῦ πάντος διδάσκων παραγωγὴν ἐν πολλοῖς μὲν καὶ ἄλλοις αὐτὸν ἐμιμήσατο (Opm. 4, 20 - 22). Somit kann folgendes Schema über die gegenseitigen Bezüge zwischen Kommentator - Lehrer - und den zugrunde liegenden Autoren erstellt werden.[300]

KOMMENTATOR	Philoponos	Ammonios	Simplikios
LEHRER	Basileios	Proklos	Porphyrios/Jamblich
AUTOR 2	Moses	Platon	Platon
AUTOR 1	0	Aristoteles	Aristoteles

Ist also Moses als christlicher Platon in die Sukzession Kommentator - Lehrer - Autor übernommen worden, fehlt ein Denker, der jenes Naturwissen vermittelt, auf dem das Studium des Moses aufbauen könnte. Wenn das eigene hypomnematische Philosophieren als letztes Glied eines Kurssystems empfunden wurde, das 1) vom "Empiriker" Aristoteles, 2) über den inspirierten "Metaphysiker" Platon, 3) den "weisen und göttlichen" Lehrer 4) zum "vertiefenden" Kommentator führte, und wir diesesSchema auf Opm. applizieren, dann sind mit dem von Gott auserwählten Theologen Moses, dem weisen Basileios sowie dem ergänzenden und vertiefenden Philoponos drei der vier Stellen im Lektürekanon besetzt. Aus dem Nichtvorhandensein einer genuin christlichen Physik als einem Äquivalent zu Aristoteles im pagan-philosophischen Bereich, mußte der untere, primär den *sensibilia* vorbehaltene Platz frei bleiben. Der Plan des Philoponos bestand nun darin, ein christliches Bildungsprogramm zu entwerfen, in dem er, ein *Aristoteles christianus*, ausgehend von der Welt der Phänomene die Gotteslehre des Moses nach "unten" absi-

300 Die Unterscheidung von Autor 1 / Autor 2 drückt die Abfolge in der innerschulischen Beschäftigung mit dem betreffenden Philosophen, nicht die Entstehungszeit seiner Schriften aus.

cherte und so ein System konstruierte, in dem der aktuelle Stand physikalischen Wissens, die Aussagen der Heiligen Schrift, die Botschaft der orthodoxen Kirchenlehrer sowie die Nachträge ihrer Gefolgsleute ein kompaktes Ganzes darstellten, das aufgrund seiner inneren Logik ebenso lehr- und lernbar war, wie das im heidnischen Philosophiebetrieb dargebotene Amalgam von Aristotelismus, Platonismus und platonisierender Kommentatorik. Streng genommen nimmt Philoponos eine Teilung seines Wirkens vor, insofern er zum einen eine Naturwissenschaft unter christlichen Vorzeichen kreiert, zum anderen am oberen Ende der pädagogischen Skala eben diese seine Leistung, dann Moses' Kosmogonie und Basileios' Hexaemeron erläutert und kommentiert. Die obige Tabelle ist somit zu vervollständigen:

KOMMENTATOR	**Philoponos 2**	Ammonios	Simplikios
LEHRER	Basileios	Proklos	Porphyrios/Jamblich
AUTOR 2	Moses	Platon	Platon
AUTOR 1	**Philoponos 1**	Aristoteles	Aristoteles

Im intensiven Bestreben, den Weg zum Höchsten didaktisch gangbar zu machen, erweist sich der Alexandriner seinen platonischen Lehrmeistern verpflichtet, für die die korrekte τάξις, also die begründete Einordnung eines Werkes in den Lektürekanon, eine Vorbedingung philosophischer Lebensführung darstellte. Die Hypothese von diesem Schisma in einen Philoponos 1, den christlichen Aristoteles, und einen Philoponos 2, den christlichen - hier können Namen wie Ammonios oder Simplikios eingesetzt werden -, findet m. E. weitere Unterstützung von Aussagen aus dem Prooemium selbst.

1) Die Teilung des Vorwortes in einen ersten Abschnitt, in dem Philoponos auf die Ergebnisse seiner naturwissenschaftlichen Forschungen Bezug nimmt, und einen zweiten Abschnitt, der seine Integration in die christliche Hexaemeronexegese demonstrieren soll,

bildet den *status quo*. Noch stehen beide Arbeitsvorhaben unvermittelt nebeneinander. 2) Nun erfolgt die Kritik namentlich nicht genannter kirchlicher Kreise, die aber nicht auf eine Ablehnung der schon artikulierten physikalischen Lehren aus dogmatischen Gründen hinausläuft: Πολλοὶ δὲ διὰ ταῦτα συνεχῶς ἡμῖν ἠνώχλουν ἠρέμα πως καὶ ὑπωνείδιζον, ὡς τῶν ἐξωτερικῶν μὲν λόγων πρὸς ἔλεγχον διηγώνισταί μοι τάχα που καὶ πέρα δυνάμεως, τῶν δὲ τοῦ μεγάλου Μωυσέως περὶ τῆς τοῦ κόσμου παραγωγῆς θεόθεν ἡκόντων ἀμελήσαιμι ῥημάτων (Opm. 1, 14 - 2, 1). Vielmehr erregt der noch nicht erfolgte Brükkenschlag zwischen Opposition zu heidnischen kosmogonischen Vorstellungen und der Heranziehung der mosaischen Lehre Ärgernis. Wenn es diese Kritiker nicht gegeben hätte, Philoponos hätte sie tatsächlich erfinden müssen, da eine bessere Legitimierung für sein Bildungsprogramm wohl kaum denkbar ist, als die Paränese, doch endlich nach der Widerlegung der fernstehenden Heiden auch die Worte des Moses zu bedenken. Aufschlußreich ist in diesem Zusammenhang die Formulierung dieser "Gegner", er habe doch etwas überhastet - τάχα που - gegen die nichtchristlichen Schriften angekämpft.[301] Angesichts des zum Zeitpunkt der Abfassung von Opm. thematisch und quantitativ beachtlich angewachsenen naturwissenschaftlichen Gesamtwerkes, seiner chronologisch bereits weit zurückreichenden schriftstellerischen Tätigkeit[302] ist der Vorwurf des τάχα paraphrasierend am besten mit Kritik an der fehlenden τάξις,

[301] SCHOLTEN (1997) übersetzt S. 73: "... , *daß ich zur Widerlegung heidnischer Argumente wohl schnell und mehr, als möglich sei, gekämpft hätte.* " Damit geht der fachspezifische Sinn von τάχα verloren.

[302] Vor Opm. entstandene Schriften sind mit hoher Wahrscheinlichkeit AnCom., GenCorCom., Symmikta Theoremata (Spuren davon in AnalPostCom. 179, 11; 256, 6, PhysCom. 55, 26; 156, 17), das verlorene Περὶ ῥοπῶν (Opm. 182, 1 f.), PhysCom., Aetm., MeteorCom. und das nicht erhaltene ContraArist. (Opm. 232, 10 - 2). SCHOLTEN (1996) S. 72 - 76 versucht ausgehend von Verweisen in Opm. auf ältere Werke eine relative Chronologie zu erstellen. Zu neueren Datierungsversuchen von Opm. vgl. CHADWICK S. 55, SORABJI (1987), S. 4 f.; 37 - 40, VERRYCKEN (1990), S. 123 - 140; ders., (1998) Sp. 535 - 539.

des richtigen Wertmaßstabes für den Stellenwert eines Themas in einem größeren Ganzen, wiederzugeben. Die Begründung für diese Auffassung kann aus der rhetorischen Theorie gewonnen werden, in der man einen Zusammenhang zwischen der Umstellung einzelner Motive eines Stoffes, also Modifikation der τάξις, und der Erhöhung des Erzähltempos sah. Im speziellen sollte die Voranstellung der Wirkung vor der Ursache das Interesse des Publikums wecken und einen schnelleren Fortgang des Redeflusses ermöglichen. So hält Aristides über den Mythos von Marsyas fest: <ἀν>έστρεψε γὰρ τὴν **τάξιν**· τὸ μὲν γὰρ πρῶτον ἦν εἰπεῖν ὅτι ἤρισεν, εἶτα ὅτι ἡττήθη, εἶτα τί ἔπαθε. τὰ δὲ τοιαῦτα, ὅταν ἀναστρέψῃ τὴν **τάξιν** καὶ τὸ τελευταῖον πρῶτον θῇς, εἶτα οὕτως ἐφεξῆς τὰ πρὸ τούτου, **τάχος** ποιήσει τῷ λόγῳ καὶ κάλλος, ὅταν εἰπόντος ὃ ἔπαθεν ὁ λόγος ζητήσῃ διὰ τί ἔπαθεν (Techn. Rhet. p. 122, 4 - 9 ed. Schmid). Damit gewinnen wir ein starkes Argument, die geäußerte Kritik am Übermaß an τάχος auf die Verkehrung der τάξις zu beziehen, hier zu verstehen als eine mißlungene Disposition des Schrifttums, in dem ein didaktisch nachvollziehbarer Aufbau nicht zu erkennen ist: Die in Opm. zitierten Frühschriften untersuchen von einem aristotelischen Blickwinkel aus die Fragen nach der Zeitlichkeit, bzw. Endlichkeit der Welt, beinhalten somit Themenkreise, die in den Schulen der Neuplatoniker die letzte Sprosse eines auf kontinuierlichen Aufstieg und Fortschritt abzielenden Lehrens und Lernens war.

Geschwindigkeit, so die Überlegungen der Rhetoren, impliziert auch Kürze. Diese kann Redeschmuck sein,[303] doch wenn das Ideal des Maßes zwischen *brevitas* und Ausführlichkeit im Ausdruck verletzt wird, entsteht *obscuritas* - ἀσάφεια,[304] die als schwerwie-

---

[303] Diog. Laert. 7, 59. Vgl. N. LAUSBERG, Handbuch der literarischen Rhetorik, München 1990³, § 293 - 337.

[304] Arist. Techn. Rhet. III 16 ed. Schmid.

genderer Verstoß gilt als ihr Gegenstück, die Abundanz.[305] Nimmt man nun dieses Motiv der Verständlichkeit und Transparenz zu der von τάχα ausgelösten Assoziation "Ordnung" hinzu, gewinnt auch das rätselhafte πέρα δυνάμεως an Sinn.[306] Das Versagen des Philoponos besteht nach dieser Lesart in der Überforderung der Öffentlichkeit durch fehlende τάξις, d.h. durch vorschnelle Widerlegung einzelner heidnisch - kosmogonischer Theoreme, ohne die prinzipielle Glaubhaftigkeit des Moses auch *in physicis* nachgewiesen zu haben. Philoponos hat versagt, nicht dem Inhalt nach, aber als Lehrer und Kommentator. Aus diesen Erwägungen ist zu übersetzen: " Viele ... tadelten mich, daß ich zur Widerlegung fremder Lehren den Streit beendet habe, allerdings überhastet und ohne Wirkung". [307]

---

305 Cic. Brut. 29, Quint. Inst. 4, 2, 44. Ob eine ungewöhnliche τάξις und das daraus resultierende τάχος zum Mißverständis führen, wurde auch von der Kompetenz der Rezipienten abhängig gemacht. Diesen pragmatischen Aspekt im Kommunikationsprozeß betont Victor. Ecplan. Rhet.: *Obscurum, in quo aut tardi auditores sunt aut difficilioribus ad cognoscendum negotiis causa implicata est. Quod obscurum est, tribus modis semper obscurum est: si aut is, qui narrat, non intellegit, aut is, cui narratur tardior est, aut si res ipsa perplexa est* (p. 196, 36 - 39 ed. Halm).

306 SCHOLTEN (1997 a), S. 74 Anm. 8 lehnt zu Recht die Interpretation, wonach unter δύναμις fehlende kirchliche Befugnisse gemeint seien, ab. Er übersetzt mit "... *und mehr als möglich sei*", ohne zu erklären, was an den Fähigkeiten des Philoponos hätte beanstandet werden können. Da sich der Vorwurf auf die Widerlegung der physikalischen Grundsätze der paganen Philosophie bezieht, die πέρα δυνάμεως geschehen sei, müßten ihm die kirchlichen Gegner mangelnde Kompetenz in aristotelischer Naturwissenschaft bescheinigt haben, was nicht nur sachlich ungerechtfertigt gewesen wäre, sondern auch außerhalb des Interessenshorizontes christlicher Kreise lag.

307 Willkommene Unterstützung für diese Übertragung liefert Quintilian, der im lateinischen Gewande des Adverbs *potenter* δύναμις ebenfalls als Effekt oder Wirkung des Redners versteht: *Ut dicat utiliter et ad efficiendum, quod intendit,* ***potenter*** (Inst. 12, 10, 72).

3) Die Polemik kirchlicher Gruppen gewinnt durch die Protreptik des Bischofs und Widmungsempfängers Sergios von Tella, diesbezüglich unterstützt von Athanasius, dem Neffen der Kaiserin Theodora, die von Philoponos die Abfassung einer entsprechenden Untersuchung verlangen, weiter an Gewicht.[308] Abgesehen von der Aufwertung der eigenen Schrift durch Dedikation an ein Mitglied des Kaiserhauses erfüllt die Widmung auch die Aufgabe der weiteren Präzisierung des Zieles von Opm.: Συνεργὸς δέ σοι τοῦ σπουδάσματος ἦν ὁ γνώριμος τοῦ γένους οὐκ ἐλάττων τὴν θεοσέβειαν Ἀθανάσιος, οἷα σκύμνος τῷ εἰς ἀρετὴν θρεψαμένῳ συμπαραθέων. Πολιὸς δὲ νοῦς ἐν ἀσκήσει λόγων αἰδέσιμον ποιεῖ νεότητα (Opm. 2, 8 - 12). Zunächst illustriert Philoponos die engen Bande zwischen Sergios und dessen Anvertrauten durch das Bild des jungen Löwen - σκύμνος -, der seinem Nährer folgt. Diese Metapher steht einmal für die Sohn - Vater - Beziehung, dann, ohne daß dies ein Gegensatz wäre, den Mut im Krieg.[309] Indem Philoponos das Kriegsmotiv unter die Begrifflichkeit der ἀρετή stellt, bettet er die Widmung in einen pädagogischen Kontext, sodaß die vorgelegte Schrift als Stoff zur intellektuellen Meditation (ἐν ἀσκήσει λόγων) einem ethischen Anliegen verpflichtet ist, der Erreichung von Achtung, die man entgegenbringt und bekommt. Ist diese Deutung des letzten Satzes richtig, müßte sich der πολιὸς νοῦς, der diesen Bildungsprozeß auslöst, auf den Verfasser Philoponos beziehen. Diese Annahme kann nach Auskunft von Gregor von Nyssa als sehr wahrscheinlich gelten, da auch dort das Motiv des πολιὸς ἀνήρ, der eine Schrift aus einem moralischen Impetus heraus für einen Jüngeren verfaßt, in ähnlich topischer Form verbalisiert wird.[310]

4) Mehr als Ausdruck der Forderung, nur ein Leitthema zu verfolgen, ist die ausführlichste Stellungnahme des Philoponos zur

---

[308] Zur Person des Sergios und des Athanasios vgl. R. MARTINDALE, The prosopography of the later Roman Empire 3 A, Cambridge 1992, S. 147, SCHOLTEN (1997), S. 75 Anm. 13.

[309] Vgl. Schol. Il. P 133 - 136: ... τοὺς δὲ σκύμνους αὐτοῦ τέκνα ὀνομάζει τῷ φιλοστόργῳ ὀνόματι, Theod. PsCom. 371, 3: »σκύμνους« γὰρ ἐνταῦθα τὰ τῶν λεόντων ἔκγονα λέγει, ἵνα δείξῃ τὸ δεινὸν καὶ θρασὺ τῶν πολεμίων.

[310] Greg. Nyss. VitMos. 65 B.

Zielrichtung von Opm.: Τὸ δὲ θεολογοῦντα τὰς ὑλικὰς τῶν γενομένων αἰτίας λεπτολογεῖν κινδυνεύειν οἶμαι τὴν εἰς θεὸν ὡς αἴτιον πάντων συντονίαν ἐκλύειν τῇ περὶ τὰς κάτω καὶ προσεχεῖς αἰτίας ζητήσει καὶ μάλιστα ταῖς παχυτέραις τῶν ψυχῶν καὶ προσηλωμέναις τοῖς σώμασιν (Opm. 6, 9 - 13).[311] Isolierte Naturwissenschaft, die sich von der Gottsuche loslöst, indem sie in ihren Fragen nie weiter als zu den separierten Ursachen hyletischer Phänomene vordringt, wird gegenüber einer Form der Weltbetrachtung abgelehnt, die das Reich der *sensibilia* aus der Perspektive des Geglaubten betrachtet. Das theologisch Irrelevante ist kein Forschungsgegenstand, weil es keine anagogische Rolle spielt. Wissenschaft qua Wissenschaft bleibt ebenso außerhalb des Lichtkegels Philoponischen Denkens, wie im Neuplatonismus, dessen prägende Kraft sich für Philoponos einmal mehr erweist, bestimmte Schriften des Aristoteles aus dem Bildungskanon ausgeblendet blieben, denen ebensowenig eine propädeutische Funktion als Hinführung zur Wirklichkeit zugemessen wurde,[312] wie hier jenem leichtgewichtigen Geschwätz - λεπτολογεῖν -, das über die innerweltlichen Ursachen des Gewordenen nicht hinausgeht. Wenn Philoponos am Ende des Prooemium ankündigt, Naturforschung und Astronomie als Bestätigung des Moses heranzuziehen, so rundet sich der Kreis: War in den ersten Sätzen des Werkes von der abgeschlossenen Widerlegung antiker Kosmogonie als Ziel der vorangegangenen Schriften die Rede, so dienen nun in einer neuen Phase des Schaffens Bruchstücke des alten Systems zur Absicherung eines christlichen Gedankengebäudes. Wie Aristoteles, ein Nachgeborener Platons, im Neuplatonismus als Vorbereitung und logische Basis des metaphysisch Höheren gesehen wurde, so möchte Philoponos, auch er Moses gegenüber ein Später, den Theologen Moses durch das Instrument der rechten Lehre der kosmischen Ordnung vorbereiten und im Leben verankern.

Damit ordnen sich die Konturen des Denkers Philoponos in das intellektuelle Profil des christlichen Alexandrien ein, wo schon lange vor Philoponos für die Pflege des Weinstocks der Naturwis-

---

[311] Vgl. SCHOLTEN (1997), S. 85 Anm. 21 und 23.

[312] Zur Einteilung des *Corpus Aristotelicum* vgl. Ammon. CatCom. 3, 20 - 5, 30; Philop. CatCom. 3, 8 - 5, 4. Dazu I. HADOT (1987a), S. 252 und Kap. IA 2.

senschaften plädiert wurde, um die Rebe des Christentums genießen zu können: Ἔνιοι δὲ εὐφυεῖς οἰόμενοι εἶναι ἀξιοῦσι μήτε φιλοσοφίας ἅπτεσθαι μήτε διαληκτικῆς, ἀλλὰ μηδὲ τὴν φυσικὴν θεωρίαν ἐκμανθάνειν, μόνην δὲ καὶ ψιλὴν τὴν πίστιν ἀπαιτοῦσιν, ὥσπερ εἰ μηδεμίαν ἠξιοῦν ἐπιμέλειαν ποιησάμενοι τῆς ἀμπέλου εὐθὺς ἐξ ἀρχῆς τοὺς βότρυας λαμβάνειν (Clem. Strom. 1, 43, 1).[313] Nicht zu überschätzen ist weiters die Bedeutung des Origenes, der, wie Scholten darstellt,[314] in seiner Katechetenschule einen zweistufigen Lehrbetrieb führte, in dem nicht zwischen Getauften und Ungetauften, sondern zwischen

313 RIDINGS S. 132 - 139 akzentuiert gegenüber dem vorherrschenden Clemensbild nicht dessen Eintreten für die Leistungen der griechischen Philosophie im Sinne einer auf göttlicher Inspiration beruhenden Weisheit. Vielmehr habe der Alexandriner für den Gebrauch, nicht die Annahme paganer Philosophie votiert, um dem Zielpublikum der Stromateis, am Christentum interessierten Heiden, durch einen Schatz an bekannten Motiven Bezugspunkte für das Fremde - die Heilige Schrift - zu bieten (Strom. 6, 153, 1 - 2; 6, 42, 1 - 44, 1). Heidnisch - rationales Denken wird so zur Propaideia funktionalisiert, werthaft ist sie nur, insofern sie Elemente zur Stärkung der Seele im Glauben liefert (Strom. 6, 89, 3). Vor dem Kommen Christi benötigten die Griechen die Philosophie, um zur Gerechtigkeit zu gelangen, jetzt wandelte sie sich zum Nutzobjekt für jene, die den Glauben aus dem Beweis ableiten: νυνὶ δὲ χρησίμη πρὸς θεοσέβειαν γίνεται, προπαιδεία τις οὖσα τοῖς τὴν πίστιν δι᾽ ἀποδείξεως καρπουμένοι (Strom. 1, 28, 1). Meines Ermessens betont aber Clemens doch auch den ständigen Nutzen wissenschaftlicher Kompetenz, die er Strom. 1, 44, 2 mit einem Prüfstein vergleicht, der echtes von falschem Gold zu scheiden hilft. Das Repertoire griechischen Denkens bildet so einen permanent verfügbaren Gradmesser für die Interpretation der Hl. Schrift (Strom. 1, 44, 3).

314 SCHOLTEN (1995) S. 22 f.

Anfängern und Fortgeschrittenen geschieden wurde.[315] Origenes, dem auch gerade deswegen das hohe Interesse der Heiden galt, lehrte die ἐγκύκλια γράμματα mit dem Hinweis auf ihren Nutzen für das Verständis der Schrift.[316] Das systematische Arrangement der Lieder Salomons in seinem Lehrplan läßt an die strenge τάξις der Schriftauslegung in den neuplatonischen Schulen denken.[317] In der Überzeugung von der Unteilbarkeit der Wahrheit zeigt sich Origenes' innere Affinität zum Vorhaben des Philoponos, der Moses' inspiriertes Wissen mit physikalischen Theorien vorbereitet und verteidigt: Διόπερ εἴ πού τινας τῶν φυσικῶν ἢ τῶν ἐν ἀστρονομίᾳ διαφανῶν τῇ Μωυσέως ἀντιπαραθείην γραφῇ ἢ τοῖς τοιούτοις θεωρήμασιν εἰς συνηγορίαν ἐκείνης χρήσομαι, μεμφέσθω μοι τῶν ἀπειροτέρων μηδείς (Opm. 6, 15 - 19).

---

315 Wichtigstes äußeres Zeugnis für den praktischen Umgang des Origenes mit griechischer Wissenschaft und Philosophie ist der Panegyrikus des Gregor Thaumaturgos. In dieser von H. CROUZEL, Gregor 1 (Gregor der Wundertäter), RAC XII, 1983, Sp. 782 für authentisch gehaltenen Rede wird c. 7, 93 - 15, 183 das Unterrichtsprogramm dargestellt. In dieser Systematik bildeten Dialektik, Physik, Ethik und die Theologie der Griechen die Vorstufe zur Theologie der Hl. Schrift (c. 15, 173 - 180). NEUSCHÄFER S. 158 - 160 charaktisiert die Haltung des Origenes zur hellenischen Philosophie als "Doppelprinzip" von Auswahl und Unterordnung, wonach paganes Denken nur anerkannt werde, wenn es hinter der Grenze ihres christlich - propädeutischen Nutzens verblieb. Vgl. MANSFELD (1994), S. 13, SCHOLTEN (1995), S. 24.

316 Eus. Hist. eccl. 6, 18, 3 f. In seinem Brief an Gregor, der ausführlichsten Stellungnahme des Origenes zur Rezeptionsmöglichkeit der heidnischen Kultur, fordert er den Empfänger des Schreibens auf, die ἐγκύκλικα μαθήματα wie Geometrie, Musik, Grammatik, Rhetorik und Astronomie als Vorstufe des Christentums zu betrachten und jene Inhalte auszuwählen, die für das Verständis der Hl. Schrift nutzbringend sind: Philok. 13 (p. 64, 12 - 65, 2). Vgl. Chr. GNILKA, ΧΡΗΣΙΣ. Die Methode der Kirchenväter im Umgang mit der antiken Kultur 1: Der Begriff des "rechten Gebrauchs", Basel - Stuttgart 1984, S. 56 - 59.

317 Orig. CantcantCom. 3, 1; 3, 3.

2. Das Prooemium in der Tradition des Gregor von Nyssa

War im ersten Teil der Erörterung des Prooemiums durch Untersuchung der topischen Strukturen versucht worden, dessen Konturen vor dem Hintergrund des neuplatonischen Kommentares nachzuziehen, so gilt es nun, jene Bezüge herauszustellen, die Philoponos Einleitung einen Platz in der christlichen exegetischen Tradition zuweisen. Scholten hat in der Besprechung der christlichen Quellen der Hexaemeronauslegung des Philoponos auf die Schwierigkeiten hingewiesen,[318] die eine genaue Zuordnung einzelner Theoreme zu einer bestimmten Vorlage erschweren. Zum einen löst Philoponos sein in Opm. 6, 24 - 7, 1 gegebenes Versprechen, Ansichten älterer Interpreten anzuführen, nur insofern ein, als er in der überwiegenden Zahl der Fälle zwar die entsprechende inhaltliche Position, nicht aber deren Vertreter zitiert. Des weiteren zeigen die Genesiskatene und die Collectio Coisliniana,[319] daß Philoponos Kompendien zur Verfügung standen, die älteres Lehrgut kompilatorisch zusammenfaßten, sodaß selbst bei inhaltlicher Übereinstimmung des Opm. mit früheren Exegeten der positive Beweis für eine direkte Verwendung dieser Vorlage nur schwer geführt werden kann, weil Interferenzen durch Zwischenquellen nicht sicher auszuschließen sind.[320] Ebenfalls muß man sich die verlorene, umfangreiche Arbeit des Prokop von Gaza, in der unter dem Prinzip der Vollständigkeit die Auslegungen der Väter zum Oktateuch zusammengestellt waren,[321] als handbuchartige Kompilation denken, auf die Philoponos Zugriff hatte, um sich über andere Interpretationen zu informieren. Wiederum verlieren sich die Rezeptionsspuren in der Fülle des Philoponos zugänglichen, uns verlorenen Schrifttums. Drittens hat Scholten nachgewiesen,[322] daß Philoponos zuweilen auf Vorgänger Bezug

---

[318] SCHOLTEN (1996), S. 77 - 98.

[319] F. PETIT (ed.), Catenae Graecae in Genesim et Exodum 2. Collectio Coisliniana in Genesim, CCG 15, Turnhout 1986; ders., La chaîne sur la Genèse. Édition intégrale I. Chapitres 1 à 3, TEG 1, Louvain 1991.

[320] SCHOLTEN (1996), S. 87.

[321] Vgl. Prok. GenCom. PG 87, 21 A.

[322] SCHOLTEN (1996), S. 90 - 92.

nimmt, ohne daß deren Ansichten im GenCom. des Prokop (einer Epitome des vorhin erwähnten verlorenen Kompendiums), der Collectio Coisliniana oder der Katene zu finden wären, dafür aber in der Tradition des Origines oder seiner Schule stehen.[323] Auch hier muß offenbleiben, ob Philoponos den Genesiskommentar des Origenes unmittelbar oder über eine Zwischenquelle (Euseb. Katene, Philok., praep. evang.) heranzog. Als sicher kann Scholten nur die Benützung von Basileios Hexaemeronhomilie, Theodors Genesiskommentar sowie Theodorets *Quaestiones in Octateuchum* angeben.

Nehmen sich die Ergebnisse einer verantwortungsbewußten Quellenforschung somit eher bescheiden aus, wenn die tatsächliche Verifizierbarkeit jener Abhängigkeiten zum Maßstab genommen wird, die sich auf inhaltliche Parallelen zur Kosmogonie beschränken, so soll hier ein Methodenwechsel zur Diskussion gestellt werden, um neue Antworten auf neue Fragen zu erhalten. Wenn, so der Ansatz, Philoponos' Rezeptionsverhalten nicht verständlich ist, indem man die Ergebnisse seines physikalischen Entwurfes mit den Resultaten möglicher Vorgänger in Beziehung setzt, scheint ein Weg ziehlführender, über jene Motive, die nicht primär auf das Thema der Schöpfung festgelegt sind, somit auch nicht in Kompendien oder anderen Genesiskommentaren als Resultate vorgelegt worden waren, Dependenzen zu demaskieren. Dazu gehören zum erheblichen Teil historisch doxographische Erwägungen, mit denen Philoponos seine Rolle in der Geschichte der Genesisauslegung dokumentiert. Das Prooemium ist für einen Autor der gebotene Ort, von diesen geschichtlichen Prämissen ausgehend die gewünschte intertextuelle Szenographie festzulegen, zu markieren, von welchen Voraussetzungen aus er gelesen werden will. Das Verständnis der hier offen artikulierten Bezüge wie auch der sekundär enthaltenen Präsuppositionen hängt nicht von gelungenen Verweisen auf theologisch, respektive philosophisch identische Positionen in der Hexaemeronliteratur ab, sondern beruht auf der Offenlegung jener Merkmale, die für einen zeitgenössischen Leser ausreichende Relevanz besaßen, um der Autorintention folgen zu können. Dazu gehören neben dem Echo auf die Leistungen der Vorgänger vor allem jene Topoi, die über die einfache semantische Botschaft hinaus

[323] Opm. 10, 7; 166, 6 - 18; 195, 13 - 197, 23; 228, 9 - 13; 231, 7 - 11; 278, 18 - 279, 1; 284, 12 - 288, 4.

von der Konvention bereits normativ bestimmte Codes waren, um ein bestimmtes Rezeptionsverhalten auszulösen. Wenn die hier versuchte Erläuterung des Vorwortes eher als Anregung denn als Abschluß der Quellenforschung verstanden werden will, so soll im folgenden doch klar herausgestellt werden, daß Philoponos seinen intendierten Leser ermutigte, Opm. in enge Beziehung zur Hexaemeronapologie des Gregor von Nyssa zu setzen.

Für die Rezeption dieser Schrift des Kappadokiers sind dabei folgende Motive bedeutsam, die direkt oder allusorisch die von Philoponos getroffenen Aussagen in den Kontext der Schrift des Kappadokiers stellen: 1) Sowohl für Gregor als auch für Philoponos besitzt Basileios' Deutung der Genesis autoritative Gültigkeit, insofern die von ihm vertretenen Lehren nicht widerlegt werden sollen: Τοῦτο δέ μοι πρὸ τῆς ἐγχειρήσεως διαμεαρτυρήσθω, τὸ μηδὲν ἡμᾶς ἀντιδογματίζειν τῷ ἁγίῳ Βασιλείῳ περί τῶν κατὰ τὴν κοσμογονίαν αὐτῷ φιλοσοφηθέντων (HexApol. PG 44, 68 B).[324] 2) Übereinstimmung zwischen Gregor und Philoponos besteht auch in der Charakterisierung des Adressatenkreises, der als ungebildet und einer wissenschaftlichen Argumentation großteils nicht zugänglich, die Tendenz (Gregor), bzw. den praktischen Nutzen (Philoponos) der Basileioshomilie festlegte: οὔ μοι δοκοῦσιν ἐπεσκέφθαι τὸν σκοπὸν τῆς τοῦ πατρὸς ἡμῶν διδασκαλίας, ὃς δήμῳ τοσούτῳ διαλεγόμενος ἐν ἐκκλησίᾳ πολυανδρούσῃ· ... πολλαπλασίους δὲ οἱ τῆς λεπτοτέρας ἐξετάσεως τῶν νοημάτων οὐκ ἐφικνούμενοι, ἄνδρες ἰδιῶται καὶ βάναυσοι ταῖς ἐπιδιφρίοις ἐργασίαις προσασχολούμενοι, καὶ ὁ ἐν γυναιξὶ λαὸς τῶν τοιούτων μαθημάτων ἀγύμναστος ... πάντες οὗτοι τῶν τοιούτων ἐδέοντο λόγων (HexApol. 65 A). ... παραλέλειπται δὲ Βασιλείῳ δικαίως ἐπ᾽ ἐκκλησίας τοὺς ἑαυτοῦ πρὸς ὠφέλειαν τοῦ πλήθους δημοσιεύοντι λόγους, ὡς τῇ ἰδιώτιδι καὶ ἀκοῇ καὶ διάνοιᾳ μὴ σύμμετρα (Opm. 2, 21 - 24) . Das Motiv der menschenreichen Kirche, der ἰδιώτης der Gläubigen, ihrer noetischen Ungeübtheit verbindet beide Textzeugnisse und läßt Philoponos' Aussage als verkürzte Inhaltsangabe Gregors erscheinen. 3) Diese pragmatische Komponente der Kommunikation zwischen Basileios und Hörern bestimmt auch die Verteidigungslinie: Basileios

[324] Basileios ist mit aller göttlichen und menschlichen Weisheit ausgestattet, Philoponos' Beitrag wird als Ergänzung charakterisiert: Opm. 2, 15 - 18. Vgl. das vorangegangene Kapitel.

wollte keine wissenschaftliche Abhandlung mit dem Anspruch einer vollständigen Diskussion von Für und Wider einer Theorie verfassen. Im Hinblick auf sein spezifisches Anliegen ist die Homilie keinewegs defizitär: Ὥστε εἰ μὲν πρὸς τὸν σκοπὸν τῆς τοῦ μεγάλου διδασκάλου κρίνει τις τὰ λεγόμενα, λείπει τοῖς εἰρημένοις οὐδέν. Οὐ γὰρ ἀγωνιστικώτερον ἐνεστήσατο λόγον (HexApol. 65 B). Philoponos weist ebenso auf die Aussparung naturwissenschaftlicher Themen hin: παραλέλειπται (Zitat unter Punkt 2). Vor Basileios sah sich Moses demselben Problem gegenüber, an die Erfahrungswelt gefesselte Seelen zur Kenntnis des Höchsten zu führen: Ἐπειδὴ γὰρ εἰσαγωγικὸν πρὸς θεογνωσίαν τὸ τῆς γενέσεως βιβλίον ὁ προφήτης πεποίηται, καὶ σκοπός ἐστι τῷ Μωυσῇ, τοὺς τῇ αἰσθήσει δεδουλωμένους χειραγωγῆσαι διὰ τῶν φαινομένων πρὸς τὰ ὑπερκείμενα τῆς αἰσθητικῆς καταλέψεως (HexApol. 69 D). Ψυχαῖς οὖν ἀναγώγοις παντελῶς καὶ πλέον σχεδὸν τῶν φαινομένων ἐπισταμέναις οὐδὲν τὴν περὶ θεοῦ γνῶσιν ἐνθεῖναι βουλόμενος Μωυσῆς ἐκ τῶν συνήθων καὶ γνωρίμων ἐπὶ τὴν ἔννοιαν αὐτὰς ἀνάγει τοῦ ἀοράτου θεοῦ (Opm. 3, 22 - 26). Der Schlüsselbegriff zur Bezeichnung der theologischen Didaktik des Moses bei Gregor und Philoponos ist die χειραγωγία, worunter ein anagogisches Verfahren, letztlich eine Induktion von den Gegebenheiten der empirischen Welt hin zu Gott verstanden wird, die auch einem Ungebildeten zugänglich ist: Τοῦτο δὲ ταῖς μὲν χαμαζήλοις, ὡς εἶπον, ψυχαῖς μεγίστη πρὸς θεὸν χειραγωγίας ἐπίνοια (Opm. 4, 3 - 4).[325] Da Ammonios nie, Philoponos nur hier den Terminus χειραγωγία verwendet, liegt eine Bezugnahme auf Gregor nahe. Nun könnte eingewendet werden, daß Philoponos direkt aus Basileios schöpfte, der HexHom. 10, 9 - 18 den vielfachen Sinn des Ausdrucks Ἐν ἀρχῇ erläutert und kurz danach HexHom. 11, 1 - 14 für die Interpretation der ersten Worte der Genesis Ἐν ἀρχῇ ἐποίησεν (Gen. 1, 1) fruchtbar macht. Neben einer zeitlich - kinetischen (ἀρχή als erste Bewegung und Gradmesser der Zeit), ursächlichen (ἀρχή als das Woher), techni-

[325] Gregor legt in Salut. Pasch. 309, 15 - 18 die anagogische Funktion der χειραγωγία fest: ἡ δὲ καρδία ... διὰ τῶν φαινομένων χειραγωγουμένη πρὸς τὸ ἀόρατον. Vgl. BÖHM S. 27 f., H. M. MEISSNER, Rhetorik und Theologie. Der Dialog Gregors von Nyssa *De Anima et Resurrectione*, Frankfurt - Bern - New York 1991, S. 128; 130 - 135.

schen (ἀρχή als Fertigkeit) unterscheidet Basileios eine teleologische Komponente, nach der ἀρχή als Ursprung von Handlungen, die auf eine Vollendung hin orientiert sich, gefaßt wird.[326] Danach ist im Ἐν ἀρχῇ ἐποίησεν des Schöpfungsberichtes die der Zufälligkeit enthobene und vollendete Schöpfung impliziert, die dem Bedenkenden mittels der Welt des Sehens und Wahrnehmens eine Handhabe (χειραγωγία) für die Schau des Unsichtbaren bietet: καὶ τὸ μὴ εἰκῇ μηδὲ μάτην, ἀλλὰ πρός τι τέλος ὠφέλιμον καὶ μεγάλην χρείαν τοῖς οὖσι συνεισφερόμενον ἐπινενοῆσθαι τὸν κόσμον, εἴπερ τῷ ὄντι ψυχῶν λογικῶν διδασκαλεῖον καὶ θεογνωσίας ἐστὶ παιδευτήριον, διὰ τῶν ὁρωμένων καὶ αἰσθητῶν χειραγωγίαν τῷ νῷ παρεχόμενος πρὸς τὴν θεωρίαν τῶν ἀοράτων (Bas. HexHom. 11, 9 - 13). Die spezifische Verwendung von χειραγωγία als spiritueller Anleitung zur Erfahrung Gottes aus dem Reich der Empirie, die bei dem Nyssener und Philoponos zu fassen

---

326 Die Interpretationsgeschichte von ἀρχή braucht hier nicht untersucht zu werden. Philoponos kennt in Aetm. 159, 5 - 26 eine platonisierende Aufgliederung in sechs Bedeutungsfelder. Vgl. M. RÖSEL, Übersetzung als Vollendung der Auslegung. Studien zur Genesis-Septuaginta, BZAW 223, Berlin - New York 1994, S. 28 - 31; 73 - 86. Über die Deutung von Gen. 1, 1 bei Gregor und Basileios vgl. M. ALEXANDRE, Le commencement du livre Genèse I - V. La version grecque de la Septante et sa réception, Paris 1988, S. 163 ff. und J. van WINDEN, The Early Christian Exegesis of "Heaven and Earth" in Genesis 1, 1, in: W. den BOER et alii (ed.), Romanitas et Christianitas. FS. I. H. WASZINK, Amsterdam - London 1973, S. 371 - 382, der die dynamische Komponente in der Theorie Gregors unterstreicht (S. 373 - 375). Der Kappadokier leitet aus dem Ἐν ἀρχῇ die instantane Schöpfung des gesamten Kosmos ab, in dem δυνάμει alle nachfolgenden Realitäten angelegt seien. Nach van WINDEN impliziert die Konzeption einer nach dem Muster der stoischen λόγοι σπερματικοί angelegten ersten Schöpfung (Greg. HexApol. 77 D) bei Gregor die Vorstellung, mit Himmel und Erde seien in Gen. 1, 1 nur die materielle, keimhaft geschaffene Schöpfung gemeint, während die noetische Welt - der Bereich über dem Firmament (HexApol. 81 C) - im Anfangsvers des Hexaemeron ausgeklammert bliebe.

ist,[327] geht somit auf Basileios zurück, doch haben Gregor und Philoponos diese Interpretation des Schriftwortes Ἐν ἀρχῇ in einen hermeneutischen Bezug gesetzt, indem sie mit dem Konzept der χειραγωγία die Ausrichtung des mosaischen Berichtes auf ein von den *sensibilia* abhängiges Pubklikum begründeten. Da Basileios die Funktionalisierung seiner Exegese von ἀρχή für ein kommunikationstheoretisches Anliegen fremd ist, sie bei Gregor aber sehr wohl auftritt, kann die Bezugnahme des Philoponos auf den Nyssener als erwiesen gelten.

4) Das Verständnis von Moses' Anliegen, die einzelnen Stadien des Schöpfungsprozesses für einen sich etappenweise vollziehenden spirituellen Aufstieg fruchtbar zu machen, setzt wie bei jeder teleologischen Weltsicht den Ausschluß zufälliger kosmischer Abläufe voraus. Weder für Gregor noch für Philoponos ist ein αὐτόματον akzeptabel: Τοῦτο τοίνυν τὸ ἀκολουθῶς γενόμενον, ὡς ἄν μή τις ἀνάγοι πρὸς αὐτόματόν τινα συντυχίαν, Θεοῦ φησιν ἔργον ὁ Μωυσῆς (HexApol. 76 C). ... γέγραφεν (sc. Μωυσῆς), ὅτι δὴ τὸ μέγα τοῦτο τοῦ κόσμου καὶ λαμπρὸν δημιούργημα οὔτε αὐτόματον ἔσχε τὴν ὕπαρξιν (Opm. 3, 15 - 17).

5) Eine weitere Assoziation der Hexaemeronapologie Gregors legt Philoponos durch die Akzentuierung des zeitlichen Geschehens, der chronologischen Ordnung des Schöpfungsprozesses in ein Früher und Später nahe. Gott erscheint so als Technit, der zeitlich getrennte Arbeitsschritte setzt, deren Ausführung aber mit dem Willen ihres Urhebes instantan erfolgt: ... οἷον τεχνίτην τινὰ τῇ τῶν ὅλων δημιουργίᾳ θεὸν ἐπιστήσας καὶ νῦν μὲν τοῦτο, ἄλλοτε δὲ ἄλλο, πρῶτον τε καὶ δεύτερον γενέσθαι κελεύοντα καὶ ὁμοῦ τῷ προστάγματι τὸ κελευσθὲν παριστάμενον (Opm. 3, 26 - 4, 2). Gregor subsumiert diese Vorstellung von einer auf den temporären Ablauf der Genesis Bezug nehmenden Erzählung des Moses unter den Aspekt der ἱστορία: Moses erkennt und präsentiert die Weltentstehung als geordnete Sukzession von Einzelereignissen, wobei unsere Vernunft das, was Moses als historischen Prozeß beschrieb, als logische Folge einer Ursache (ἀκολουθία) zu erfassen vermag: ἃ δὲ διὰ τῆς ἀρχῆς ταύτης ἐκ τοῦ ἀκολούθου νοεῖν ὑποτίθεται ὁ λόγος, ἱστορικῶς παρὰ τοῦ Μωυσέως ἐν διηγήματος εἴδει συγκαταγέγραπται, τὸ »Καὶ ἐγένετο ἑσπέ-

[327] Vgl. BÖHM S. 269.

ρα, καὶ ἐγένετο πρωί« (HexApol. 76 C). Wir sind nun an einem Punkt angelangt, an dem Philoponos ein für das Denken des heiligen Nysseners entscheidendes Leitmotiv, nämlich das der ἀκολουθία nicht weiter rezipierte.[328] Ausgehend von der in den logischen Traktaten des Aristoteles belegten Bedeutung von ἀκολουθία, wonach aus der Wahrheit einer Prämisse die Negation der gegenteiligen Prämisse folgt,[329] erweiterte Gregor das semantische Feld des Begriffs, indem er die komplette Beziehungskette von einer Feststellung bis zu deren ἀρχή knüpfte, sodaß der Zugriff des wissenschafltichen Denkens (θεωρία) an der historischen Faktizität (ἱστορία) einsetzen und die innere Ordnung der einzelnen Etappen einer Entwicklung zueinander und zu ihrer ἀρχή erfassen kann. Die θεωρία der ἱστορία erkennt ihre ἀκολουθία.[330] Auf der Ebene der Exegese kann so das Wort der Schrift als historisches Produkt göttlichen Willens seine eigentliche Aussagekraft bewahren,[331] ohne daß es nötig wäre, seine Anstößigkeit zu entschärfen.[332] Durch die Theorie der Worte folgt (ἀκολουθεῖ) der Leser den Zusammenhängen der Schöpfung, indem er hinter

328 ALEXANDRE (1969), S. 93 - 96, DANIELOU S. 18 - 50, MARGERIE S. 242 und MOSSHAMMER S. 117 f. haben die ἀκολουθία Gregors als Verbindung Gottes zu seiner Schöpfung, die eine notwendige Folge seines Planes darstellt, aufgefaßt. Analog zur Entwicklung der Kreatürlichkeit aus der einen Ursache vollzieht sich bei der Lektüre der mit diesem Prozeß kongruenten Schrift die Anähnlichung an Gott. Das konziseste Resümee über den komplexen Sinn der ἀκολουθία stammt von DANIELOU: "On en aura une idée si l' on remarque que le mot désigne à la fois la suite matérielle (ἀκολουθία ὑλική) du texte de la Bible, la liaison nécessaire des réalités de l' histoire du salut et la correspondance analogique qui existe entre ces deux plans (S. 49)."

329 Ἀκολουθεῖ: Aristot. Int. 22 a 14.

330 Was die philosophischen Vorläufer der ἀκολουθία - Lehre Gregors betrifft, zu denen neben Aristoteles die Stoa, Galen und Plotin zählen, kann hier nur auf DANIELOU S. 42 - 50 verwiesen werden.

331 Vgl. HexApol. 68 D.

332 Zur Haltung Gregors zur Allegorie vgl. HexHom. 121 D, OpHom. 144 D; 184 A. Dazu ALEXANDRE S. 91 - 100, BÖHM S. 212 - 227.

den separaten Aussagen der zeitgebundenen Sprache eine Ordnung abstrahiert: ἀλλ᾽ ὡς ἦν δυνατὸν μενούσης τῆς λέξεως ἐπὶ τῆς ἰδίας ἐμφάσεως, τῷ τῆς φύσεως εἱρμῷ διὰ τῆς θεωρίας τῶν ὀνομάτων ἠκολουθήσαμεν (HexApol. 121 D).[333] Moses und Basileios schreiben "historisch" wenn sie den Schöpfungsablauf in seinen einzelnen Phasen darstellen, die Theoria dieses Berichtes klärt die horizontale Relation der jeweiligen Abschnitte zueinander und die vertikale Verbindung zu Gott als deren erstem Prinzip. Danielou bestimmt Gregors Absicht mit seiner Hexaemeronapologie zu Recht als Explikation einer von Moses und Basileios vorgegebenen Exposition,[334] wenn Gregor in HexApol. 113 B sagt, Moses habe ἱστορικῶς jedes Ereignis der Schöpfung auf einen konkreten Befehl Gottes zurückgeführt. Moses entfaltet also im Rahmen seines narrativen Vorhabens die Fakten entlang eines zeitlichen Vektors, während Gregor die der Chronologie enthobene kausale Verknüpfung hinter den von Moses als Episoden dargestellten Momenten der Heilsgeschichte erforschen will. Der Befehl für jeden einzelnen Entwicklungsschritt liegt nach Gregor in der δύναμις des jeweils Gewordenen, die immanente Kraft zu aktualisieren. Diese Weisheit im Sein ist das eigentliche und einmalige Schöpferwort Gottes, mit seinem Willen identisch: Ὅτι μὲν οὖν ἑκάστου τῶν γινομένων θαυμάτων λόγος τις θεῖος καθηγεῖται προστακτικὸς, οὕτω τοῦ Μωυσέως ἱστορικῶς ἡμᾶς τὰ ὑψηλὰ τῶν δογμάτων διδάσκοντος, ἐν τοῖς φθάσασιν ἐξητάσαμεν λόγοις, ἐν οἷς τοῦτο κατενοήσαμεν, τὸ μὴ πρόσταγμα εἶναι διὰ ῥημάτων γινόμενον τὴν θείαν φωνὴν, ἀλλὰ τὴν τεχνικήν τε καὶ σοφὴν δύναμιν ἑκάστου τῶν γινομένων, καθ᾽ ἣν ἐνεργεῖται τὰ ἐν τοῖς οὖσι θαύματα, τοῦτο λόγον Θεοῦ καὶ εἶναι καὶ λέγεσθαι (HexApol. 113 B). Der Akt der Schöpfung selbst ist geordnete Foge dieses Willens und birgt in all seinen Manifestationen in sich die Kategorien des Früher und Später sowie der Bewe-

333 Wie BÖHM S. 223 f. gezeigt hat, ist θεωρία für Gregor das Sehen ins Innere, das als Abstraktion verstanden wird. Aufgrund der postulierten Strukturähnlichkeit von Sprache und Wirklichkeit zeigt sich bei der Betrachtung einzelner Lexeme deren ontologisch höherer Grund.

334 DANIELOU S. 28 f.

gung, ist also im Gegensatz zu Gott als der von jeder Extension ausgenommenen ἀρχή räumlich und zeitlich.[335]

Wenn nun Gregor und Philoponos vom ähnlichen Anliegen einer *Apologia Mosis* gegenüber dem Vorwurf des Widerspruchs von biblischen Aussagen zur Erfahrungswelt ausgingen, desweiteren Gregor den Versuch wagte, die Kompatibilität von theologischer Lehre und wissenschaftlichem Denken zu erweisen - die ἀκολουθία der γενόμενα ist der gleichfalls extensionalen menschlichen Vernunft zugänglich[336] - schließlich entsprechend der neuplatonischen σκοπός - Lehre einen inspirierten Text aus einer ἀρχή ableitet, müßten für Philoponos doch gewichtige Gründe vorliegen, um bereits im Prooemium das ἀκολουθία Motiv stärker zu verankern. Doch trotz der beobachteten Anhaltspunkte, die Philoponos seinem Leser bot, um Verbindungen zu Gregor herzustellen, erscheint der fragliche Begriff nur einmal: Εἰ γὰρ τὸ »εἶπεν« μὴ φωνήν τινα καὶ ῥημάτων ψόφον νοεῖν δυνατόν ... τί ἕτερον διὰ τούτου δηλοῦν ἐθέλει τὸ λόγιον ἢ μόνον τῇ περὶ τοῦ γενέσθαι τῶν ὄντων ὁτιοῦν τοῦ θεοῦ βουλήσει σύνδρομον εὐθὺς ἀκολουθῆσαι τὸ ἔργον (Opm. 5, 21 - 6, 2); Das Hervorgehen der Schöpfungstat aus dem Willen Gottes entspricht durchaus

---

[335] Greg. Eun. I 361 - 363; 365; 468; 668. Vgl. BÖHM S. 54 f., DANIELOU S. 30.

[336] Διά τινος ἀκολούθου διανοίας (HexApol. 62 A); ἀκόλουθον ... ἐπινοῆσαι τὴν θεωρίαν (HexApol. 68 D); ἐκ τοῦ ἀκολούθου νοεῖν (HexApol. 76 C). Vgl. MARGERIE S. 247.

dem Verständnis Gregors von der intendierten Entwicklung des geschichtlichen Kosmos aus dem einen Willen des Vaters.[337] Dessen Befehl ist nicht "Stimme" im empirischen Sinn, sondern Ausgangspunkt eines dynamischen Prozesses. Dies war auch die Ansicht Gregors im oben zitierten Passus HexApol. 113 B, in dem die göttliche Stimme nicht als Wort, sondern als δύναμις der nun einsetzenden Entwicklungskette aufgefaßt wurde. Prinzipiell wäre also aufgrund der Kenntnis der spezifischen Bedeutung dieses Terminus ein konsequenterer Anschluß an den Nyssener zu erwarten, zumal Philoponos' Verteidigung des "unwissenschaftlichen" Moses von der historischen Bedingtheit seines Schöpfungsberichtes ausgeht und ihm eine χειραγωγία der ungebildeten Seelen zuschreibt: Gerade hier hätte Gregors Konzept von ἀκολουθία als der in Raum und Zeit entwickelten Absicht Gottes und der von ihr determinierten Erzählweise des Moses fruchtbar gemacht werden können. Gregor hatte nämlich Moses Interesse auf die Bestandsaufnahme der einzelnen Momente des Schöpfungsprozesses eingeschränkt, sodaß seine Lehren gemäß den kommunikativen Anforderungen zwar wahr sind, aber einer tieferen, von Gregor zu vollziehenden Theorie bedürfen, um ihren Zusammenhang untereinander aber auch das Hervorgegangensein aus dem einheitlichen Plan Gottes deutlich zu machen. Doch der Leitgedanke im Prooemium des Philoponos ist nun nicht die ἀκολουθία, sondern die συμφωνία, also die Übereistimmung zwischen den naturwissen-

---

[337] Vgl. besonders HexApol. 76 B - C: Am Anfang steht Gottes Weisheit, aus der harmonisch geordnet, in zielgerichtetem Prozeß (κατὰ τὸ ἀκόλουθον) die Schöpfung hervortritt. Vgl. DANIELOU S. 28 sowie T. P. VERGHESE, ΔΙΑΣΤΗΜΑ und ΔΙΑΣΤΑΣΙΣ in Gregory of Nyssa. Introduction to a concept and the posing of a problem, in: H. DÖRRIE - M. ALTENBURGER - U. SCHRAMM (Hrsg.), Gregor von Nyssa und die Philosophie, Leiden 1976, S. 243 - 260. Das spezifisch Christliche, d. h. Unplatonische am ontologischen Modell Gregors sieht VERGHESE (S. 247 f.) in dessen Ablehnung der Emanationslehre Plotins: Während dieser ein Kontinuum zwischen dem Einen und dem Vielen konstituiert, in dem ohne Willen und Zuwendung Gottes das Existierende als notwendiges Heraustreten aus dem ἀκίνητον ὄν aufgefaßt wird (Plot.Enn. V 1 [10] 25 - 34), erkennt Gregor in der Schöpfung einen Willensakt.

schaftlichen Phänomenen und den Aussagen der Schrift.[338] Damit ist klarerweise keine Gegnerschaft zu Gregor impliziert, aber es lohnt sich doch, bei den relevanten Merkmalen dieses Begriffs zu verweilen, um Philoponos' Absicht in seinem Kommentar noch schärfer zu fassen.

Ein unverdächtiger Zeuge aus dem unmittelbaren intellektuellen Umfeld für die Semantik der συμφωνία ist Ammonios. Der Neuplatoniker unterscheidet neben einer wörtlichen Bedeutung im Sinne der richtigen Stimmung von Saiten (IsagCom. 13, 19), der Verwendung von συμφωνία als Übereinstimmung mehrerer Personen (IntCom. 39, 11), besonders die Vorstellung der Kongruenz von ὄνομα und πρᾶγμα: δηλοῖ δὲ τοῦτο ἐν πολλαῖς τῶν πραγματειῶν ἑαυτοῦ, σύμφωνα δεικνύναι τοῖς πράγμασι τὰ ὀνόματα πειρώμενος (IntCom. 37, 18 - 19).[339] Berücksichtigt man, daß diese Passage aus dem IntCom. in einen Kontext eingebettet ist, in dem gegen die Vertreter einer konventionalistischen Sprachtheorie eine naturgegebene Verbindung von Wort und Wirklichkeit behauptet wird, daß Philoponos beharrlich den Einklang der Schrift des Moses mit den Phänomenen postuliert, kann seine Tendenz in Opm. wie auch die andere Interessenslage gegenüber dem kappadokischen Vorgänger in der Hexaemeronliteratur auf den Punkt gebracht werden: Philoponos thematisiert präzise ein Segment, das hier vom begrenzten Wort der Bibel und dort von der Welt in ihrer immanenten Befindlichkeit definiert wird. Gregor überblickt dagegen die gesamte Kette der Schöpfungsgeschichte als Abfolge physikalischen Werdens aus Gott, ihrer Analogie mit der spirituellen Ökonomie der Hl. Schrift bis hin zur Schau des unendlichen Gottes, dessen οὐσία niemals erfaßt werden kann: Διότι Θεοῦ

---

[338] Opm. 2, 5; 6, 10.

[339] Ähnlich IntCom. 35, 11 - 13; 82, 10 - 16. Anstelle der πράγματα scheinen Int Com. 253, 12 - 15 die κοιναὶ ἔννοιαι als σύμφωναι τοῖς λεγομένοις auf.

μὲν οὐσίαν ἥτις ἐστὶν, οὐ γινώσκομεν (HexApol. 72 C).[340] Der ideale

---

[340] Einer der von Gregor gegen Eunomios vorgebrachten Kritikpunkte ist nach DANIELOU S. 49 dessen ausschließlich deduktive Methode, die physikalische Gegebenheiten ignoriert und hinter ihnen nicht den verhüllten Plan Gottes erkennt. G. LARENTZAKIS, Trinitarisches Kirchenverständis, in: W. BREUNING (Hrsg.), Trinität. Aktuelle Perspektiven der Theologie, Freiburg - Basel - Wien 1984, S. 73 - 96 unterstreicht ausgehend von Bas. Adv. Eun. 1, 13, epist. 38, 2 und Greg. Naz. Or. 28, 17 die Überzeugung der Kappadokier von der menschlichem Verstand unzugänglichen οὐσία Gottes als Grunderfahrung östlicher Theologie (S. 76 - 80). Gott ist erfahrbar nur als πρόσωπον von Vater, Sohn oder Hl. Geist, im Vordergrund steht nicht Ontologie, sondern das Wirken der drei göttlichen Individuen. Ausdruck finde diese Form der Trinitätstheologie in der seit Athanasios belegbaren Unterscheidung zwischen οὐσία und ὑπόστασις: Die drei Hypostasen Vater, Sohn und Geist sind einander nicht wesensverschieden (Athan. Tom. ad Antioch. 5 = PG 26, 801: ἀλλοτριοουσίους ἀλλήλων; vgl. LARENTZAKIS S. 78). Neuerdings stellt auch J. HAMMERSTAEDT, Hypostasis, RAC XVI, 1997, Sp. 986 - 1035 den prägenden Einfluß des Neuplatonismus auf die Entstehung der christlichen Hypostasenlehre in Abrede, präzisiert aber die Chronologie der Gleichsetzung von Hypostasis und Prosopon (Sp. 1007; 1016). Aufgrund des Verbots der Verwendung des οὐσία - Begriffs auf der 4. Synode von Sirmium des Jahres 359 habe Georg von Laodicaea in seinem Kampf gegen die Neuarianer die wirkliche Existenz der drei göttlichen Personen als Hypostasis definiert (Epiph. haer. 73, 1, 8 = GCS Epiph. 3, 268, 28 f.; HAMMERSTAEDT Sp. 1015 f.). Athanasios habe dann auf der Synode von Alexandria 362 auf der Basis des Credos von Nicaea zwischen den Anhängern einer Lehre von drei Hypostasen und denen, die Hypostasis als οὐσία auffaßten, vermittelt, indem er die Differenz als begrifflich, nicht als inhaltlich erwies und beide Bedeutungen gelten ließ (Athan. Tom. ad Antioch. 6 = PG 26, 801 D). Nach diesen ersten Umdeutungen und Zugeständnissen blieb die von Basileios getroffene Unterscheidung zwischen οὐσία und Hypostasis für die Trinitätstheologie gültig

διδάσκαλος führt den Leser der Schrift über die Stufen der Sinneswelt auf die letzte Sprosse einer Leiter, hinter der jedes rationale Erklären versagt, auf der man unendlich aufsteigen kann, ohne den unendlichen Gott jemals zu erreichen.[341] Was für den Schüler gilt, trifft auch für den Lehrer zu, der keine vollkommene Gotteserkenntnis anzubieten hat, sondern von den Samenkörnern inspirierter Schriften ausgehend für sich selbst im Zuge der Interpretation die Angleichung an das Intelligible beginnt: Gregor versteht sich in seiner Apologie als Schößling am mächtigen Baumstamm des Basileios, der sich durch die Zweige seiner Lehre in die Höhe erhebt, in dessen Krone sich die himmelgewandten Seelen gleich den Vögeln des Himmels einnisten können: ὡς καὶ τὰς ὑψηλάς τε καὶ μετεωροπόρους ψυχάς, ἃς πετεινὰ τοῦ οὐρανοῦ τὸ Εὐαγγέλιον ὀνομάζει, δύνασθαι τῷ μεγέθει τῶν τοιούτων κλάδων ἐννοσσεύειν (HexApol. 64 A).[342] Exegese ist Einübung in den Aufstieg auch für den Exegeten - ὁμολογοῦμεν ἐγγυμνάζειν μόνον ἑαυτῶν τὴν διάνοιαν, τοῖς προκειμένοις νοήμασιν, οὐ διδασκαλίαν ἐξηγητικὴν τοῖς ἐφεξῆς ἀποτίθεσθαι (HexApol. 68 C) -, um der eigenen διάνοια die richtige Orientierung zu Gott zu verleihen.[343] So verließ auch Moses am Sinai sein Volk, um für sich himmelgewandt - ὑψόθεις - in die Undurchdringlichkeit der Betrach-

(epist. 38, 3, 1 f.: Die οὐσία der Trinität ist das Göttliche; ihren drei Hypostasen kommt πατρότης, υἱότης und ἁγιαστικὴ δύναμις zu: epist. 38, 4, 11). Vgl. dazu HAMMERSTAEDT Sp. 1020 - 1022, der erst Gregor von Nyssa und Gregor von Nazianz die Gleichsetzung von Hypostasis und Person zuschreibt (besonders nach Greg. Nyss. comm. not. 3, 1, 26, 18 f.; 31, 1 f., Greg. Naz. Or. 20, 6, 26 f.).

341 Gregor faßt diesen Aspekt unter dem Bild der Jakobsleiter zusammen: VitMos. II 113, 3 - 9; 115, 4 - 8. Zur Konsequenz dieses Gottesbildes für die Interpretationstheorie des Gregor, der Exegese als methodisch angelegte Einübung zur Tugend, als Anähnlichung an Gott konzipiert, vgl. MOSSHAMMER S. 119, BÖHM S. 218 f.

342 Der Baum des Basileios erwuchs wiederum aus dem Samenkorn des Moses (HexApol. 62 b). Diese Metapher geht auf Orig. ExHom. I 1 = GCS 29 p. 144 zurück. Vgl. ALEXANDRE (1969), S. 90.

343 Für dieses Streben nach oben gebraucht Gregor häufig ὑψηλός; Belege bei ALEXANDRE (1969), S. 93.

tung des mit Worten nicht Faßbaren einzugehen - εἰς τὸν γνόφον τῆς τῶν ἀπορρήτων θεωρίας (HexApol. 65 C).[344] Diese Art der Theoria, der ein Schauen Gottes in seinem vollen Sein verwehrt ist, sodaß Gregor hier den Bereich von Gottes Wirklichkeit als Finsternis beschreibt, erreicht "nur die Manifestationen Gottes".[345] Der Unendlichkeit Gottes enspricht der nie endende Aufstieg zu ihm, Gottsuche ist Selbstzweck.[346] Aus diesem Grunde kann Gregor mit seiner Hexaemeronapologie keine dogmatische Lehrschrift anbieten und muß gegen die neuplatonische Interpretationspraxis auf die Form eines Kommentares mit seinem erkenntnistheoretischen Positivismus, seinem Eingebundensein in einen Lektürekanon, in dem der jeweils höhere Lehrgang auf dem Erfassen des vorausgegangenen Themas beruht, verzichten.[347] Gregors Zugang zum Verständnis der Schöpfung ist seine Lehre von deren extensionaler Struktur, die er mit den Begriffen διάστημα bzw. διάστασις beschreibt. Dem ausdehnungslosen Wesen Gottes - die drei göttlichen Personen sind durch keine

---

[344] Auskunft über den Zusammenhang von Theoria, Erkenntnis und menschlicher Vernunft gibt VitMos. II 169 p. 89, 10 - 11. Das Geschaffene, das der Differenziertheit bzw. Abständigkeit (διάστημα oder διάστασις) unterworfen ist, kann weder in Form der Sprache noch des mentalen Aktes jemals die Realität Gottes in ihrer ausdehnungslosen, undifferenzierten (ἀδιάστατος) Natur erfassen: Vgl. Adv. Eun. I = GNO I 176 ; 366; 636; 668; 690, Adv. Eun. II = GNO I 578. Zur διάστημα - Struktur des Geschaffenen bei Gregor vgl. BÖHM S. 193 f., der in seiner Darstellung weitgehend MOSSHAMMER S. 107 f. folgt.

[345] Οὕτω καὶ τὸν ποιητὴν τοῦ κόσμου ὅτι μὲν ἔστιν οἴδαμεν, τὸν δὲ τῆς οὐσίας λόγον ἀγνοεῖν οὐκ ἀρνούμεθα (Greg. Adv. Eun. II = GNO I 71). Vgl. BÖHM S. 71. MOSSHAMMER zufolge besteht für Gregor der eigentliche Grund der Unfaßbarkeit Gottes nicht sosehr in der Unterscheidung von Intelligiblem und den *sensibilia*, sondern in der Trennung des Gewordenen vom Ungeschaffenen (S. 104).

[346] Vgl. In Eccl. or. VII = GNO 401, 1 f; 411, 1 - 6.

[347] HexApol. 68 C.

Kluft voneinander getrennt, in Gott, dem Grenzenlosen schlechthin, ist "Abständigkeit" zweier Raum- und Zeitpunkte unvorstellbar -[348] steht die diastatische Schöpfung gegenüber, die ihren Weg von der ἀρχή zu ihrem τέλος beschreitet. Diese Durch-gängigkeit im Raster der Raumzeit nimmt ihren Ausgang von einer eben diesen Raum und diese Zeit transzendierenden Realität Gottes.[349] Verghese hat klar gemacht, daß diese Erfahrung der ἀκολουθία, also der Abfolge extensionaler Prozesse nur auf die Schöpfung beschränkt ist. In Gott fallen dagegen Anfang und Ende der Schöpfung im Moment ihrer Entstehung zusammen, da es in ihm keine Differenz gibt. Diese ontologische Ferne des Gewordenen von Gott bildet eine unüberwindliche Mauer, die Begrenztes von Grenzenlosem, Dimensionalität (διαστηματικὴ παράτασις) in Zeit und Raum vom Denken ohne diskursiven νοῦς trennt.[350] Die der Extension verhaftete und prinzipierte Sprache auch des inspirierten Interpreten ist nur imstande, die funktionelle Gesetzmäßigkeit der Schöpfung (ἀκολουθία) als Indiz für die Natur Gottes aufzuzeigen, um ausgehend von dieser hypostatischen Gottwirklichkeit den Schülern einen eigenen Zugang (ἔφοδος) für das Streben zu Gott hin zu eröffnen. Sprache und Rationalität sind unlösbar an die extensionale Wirklickeit gefesselt, sodaß ein Betrachten des dahinter stehenden Seins Gottes unmöglich ist. Sagbar und erkennbar ist stets nur das eigene d. h. räumlich - zeitliche System des Gewordenen, so wie nach dem Prinzip des *similia similibus* das Auge nichts Akustisches wahrnimmt: οὕτω καὶ πᾶσα ἡ κτίσις ἔξω ἑαυτῆς γενέσθαι διὰ τῆς καταληπτικῆς θεωρίας οὐ δύναται, ἀλλ᾽ ἐν ἑαυτῇ μένει ἀεὶ καὶ ὅπερ ἂν ἴδῃ, ἑαυτὴν βλέπει (In Eccl. or. VII = GNO VII 412, 6 - 9). Konsequent unterstreicht Gregor die Vorläufigkeit seiner exegetischen Bemühungen, die keinen dogmatischen

[348] Dazu VERGHESE S. 245 f. über διάστημα als Schlüsselbegriff in den Kontroversen gegen Arius und Eunomios. Vgl. Greg. Adv. Eun. I = GNO I 342 - 344; 354 - 355.

[349] Adv. Eun. II = GNO I 70: ἐν ταύτῃ τῇ ζωῇ καὶ ἀρχὴν τοῖς οὖσι καὶ τέλος ἔστιν ἐπινοῆσαι, ἡ δὲ ὑπὲρ τὴν κτίσιν μακαριότης οὔτε ἀρχὴν οὔτε τέλος προσίεται, ἀλλ᾽ ὑπερ τὸ ἐν ἑκατέρῳ σημαινόμενον πέφυκεν ἀεὶ ὡσαύτως ἔχουσα καὶ ἐφ᾽ ἑαυτῆς βεβηκυῖα, οὐ διαστηματικῶς ἔκ τινος εἴς τι τῇ ζωῇ διοδεύουσα.

[350] Vgl. Adv. Eun. II = GNO I 32.

Wahrheitscharakter für sich in Anspruch nehmen: Ἐγὼ δὲ κἂν ἡ μεγάλη τοῦ διδασκάλου ἡμῶν φωνὴ τῇ τοιαύτῃ ὑπολήψει συμφέρεται, παραιτήσομαι τοὺς ἐντυγχάνοντας, μὴ χαλεπῶς ἔχειν, εἶ πρὸς τὸ ἀκόλουθον βλέπων, πάντη δουλεύω τοῖς προκαθημένοις ἐν τῇ θεωρίᾳ τῶν ὄντων. Καὶ γὰρ καὶ τῷ διδασκάλῳ σκοπὸς ἦν, οὖ πάντως τὰς ἰδίας ὑπολήψεις τοῖς ἀκροωμένοις νομοθετεῖν, ἀλλὰ ἔφοδόν τινα διὰ τῆς διδασκαλίας αὐτοῦ πρὸς τὴν ἀλήθειαν ἐν τοῖς μαθητευομένοις γενέσθαι (HexApol. 89 B - C).[351] Der Sinn der Interpretation der Hl. Schrift ist die Suche nach ihrer Wahrheit, nicht aber deren Gewinn. Philoponos blendet dagegen in seinem Opm. den Bezugspunkt "Gott" aus, indem er es zu seinem Anliegen macht, den Gleichklang (συμφωνία) zweier differenzierter Wirklichkeiten, die als διαστήματα auf einer Seinsebene angesiedelt sind, nämlich der Sprache des mosaischen Schöpfungsberichtes und der Phänomene der Natur nachzuweisen, ohne seine Hermeneutik in den Dienst einer infiniten Suche nach der unfaßbaren οὐσία Gottes zu stellen. Gerade weil Sprache und Diesseits Grenzen haben, die Differenzen konstituieren, kann ein Wahrheitsanspruch für die beiden Gegebenheiten postuliert werden. Weil das Erkenntnisziel begrenzt und daher erreichbar ist,[352] kann das Gelingen einer Interpretation unmittelbar am Text verifiziert werden, während Gregors Interpretation ihre Richtigkeit gerade im Zugeständnis ihres Scheiterns in puncto Gottverständnis enthüllt.[353] Dies für den Leser des Philoponos nicht zu erwartende Erlebnis seiner wesensbedingten "Abständigkeit" zu Gott, kann auch keine Konversion im Sinne eines während der Lektüre stattfindenden religiös - moralischen Fortschrittes evozieren. Gregor markiert seine Erklärung des Hexaemeron als Konjektur,[354] die per se übertreffbar und ebenso

---

[351] Zum undogmatischen Wesen der Bibelinterpretation Gregors, der die Aussagen der Schrift nicht als retrospektive Vermittlung fixierter Wahrheit, sondern als Protreptik zur Erkundung einer unendlichen Folge neuer Bedeutungen versteht, bringt MOSSHAMMER S. 115 f. die maßgeblichen Primärstellen.

[352] Vgl. die Beschränkung des σκοπός in Opm. 6, 14 - 15 : Ζητείτω δὲ μόνον εἶ μὴ τοῖς φαινομένοις γέγραφε σύμφωνα.

[353] Vgl. MOSSHAMMER S. 119.

[354] Στοχαζόμεθα (HexApol. 81 C); στοχαστικῶς ἐνενοήσαμεν (HexApol. 85 A); διά τινων στοχασμῶν ὁπωσοῦν κατανοῆσαι (HexApol. 117 C).

modifizierbar ist, wie er selbst aus der Deutung seines großen Lehrers und Bruders Basileios einen neuen Organismus entwickelte, wobei Basileios' Lehre selbst dem Samenkorn Moses entsprossen war. So bestimmt die Persönlichkeit das Wesen eines Textes (aus dem Korn wurde ein Baum), der im Stadium der Interpretation die Seele des Rezipienten modifiziert, der in einem nächsten Schritt eine neue Lesart findend einen neuen Text konstituiert und so *ad infinitum.*[355] Dagegen setzt Philoponos in Opm. nicht die Einbringung der Leserpersönlichkeit voraus, die mit dem Blick auf das Hexaemeron sich selbst verwandelt und die eigenen Erfahrungen in den biblischen Text einschreibt. Vielmehr ist Philoponos bestrebt, Lösungen zu bieten, die für den klar segmentierten Problembereich zwischen dem Wort der Schrift und den Phänomenen auch ohne inneres Fortschreiten des Rezipienten diesem den unveränderlichen Wahrheitsgehalt des Moses begreifbar machen. Erst von dieser Grundlage einer συμφωνία von Schrift und Sache ausgehend kann man an eine sich in gesetzmäßiger Folge manifestierenden Schöpfung glauben, erst das Gewahrwerden dieser ἀκολουθία vermag die Aufmerksamkeit auf deren ἀρχή - Gott - zu lenken. Aber dies ist nicht das Anliegen des Philoponos.

Sowohl die neuplatonischen Implikationen der Kommentartopik im Prooemium als auch die Bezüge zu Gregor von Nyssa vermitteln dieselbe Botschaft über Philoponos' Absicht mit Opm.: Der Alexandriner legt ein der rationalen Überprüfbarkeit zugängliches Werk vor, in dem die naturwissenschaftliche Untersuchung als zeitlich nachgestellte, methodisch aber vorausgehende Grundlage der Gottsuche betrieben wird. Der Gang durch die *sensibilia* ist ebensowenig notwendig wie vor-läufig im Hinblick auf die theologische Theoria.

---

[355] Vgl. MOSSHAMMER S. 121.

3. Zusammenfassung

Bei der formalen Gestaltung des Prooemium von Opm. ist Philoponos dem neuplatonischen Philosophenkommentar verpflichtet, wobei er die platonischen Reminiszenzen aufnimmt, um gerade dadurch die Überlegenheit des Moses über Platon zu betonen. Zur primordialen Eingangstopik gehörte seit hellenistischer Zeit der Beginn des Vorworts mit einer Form von πολύς, um beispielsweise auf die vielen Schwierigkeiten des Themas oder seine zahlreichen Bearbeiter hinzuweisen. Mit dem zweifachen Einsatz dieses Topos gliedert Philoponos sein Prooemium in zwei Teile, wobei er im ersten Abschnitt insofern ein traditionelles Motiv verwandelt, als der übliche doxographische Rückblick auf die vielen Interpreten als Retrospektive des eigenen naturwissenschaftlichen Œuvres erscheint, das abgeschlossen und beweiskräftig vorliegt. Der zweite Block innerhalb des Prooemium, mit πολλοί eingeleitet, setzt sich mit dem gegenseitigen Verhältnis von Mose Bericht über die Schöpfungsgeschichte zu Basileios' Homilien zur Genesis und Opm. auseinander. Wenn es, so die Frage, Moses gelang, die Seelen zu Gott zu führen, wozu dann noch eine Kommentar zu seiner Theologie? Philoponos' Selbsteinschätzung ist nur im Rahmen der neuplatonischen Schulphilosophie verständlich, in der die eigene denkerische Position als Ergänzung der Lehre eines quasi göttlichen Vorgängers gedeutet wird. Diese Autorität in der Genesisdeutung stellt der göttliche Basileios dar. Moses dagegen erscheint als der inspirierte Gründer selbst, als christlicher Widerpart des Plagiators Platon, als vollkommener Theologe. Die Sukzession Moses - Basileios - Philoponos würde in der paganen Philosophenschule der Reihe Platon - göttlicher Lehrer (z. B. Proklos/Jamblich) - Kommentator (z. B. Ammonios/Simplikios) entsprechen. Doch in der chronologischen Abfolge der Beschäftigung mit den Klassikern gingen in der paganen Schule die Schriften des als Empirikers verstandenen Aristoteles Platon voraus. Philoponos' Lebensplan als Kommentator des Aristoteles und des Hexaemeron kann so verstanden werden, daß er im Prinzip eine Zweiteilung seines Schaffens vornahm, wobei er als christlicher Aristoteles jene naturwissenschaftlichen Grundlagen schuf, die ein Verständnis von Moses, dem christlichen Platon, ermöglichte. In der Skala Philoponos 1 (logische, physikalische Werke) - Moses - Basileios - Philoponos 2 (Opm.) bietet Opm. eine Zusammenschau von zeitgenössischer Naturwissenschaft, biblischer Kosmogonie und christlicher Exegetik, die insgesamt eine widerspruchsfreie Einheit bilden. Wer lediglich der irdischen Rationalität verhaftet bleibt, ohne ihre Anbindung an die Botschaft der Hl. Schrift zu erkennen, ist gefangen in den Labyrinthen der Vernunft. Philoponos versteht sein Opm. als Ausweg aus dem segmentierten Denken des Weltverhafteten. Die Facetten der positivistischen Welterfahrung fügen sich erst vom Glauben her zu einem Weltbild, in dessen Dienst eine Naturwissenschaft steht, die ihre Autonomie zugunsten einer Hinführung zur Hl. Schrift aufgegeben hat.

Was die Einordnung des Prooemium in die Geschichte der Hexaemeronexegese betrifft, ist Philoponos' Auseinandersetzung mit der Hexaemeronapologie des Gregor von Nyssa evident. Beide Interpreten gelangen zur selben Beurteilung von Moses' Genesisbericht und Basileios' Homilie, indem sie die Bewertung über die kommunikative Situation zum Zeitpunkt der Abfassung der beiden Werke vornehmen. Ein Spezifikum von Opm. gegenüber der Apologie Gregors ist in Philoponos' Programm der συμφωνία zu sehen, dem Versuch, die Übereinstimmung zwischen dem Wort der Hl. Schrift und den Phänomenen der Welt zu zeigen, Text und Welt gehören demselben ontologischen Niveau an. Dagegen beschreibt Gregor das Gewordene als Hervorgang aus der göttlichen ἀρχή, wobei unsere Raum und Zeit unterworfene Welt, zu der auch die Sprache der Bibel gehört, niemals den Aufstieg zu dem ausdehnungslosen Gott selbst vollziehen kann. Der Sinn der Bibeldeutung kann für Gregor nicht im Gewinn, sondern in der Suche nach Wahrheit bestehen. Philoponos blendet diese grenzenlose Suche nach dem grenzenlosen Gott aus, der Inhalt seines Werkes ist auf diese Welt und das Wort in ihr bezogen.

B. DIE AUFBAUPRINZIPIEN VON OPM.

1. Die Einbindung der Lemmata in den Text von Opm.

Die am Ende des ersten Hauptteiles formulierten Untersuchungsrichtlinien zur Hermeneutik im Sinne einer Produktion und Benutzung von Literatur wurden aus der Sprachphilosophie des Ammonios entwickelt, insoweit er sich auf theoretischem Niveau zur Semiotik des Textes geäußert hatte. Dieser hermeneutische Gesamtentwurf steht, was seine praktische Anwendung betrifft, auf den Beinen einer Philoponos vertrauten und für christliche Exegeten von Format selbstverständlichen Technik der philologisch - grammatikalischen Texterschließung. Dabei muß man nicht, wie Gögler für Origenes,[356] zwischen dem philologischen Unterbau und einem danach zu behandelnden hermeneutischen Superstrat ein Grenzlinie ziehen. Vielmehr sollen Verfahren der philologischen Hexaemerondeutung auf die in der Ammoniosschule entwickleten Theorien über die Korrelation zwischen Wort, Denken und Sein rückbezogen werden.

Da ein Wesenszug der literarischen Form des Kommentares die Einfügung von Lemmata ist, soll deren Einbindung in den Kommentar des Philoponos untersucht werden. Lamberz hat aufgrund der expliziten Begründung des Ammonios, er führe den gesamten Text von Aristoteles *De Interpretatione* an,[357] weil angesichts der prägnanten Ausdrucksweise des Philosophen jede Verkürzung den Sinn verfälsche, plausibel gemacht, daß die übliche Art der Lemmaübernahme die durch die ἕως τοῦ bzw. μέχρι τοῦ Form abgekürzte Zitier-

---

[356] R. GÖGLER, Zur Theologie des biblischen Wortes bei Origenes, Düsseldorf 1963, S. 39 - 59.

[357] Amm. IntCom. 8, 24 - 28; dazu LAMBERZ S. 11 - 13.

weise war.[358] Da Philoponos bis auf wenige Ausnahmen den gesamten Hexaemerontext fortlaufend und vollständig übernimmt,[359] spielt diese Methode der Lemmaverkürzung natürlich keine Rolle und ist bis auf die singuläre Auftreten in Opm. 166, 6 nicht nachzuweisen.[360]

---

[358] Zum Gegensatz zwischen der Lemmaeinfügung in den redigierten ὑπομνήματα und den ohne die ἕως τοῦ - Floskel auskommenden Schülernachschriften vgl. LAMBERZ S. 13 f. Für die σχόλια, deren Struktur sich aus der Ordnung der Vorlesung ableitet, läßt sich nach LAMBERZ S. 14 f. (unter Auswertung von Olymp. CatCom. 28, 20 - 22; 37, 14 f.; 130, 2; GorgCom. 154, 8 f.) folgende Ordnung ausmachen: 1) Zitierung des Anfangs des folgenden Textabschnittes, 2) Allgemeinerklärung - θεωρία, 3) Einzelne Textpassagen als Lemma und 4) deren detaillierte Erklärung - λέξις.

[359] Zu den fehlenden Versteilen in Opm. vgl. Übersicht und Erklärung bei SCHOLTEN (1996) S. 20 - 25.

[360] Konsequenterweise fehlt im IntCom. des Ammonios die ἕως τοῦ-Form völlig, da auch dort der Aristotelestext ganz ausgeschrieben ist. Im Kommentar zu AnPr. verschwimmen die Grenzen insofern, als diese von einem Schüler verfaßte Nachschrift jene Floskel siebenmal aufweist (AnPrCom. 12, 1; 15, 15; 19, 1; 21, 31; 24, 25; 32, 23; 34, 18). LAMBERZ S. 19 akzeptiert, daß sich nicht alle neuplatonischen Lemmakommentare in die Kategorien des Hypomnema oder des Scholion einordnen lassen. Dazu gehört offensichtlich auch das exegetische Werk über die Erste Analytik. Gleichwohl läßt sich die prinzipielle Tatsache, daß die ausgestaltete Kommentarform im Gegensatz zu ihren abhängigen Varianten gerne mit Kurzzitaten operiert, auch an den Homerscholien nachweisen: Neben den interlinear oder an den Rand geschriebenen Textscholien, die aufgrund des direkten Bezugs zum Wortlaut ohne Lemmata auskommen, bieten die selbständigeren Hauptscholien den entsprechenden Versbeginn, um die Auffindung der Stelle zu erleichtern. Bei größeren Textpassagen verkürzt der Scholiast und leitet mit μέχρι oder ἕως bis zum Anfang des letzten Verses über. Vgl. Schol. A zu Hom. Π 84 - 86: "ὡς ἄν μοι τιμήν": ἕως "ἂψ ἀπονάσσωσι" τοὺς τρεῖς στίχους ἢ τοῖς ἄνω προσδοτέον, ἵνα στίζωμεν ἐπὶ τὸ πόρωσιν. Dazu H. van THIEL, Die Lemmata der Iliasscholien, in: ZPE 79, 1989, S. 9 - 26, bes. S. 10 f.

Was nun die Anknüpfung des Hexaemerontextes an den Wortlaut des Kommentares betrifft, so werden jetzt zur Kontrastierung des von Philoponos eingeschlagenen Verfahrens gegenüber den Methoden seines Lehrers Ammonios dessen einziges Hypomnema, also der höheren literarischen Ansprüchen genügende IntCom., weiters die beiden als Scholia überlieferten Kategorienkommentare des Ammonios und des Philoponos sowie das erste Buch von Proklos Timaioskommentar herangezogen.[361] Da diese Lemmaeinbindung nirgends einem starren, ausschließlich auf der Ebene einzelner Begriffe angesiedelten Schema folgt, wird hier auf eine statistische Erhebung des prozentuellen Vorkommens einzelner Termini verzichtet. Stattdessen soll ein Überblick über die relative Häufigkeit von Worten in ihrer Funktion als Konjunktoren geboten werden. Schließlich läßt auch die Tatsache, daß auf das Lemma nicht nur unmittelbar nach dessen Zitierung, sondern auch später im Kommentartext und hier zuweilen auch nur indirekt angespielt wird, ein tabellarisches Resultat unmöglich erscheinen, wogegen die Verteilung der einzelnen Variabeln deskriptiv durchaus erfaßt werden kann.

a) Vorverweise

Diese spielen gegenüber den Rückverweisen in Opm. eine geringe Rolle. In etwa einem Drittel der Fälle geht der neue Genesisabschnitt unverbunden aus dem Kommentar hervor (73, 25; 82, 13; 83, 25; 90, 4; 189, 21; 190, 16; 220, 26; 224, 1; 237, 23: 270, 1; 289, 9; 292, 22; 296, 7), vom ersten Buch abgesehen, wird jedes folgende von dem zu interpretierenden Passus eingeleitet, auf den somit auch nicht im

361 Für diese Beschränkung sind mehrere Gründe maßgeblich: Der erhebliche Textumfang des Proklischen Œuvre läßt eine gewissenhafte Bearbeitung, die das Vorhaben dieser Untersuchung nicht sprengt, nur auf einem überschaubaren Feld zu. Der Timaioskommentar wurde aufgrund seiner mit Opm. verwandten Thematik gewählt. Für die Klärung der Methodik der Lemmaeinbindung kann die durchgehende Untersuchung eines Buches fundiertere Auskünfte erteilen als der Nachweis von Termini im Gesamtwerk, die in ihrer relativen Häufigkeit nicht gegeneinander abgewogen werden können.

voraus verwiesen werden muß.[362] In der verbleibenden Hälfte der Lemmata lassen sich folgende Motivmerkmale unterscheiden: 1) Ausdrücke, die nach dem Typus "Ich (wir) möchte(n) ... " ein Fortschreiten im exegetischen Ablauf markieren. Dazu gehören etwa Opm. 7, 2 - 3: ἐπ᾿ αὐτὸ βαδιοῦμαι; 183, 9 - 10: πρὸς τὰ ἑξῆς μεταβήσομαι; 266, 24 - 25: ἐπὶ τὰ λοιπὰ ... μέτειμι. 2) Ein *verbum dicendi* markiert den Übergang zum Originaltext in direkter Rede: 193, 12: εἰπών; 218, 6: εἴρηκε; 219, 23: συμφωνοῦσι; 306, 1: φησί. 3) Demonstrativa: 11, 5: οὕτω; 218, 5: ἐνταῦθα; 273, 14: ἐνταυθοῖ. 4) Generell weisen ἑξῆς (183, 9) und τὰ λοιπά (7, 3; 238, 22; 266, 24) auf den anschließenden Primärtext hin.

Diese an und für sich naheliegenden Praktikten lassen sich für die als Vergleich herangezogenen Kommentare des Ammonios schwer nachweisen, da im IntCom. bis auf drei Ausnahmen die Lemmata nicht vorbereitet werden. Im Int Com. 66, 28 und 238, 19 leitet Ammonios mit *verba dicendi* ein folgendes Aristotelesstück ein, in IntCom. 232, 34 durch die Wendung διόπερ ἐπάγει ταυτί.[363] In seinem Kategorienkommentar gibt es keinen prospektiven Bezug zum Aristotelestext bis auf CatCom. 53, 25: ἑξῆς δὲ περὶ ποσοῦ ῥητέον. Außerhalb der Ammoniosschule steht Proklos TimCom. I 36, 31: ἑξῆς διασαφεῖ λέγων Philoponos nahe, wobei Proklos bezüglich der Vorverweise kein einheitliches Bild bietet, da diese im Alkibiadeskommentar völlig fehlen. Zusätzlich zu den von Lamberz gefundenen Belegen läßt sich aus dem ersten Buch des TimCom. noch 14, 3: καιρὸς ἂν εἴη τῆς λέξεως ἐφάπτεσθαι als Vorverweis beibringen.[364] Noch Simplikios gebraucht die stereotype Formulierung: ἀλλ᾿ ἐπὶ τὰ ἑξῆς ἰτέον sehr häufig.[365] Die Verbindung von ἑξῆς bzw. τὰ λοιπά mit einem *verbum* der Bewegung (Opm. 7, 2 - 3: ἐπ᾿ αὐτὸ βαδιοῦμαι;

[362] 2. Buch: 59, 4; 3. Buch: 109, 16 - 23; 4. Buch. 159, 5 - 14; 5. Buch: 204, 9 - 15; 6. Buch: 229, 7 - 22; 7. Buch: 282, 15 - 283, 18.

[363] Ἐπάγειν verwendet Philoponos in seinem Kommentar, um direkte Zitate, etwa Theodors oder des Psalmisten, einzufügen: Opm. 44, 4; 44, 10; 1734, 22; 242, 20; 255, 21.

[364] Vgl. LAMBERZ S. 16 Anm. 60: TimCom. I 27, 19; 101, 24; 165, 5.

[365] LAMBERZ S. 9 Anm. 30 zitiert CatCom. 88, 29, CaelCom. 405, 27; 438, 27; 510, 34 - 35, PhysCom. 861, 27; 1224, 23).

183, 9 - 10: πρὸς τά ἑξῆς μεταβήσομαι; 266, 24 - 25: ἐπὶ τὰ λοιπά ... μέτειμι) hat Simplikios beispielsweise im CatCom. 403, 24 - 25: ἑξῆς δὲ μεταβαίνει ἐπὶ τὴν τῆς καταφάσεως ἀντίθεσιν. Da sich auch im paganen Bereich kein einheitlicher Befund zur Anzahl und Art der Vorverweise ergibt, kann deren Einsatz bei Philoponos auch nur annäherungsweise gewürdigt werden. Evident scheint mir sein Bemühen, gegenüber dem spröderen Ammonios den Rezipienten auf das kommende Originalzitat einzustellen, durch Vorverweise sein eigenes didaktisches Programm besser zu srukturieren. Von einem stilistischen Standpunkt aus betrachtet, gewinnt der Kommentar in dem Maße an Lesbarkeit, in dem er an schroffen Übergängen verliert. Im Vergleich zu dem von Ammonios endredigierten IntCom. und dem ersten Buch von Proklos literarisch durchkomponierten TimCom. hat Philoponos die größte Dichte an Vorverweisen, wobei er in der Gedankenbewegung, wie im Typus "Ich (wir) möchte(n) übergehen auf ..." inhaltlich Proklos noch am nächsten steht. Diese freier gehandhabte, mit Verben der Bewegung operierende Phraseologie stellt eine Auflösung des älteren ἀλλ᾽ ἐπὶ τὰ ἑξῆς ἰτέον dar, das der auch in diesem Punkt konservativere Simplikios noch bewahrt und häufig einsetzt.

b) Rückverweise

Bereits eine erste Durchsicht der neuplatonischen Hypomnemata und Scholien verdeutlicht das generelle Bestreben der Kommentatoren, nach einem Lemma auf dieses inhaltlich oder sprachlich Bezug zu nehmen. Die gegenüber dem Vorverweis überragende Bedeutung des Blicks zurück kann aus einem Wort, aber auch aus einer rhetorisch ausgeformten Paraphrase der betreffenden, aber auch anderer Textstellen bestehen. Weil die beiden Kategorienkommentare des Ammonios und Philoponos das klarste Bild über die Lemmaeinbindung geben, sollen die dort beobachteten Phänomene mit der Verweistechnik des literarisch anspruchsvolleren IntCom. des Ammonios sowie des ersten Buches von Proklos TimCom. kontrastiert werden, um dann eine Bewertung von Opm. zu ermöglichen.

α) Ammon. CatCom. - Philop. CatCom.

In beiden Werken können die vorgefundenen Merkmale als Gesamtheit in drei Gruppen von Lemmaeinbindungen zusammengefaßt werden. A) Aussagen über Beweisform- und Argumentationsziel des interpretierten Autors an der gegebenen Stelle. B) Der Kommentator bindet das Lemma paraphrasierend oder erklärend in seine Interpretation ein. C) Der Kommentator verweist den Rezipienten direkt auf das Lemma (z. B. durch Demonstrativa) und/oder fordert ein bestimmtes Leseverhalten A) in der einen Aussagen über den Autor getroffen, B) in der zweiten tritt der Kommentator referierend oder fragend als Erklärer hervor, C) in der dritten wird im Hinblick auf den Rezipienten präzise auf Gegebenes verwiesen (z. B. Demonstrativa) und/oder daraus ein bestimmtes Leseverhalten gefordert.

Ammonios

A) 1) "sagen":
λέγειν (40, 4; 63, 15; 68, 5; 68, 10; 87, 2; 103, 5; 104, 8) φάναι (17, 6; 21, 4)
2) "angeben, darstellen, nachweisen, beurteilen":
δεικνύναι (44, 27; 57, 11; 63, 11; 64, 16; 79, 16)
διακρίνειν (97, 18; 99, 13; 100, 14)
παραδιδόναι (32, 28; 33, 8; 61, 6)
παριστάναι (88, 19)
3) "wollen, beabsichtigen"
βούλεσθαι (34, 11; 43, 5; 44, 27; 79, 25; 95, 2; 95, 9; 96, 6; 97, 3)
4) Die Qualität des Autors: εἰκότως (4mal, z. B. 24, 15)
καλῶς (sc. εἶπε 2mal)

B) In dieses Segment der Bezugnahme auf das jeweilige Lemma gehören alle Operationen, mit denen der Exeget unmittelbar auf den Sinn des kommentierten Textes Bezug nimmt.

1) Paraphrase und Worterklärung: In der Philologie, besonders bei den Scholiasten, kam der Paraphrase eine eminente Bedeutung zu, wobei die Abgrenzung von der Einzelerklärung hier insofern vorgenommen wird, als das Bestreben, die einzelnen Wor-

te des Lemma durch Synonyme zu erklären, eingeschobenes φησί und häufig auch die form οὐκ ... φησίν, ἀλλ᾽... zu ihren konstitutiven Elementen gezählt werden.[366] Als Beispiel für diesen Typus kann Ammon. CatCom. 39, 1 - 3 angeführt werden: Nach dem Lemma Ἐν οἷς εἴδεσιν αἱ πρώτως λεγόμεναι οὐσίαι (Aristot. Cat 2 a 14) setzt Ammonios fort: Διὰ τί μὴ εἶπε "δευτέραι οὐσίαι λέγονται τὰ γένη καὶ τὰ εἴδη" καθόλου, ἀλλ᾽ ἐν οἷς εἴδεσι; λέγομεν ὅτι πάνυ ἀσφαλῶς etc. An folgenden Stellen dient ein paraphrasierendes Eingehen auf den Originaltext zu dessen Einbindung in den Kommentar: nach 17, 5; 21, 8; 32, 9; 39, 1; 43, 10; 47, 14; 50, 24; 63, 26; 64, 10; 65, 19. Greift Ammonios lediglich ein Wort aus dem Lemma heraus, sollte nicht von Paraphrase, sondern von Einzelerklärung gesprochen werden. Dazu gehören Ammonios' Überlegungen zur Bedeutung von πρότερον (103, 3 ff.) und ἅμα (104, 16 ff.). Im Graubereich zwischen Paraphrase und Einzelerklärung ist etwa 32, 20 ff. angesiedelt, wo zwar eine Wendung aus dem Zitat das Thema vorgibt (Einzelerklärung), die Verbindung καλῶς εἶπεν ... οὔτε aber doch ein Nähe zu den Formalia der Paraphrase nicht verleugnet.

2) Fragen und *status quaestionis*: Zuweilen setzt Ammonios mit einer direkten Frage, die von einer Wendung im Lemma ihren Ausgang nimmt (24, 14) oder mit der Aristotelesrezeption bei späteren Philosophen das Textzitat fort: ζητοῦσί τινες (33, 16; 36; 23).

C) Deiktische und imperativische Elemente (dazu zähle ich auch Orts- und Zeit- adverbia):

1) Häufig sind die Demonstrativa οὗτος - τοιοῦτος, etwa 13mal erfüllen sie die Funktion von Konnektoren (z.B. 30, 25).

2) Die Adverbia ἐνταῦθα (6mal),
νῦν (9mal) sowie
πάλιν (4mal)
verbinden Text und Erklärung.

3) Phraseologisches ἰστέον findet sich 22, 21; 53, 8; 70, 10; 85, 6; 98, 7.

---

[366] Über Paraphrase und Einzelerklärung vgl. SCHÄUBLIN (1974), S. 141 - 143.

Philoponos

A) 1) "sagen"

διαλέγεσθαι (24, 6; 38, 19; 58, 7; 90, 11; 107, 34; 156, 16)

λέγειν (19, 7; 42, 25; 49, 5; 57, 6; 57, 10; 101, 3; 140, 8; 147, 9; 174, 21; 194, 28)

μνημονεύειν (156, 6; 191, 17; 195, 8)

φάναι: sehr oft in die Paraphrase integriert.

2) "angeben, darstellen, nachweisen, beurteilen"

δεικνύναι (8mal, z. B. 82, 26)

διακρίνειν (5mal, z. B. 181, 7)

διαλαμβάνειν (1mal: 23, 19)

ἐκτιθέναι (1mal: 28, 4)

παραδιδόναι (7mal, z. B. 28, 4)

σημαίνειν (1mal: 140, 8).

3) "wollen, beabsichtigen"

βούλεσθαι (10mal)

μέλλειν (1mal)

4) Die Qualität des Autors: εἰκότως (4mal)

καλῶς (sc. εἶπε, 2mal)

B) 1) Paraphrase und Einzelerklärung. Neben den bei Ammonios festgestellten Paraphrasenformen wie z. B. dem Beginn mit Διὰ τὶ μὴ εἶπε ... ἀλλά (Ammon. CatCom. 39, 2), die auch bei Philoponos gut belegt sind (CatCom. 55, 4; 139, 31; 183, 4), leitet dieser an zahlreichen Stellen durch eine partizipiale Wendung, die resumierend die bisherigen gedanklichen Voraussetzungen beschreibt und didaktisch absichert, das neue Argument aus dem Lemma ab. Oft markiert ein νῦν das Ende dieser rekapitulierenden Paraphrase. Exemplarisch sei CatCom. 60, 21 - 25 zitiert: Ποιησάμενος τὴν κατὰ βάθος τῶν οὐσιῶν διαίρεσιν, τουτ᾽ ἔστι τὴν ἀπὸ τῶν ἀτόμων ἐπὶ τὸ εἶδος καὶ ἀπὸ τούτου ἐπὶ τὸ γένος, καὶ εἰπὼν τὴν μὲν εἶναι πρώτην τὴν δὲ δευτέραν, τῆς δὲ δευτέρας τὴν μὲν μᾶλλον οὐσίαν τὴν δὲ ἧττον, νῦν ποιεῖται ... Diesem Paraphrasentypus lassen sich die Formen in 49, 5 ff.; 63, 11 ff.; 120, 3 ff.; 121, 20 ff.; 140, 8 ff.; 171, 28; 174, 21 ff.; 177, 15 ff.; 178, 5 ff.; 182, 7; 183, 18; 184, 27 zuordnen. An Einzelerklärungen, die direkt auf das Vokabular des Lemma

Bezug nehmen, können 8 Belege ausgemacht werden (nach 18, 17; 42, 25; 79, 9; 120, 9; 129, 10; 24; 147, 9; 204, 24)

2) Fragen und *status quaestionis*: Direkte Fragen (18, 4; 19, 21) und Phrasen mit ζητεῖν (ζητοῦσί τινες (44, 4; 51, 24; ζητοῦνται: 198, 23) sowie Einleitungen mit ὑπέλαβόν τινες (167, 12) und τινὲς μὲν οὖν εἰρήκασιν binden den Text an den Kommentar.

C) Deiktische und imperativische Elemente.

1) Das Demonstrativum οὗτος erscheint 10mal nach dem Lemma.

2) ἐνταῦθα und ἐντεῦθεν dienen jeweils 6mal zur Anknüpfung.

3) νῦν 8mal.

4) πάλιν 7mal

5) Phraseologische Anweisungen zur Beschäftigung mit dem Text gibt es in der Form ἄξιον ζητῆσαι (53, 18), ζητοῦμεν (133, 7), ζητητέον (165, 22; 168, 16; 197, 15) und ἰστέον (191, 6).

Um der Gefahr der Unübersichtlichkeit Herr zu werden, soll bereits an dieser Stelle eine Auswertung der Befunde versucht werden, um Konstanten und Veränderungen in der Kategorienkommentierung festzuhalten. Dabei stehen 199 Lemmata bei Ammonios 208 Eintragungen bei Philoponos gegenüber. Zunächst ist bei allen drei Arten der Lemmaeinbindung eine oft bis in die wörtliche Übereinstimmung reichende Kongruenz festzustellen, ebenso evident ist aber auch das Faktum, daß zwar bis auf eine noch zu besprechende Devianz alles, was bei Ammonios an formalen und inhaltlichen Techniken der Verbindung von Text und Kommentar dient, auch bei Philoponos zu finden ist, nicht aber umgekehrt. Was die exegetische Bezugnahme auf den Autor angeht, lehren beide Philosophen, was den Sinn des Aristotelischen Textes ausmacht, indem sie konkret Stellung beziehen, was Aristoteles aufzeigt (δεικνύναι)[367], übermittelt (παραδοῦναι) und beurteilt (διακρίνειν) und will (βούλεσθαι). Im Gegensatz zu seinem Lehrer favorisiert Philoponos aber Begriffe wie σημαίνειν, ἐκτιθέναι, διαλαμβάνειν und παραδιδόναι, in denen die didaktische Botschaft des So-und-nicht-anders hinter einem die Eigenreflexion fördernden Verweis auf Aristoteles zurücktritt. Auf den

[367] Δεικνύναι wird in der Exegese verwendet, um bislang noch nicht ausgeräumte Unklarheiten zu beseitigen. Vgl. SCHÄUBLIN (1974), S. 143.

Stil bezogen ist das Streben des Philoponos nach Variatio im Bereich der Aussagen über den Autor überall spürbar: So ersetzt er das monotone καλῶς (sc. εἶπε) gerne durch ein εἰκότως, den Sachverhalt "Sprechen" gliedert er in μνημονεύειν und διαλέγεσθαι auf. Was das Vorkommen der Paraphrase betrifft, so wurde ihre Verbindung mit einem *verbum dicendi* hingewiesen: Sowohl bei Ammonios als auch bei Philoponos bildet ein Partizip von λέγειν als Wort des Kommentators die Brücke zum Text, worauf dann die Paraphrase einsetzt.[368] Philoponos löst nun die εἰπών - Form auf und variiert sie, wenn er zu Beginn der aktuellen Diskussion die Paraphrase auf eine durch ein Partizip - dabei muß es sich nicht mehr um εἰπών oder εἰρηκώς handeln - eingeleitete Wiederholung von früheren Lehrinhalten folgen läßt. Als Verba kommen in Frage διελών (63, 11), ἐκθέμενος (120, 3), γυμνάσας (121, 20), διακρίνας (171, 28), διδάξας (177, 15), δείξας (178, 5), ἀναμνήσας (182, 7), διελών (183, 18), πληρώσας τὸν λόγον (187, 27). Neben einer didaktisch motivierten Rekapitulation erfüllen diese oft auch rhetorisch durchgestalteten Perioden die Funktion einer Klammer zwischen Text und Kommentar, die aber durch die stilistisch souveräne Gestaltung des Philoponos nie als zu eng erscheint. In der Einleitung der Exegese durch die direkte Frage und durch das Referat über den Forschungsstand (ζητεῖν) läßt sich zwischen den beiden Kommentatoren kaum ein Unterschied feststellen. In der dritten Art der Rückverweise, dort, wo sich der Kommentator an seinen Leser wendet, erweisen sich Philoponos und Ammonios zwar als Erben derselben exegetischen Tradition, doch vermeidet Philoponos im Gegensatz zu diesem das forsche Auftreten des Lehrmeisters: Der Leser wird nur einmal mit dem starren ἰστέον konfrontiert (im Ammonioskommentar, mit fast derselben Zahl an Lemmata, aber einem um die Hälfte kürzeren Text finden wir das Verbaldjektiv sechsmal), stattdessen zieht der Kommentator die Einladung zur gemeinsamen Untersuchung in der Wendung ζητητέον vor, die bei Ammonios nicht ausgeprochen wird.

Haben wir nun in einem ersten Beweisgang die Lemmaein-

---

[368] Vgl. etwa zu Aristot. Cat 6 a 19 Ammon. CatCom. 65, 10 - 13: Εἰπὼν (sc. Ἀριστοτέλης) ὅτι ... καὶ δείξας ὅτι ... , οὐκ εἶπεν ὅτι ... , ἀλλ᾽ und Philop. CatCom. 101, 3 - 5: Ἐιπὼν ὅτι ... καὶ δείξας ὅτι ... , οὐ προσέθηκεν.

bindung zweier Kommentare zum selben Werk gegeneinander abgewogen und Philoponos' exegetische Technik als stilistisch variabler, dem überkommenen Vorlesungsschema weniger verpflichtet bestimmt, gilt es zu fragen, ob diese Differenzen - so marginal sie ob der Wirkungsmacht der Tradition auch scheinen mögen - Philoponos von Ammonios prinzipiell abheben und ihm ein individuelles Profil als Schöpfer von Philosophenkommentaren verleihen. Als Vergleichsbasis dient der von Ammonios selbst redigierte, in der Überlieferung als ὑπόμνημα bezeichnete Kommentar zu *De Interpretatione*. Unter Beibehaltung des Paradigmas - Kommentareinbindung durch A) Aussagen über den Autor, B) exegetische Operationen des Kommentators, C) Hinweise des Kommentators für den Rezipienten - können folgende Merkmale beschrieben werden.

β) Die Rückverweise im IntCom. des Ammonios

A) 1) "sagen"

διαλέγεσθαι (191, 17)

λέγειν (4mal: 77, 32; 125, 31; 140, 31; 204, 15)

φάναι (233, 12).

2) "anzeigen, darstellen, nachweisen, übermitteln"

δεικνύναι (239, 19; 247, 30)

παραδιδόναι (18mal)

προλαμβάνειν (145, 27)

προστιθέναι (128, 24; 268, 14).

3) "wollen, beabsichtigen"

βούλεσθαι (8mal)

μέλλων (75, 20, 180, 6).

4) Die Qualität des Autors

εἰκότως (29, 31; 75, 22).

B) 1) Paraphrase und Einzelerklärung

Neben der Einzelerklärung (30, 3; 33, 13) kommt der Paraphrase besonderes Gewicht zu, die, oft mit einem Partizip eingeleitet, vorangegangene Lehrinhalte rekapituliert (nach 75, 19; 77, 31; 125, 30; 181, 11; 191, 16; 271, 29). Die Würdigung der Folgerichtigkeit eines Lemma durch ἀκόλουθον - συνεχής (17, 20; 186,

26; 190, 5; 191, 16; 234, 23; 247, 9) mündet zuweilen auch in eine summarische Besprechung, die der Paraphrase nahesteht.

2) Fragen und *status quaestionis*: direkte Frage (47, 27; 58, 11), Bezug auf ältere Exegeten (15, 6; 42, 31; 176, 17; 199, 9; 210, 17; 236, 20).

C) 1) Demonstrativpronomina. Sehr häufiges Vorkommen von οὗτος (etwa 16 mal).

2) Adverbia: ἐνταῦθα (126, 4)
ἐντεῦθεν (86, 26; 159, 24)
νῦν (5mal)
πάλιν (195, 13).

3) Nur ἰστέον einmal (72, 5), nie Verweise mit ζητεῖν.

Konfrontiert man nun die im IntCom. beobachteten Phänomene der Verbindung von Lemma und Text mit den aus den beiden Kategorienkommentaren gewonnenen Resultaten, so ergeben sich für den Punkt A hinsichtlich der Belegbarkeit von λέγειν und διαλέγεσθαι zwar keine wesentlichen Abweichungen, wohl aber was die geringe Dichte dieser *Verba dicendi* betrifft. Mit der Vorliebe für παραδιδόναι gegenüber δεικνύναι, das hier nur mehr zweimal aufscheint, zeigt Ammonios eher das Bild, das uns aus Philoponos vertraut ist, als daß er mit seinem eigenen CatCom. konform ginge. Wir stoßen dabei auf ein Phänomen, das auch bei der hohen Frequenz jener Paraphrasenform im IntCom. zu konstatieren war, mit der nicht nur der aktuelle Text erörtert, sondern auch der Anschluß an früher Gesagtes gesucht wird: Es handelt sich um die Tatsache, daß Ammonios Kommentar zu *De Interpretatione* dem CatCom. des Philoponos in vieler Hinsicht näher steht als seiner eigenen Abhandlung. Diese Beobachtung läßt sich besonders deutlich an dem Interesse für die Rezeptionsgeschichte des jeweiligen Aristotelestextes nachweisen, wie es im Topos des ζητοῦσί τινες evident wird. Vor dem weiteren Prospekt des philsophischen Fragens, das eher Entscheidungsmodi vorstellt, als portionierte Exempel statuiert, ist natürlich auch das bei Ammon. IntCom. und Philop. CatCom fast völlige Verschwinden des formelhaften ἰστέον begründet. Je offener über einen Text reflektiert wird, umso entbehrlicher ist die schulmeisterhafte Absicherung des zu wissenden "Stoffes". Daß Ammonios im IntCom. die deiktischen

Signale noch weiter reduziert als Philoponos, wird auch durch die Sparsamkeit im Umgang mit den Adverbien ἐντεῦθεν, ἐνταῦθα,νῦν und πάλιν deutlich.

Philoponos steht also durch die Tendenz im CatCom., direkte Hinweise auf den sprechenden, aufzeigenden Autor ebenso zu vermeiden wie durch oftmalige adverbielle Einschübe den narrativen Duktus zu unterbrechen, kaum hinter dem ausgefeilten IntCom. des Ammonios zurück. Andererseits fördert die paraphrasierende Beschäftigung mit der ἔννοια des vorliegenden Textes und das doxographische Eingehen auf andere Stimmen im Konzert der Exegeten die Herausbildung eines Kommentares, der ein Text *sui iuris*, ein autarkes literarisches Gebilde sein möchte. Das Bestreben, Kommentarform und durchgehende Gestaltung zu vereinen, hebt das uns vorliegende Werk weit über eine Vorlesungsnachschrift hinaus. Selbst wenn die vom Editor Busse für die Rekonstruktion des Titels herangezogene Handschrift C mit der Variante ἰωάννου τοῦ φιλοπόνου **σχόλια** εἰς τὰς κατηγορίας korrekt ist,[369] emanzipierte Philoponos das Scholion von der Bindung an eine mitgeschriebene Vorlesung. So ist es kein Zufall, wenn in der Titelüberschrift des CatCom. der häufige Zusatz ἀπὸ φωνῆς fehlt, da Philoponos das stilistische Repertoire für die redigierten Hypomnemata auf sein Scholion übertragen und damit den Unterschied zwischen den beiden Kommentarformen weitgehend aufgehoben hat.[370]

---

369 Ansonsten folgt BUSSE der Handschrift F^2, die den Titel mit ἰωάννου τοῦ φιλοπόνου ἐξήγησις εἰς τὰς τοῦ ἀριστοτέλους δέκα κατηγορίας πάνυ ἀναγκαῖα angibt. Gegenüber der häufigeren Form ἐξηγητικά (ὑπομνήματα) bzw. ὑπόμνημα für Auslegung (vgl. Philop. Aetm. 212, 14 f.; so auch der griechische Titel von Opm.; Proklos bezeichnet seine Kommentare als Hypomnemata {etwa TimCom. I 1, 8 - 10} ist ἐξήγησις noch als Textvariante für Philop. MetCom. 1, 1 -3 und zur Isagoge des Porphyrios von Ammonios bezeugt (PorphIsag Com. 1, 1). Vgl. SCHOLTEN (1996), S. 17 f.

370 Der unter dem Namen des Proklos überlieferte Kommentar zu Kratylos trägt den Titel Ἐκ τῶν τοῦ φιλοσόφου Πρόκλου σχολίων εἰς τὸν Κράτυλον Πλάτωνος ἐκλογαὶ χρήσιμοι und ist tatsächlich nur Exzerpt aus zweiter Hand. Vgl. LAMBERZ S. 2 Anm. 4. Genau dies trifft für Philoponos CatCom. nicht zu.

γ) Die Rückverweise in Philoponos' Opm.

Die 37 Lemmata dieses Kommentares bieten im Gegensatz zu den jeweils etwa 200 Textzitaten der beiden Kategorienkommentare eine vergleichsweise schmale Untersuchungsbasis. Um trotzdem eine komparatistische Betrachtung zu ermöglichen, wird auf die schon angewandte dreifache Kategorisierung der Lemmaanknüpfung zurückgegriffen.

A) 1) "sagen"
ἀντιφθέγγεσθαι (84, 5)
λέγειν (183, 18; 270, 7)
συμφωνεῖν (193, 11)
φάναι (90, 12; 189, 18).
2) "zeigen, bezeichnen"
δεικνύναι (270, 10)
σημαίνειν (240, 5)
3) Die Qualität des Autors καλῶς wird zwar 107, 9 nach dem Gebrauch der Scholien zur Artikulation einer positiven Stilkritik verwendet, dient aber nicht als Rückverweis.

B) 1) Paraphrase und Einzelerklärung. Gegenüber den häufigen Stellungnahmen zum Sinngehalt eines Wortes (7, 8 ff.: über die ἀρχή; 74, 8 ff.: über die Qualität des Lichtes; 82, 22 ff.: über ἀνὰ μέσον; 110, 20 ff.: über das στερέωμα; 189, 16 ff.: über das Element Erde; 270, 7 ff.: Numerusgebrauch; 290, 21 ff.: über das zum Säen geeignete Gras; 296, 18 ff.: über die Schönheit der Schöpfung) sind nur geringe Spuren der Paraphrase feststellbar. In 90, 10 ff., 189, 20 und 293, 4 ff. finden wir die Kombination "er sagt X, nicht aber Y", die zum Formenschatz der Paraphrase zählt.
2) Die Frequenz an direkten Fragen ist auffallend hoch, ohne daß sie zur Paraphrase führen: 159, 17; 182, 25; 267, 12; 304, 9
3) Ebenso prominent vertreten ist die Einbeziehung der älteren exegetischen Tradition (197, 8; 110, 20 ff.; 190, 22; 217, 24; 238, 3; 283, 24 ff.), wobei die Wendung "τινὲς μὲν οὖν τῶν ἐξηγησαμένων (74, 16) in dieser Form bereits bei Ammon. IntCom. 176, 17 belegt ist.

4) Syntaktische Einbindung des Lemma in den exegetischen Teil: 187, 21 - 188, 1; 306, 7.

C) Deiktische und imperativische Elemente

1) Das Demonstrativpronomen οὗτος ist 10mal belegt.

2) Adverbia

ἐνταῦθα (3mal)

πάλιν (1mal)

πρότερον (1mal)

νῦν (2mal)

οὑτοσί (einmal).

3) Imperativische Verweise sind bis auf einmaliges θεωρητέον (60, 4) nicht vorhanden.

Beinahe asketische Zurückhaltung übt Philoponos bei Aussagen zum Autor des Sechstagewerkes, die als Brücke zwischen Text und Kommentar dienen könnten. Dies gilt für die selten auftretenden *Verba dicendi* selbst wie auch für παραδιδόναι (in Opm. nie) und δεικνύναι (einmal). Ersteres war in den besprochenen Kommentaren zu den Kategorien und *De Interpretatione* als Signal für die Vermittlung der Autorintention äußerst oft vor die Exegese gestellt worden, letzteres fand sich im CatCom. des Philoponos seltener als im Äquivalent des Ammonios und wurde in dessen stilistisch anspruchsvollerem IntCom. kaum verwendet. Dasselbe gilt für die Bemerkungen über die sachliche Richtigkeit des Gesagten: Philoponos kennt zwar das καλῶς εἶπε als Wendung zum Ausdruck einer positiven Kritik, aber niemals bezieht er es auf Moses, desgleichen ist das verwandte εἰκότως in Opm. nicht auszumachen. In der Gruppe der Aussagen des Kommentators zum Inhalt des Lemma stehen Einzel - bzw. Sacherklärung und das Referat über die Ansichten anderer Exegeten *ad rem* eindeutig vor der seltenen Paraphrase. Auch konnten partizipial eingeleitete Perioden, die paraphrasierend und repetierend auf die vollzogenen Argumentationsschritte eingehen, im Gegensatz zu Ammon. IntCom. und Philop. Cat Com. nicht beobachtet werden. Signifikant unter den Merkmalen des deiktisch - imperativischen Bereichs ist die hohe Frequenz an Demonstrativpronomina bzw. relativen Satzanschlüssen (10 bei 37 Lemmata), dem die geringe Verwendung rückverweisender Adverbia gegenübersteht. Von den im Philosophenkommentar üblichen Verbaladjektiven sind ἰστέον und ζητητέον nie anzutreffen. Entgegen dem Usus in den verglichenen Aristoteleskommentaren das Lemma zweimal syntaktisch in den Kommentar eingebunden. Soll nun die in Opm. angewandte hermeneutische Technik der Rezeption des Originaltextes in den Kommentar gewürdigt werden, gilt es nach Merkmalen zu suchen, die dieser exegetischen Schrift einen Platz innerhalb der Ammoniosschule zuweisen: In keinem der verglichenen Kommentare zu Aristoteles spielen Rückverweise der Kategorie A ("sagen", "wollen"), Urteile über den Autor eine derart unbedeutende Rolle. In vielen Punkten kann dabei Opm. als Weiterentwicklung von Ammonios' IntCom. gewertet werden, was die Vermeidung eines an einen mündlichen Lehrvortrag gemahnenden Stilkolorits betrifft. Am anderen Ende der Skala rangiert diesbezüglich der CatCom. des Ammonios. Keinem der besprochenen Kommentare direkt verwandt ist der abundante Einsatz der auf Wortbedeutung oder Sachfrage bezogenen Einzelerklärung, die in Opm. zahlenmäßig deutlich vor der Paraphrase steht. Wenn wir uns erinnern, daß ein Charakteristikum der in Philop. CatCom. und Ammon. IntCom. anzutreffenden Paraphrase ihre rekapitulierende Funktion ausmachte, so runden sich auch hier die verstreuten Einzelergebnisse zur allgemeinen Erkenntnis, daß in Opm. die enge Rückbindung des Textes an das Lemma nicht gesucht wird. Die Bedeutung der Einzelerklärung ist aus dem Anliegen des Philoponos, die Widerspruchslosigkeit zwischen dem Hexaemeron und den Phänomenen der Erfahrungswelt nachzuweisen, insofern verständlich, als dazu natürlich auf den Gehalt einzelner Termini glossographisch Bezug genommen werden muß. In der Einschaltung von Fragen, die das Originalzitat aufgreifen und weiterführen, in der Paraphrase der Meinungen anderer Exegeten setzt Philoponos die Methode des IntCom. noch konsequenter fort, den Leser als Partner eines wissenschaftlichen Disputs zu konstituieren. Dieser Leser, keinesfalls ein Hörer, bedarf kaum noch jener Krücken, mit deren Hilfe er bei der Lektüre an den Wortlaut der Heiligen Schrift, die als Text in den Kommentar eingearbeitet vor ihm liegt, erinnert wird. So verlieren in Fortsetzung des IntCom. Adverbia wie ἐνταῦθα oder ἐντεῦθεν ihre Bedeutung. Zur Anknüpfung an den Text genügt in etwa einem Drittel der Fälle das unauffälligere οὗτος oder der Relative Satzanschluß, womit Philoponos

Ammonios wiederum nahesteht und zugleich fortsetzt.

Sondieren wir nun von diesen Resultaten ausgehend die Kommentatorik des späten Neuplatonismus im Hinblick auf ihre Nähe und Ferne zu Opm., so ist anzumerken, daß besonders seit den Forschungen von I. Hadot die von Prächter gezogene Trennlinie zwischen einem nichtspekulativen, d. h. aristotelisierenden Platonismus in Alexandria und einer metaphysisch orientierten Richtung in Athen in dieser Schärfe heute nicht mehr gezogen wird.[371] Zum einen erweisen die Lehrer - Schüler - Beziehungen diese Segmentierung des Platonismus als sekundär,[372] zum anderen sind trotz der intensiven Beschäftigung der "Athener" mit Platon Kommentare zu Aristoteles' *De Anima* (Plutarch), zur Metaphysik (Syrian), zur Ersten Analytik (Proklos) überliefert.[373] Aufgrund des kursartigen Aufbaus der neuplatonischen Philosophie war eine exegetische Befassung innerhalb der συνουσίαι mit Aristoteles selbstverständlich. So erinnert sich Ammonios im Prooemium seines IntCom. an Vorlesungen seines Meisters Proklos zu *De Interpretatione* (IntCom. 1, 6 - 11), andererseits konnte eine philosophische Richtung, die sich als platonisch begriff, nicht zur Gänze auf die Deutung der Platonika verzichten: Vom Alexandriner Olympiodor sind Kommentare zum Alkibiades, Gorgias und Phaidros auf uns gekommen, vor ihm kommentierte Ammonios' Vater Hermeias den Phaidros.[374] Ammonios selbst verfaßte eine μονόβιβλος zu Phaed. 69 d.[375] Diese Eckdaten gestatten es

---

371 I. HADOT, Le problème du Néoplatonisme alexandrin: Hiéroclès et Simplicius, Paris 1978. Vgl. dagegen besonders PRÄCHTER (1973), S. 165 ff. und WESTERINK (1962), S. IX - X.

372 Ammonios hörte Proklos (Damask. VitIsid. Frg. 127 Zintzen), lehrte selbst die "Athener" Simplikios und Damaskios (Damask. VitIsid. Frg. 119 Zintzen, Simpl. CaelCom. 271, 19), aber auch die "Alexandriner" Olympiodor und Asklepios (Asklep. MetaphCom. 92, 29 - 30, Olymp. GorgCom. 199, 8).

373 Ammon. AnPrCom. 43, 30 - 31. Vgl. H. J. BLUMENTHAL, John Philoponus: Alexandrian Platonist?, in: H 114, 1986, S. 314 - 335, S. 320, WESTERINK (1962) S. XII.

374 Vgl. H. BERNARD S. 3 f., BLUMENTHAL S. 321, WESTERINK (1962), S. X; XV.

375 Olymp. PhaedCom. 51, 7 - 9.

nun nicht, die Art der Integration des Originaltextes im Opm. als Phänomen eines auschließlich alexandrinisch geprägten Neuplatonismus zu betrachten. Gibt es somit im erhaltenen *Corpus* des platonischen, d. h. jetzt auch athenischen Philosophenkommentares ein Äquivalent, das aus dem Wortlaut des Autors und den eigenen Erklärungen in ähnlicher Weise einen Text konstituiert? Die Gliederung des ersten Buches von Proklos TimCom. ergibt folgendes Bild:

A) "sagen"

1) λέγειν (33, 15; 40, 17; 191, 12)

φάναι (18, 31; 72, 19; 127, 32; 184, 15)

2) "zeigen, übermitteln, beurteilen, bezeichnen"

βούλεσθαι (37, 7; 48, 15; 127, 31; 198, 25)

δεικνύναι (24, 29; 63, 22; 133, 17)

ἐπάγειν (122, 4)

παραδιδόναι (95, 3)

παραλείπειν (176, 28)

προσ- ἀντιτιθέναι (26, 26; 184, 27)

3) Die Qualität des Autors

- 0 -

B) 1) Paraphrase und Einzelerklärung: Etwa 22 speziellen Angaben zu einem Begriff aus dem Lemma (z. B. 24, 29 ff.; 32, 22; 35, 14) stehen fünf Paraphrasen gegenüber.

2) Direkte Fragen (45, 15; 104, 22).

3) Exegeten und Forschungsstand: Mindestens 9mal leitet Proklos durch ein Referat über andere Lehrmeinungen vom Zitat zum Kommentar über (z. B. 18, 3 ff.; 27, 19; 83, 19; 90, 16).

C) Deiktische und imperativische Elemente

1) Demonstrativpronomina: Reiche Belege (25mal)

2) Adverbia: ἐνταῦθα und ἐντεῦθεν werden nie, νῦν 4mal und πάλιν 2mal verwendet.

3) Imperativische Anweisungen: μεταβατέον (193, 20.

Signifikant ist zunächst, daß in etwa 17 Fällen der Wortlaut Platons ohne jede Eingliederung völlig unvermittelt der Exegese voransteht (z. B. 14, 3; 28, 13 ; 29, 27), was bezogen auf die absolute Zahl von 93 Lemmata häufiger ist als in den bislang diskutierten Kommentaren. Dem Text wird offenbar genug Kraft zugetraut, um selbst wirken zu können, ohne daß der Leser einer ständigen Rückversicherung bedürfte. Der Befund der Rückverweise zeigt nun, daß sich Philoponos bei der formalen Gestaltung seines Hexaemeronkommentares Proklos zum Vorbild erkoren hatte. Dieser vermeidet wie sein christlicher Rezipient in der Lemmaumgebung direkte Bezüge auf den Autor in Form einer Beurteilung mit καλῶς oder εἰκότως. Etwas präziser bei der Festlegung der *intentio auctoris* geriert sich Proklos, wenn er durch mehrfaches δεικνύει oder βούλεται bestrebt ist, dem Studenten den einzig passenden Ausgangspunkt anzuzeigen. Doch in der Vorliebe für die Einzelerklärung, weiters der Sorgfalt im Umgang mit dem Beitrag anderer Interpretatoren zum Verständnis des jeweiligen Passus sind Opm. und Buch 1 des TimCom. so eng verwandt wie sonst keiner der verglichenen Kommentare. Schließlich haben beide Werke auch den überproportional häufigen Rückverweis durch das Demonstrativum, die auffallend seltene Anknüpfung durch Adverbia gemeinsam. Nie erscheint das in der exegetischen Tradition so wichtige ἰστέον oder auch das ζητητέον. Nimmt man diese Merkmale zusammen und versucht so von den statistisch beobachtbaren Größen weiterreichendere Folgerungen anzustellen, so sind Philoponos und Proklos vereint in ihrer Technik, den Originaltext zunächst einmal selbst zu Wort kommen zu lassen, ohne durch stakkatohaftes Unterbrechen des Gedankenflusses die Kommunikation zu zerstükkeln. Was Bultmann über die philologische Exegese des Theodor gesagt hat,[376] gilt sinngemäß auch hier: Das Handwerkszeug der Kommentare ist zwar vorhanden, drängt sich aber nicht in den Vordergrund. Die beiden Kommentare vermeiden ein schrittweises, sich des Fortkommens des Lesers vergewisserndes Dozieren, den Eindruck einer Untersuchung vom Katheder aus, die den Studenten von einem genau definierten Punkt der Untersuchung abholt. Dagegen stellen die Lemmata einen organischen Teil des eigenen Denkens dar, der im äußersten Fall der Anbindung in die syntaktische Struktur des Kommentares übersetzt wird (Opm. 187, - 188, 1; 306, 7). Es soll hier nicht der Eindruck vermittelt werden, Philoponos habe absichtlich aus dem TimCom. Floskeln zur Lemmaeinbindung kopiert und andere

---

376 R. BULTMANN, Die Exegese des Theodor von Mopsuestia, Stuttgart - Berlin – Köln - Mainz, 1984 (Ndr. 1912), S. 41.

vermieden, weil sie in der Schrift des Proklos nicht belegt waren. Vielmehr sind wir mit einer exegetischen Tradition konfrontiert, innerhalb der man sich dem Timaios und Mose Hexaemeron mit derselben exegetischen Methode näherte. Ausschlaggebend ist dafür neben der kosmologisch-theologischen Thematik beider Schriften der Umstand,[377] daß in der paganen Philosophie dem Timaios als Endpunkt des Lehrens und Lernens das Gewicht einer heiligen Schrift zugemessen wurde.[378] Wenn nun Proklos, dessen prägender Einfluß auf die Ammoniosschule evident ist,[379] den letzten Timaioskommentar des Neuplatonismus verfaßte, so sind die dort angewandten exegetischen Grundsätze unabhängig von der Frage nach der religiösen Überzeugung paradigmatisch wirksam geblieben. Sie formten ein Gefäß, aus dem Philoponos als Exeget schöpfte. Daß nun Opm. in den Stilelementen der Lemmaeinbindung dem TimCom. nahesteht, verrät auch etwas über den Stellenwert, den sein Verfasser sowohl dem mosaischen Schöpfungsbericht als auch seinen Reflexionen über diesen zumißt: Den höchsten Gehalten des Textes entspricht ein freier Kommentar, der als autonomes literarisches Produkt seine Vorlage zum Ausgangspunkt einzelwissenschaftlicher Untersuchungen macht, ohne in der Gedankenführung unmittelbar von ihr abhängig zu

---

377 Proklos legte in seiner Interpretation des Timaios die Gesetze fest, nach denen diese Schrift als Bild für die Genesis verstanden werden sollte: Die Rekapitulation der Politeia im ersten Teil des Prooemium verfolge einen ethischen Zweck, sei aber auch ein Bild für die universale Weltordnung (TimCom. I 30, 1 ff.). Die Erzählung vom Krieg der Bewohner von Atlantis gegen Athen sei Symbol kosmischer Kämpfe (TimCom. I 205, 9 - 12). Vgl. CROME S. 176 - 179.

378 Marin. VitProcl. 38: Der Timaios und die Chaldäischen Orakel konnten nach einem *dictum* des Proklos alle Schriften der früheren Philosophen ersetzen.

379 Vgl. die Kapitel I A 3; I A 4; I B 5; I B 6.

sein.[380] Die Genesiserzählung des Moses wird als christliches Pendant zu Platons Timaios gesehen.[381]

2. ΤΑΞΙΣ und ΛΕΞΙΣ in Opm.

Bei der Untersuchung der Form- und Stilelemente in Opm. hat Scholten an vier Stellen (Opm. 149, 13 f.; 162, 18 f.; 165, 20 f.; 210, 17 f.) eine Gliederung des Kommentares in eine vorausgehende allgemeine Erläuterung und eine detaillierte Sacherklärung festgestellt,[382] wobei Philoponos diese beiden Abschnitte als τάξις bzw. λέξις

---

380 Dieses Vorgehen des Philoponos ist bedeutsam, weil nicht selbstverständlich: Sein Zeitgenosse Olympiodor - WESTERINK (1962) S. XIII datiert seine Geburt zwischen 495 und 505 - klebt dagegen förmlich am Text und bietet in seinem Alkibiadeskommentar jene direkten Anweisungen, wie der Text *hic et nunc* zu verstehen sei, wie sie für den schulmäßigen Kommentar typisch sind. Dazu zählen häufiges ἰστέον (25, 10; 58, 12; 68, 3; 69, 9; 76, 13; 77, 10; 84, 22 etc.), ζητητέον (26, 22; 34, 6; 67, 6; 77, 11; 88, 5; 13 etc.), die Vorliebe für ἐνταῦθα (34, 3; 35, 14; 36, 5; 9; 46, 15; 46, 22; 47, 5; 14; 48, 26 etc.) und ἐντεῦθεν (35, 1; 48, 22; 49, 19; 22; 50, 5 etc.), die oftmalige Unterbrechung der Erkläung durch Verweise auf die Qualität Platons (ἀληθές: 68, 18; εἰκότως : 28, 2; 59, 10; 61, 18; καλῶς: 48, 16; 51, 16; 52, 2; 68, 15; οὐκ ἄκαιρος: 57, 12; σύμφωνος: 33, 19; 46, 11) sowie der überbordende Einsatz des Demonstrativpronomens. A.-J. FESTUGIÈRE, Modes de composition des Commentaires de Proclus, in: MH 20, 1963, S. 77 - 100 kommt nach Untersuchung der Einteilung der Kommentare Olympiodors und Proklos in Allgemein- (θεωρία) und Einzelerklärung (λέξις) zu einem ähnlichen Urteil: *"c'est comme si l'on expliquait le même texte à des élèves de sixième et à des candidats à l'agrégation de philosophie"* (S. 85).

381 Dies ergibt auch die Analyse der prooemialen Eingangstopik in Opm. Vgl. Kap. II A 1.

382 SCHOLTEN (1996) S. 44 - 45.

bezeichnet.[383] Dahinter steht zweifelsohne die Zweiteilung der Vorlesungseinheit (πρᾶξις) in die gewöhnlich θεωρία genannte Einführung und die spezifische Exegese des Wortlautes (λέξις).[384] Die Tatsache, daß die τάξις - λέξις - Einteilung nur in den Kapiteln 2, 1; 3, 17; 4, 1; 5, 1 zu Tage tritt, entspricht ebenfalls den Gepflogenheiten neuplatonischer Kommentatorik, die beispielsweise im Falle des Timaioskommentars des Proklos auf eine durchgehende Verwendung dieses Schemas verzichtete.[385]

Während das Einteilungsprinzip als solches und seine punktuelle Anwendung auf pagane Vorbilder der Textvermittlung zurückgehen, bereitet die Erklärung der Terminologie insofern erheb-

[383] Opm. 162, 18 - 19: Τῆς τάξεως τοίνυν εἰρημένης σκοπείσθω λοιπὸν τῶν θείων λόγων ἡ δύναμις; Opm. 205, 6 - 11: Ἐγὼ δέ ... καὶ τὰ νῦν προσάντη τῆς λέξεως ... ἀπευθύναι σπουδάσω ... · πρότερον δὲ συνήθως περὶ τῆς τάξεως αὐτῶν δίκαιον εἰπεῖν.

[384] Zur Durchführung dieses Prinzips bei Olympiodor und Proklos vgl. FESTUGIÈRE (1963), S. 77 - 80; 81 - 93. Die Opposition von θεωρία und λέξις ist im AlkCom. Olympiodors und im TimCom. des Proklos vielerorts deutlich sichtbar, doch sprechen sie selten von θεωρία. Olympiodor gibt stattdessen dem Terminus τά πράγματα den Vorzug (z. B. Olymp. AlkCom 185, 17; 237, 13), der im Zusammenhang einer auf den allgemeinen Gehalt eines Textes bezogenen Interpretation auch durch Wendungen wie διάνοια (207, 19), τρόπος τῶν λόγων (229, 14), ἅπασα ἡ ῥῆσις (156, 16, κοινῇ (172, 12; 290, 13; 299, 9) ersetzt werden kann (Belege bei FESTUGIÈRE [1963], S. 85 Anm. 8). Proklos bezeichnet den allgemeinen Teil auch als κοινῶς (etwa I 156, 23), τὰ κοινὰ (I 58, 29), ὅλη διάνοια (I 186, 7), oft genügt ein Demonstrativpronomen, das in Gegensatz zur Einzelerklärung gebracht wird (z. B. I 55, 9; 80, 7). Proklos ersetzt die strikte Trennung der θεωρία von der λέξις durch eine dem Inhalt des vorgegebenen Textes entsprechende Kommentierung, wobei sogar die Abfolge a) theoretische Hinführung b) Einzelerklärung umgekehrt werden und die λέξις auf mehrere Lemmata aufgeteilt werden kann. Vgl. FESTUGIÈRE (1963), S. 87 - 89.

[385] Vgl. LAMBERZ S. 16 f., der die Ergebnissen von FESTUGIÈRE anerkennt.

lich größere Schwierigkeiten, als die Opposition τάξις - λέξις als Synonym für θεωρία - λέξις dort nur schwer nachzuweisen ist.[386] Gleichwohl können die Wurzeln der philoponischen Verwendung von τάξις freigelegt werden, wenn das kontextuelle Umfeld dieses Wortes in die Untersuchung einbezogen wird.

Zunächst setzt der Kommentator die Einzelerklärung als κατὰ μέρος τῶν προκειμένων ἐξέτασις (Opm. 60, 3) von den vorgeordneten allgemeinerern Erwägungen über Moses Ordnung der Elemente ab: θεωρητέον, πῶς καὶ νῦν τὴν φυσικὴν τῶν στοιχείων τάξιν ἐφύλαξε Μωυσῆς (Op,- 60, 4 - 5). Anstelle von λέξις gibt Philoponos hier einer Umschreibung den Vorzug. Auch in Opm. 162, 18 - 19 fehlt λέξις, hier kontrastiert der Alexandriner die innere Struktur der Schöpfungsordnung mit dem konkreten Sinn der Bibelsprache, der τῶν θειῶν λόγων δύναμις. Eng verwandt damit ist die κατὰ μὲρος διδασκαλία des Ammonios (PorphIsag. 47, 5) und auch Proklos Tim Com. I 55, 9: ταῦτα μὲν περὶ τῆς πρὸς τὰ ὅλα τῶν μερικῶν ἀναλογίας.[387] Auch das zweite von Philoponos gewählte Äquivalent für λέξις, die δύναμις der Worte, ist bereits Proklos geläufig: φέρε οὖν ἀπ᾽ ἀρχῆς ἕκαστον τῶν ῥήματων ἑαυτοῦ τίνα δύναμιν ἔχει κατανοήσωμεν (TimCom. II 227, 11 - 13). Aufgrund der Mannigfaltigkeit der zu Gebote stehenden sprachlichen Mittel zum Ausdruck des semantischen Feldes der Wort- bzw. Einzelerklärung lassen sich aber keine sicher verifizierbaren Ergebnisse für das interpretatorische Verfahren gewinnen. Dies ist eher beim seltenen τάξις möglich.

Auszugehen ist von dem Faktum, daß Philoponos in seinem Bestreben, die Übereinstimmung des mosaischen Schöpfungsberichtes mit den Pänomenen der Erfahrungswelt nachzuweisen, die Abfolge der einzelnen Etappen der Genesis physikalisch begründen will. Diesem Anliegen widmet auch Philoponos das Schlußkapitel seines dritten Buches: Hier (Opm. 157, 1 - 11) räumt er prinzipiell die Möglichkeit einer besseren Erhellung des Wortlautes (λέξις) durch andere

---

[386] Zur Problematik vgl. SCHOLTEN (1996), S. 45 Anm. 167.

[387] Anstelle der λέξις bei Proklos oft auch καθ᾽ ἕκαστον. Vgl. Alk Com. 156, 16; 265, 4; 272, 11; 290, 13; 312, 21, TimCom. I 158, 29; 186, 7.

Exegeten ein, doch bevor über deren Richtigkeit geurteilt werde, müsse allgemeiner (κοινότερον)[388] die Ursache für die Ordnung (τάξις), nach der das Firmament entstand, und für alles Folgende besprochen werden: τίς δὲ τῆς τάξεως, καθ᾽ ἣν τὸ στερέωμα γέγονεν, ἡ αἰτία καὶ τῶν ἐφεξῆς ἑκάστου κοινότερον εἰπεῖν ἀναγκαῖον (Opm. 157, 9 - 11). Aufgrund der unbegrenzten Macht Gottes, so fährt Philoponos fort, ist ein punktueller, mit Gottes Willen synchron eintretender Schöpfungsbeginn, nach dem jeder Teil des sich fortbildenden Universums gemäß einer geordneten Folge in seine Existenz tritt, durchaus plausibel: ... πῶς οὐκ εὔλογον ἐν ἀκολούθῳ τινὶ τάξει τῶν μερῶν ἕκαστον ὑποστῆναι τοῦ κόσμου (Opm. 157, 17 - 19); Dabei geht das jeweils Einfache dem Zusammengesetzten φύσει, oft auch χρόνῳ voraus (Opm. 157, 21 - 22). Mit der Genese aus dem Einfachen beginnt die numerische Bestimmbarkeit als räumlich-zeitliche Ausdehnung, da diese σύνθετα nun als ein Erstes oder Zweites zueinander in Relation stehen. Dieses Werden auf das Begrenzte, weil Zählbare hin, wird als Folge verstanden: ὅσα δὲ ἐξ ἐκείνων σύγκειται, μετ᾽ ἐκεῖνα τὴν γένεσιν ἀκολούθως εἴληφε, καὶ τούτων ἕτερον ἑτέρου κατά τινα λόγον φυσικὸν πρῶτον ὑπῆρξεν ἢ δεύτερον (Opm. 157, 22 - 25). Aus diesen Testimonien ergibt sich, daß Philoponos dort, wo er sich zur Zweiteilung seiner Exegese in einen theoretischen und einen speziellen Teil äußert, der Terminus τάξις die physikalische Ordnung des geschaffenen Kosmos meint, und daß diese Ordnung im Abschnitt der Allgemeinerklärung (Typus "Theoria") besprochen wird. Dabei präzisiert das Motiv der ἀκολουθία in der zweiten und dritten Stelle den Gedanken der geordneten, d. h. ausgedehnten Schöpfung, die aus dem einfachen Willen Gottes als dem Ursprung des Alls hervorgeht und eine reihenartige Struktur aufweist.[389] Im anschließenden Eröffnungskapitel des vierten Buches greift Philoponos die Frage nach der

---

[388] Κοινός als Gegensatz zur Worterklärung bereits bei Proklos AlkCom. 172, 2; 290, 13; 299, 9).

[389] ἡ αἰτία καὶ τῶν ἐφεξῆς (Opm. 157, 10). Zum neuplatonischen ἐφεξῆς - Modell, in dem das Hervorgehen ontologisch minderer Substanzen aus der intelligiblen οὐσία beschrieben wird, vgl. S. 10 f. und HORN S. 41 - 45. Τάξις bezeichnet Dexipp. CatCom. 40, 31 - 3 die innere Ordnung der ἀρχὴ τῆς οὐσίας, dergemäß sie analogisch den unteren Seinsgraden Wirklichkeit mitteilt.

sinnvollen zeitlichen Ordnung der Schöpfung, mit der er das dritte Buch geschlossen hat, wieder auf: Es müßte doch folgerichtig erscheinen (ἀκόλουθον <ἂν> εἶναι δόξειε: Opm. 159, 20), wenn Gott nach dem Firmament die Lichtträger gebildet hätte. Doch Moses hält sich in seinem Bericht nicht an diese Reihenfolge - τῇ τάξει ταύτῃ (Opm. 160, 3) -, sondern lehrt aus seinem pastoralen Anliegen heraus, die Israeliten vom Sonnenkult abzubringen, die Entstehung der Pflanzen vor den Planeten, um den Götzendienern die Machtlosigkeit der Gestirne bezüglich des Gedeihens der Welt zu demonstrieren (Opm. 161, 4 - 18). Philoponos versteht hier τάξις als die einem Text immanente Ordnung, eine narrative Gesetzmäßigkeit im Dienste einer speziellen Autorintention: ἡ μὲν οὖν πρώτη καὶ κυριωτάτη τῆς τάξεως αἰτία τῶν προκειμένων ἀληθής τε, οἶμαι, καὶ τῷ σκοπῷ τοῦ προφήτου συμβαίνουσα (Opm. 161, 16 - 18). Die faktische Weltentstehung müßte sich demnach nicht nach dem von Moses aus methodischen Erwägungen gewählten zeitlichen Raster abgespielt haben. Doch in einem zweiten Schritt legt sich Philoponos explizit auf die Kongruenz - ἀκόλουθον - literarischer und physikalischer τάξις fest: ἔστι δὲ καὶ ἑτέραν εἰπεῖν φυσικὴν καὶ τοῖς προειρημένοις ἤδη λίαν ἀκόλουθον (Opm. 161, 18 - 19). Im Anschluß an das nun folgende Stück über die von Gott zur Aktualität geführte δύναμις der Erde bekräftigt Philoponos nochmals die Übereinstimmung von biblischem Bericht und Schöpfungsordnung: οὐδὲν ἄρα τῆς προσηκούσης τάξεως χωρὶς τῷ σοφωτάτῳ πεφυσιολόγηται Μωυσεῖ (Opm. 162, 15 - 17). Jetzt, unmittelbar nach dem eigentlichen Schluß der Abhandlung über die τάξις von Wort und Welt, stellt der Kommentator diese τάξις in Opposition zur λέξις (Opm. 162, 18 - 21), womit der Begriff nach einer literarischen, physikalischen, eine dritte, diesmal didaktische Bedeutung erhält. Diese drei Facetten repräsentieren aber nur abstrahierbare Aspekte einer einheitlichen Ordnung von literarischem und physikalischem Kosmos, die zunächst allgemein erklärt werden muß (τάξις als θεωρία), bevor einzelnes (λέξις) verstanden werden kann. Der Kommentator vollzieht somit in der Anlage seines Werkes sowohl jenes metaphysische Ordnungsprinzip nach, demgemäß aus der allgemeinen und einfachen Schöpfungsabsicht die τάξις als Heilsplan resultiert, paßt sich aber andererseits auch der literarischen τάξις des Moses an, der die Gliederung seines Berichtes einem allgemeinen σκοπός unterordnete. Ein interpretatorischer Spagat zwischen Worterklärung und physikalischem Befund ist nach Philoponos, der im Eröffnungskapitel des fünften Buches von einer folgerichtigen Einheit von Lehrabsicht und Struktur des Gewordenen ausgeht, nicht nötig: Ἐγὼ δὲ ... καὶ τὰ νῦν προσάντη τῆς λέξεως καὶ τῇ φύσει δοκοῦντα μὴ συμφωνεῖν ἀπευθύναι σπουδάσω καὶ δεῖξαι σοφὴν ὄντως καὶ ἀκόλουθον τοῖς ἤδη γενομένοις καὶ τὴν περὶ τῶν προκειμένων διδασκαλίαν (Opm. 205, 6 - 10). Da die Sprachschöpfung des Moses von derselben Innerweltlichkeit ist wie das erschaffene Universum, vermag der Nachweis der τάξις der Welt die Stimmigkeit des mit ihr wesenhaft verbundenen literarischen Gebildes zu beweisen. Dies ist ja der Fall, wenn Philoponos auf den Vorwurf der Widersprüchlichkeit des biblischen Textes gegenüber der meßbaren Wirklichkeit mit der Analyse eben dieser immanenten Phänomene reagiert. Die Welt beweist die Schrift und umgekehrt. Die hervorgegangene Genesis gehorcht einer empirisch nicht faßbaren τάξις, von der die Hierarchie der Wesen nach einem unausweichlichen Gesetz angeordnet wird.[390] Demgegenüber entspricht die λέξις der materiellen Schöpfung mit ihrer festgelegten zeitlichen und axiologischen Ordnung. Nicht umsonst steht die λέξις in Korrelation zu den sensiblen Phänomenen, während die τάξις des Schöpfungsberichtes dessen übergeordnetem Sinn hinter den Buchstaben entspricht. Von diesem Verständnis von τάξις als der dem Einzelnen zugrundeliegenden intelligiblen Ordnung in Natur, Schöpfungsbericht und Exegese ist die inhaltliche Gleichschaltung mit der neuplatonischen θεωρία begründet. Schließlich ist auf epistemologischer Ebene τάξις durch θεωρεῖνzugänglich, womit sich der Kreis wieder schließt: θεωρητέον, πῶς ... τὴν φυσικὴν τῶν στοιχείων τάξιν ἐφύλαξε Μωυσῆς (Opm. 60, 4). Zur hermeneutischen Technik des Philoponos kann vermerkt werden, daß die Aufteilung der Exegese in τάξις - und λέξις - Teile nicht beliebig erfolgt, sondern nur dann umgesetzt wird, wenn sich im Gedankenablauf des Genesistextes die Problematik der Zeitlichkeit und Ordnung des Werdens ergibt. Die konsequente Durchführung dieses Prinzips ermöglicht die Zuordnung einzelner Passagen zum τάξις - λέξις - Teil: Wo Philoponos über die chronologische und ontologische Ordnung

[390] κατὰ ταύτην ἄρα τὴν φυσικὴν καὶ ἀναγκαίαν τάξιν (Opm. 210, 11 - 12); κατὰ τὴν εἰρημένην ἀκολουθίαν (Opm. 210, 14 - 15).

des Gewordenen spricht - sprachlich durch das τάξις - und ἀκόλουθον - Motiv markiert, haben wir es mit der Allgemeinerklärung zu tun. Besonders deutlich sichtbar ist diese Organisationsform im ersten Kapitel des zweiten Buches, das geschlossen zur θεωρία gehört (Opm. 60, 1 - 61, 8). Das zweite Kapitel thematisiert die τάξις - Problematik nicht mehr, greift die ersten Worte des Lemma auf[391] und stellt die Durchführung der im Anfangskapitel angekündigten Detailerklärung dar.[392] Philoponos folgt in der Art seiner Erklärung keinem starren Muster, sondern den textlichen Gegebenheiten. Diese Orientierung am Buch überwiegt gegenüber einer pädagogischen, auf den Studenten abgestimmten Methodik, wie sie in den Vorlesungen etwa eines Olympiodor zutage tritt.[393] Weiters können aus den vorliegenden Ergebnissen erste Indizien gewonnen werden, um einige am Ende des ersten Teiles dieser Arbeit formulierte Fragen zu klären: Die Parallelschaltung von τάξις φυσική und der von Moses gewählten Abfolge der Darstellung eben dieser Schöpfungsordnung, dann die Rückführung beider Ordnungsprinzipien auf einen übergeordneten Ursprung - hier der Wille Gottes, dort der σκοπός des Moses - zeigt Philoponos' Prägung durch die neuplatonische Interpretationstheorie, die den literarischen Kosmos als Analogon zur intelligiblen Wirklichkeit auffaßt. Der ideale Interpret verfügt wie der inspirierte Autor über die Fähigkeit, hinter den Einzelphänomenen der Wahrnehmungswelt das lebendigere Allgemeine zu sehen. Eine auf die Oberfläche der λέξις fixierte Sichtweise der Bibel nimmt auf ihren lebendigen Ursprung in Gott keinen Bezug und vermag lediglich interne Widersprüche und Unstimmigkeiten gegenüber der Welt zu erfassen. Das Wort der Bibel erhält als sprachliches Zeichen seinen Sinngehalt erst durch die vorangegangene Übereinkunft über seinen göttlichen Ursprung. Daher muß zunächst die τάξις der gei-

391 Gen. 1, 2: Ἡ δὲ γῆ ἦν ἀόρατος → Opm. 61, 12: Ἀόρατον δὲ τὴν γῆν ἔφη ...

392 Opm. 60, 3. Der Einteilung von SCHOLTEN (1996), S. 45 Anm. 166 kann ich nicht folgen, der die λέξις bereits mit Opm. 60, 19 oder Opm. 60, 25 beginnen läßt und dadurch die Erörterungen zur τάξις auf zwei Abschnitte verteilt.

393 Vgl. oben S. 221 f. zu Opm. als einem der Vorlesungspraxis fernstehenden, für den Leser, nicht für den Hörer verfaßten Werk.

stigen Wahrheit geklärt werden, bevor die Richtigkeit der symbolischen λέξις verstanden werden kann. Denn das Verständnis des νόημα geht der Einsicht in die aus ihm resultierenden Worte voraus. Worte als Erzeugnis des Geistes stellen zwar kein Äquivalent zur Wahrheit dar, zeigen sie aber an: Der Nachweis der Übereinstimmung zwischen Bibel und Empirie darf den verbalen Befund nicht als arbiträre Konvention ignorieren. Die λέξις als solche muß gewahrt bleiben, auch wenn ihr Sinngehalt erst sekundär vermittels ihres Ursprunges erfaßt werden kann.

Die hier beschriebenen hermeneutischen Techniken erwachsen aus einer bestimmten kosmogonischen Theorie. Deren Gehalt und formale Darstellung kann ausgehend von Philoponos' Überlegungen zu τάξις, ἀκόλουθον bzw. λέξις als Element eines Diskurses betrachtet werden, dessen Teilnehmer noch näher zu bestimmen sind. Vorgefundene Parallelen zu anderen Autoren sind bis zur Erbringung des Nachweises, daß deren Werke unmittelbar herangezogen wurden, nicht als Quellen, sondern als Artikulation innerhalb einer intertextuellen Kommunikation zu werten, an der Philoponos' Idealleser teilnimmt. Das Wechselspiel von Ablehnung und Akzeptanz dieser Prämissen durch Philoponos legt seinen Status innerhalb dieses Gespräches eher fest als die notwendigerweise lückenhaft bleibende Zitierung von "Vorbildern". In der paganene Welt besaß Proklos als prägende Gestalt für die Ammoniosschule in Fragen der Theologie und Kosmogonie eine besondere Bedeutung. In seinem Timaioskommentar kontrastiert er die Anordnung der wichtigsten, bei der Interpretation im voraus zu klärenden Punkte (τάξις τῶν κεφαλαίων) mit der detaillierten Worterklärung (ἀκρίβεια τῶν ὀνομάτων: TimCom. I 26, 23 - 30). Das zweite Zeugnis ist dem zweiten Buch desselben Werkes zu entnehmen, wo Proklos auf Platons Überlegungen, nach welchem Paradigma der Demiurg den Kosmos schuf, zu sprechen kommt:[394] ἡμῖν δὲ πρῶτον αὐτὸ τοῦτο δεικτέον ὅτι κατά τι παράδειγμα γέγονεν ὁ κόσμος, ἔπειτα τί ποτέ ἐστι τοῦτο καὶ ἐν ποίᾳ τάξει τῶν ὄντων ζητητέον (TimCom. I 320, 31 - 321, 2). Dieser Frage nach den Grundlagen steht abermals wie im ersten Beispiel die τῶν ὀνομάτων ἀκρίβεια gegenüber (TimCom. I 327, 10). Das Thema der Anordnung gehört also wie bei Philoponos in jenen Bereich der Untersuchung,

394 Zu Plat. Tim. 28 c 5 - 29 a 2.

der nicht der Einzelerklärung vorbehalten ist, sondern in theoretischer Weise voraus geklärt wird. Wenn auch das spärliche Vorkommen der Antithese τάξις - λέξις bei Proklos Vorsicht bei der Hypothesenbildung nahelegt, so ist doch zu vermuten, daß Philoponos sein Anliegen, dem Schöpfungsbericht zur Akzeptanz zu verhelfen, indem er vorweg Mißverständisse bezüglich der zeitlichen Ökonomie des Schöpfungsprozesses ausräumte, nach einem vertrauten Muster in die exegetische Praxis umsetzte. Die Anbindung der τάξις als Allgemeinerklärung an die im Text vorgegebene Thematik von der τάξις als Ordnung der Kosmogonie läßt sich in dieser Konsequenz im griechischen Philosophenkommentar allerdings nicht nachweisen. Gerade deshalb verlohnt es, die im Prooemium massiv auftretende Evokation der Gedanken des Gregor von Nyssa ernst zu nehmen und sich zu vergegenwärtigen, daß dort ein Leitmotiv im Denken des Kappadokiers, die ἀκολουθία, angeklungen, aber aufgrund der abweichenden Autorintention von Philoponos nicht weiter verfolgt worden war.[395] Von speziellem Interesse ist hier jene Bedeutungsvariante, wonach Gregor mit ἀκολουθία die notwendige und zielgerichtete Abfolge der Phänomene in der Ordnung des Kosmos bezeichnet. Bemerkenswert ist die Junktimierung von ἀκολουθία und τάξις etwa in Greg. Anim. 105 A, wo das Universum gemäß einer folgerichtigen Ordnung aus der göttlichen Natur entspringt. Nach Auskunft von HexApol. 72 B - C beinhaltet der Begriff der kosmogonischen ἀρχή den Willen Gottes, der bereits alle Bewegungen, Potentialitäten und Ursachen des Werdenden einschließt. Die Weltentstehung spielt sich als telosgerichtete Folge ab, die in notwendig geordneter Struktur auf diesen Willen Gottes zurückgeht: εἱρμός τις ἀναγκαῖος κατά τινα τάξιν ἐπηκολούθησεν.[396] Der Determinismus physikalischer Prozesse enthüllt sich so als eine auf die ἐνέργεια Gottes zurückgehende Konsequenz und widerspricht nicht der Lehre von der Schöpfung: πάλιν τὸ ἀναγκαίως κατὰ τὴν ἀκολουθίαν τῆς φύσεως ἐν τάξει τινὶ καὶ ἁρμονίᾳ γινόμενον, εἰς θείαν ἐνέργειαν ὁ Μωυσῆς ἀνάγει· διδάσκων ... τὸ πάντα προκατανενοῆσθαι τῇ τοῦ θεοῦ σοφίᾳ (HexApol. 76 B). Die geordnete Abfolge des Entstehens bedingt räumliche und zeitliche Ausdehnung (διαστηματικὴ παράτασις) im Bereich innerweltlicher Phä-

[395] Vgl. oben Kap. II A 2.

[396] Greg. Nyss. HexApol. 72 C. Vgl. DANIÉLOU (1970), S. 25.

nomene, während die göttliche Natur jeder zeitlichen ἀκολουθία enthoben ist.[397] Auch der biblische Schöpfungsbericht obliegt wegen seiner Differenziertheit in Raum und Zeit derselben auf Gott zurückgehenden ἀκολουθία, die auch die Ordnung des Kosmos einmal festlegte.[398] Während nun die menschliche Natur in ihrer Armut über keinen direkten Zugriff auf die den Einzelphänomenen zugrundeliegende Weisheit verfügt, kann die von Moses beschriebene τάξις der Schöpfung dazu führen, daß zumindest die ἀκολουθία im Gewordenen theoretischer Betrachtung zugänglich ist: Ἀλλὰ τὸν μὲν λόγον τῆς ἐν ἑκάστῳ τῶν ὄντων φαινομένης σοφίας ἰδεῖν ἡ πτωχεία τῆς φύσεως ἡμῶν ἀδυνατεῖ, τὸ μέντοι κατὰ τὴν ἐκτεθεῖσαν παρὰ τοῦ νομοθέτου τάξιν ἐπὶ τῆς τῶν ὄντων κτίσεως, ἀκολουθίαν τινὰ τοῖς γεγονόσιν ἐνθεωρῆσαι (HexApol. 117 C). Signifikant ist für Gregor der Ausschluß der Theoria von der unmittelbaren Gotteserfahrung, da Betrachten und Betrachter eine Zweiheit voraussetzen, die der Einheit Gottes nicht äquivalent ist.[399] Die Funktion der Theoria liegt in ihrem anagogischen Wesen begründet, das durch und von den Sinnesdingen ausgehend die Seele an Gott annähert, indem sie sein Wirken und die Tatsache seiner Existenz aufzeigt.[400] Gott selbst ist der Theoria nicht zugänglich, sie enthüllt erst durch das Aufzeigen der

---

397 Adv. Eun. I = GNO I 361 - 363; zu ähnlichen Überlegungen bei Philon vgl. DANIÉLOU (1970), S. 27; 29. als Teil der Extension ist auch die Sprache durch διάστημα gekennzeichnet und daher ungeeignet, die ἀδιάστατος οὐσία Gottes zu erfassen. Vgl. F. DÜNZL, Braut und Bräutigam. Die Auslegung des Canticum durch Gregor von Nyssa, Tübingen 1993, S. 217 f.; 298 f., MOSSHAMMER S. 107 f. Über die Nähe Gregors zur neuplatonischen Auffassung von der Abständigkeit der empirischen Welt handelt BÖHM S. 193 f.

398 Vgl. Greg. Nyss. HexApol. 120 B.

399 BÖHM S. 72 Anm. 28 nach Greg. Adv. Eun. II 268, 25 - 30. Vgl. Adv. Eun. I = GNO 232, Diem lum. 225, 3.

400 Vgl. BÖHM S. 73 f. nach VitMos. 139, 6 - 10. MARGERIE S. 246 betont den Unterschied zur paganen Konzeption von θεωρία als einer unmittelbaren Schau der intelligiblen Realität. Gregors Theorie erhellt die geschaffene Welt in ihrer Historizität, ihre von Gott festgelegte Ordnung.

Mannigfaltigkeit der Welt indirekt Gottes Anderssein. Daher ist die Schau der phänomenalen Ordnung kein theoretisches Präludium zu einer nachfolgenden höheren Denkform, sondern Wesenszug und eigentliche Funktion der Theoria.[401] Auf die exegetische Ebene übertragen bedeutet dies, daß die geordnete Abfolge des mosaischen Berichtes der Theoria einen Ansatzpunkt liefert: Durch die bestimmte und geordnete Weisheit der Schrift hindurch erkennt sie, daß Gott existiert, nicht aber Gott selbst. Ein anderer Weg ist nicht möglich, weil Sprache als differente Wirklichkeit nur Abstände artikulieren und beschreiben kann, wodurch sie notwendigerweise gezwungen ist, ἀκολουθία zu konstituieren. Die Leistung des Moses besteht für Gregor nun darin, daß die ἀκολουθία seiner Erzählung mit jener Weltordnung kongruent ist: ὡς μηδὲν ἔξω τῆς ἀκολουθίας παρὰ τοῦ μεγάλου Μωσέως ἐν τῇ τῶν ὄντων διασκευῇ γεγράφθαι (HexApol. 120 B). Aufgrund der bisherigen Überlegungen kann die Frage, warum Philoponos den Theoriateil seiner Ausführungen als τάξις bezeichnete, beantwortet werden. Gregor von Nyssa hatte die Elemente ἀκολουθία - τάξις - θεωρία zu einem exegetischen und gnoseologischen Konzept gebündelt, in dem die τάξις Ziel und eigentlichen Inhalt der Theoria bildet. Wie Gregor akzentuiert auch Philoponos die strukturelle Ähnlichkeit von kosmogonischer und literarischer τάξις des Hexaemeron,[402] wobei die in der Genesis vorgegebene Zeitlichkeit der Weltentstehung als Ablauf von einer πρώτη zu einer δευτέρα τάξις (Opm. 206, 22 - 207, 4) in eine grammatikalische Diskussion mündet. In dem hier noch nicht diskutierten Schlußkapitel des zweiten Buches versucht Philoponos nämlich eine Lösung der Frage, warum Moses den ersten Tag der Schöpfung den einen Tag nannte, also nicht πρώτη, sondern μία ἡμέρα sagte (Opm. 107, 8). Nach astrono-

---

[401] HexApol. 121 A, VitMos. 83, 6 - 7.

[402] Philop. Opm. 161, 16 - 19; 162, 15 - 17.

mischen Erwägungen, die hier ausgespart bleiben müssen, begründet Philoponos diese Besonderheit des Hebräischen mit dem Umstand,[403] daß es hier, wo ein Umlauf der Sonne auf den anderen folgt und somit ein Tag die Reihe aller anderen Tage zeugt, keinen Unterschied im Sinne verschiedener Substanzen gebe. Dagegen sei der eine Tag αἴτιον der bewirkten anderen Tage, die durch ihre Beziehung zur Ursache existieren, was in der Benennung als zweiter oder dritter Tag zum Ausdruck komme: Εὔλογον οὖν τὸ αἴτιον μὴ ποιεῖν τοῖς αἰτιατοῖς σύστοιχον, ἀλλ᾽ ἐκεῖνα μὲν ἐκ τῆς πρὸς αὐτὸ σχέσεως ἔχειν τὸ δεύτερα εἶναι καὶ τρίτα, τοῦτο δὲ ὡς ἐκείνων ἐξῃρημένον τῇ δυνάμει ἄσχετον πρὸς αὐτὰ τὴν προσηγορίαν ἔχειν, ἓν λεγόμενον καὶ μία καὶ εἷς, οὐχὶ δὲ πρῶτος καὶ πρώτη καὶ πρῶτον (Opm. 108, 17 - 22). Somit entspricht die ontologische Differenzierung in αἴτιον und αἰτιατόν einer sprachlichen Scheidung in Kardinalia und Ordinalia. Es sei also festgehalten, daß Ordnung, sei es als τάξις πρώτη καὶ δευτέρα im Schöpfungsverlauf oder als Abfolge von Zahlwörtern nach Philoponos die aus einer Ursache hervorgegangene Wirkung markiert,

[403] Philoponos' Überlegungen beruhen hier auf dem exegetischen Prinzip, Homer aus Homer zu erklären, das, wie SCHÄUBLIN (1974), S. 148 - 155 zeigt, besonders von den Antiochenern angewandt wurde, um durch historische oder sprachliche Sacherklärungen dunkle Bibelstellen zu erklären. Ein Topos dieses Verfahrens ist der Hinweis auf Eigenheiten (ἰδίωμα, ἔθος) des Hebräischen. So zitiert auch Philoponos Gen. 2, 11 - 14; 4, 19 und Lev. 23, 24, um Beispiele für das ἰδίωμα, statt "erster" "einer" zu sagen, beizubringen (Opm. 107, 9 - 21). Philoponos gebraucht allein hier ἰδίωμα im grammatisch technischen Sinn, was für die Abhängigkeit dieses Stückes von der exegetischen Tradition spricht. An anderer Stelle bezeichnen die ἰδιώματα die Eigenschaften der göttlichen Personen in der Dreifaltigkeit (Opm. 40, 21). In einem anderen, naturwissenschaftlichen Kontext, lehnt er die Annahme von verschiedenen Teilmeeren mit jeweils spezifischen Eigenschaften ab. Das Meer ist eine Einheit ohne ἰδιώματα (Opm. 171, 3). In den letzten beiden Zeugnissen für die Semantik dieses im Index von REICHARDT nicht aufscheinenden Wortes bezeichnen ἰδιώματα Besonderheiten von Meerestieren und Vögeln (Opm. 214, 6; 217, 19).

deren ontologisch minderes Wesen durch eine Reihenstruktur bestimmt ist. Demgegenüber bleibt sich das Eine gleich und gibt dem Nachrangigen Leben.[404] Gleichwohl verharrt die Ursache in sich, unter sprachtheoretischem Aspekt trägt sie ihre Benennung ohne Bezug auf das Nachgeordnete - ἄσχετον πρὸς αὐτά, während das Geordnete auch hinsichtlich seiner Namen nur als Bezügliches, d. h. von einer externen Ursache Bewirktes und auf sie Folgendes existiert.[405] Die ἀκόλουθος τάξις der Schöpfung und deren sprachliche Darstellung durch Moses als historischer Prozeß repräsentieren den sich in φύσις und Schrift manifestierenden Heilsplan Gottes, der als different - "abständige" οὐσία nachdem Prinzip *similia similibus* von der theoretischen Vernunft erfaßt werden kann. Die ἀρχή dieser οὐσία - dies ging bereits aus der Interpretation des Prooemiums hervor - tritt aufgrund der deklarierten Absicht, sich ausschließlich mit der kategorialen Ebene des gewordenen Wortes und der gewordenen Welt zu beschäftigen, in den Hintergrund. Die bei Proklos beobachtete Zuordnung der Untersuchung der τάξις zum theoretischen Teil der Texterklärung, die bei Gregor ersichtliche Fixierung der θεωρία auf die Erkenntnis des Geschaffenen, das wiederum als τάξις aus einer selbstbezüglichen Ursache hervortritt, geben dem Terminus τάξις jene Signifikanz, die ihm im intertextuellen Umfeld ein klar definiertes Profil verleiht als die der Theoria zugängliche und aus Gott gewordene Ordnungsstruktur des physikalischen und literarischen Universums.

3. Zusammenfassung

Eine Möglichkeit, Opm. in die Tradition des spätantiken Kommentars einzuordnen, besteht in der Untersuchung der Einbindung der Lemmata in den Verlauf der Erläuterungen. Als Vergleichspunkte wurden Ammon. CatCom.; IntCom., Philop. CatCom. und Prokl. TimCom. I herangezogen und sowohl Vor- als auch Rückverweise erfaßt. Dabei stellte sich heraus, daß Philoponos' Vorverweise im CatCom. stili-

[404] Opm. 108, 14 - 16: γεννητική - γεννῶσα.

[405] Zum ἐφεξῆς - Modell Plotins, das in Philoponos' Theorie von der Relationalität des Gewordenen zum Einen begrifflich anklingt (... τῶν ἑξῆς ἁπασῶν οὖσαν γεννητικήν), vgl. Kap. I A 2.

stisch variabler, weniger schematisch und schulmeisterhaft sind als die des Ammonios in dessen gleichnamigem Werk. Das Bestreben, den narrativen Duktus der Erläuterung nicht zu stören und zur Eigenreflexion anzuregen, hebt den CatCom. des Philoponos von einer Vorlesungsnachschrift weit hinaus. Was nun Opm. selbst anbelangt, ist die Absicht des Verfassers deutlich, Assoziationen mit einem mündlichen Lehrvortrag zu vermeiden. Der Leser wird nicht ständig an den gerade zu interpretierenden Passus erinnert, sondern durch das Referieren anderer Lehrmeinungen in einen wissenschaftlichen Disput integriert. Da die Bindung des Lemma an den Text nicht gesucht wird, erinnert Philoponos nur sehr zurückhaltend an den Wortlaut der Bibelstelle. Diesem Verfahren am nächsten steht Proklos' Timaioskommentar, der wie Philoponos die Textvorlage als Ausgangspunkt einer eigenständigen Untersuchung begreift, die thematisch weit über die primäre Aussage der interpretierten Stelle hinausweist. In beiden Fällen hat sich der Argumentationsverlauf des Kommentars vom Text emanzipiert.

An einigen Stellen gliedert Philoponos seine Exegese in einen der allgemeinen Erörterung vorbehaltenen theoretischen Teil und in die Detailerklärung des Wortlautes, wofür er die Begriffe τάξις bzw. λέξις gebraucht. Der Terminus τάξις - in dieser Funktion im paganen Kommentar nicht belegt - bezeichnet die physikalische Ordnung der Welt und die Disposition des mosaischen Berichts selbst, die vor der Einzelerklärung theoretisch erörtert werden. Gottes τάξις ist die dem Einzelnen zugrunde liegende intelligible Ordnung in Schöpfungsbericht und Natur. Diese geistige Struktur hinter der offenbarten Schrift und den konkreten Naturphänomenen ist Gegenstand der Allgemeinerklärung (τάξις), während das Einzelne der λέξις vorbehalten bleibt. Diese Verwendungsweise von τάξις geht auf den Einfluß von Gregor von Nyssa und Proklos zurück: Der Kappadokier hatte die geordnete Abfolge des Hexaemeronberichtes und der Schöpfung selbst zum Gegenstand der theoretischen Reflexion gemacht, τάξις ist Ziel und Inhalt der θεωρία. Bei Proklos sehen wir, daß die Untersuchung der Anordnung eines Werkes der Einzelerklärung der Begriffe gegenübergestellt und der Theorie zugewiesen wurde.

C. "UND GOTT SPRACH ..." PROGRAMMATISCHE ÜBERLEGUNGEN DES PHILOPONOS ZUR SPRACHLICHKEIT IM ERÖFFNUNGSSTEIL VON OPM.

1. Mose Lehren sind ὑψηλότερα - Opm. 5, 20.

Ὅσον δὲ τούτων μεγαλοπρεπέστερα τεθεολόγηκε Μωυσῆς ἄκουε. "καὶ εἶπεν ὁ θεός γενηθήτω φῶς καὶ ἐγένετο φῶς" ... πόσῳ ταῦτα τῶν Πλάτωνος ὑψηλότερα καὶ θεοπρεπέστερα; εἰ γὰρ τὸ "εἶπεν" μὴ φωνήν τινα καὶ ῥημάτων ψόφον νοεῖν δυνατόν ... τί ἕτερον διὰ τούτου δηλοῦν ἐθέλει τὸ λόγιον ἢ μόνον τῇ περὶ τοῦ γενέσθαι τῶν ὄντων ὁτιοῦν τοῦ θεοῦ βουλήσει σύνδρομον εὐθὺς ἀκολουθῆσαι τὸ ἔργον; (Opm. 5, 17 - 6, 2).

Nachdem Philoponos aus Plat. Tim. 41 b die Rede des Demiurgen, mit der er die Geistwesen beauftragt, die Menschen zu schaffen, wörtlich zitiert hat, hebt er dagegen das ὑψηλότερα in der Ausdrucksweise des Moses hervor, wenn es heiße: "Und Gott sprach..." Um die Aussage des Philoponos in ihrem literaturtheoretischen Gehalt bewerten zu können, richtigen wir den Blick auf den Longins Überlegungen zur Qualität des hohen Stils. In seiner Schrift περὶ ὕψους dürfte er bereits in der Lacuna ab 60, 4 auf das ὑψηλόν Hdt. VII 21, 1 verwiesen haben. Dieser Passus gelte als ἓν γάρ τι τῶν ὑψηλοτάτων im Werk des Historikers.[406] Wo der Text wieder einsetzt, charakterisiert Longin das ὑψηλόν unter Verweis auf Hom. Od. 10, 251 f. als konjunktionsarm und beschleunigt: καὶ οὐδὲν ἧσσον κατεσπευσμένα φέρει τῆς ἀγωνίας ἔμφασιν ἅμα καὶ ἐμποδιζούσης τι καὶ συνδιωκούσης (subl. 60, 12 - 14). In der rhetorischen Tradition wurde seit Aristoteles die Wirkkraft des Asyndeton erörtert,[407] wobei der Stagirit besonders die scheinbare Überwindung der Zeitgrenzen im Handlungsablauf durch die unzeitlich wirkende sublime Sprache betont.[408]

---

[406] Vgl. C. M. MAZZUCCHI, Dionysi Longino Del Sublime. Introduzione, testo critico, traduzione e commento, Mailand 1992, S. 221.

[407] Rhet. 1414 a 2 - 3; 1413 b 189 - 21. MAZZUCCHI S. 222 weist auf die Zugehörigkeit der oben zitierten Homerstelle zum fixen Kanon rhetorischer Exempla hin.

[408] Ἐν ἴσῳ γὰρ χρόνῳ πολλὰ δοκεῖ εἰρῆσθαι (Rhet. 1413 b 31 - 32).

Dies verbindet ihn mit Longin, der im vorhin zitierten Homerpassus den Worten des Eurylochos den Effekt beigemessen hat, synchron (ἅμα) ein ἐμποδίζειν und συνδιώκειν zu vermitteln. Wenn wir somit von der Junktimierung des ὑψηλόν und der asyndetischen rhetorischen Frage ausgehen und zudem die dieser Stilfigur zugeschriebene Qualität der Hörerbeeinflussung durch Ausschaltung des Tempusaspekts berücksichtigen, ist der Hinweis auf das der ὑψηλότης verpflichtete Sprechen des Moses nicht nur so zu verstehen, als sei das Hexaemeron stilistisch auf einer höheren Ebene angesiedelt als die Werke Platons. Vielmehr löst Philoponos mit der Erwähnung dieses Stilmerkmales beim rhetorisch gebildeten Hörer auch die Assoziation einer emphatischen Ausdrucksweise aus, die dem Rezipienten das Wesentliche - die mit dem ersten Wort Gottes zeitlos vollzogene Schöpfung - verständlich macht.

Das hohe Niveau des Literaten Philoponos enthüllt sich auch darin, daß er rhetorische Bezüge für dieses programmatische Anliegen fruchtbar gemacht hat. Der auf Chronologie verzichtenden Sprache des Moses ist die dem Früher oder Später enthobene Tat Gottes äquivalent (Opm. 5, 29 - 6, 2). Wie sicher sich der Alexandriner dabei rhetorischer Terminologie bediente, geht auch aus der einleitenden Erwähnung des μεγαλοπρεπές in Mose theologischen Lehren hervor (Opm. 5, 17), eine stilistische Qualität, die im technischen Schrifftum der Rhetoren ebenso wie in diesem Philoponosstück mit dem ὕψος verschwistert ist: ὕψος δὲ καὶ κάλλος καὶ μεγαλοπρεπείαν καὶ τὸ λεγόμενον ἰδίως πλάσμα ἱστορικὸν Ἡρόδοτος ἔχει (Dion. Hal. Epist. Pomp. Gem. 4, 3 = p. 242, 5 - 7 U.-R.). Schließlich bewirkt das ὕψος des Moses, daß Gott Moses wohlgewogen ist (θεοπρεπέστερα: Opm. 5, 20). Diesen Glauben an die Kraft des sublimen Wortes konnte Philoponos aus der Überzeugung der Rhetoren vom Wesen der hohen Sprache geschöpft haben, die ihren Gestalter zur Gottheit erhebt: ὅμως παντός εἰσιν ἐπάνω τοῦ θνητοῦ ... τὸ δ᾽ ὕψος ἐγγὺς αἴρει μεγαλοφροσύνης θεοῦ (Long. subl. 98, 13 - 15 Maz.).

Nimmt man all diese Konnotationen zusammen, die unter den Begriffen ὑψηλότης/ὕψος den Text des Moses charakterisieren, so gewinnt der unmittelbare Vergleich zwischen dem Platonicum und der Genesis an Schärfe: Da gerade Platons Stil in der rhetorischen

Klassifikation als ὑψηλός festgelegt war,[409] mußte der höhere Grad der mosaischen *sublimitas* dahingehend interpretiert werden, daß Moses Platon auch auf dem Gebiete, in dem dieser nach paganer Vorstellung die Vollendung erreicht hatte, übertraf: die dem Sein auch sprachlich adäquate Lehre des gottnahen Propheten.

Im oben ausgeschriebenen Stück äußert sich Philoponos aber nicht bloß zur literarischen Qualität des Theologen Moses, sondern tritt auch in eigener Person als Kommentator hervor, der den spirituellen Gehalt des Bibeltextes enthüllt. Die Frage, wie das Sprechen Gottes zu verstehen sei, wird dabei mit den Begriffen φωνή / ῥημάτων ψόφος in einer Terminologie behandelt, die in der sprachphilosophischen Reflexion um die Korrelation innerhalb des semantischen Dreiecks von Wort - Denken - Sache von Relevanz war. Unter Hinweis auf das Kapitel I B 2 genügt es, hier daran zu erinnern, daß der späte Neuplatonismus die aristotelische Wortentstehungslehre aufgreifend als physiologische Bedingung für das Vorhandensein eines Wortes die Strukturierung von Lauten durch Organe, die akustische Phänomene erzeugen (Lunge, Luftröhre etc.), sowie solche, die jene gliedern (Zunge, Lippen etc.), annahm.[410] Schall ist durch πληγή komprimierte Luft, Laut ist auch Schall, aber gegliedert und von einem Lebewesen stammend.[411] Auf einer kommunikationstheoretischen Ebene sind die zwei Bedingungen des Wortes seine Bedeutsamkeit, die es von sinnlosen menschlichen Lauten scheidet und die auf Verabredung gegründete Gliederung des akustisch Wahrnehmbaren.[412] Aufgrund der Bestimmung des Wortes als aus der Konventionalität Hervorgegangenes ist Sprache für Götter nicht notwendig.[413] Damit sind wir beim *demonstrandum* des Philoponos angelangt, das nur von diesen sprachphilosophischen Implikationen

---

409 FORNARO S. 160 bringt Plin. epist. 1, 10, 5: *Platonicam illam sublimitatem et latitudinem effingit* und Tac. Dial. 31, 5 - 6: *Dabunt Academici pugnacitatem, Plato altitudinem.*

410 Ammon. IntCom. 24, 32 - 25, 10.

411 Ammon. IntCom. 30, 3 - 16.

412 Ammon. IntCom. 31, 18 - 23.

413 Ammon. IntCom. 31, 23 - 25. Konsequent hält Philoponos fest, daß vor dem Eintritt der Seele in den Körper averbale Kommunikation möglich ist (CatCom. 14, 2 - 3).

her verständlich ist: εἶπεν ist nicht φωνή oder hörbares Wort, weil a) es sinnlos wäre, bei Gott menschliche Atmungs- und Lautbildungsorgane anzunehmen und b) Schall, als komprimierte Luft definiert,[414] vor der Schaffung des ἀήρ nicht existiert haben kann. Weiters ist die Deutung von εἶπεν als konkretes Wort dann ausgeschlossen, wenn, wie in der Definition des Wortes der Fall, Vereinbarung als Grundlage für die Entwicklung des Wortes aus dem Laut vorausgesetzt wird. Wie hätte sich auch in der zeitlosen ἀρχή ein Erfahrungsschatz von Lautmustern, die einen bestimmten Inhalt reproduzieren, herausbilden können? Wenn wir den Argumentationszusammenhang betrachten, in dem Philoponos sprachphilosophische Überlegungen um das Bibelwort anklingen läßt, so ist sein Absicht evident, die Gleichzeitigkeit von Gottes Willen und Schöpfungsakt als eigentliche Lehre des Moses zu vermitteln. Wenn, wie oben dargestellt, Gottes Sprechen vorweltlichen, also prinzipiell unempirischen Charakter trägt, sein Wort somit nicht immanentes Symbol eines Gedankens sein kann, reduziert sich das semantische Dreieck nach Wegfall der φωνή auf das Paar νόημα - πρᾶγμα. Der neuplatonischen Identifikation von πρᾶγμα mit Sein entsprechend konstituiert Gott mit dem Denken das Sein ohne der Zeitlichkeit eines verbalen Befehles zu bedürfen.[415] Im Schlußkapitel dieses Buches, das auf das Kapitel zwei durch das Thema des averbalen εἶπεν Gottes zurückverweist und die strukturelle Einheit des Buches unterstreicht, wird dieser Zusammenhang von Sprachdenken und Theologie evident und *expressis verbis* artikuliert. Weil Gottes Sprache kein Sprechakt ist, bezeichnet εἶπεν nicht das Wort, sondern den Gedanken und Willen Gottes, der wiederum identisch ist mit der Ausführung des Intendierten: τὸ οὖν "εἶπεν ὁ θεός γενηθήτω φῶς καὶ ἐγένετο φῶς" οὐδὲν ἕτερον ἢ τὴν ἔννοιαν τοῦ θεοῦ καὶ τὴν βούλησιν ... ἐσήμανεν (Opm. 56, 18 - 21). Denn das Wort ist der Wille und der Wille schafft: οὐ μόνον δὲ γῆν καὶ οὐρανὸν παρήγαγε μόνῳ τῷ βούλεσθαι ὁ θεός, ἀλλὰ καὶ τῶν λοιπῶν ἕκαστον (Opm. 56, 12 - 14). Gerade die Hervorhebung der Averbalität ist somit im Kontext einer neuplatonischen Sprachphilosophie ein Merkmal für die Zeitlosigkeit des Hervorgehens der Schöpfungstat aus dem Schöpfungsgedanken (Opm. 6, 1 - 2).

[414] Opm. 54, 13 - 15.

[415] Ammon. IntCom. 24, 25.

Wenn nun die textliche Basis mit den Begriffen φωνή - ῥημάτων ψόφος zu schmal erscheien sollte, um neuplatonisches Sprachdenken auf diesen Satz in Opm. zu applizieren, kann dieser Einwand durch die direkte Quelle für die in Opm. 5, 21 f. vorgenommene Exegese von Gen. 1, 3 widerlegt werden. Die Vorlage läßt sich klar ausmachen, es handelt sich um den Passus in den Hexaemeronhomilien des Basileios: ὅταν δὲ φωνὴν ἐπὶ θεοῦ καὶ ῥῆμα καὶ πρόσταγμα λέγωμεν, οὐ διὰ φωνητικῶν ὀργάνων ἐκπεμπόμενον ψόφον οὐδὲ ἀέρα διὰ γλώσσης τυπούμενον τὸν θεῖον λόγον νοοῦμεν, ἀλλὰ τὴν ἐν τῷ θελήματι ῥοπὴν διὰ τὸ τοῖς διδασκομένοις εὐσύνοπτον ἡγοῦμεθα ἐν εἴδει προστάγματος σχηματίζεσθαι (HexHom. 33, 1 - 5). Sowohl bei Basileios als auch bei Philoponos löst derselbe Bibelvers die Bestimmung der Sprache Gottes als einen Willensakt aus, der menschlicher φωνή nicht verwandt ist, wobei der Alexandriner den Gedanken des Basileios nur verkürzt wiedergibt. Dieser begründete die Verschiedenheit des Gotteswortes durch dessen den ὄργανα φωνήτικα enthobenem Wesen. Bemerkenswert ist hierbei, daß Basileios die physiologischen Bedingungen menschlichen Sprechens ebenso zwei verschiedenen Lautbildungsapparaten zuordnet, wie es bei der Einteilung des Ammonios zu sehen war: Die erste Gruppe von Organen produziert Schall, die zweite strukturiert diesen ausströmenden Luftstoß.[416] Ebenso nahe steht Basileios mit seiner Beschreibung der ausgeatmeten und lautlich wahrnehmbaren Luft als διὰ γλώσσης τυπούμενον dem Ammonios, der den Laut als πληγὴ ἀέρος αἰσθητὴ ἀκοῇ beschrieb.[417] Dagegen ist das εἶπεν Gottes nur ein durch Sprache gestaltetes Sinnbild, um das Gewicht des göttlichen Willens transparent zu machen. Philoponos konnte sich auf jeden Fall auf die Übereinstimmung mit Basileios, dem christlichen Vorbild für das

416 Ammon. IntCom. 30, 8 - 11.

417 Ammon. IntCom. 30, 8. Für diesen Zusammenhang dabei unerheblich, ob Basileios sein Wissen aus stoischen oder epikureischen Quellen schöpft (vgl etwa DielDoxGr. 408, 1, 9 - 20 für Epikur oder Diogen. Laert. 171, 1, 27, Sen. nat. II 6, 3 für die Stoa), da die aristotelische Lautbildungslehre mittelbar weiterwirkte. Die Nähe des Ammonios zum kappadokischen Kirchenvater zeigt, daß dieser Aspekt der Sprachtheorie Gemeingut der grammatisch und philosophisch Gebildeten war.

Verständnis des Hexaemeron sowie auf Ammonios und mit ihm die neuplatonischen Theorien zur Wortbildung berufen, um seine Interpretation des biblischen Schöpfungsberichtes als Nachricht von der zeitlosen, mit Gottes Willen zusammenfallenden Tat dogmatisch und philosophisch abzusichern.

Wurde einleitend das hermeneutische Prinzip der übertragenen, den bloßen Literalsinn verlassenden Deutung in einen neuplatonischen Kontext gerückt, weiters die Vereinbarkeit eben dieses paganen Modells mit Basileios' Hexaemeronhomilien, von denen Philoponos direkt abhängig ist, bewiesen, so ist noch nach den Motiven für die Übernahme dieses Gedankens genau an dieser Stelle des Opm. zu fragen. Handelt es sich dabei um eine respektvolle Reminiszenz an ein großes Vorbild, um eine fast assoziative Übernahme von variablen Versatzstücken ohne wesentliche argumentative Funktion oder eine für den modernen Leser *prima facie* nicht mehr verständliche Stellungnahme zu einem Konflikt, die aber für den zeitgenössischen Betrachter aufgrund des Einsatzes von codierten Begriffen offenkundig war? Auszugehen ist von der bekannten Tatsache, daß die Annahme oder die Verwerfung einer auf dem Literalsinn bauenden Bibelinterpretation ein kontroversielles Thema innerhalb der christlichen Kirche war, das mit den Schlagworten Antiochenische bzw. Alexandrinische Schule, wörtliche versus allegorische Deutung nur unzureichend beschrieben wird. In der gegenwärtigen Forschung hat sich nämlich die Ansicht durchgesetzt, daß sowohl für die Antiochener - Diodoros von Tarsos, seinen Schüler Theodoros von Mopsuestia, Johannes Chrysostomos und Theodoret -, als auch für die Alexandriner Clemens und Origenes die Annahme eines tieferen Sinnes hinter dem Buchstaben der Schrift außer Streit stand. Die Polemik der Antiochener zielte nun nicht auf die Forderung, jenen universellen, spirituellen oder eschatologischen Gehalt zu ignorieren, sonderte gründete im Vorwurf, die Allegoristen würden illegitimerweise die Historizität des Textes im Interesse ihrer exegetischen Techniken leugnen und ihre Allegorien ohne Absicherung durch

Schriftbelege konstruieren.[418] Aufgrund ihrer Polemik war der Begriff der Allegorie negativ konnotiert, sodaß ihn die drei Kappadokier, die freilich nicht als Vertreter einer exegetischen Schule auftraten, auch dann, wenn sie eine allegorisierende Bibeldeutung praktizierten, nie den Terminus ἀλληγορία verwendeten. Stattdessen gebraucht etwa Gregor die unverdächtigen, weil mit heidnischen Mythen nicht assoziierbaren Begriffe τύπος, πνεῦμα, θεωρία.[419] Da Alexandriner und Antiochener in ihrer Textdeutung den Weg von der konkreten und zeitbedingten Aussage der Schrift zur Enthüllung einer spirituellen Botschaft beschreiten wollten, war der gemeinsame Boden tragfähig genug, um diese Kontroverse nicht zu einer Glaubensfrage werden zu

418 So K. DEMOEN, Pagan and biblical exempla in Gregory Nazianzen. A Study in Rhetoric and Hermeneutics, Corpus Christianorum LP II, Turnhout 1996, S. 243 f., der Origenes eine begriffliche Scheidung von Typologie und Allegorie abspricht. Die Antiochener vermieden den Begriff Allegorie für ihre eigene Exegese. Wenn Paulus im Galaterbrief von Allegorien sprach, deuteten sie diesen anstößigen Begriff als katachrestische Ausdrucksweise für τύπος (Joh. Chrys. In epist. ad Gal. IV 3 = SCh 61, 662). Vgl. DEMOEN S. 238 Anm. 100; 244 Anm. 122, NEUSCHÄFFER S. 222. Für die Entschlüsselung des spirituellen Sinnes unter Beibehaltung der Historizität gebrauchten sie den Terminus θεωρία. Vgl. R. LIM, The Politics of Interpretation in Basil of Caesarea's Hexaemeron, in: VigChr. 44, 1990, S. 351 - 370, S. 353. DEMOEN S. 247 f. versteht die Typologie als Relation zwischen alttestamentarischer Ursache und christologischer, also neutestamentlicher Wirkung, während die allegorisierende Bibeldeutung in symbolischer Weise vom konkreten Text zu einer abstrakten Wahrheit führt, die christologisch sein kann, aber nicht zwingend sein muß. Bereits BULTMANN (S. 60) konnte glaubhaft machen, daß Chrysostomos dann allegorische Deutung zuließ, wenn sie der Dianoia des Textes entspreche, wenn also die klar definierte rhetorische Figur der Allegorie vorliege.

419 Im Bezug auf die Interpretation heidnischer Mythen spricht er aber sehr wohl von ἀλληγόρημα bzw. ἀλληγορησία (Or. 4, 115; 119; dazu DEMOEN S. 267 Anm. 182).

lassen.[420] Für Gregor von Nyssa war der Streit um die Terminologie nebensächlich: ὧν τὴν διὰ τῆς ἀναγωγῆς θεωρίαν εἴτε τροπολογίαν εἴτε ἀλληγορίαν εἴτε τι ἄλλο τις ὀνομάζειν ἐθέλοι, οὐδὲν περὶ τοῦ ὀνόματος διοισόμεθα, μόνον εἶ τῶν ἐπωφελῶν ἔχοιτο νοημάτων (CantCantHom. = GNO VI 5, 6-9) .).[421] Basileios konnte als scharfer Gegner der Allegorese auftreten und doch eine Beschränkung der Bedeutungsebene auf den Buchstaben bekämpfen. So hat etwa R. Lim in einer der Interpretatonsstrategie gewidmeten Studie die differenzierte Haltung des Basileios gegenüber der allegorischen Exegese beschrieben und auf die Divergenz zwischen den diesbezüglichen ablehnenden Äußerungen in den Hexaemeronhomilien sowie einer Origenes verpflichteten spirituellen Textauslegung in der Philokalie hingewiesen.[422]Wenn Basileios die exzessive allegorische Deutung innerhalb der Kirche kritisiert, so ist damit nicht primär die auf textliche Gegebenheiten Rücksicht nehmende Methode des Origenes gemeint, vielmehr klagt er eine alogische, nicht auf Begründung abzielende Preisgabe des Common Sense an, die in eine nur mehr den eigenen Interessen verpflichtete Deutung mündet. Das Resultat dieser exegetischen Verirrung entspreche dem Niveau von Traumbüchern für

---

420 So ist K. FROEHLICH, Biblical Interpretation in the Early Church, Philadelphia, 1984 S. 20 zuzustimmen, wenn er die Annahme einer scharfen Antithese zwischen diesen beiden exegetischen Schulen als sekundäre Konstruktion wertet. Gregor Or. 45, 12 weist sich selbst eine Mittelstellung zwischen einer als Ἰουδαικός entwerteten Literalexegese und einer pneumatischen, auf die Realität des Textes nicht achtenden Schwärmerei zu.

421 F. DÜNZL, Gregor von Nyssa In Canticum Canticorum Homiliae. Homilien zum Hohelied I, Fontes Christiani 16/1, Freiburg, Basel etc., S. 99 Anm. 6 spricht hier zu Recht vom Versuch Gregors, die methodischen Differenzen zwischen antiochenischer und alexandrinischer Exegese zu nivellieren. Ähnlich DEMOEN S. 245 Anm. 125.

422 LIM S. 351.

Ungegildete.[423] Die respektvolle Übernahme der allegorischen Methode des Origenes in die Philokalie und das Plädoyer für die Bewahrung des Wortsinnes in den Homilien erklärt Lim schlüssig nicht als Konversion, sondern als eine auf die Adressatenschaft Rücksicht nehmende Vermittlung der Heiligen Schrift. Das pastorale Anliegen des Bischofs in Kappadokien bestand in der Abwehr mannigfacher Häresie, nicht in wissenschaftlichen Erörterungen zur richtigen Bibelexegese. Wenn in den 378 gehaltenen Homilien zum Schöpfungsbericht die Zuhörerschaft überwiegend aus einfachen Menschen bestand, mußte die Gefahr einer auf das Spekulative ausgerichteten Deutung gebannt werden, die den biblischen Text, das Fundament der Orthodoxie, beliebig verdrehte und für ihre eigenen Ziele nutzbar machte. Dagegen war die Anthologie der Werke des Origenes mit seiner offeneren Haltung gegenüber der Allegorie für gebildete Kreise bestimmt,[424] denen die korrekte Handhabung dieses exegetischen Instruments eher zugetraut werden durfte. Wie wenig Basileios aber dem Cliché des der buchstäblichen Bedeutung verhafteten Auslegers entspricht, geht aus seiner freieren Deutung von Gen. 1, 3 in den Hexaemeronhomilien hervor, wo ein wörtliches Verständis von εἶπεν dezidiert abgelehnt wird. Diese Lesart verursachte dann heftige Kontroversen zwischen Gregor von Nyssa und Eunomios, die klar zeigen, daß die Problematik der Textdeutung keine fachspezifische Diskussion unter Philologen darstellte, sondern Bestandteil der für das 4. Jahrhundert wesentliche Frage nach dem Wesen Gottes und seiner

---

423 Basil. HexHom. 146, 11 - 147, 3. LIM S. 357 f. verweist auf PMichigan 3718, der im ersten Fragment Anleitungen für eine allegorisierende Bibeldeutung enthält und sich offenkundig an weniger Gebildete richtet.

424 Vgl. Greg. Naz. epist. 115; dazu LIM S. 362.

Erkennbarkeit war.[425] Wie wir aus Adv. Eun. wissen, kritisierte Eunomios den Bischof aus Caesarea wegen dessen Ansicht, die Bezeichnung einzelner Teile der Schöpfung durch Gott sei nur im übertragenen Sinne als Sprechen bzw. als Benennung zu verstehen.[426] In seinem theologischen Lehrgebäude, das hier nur kurz skizziert werden kann,[427] sagt das Wort das Wesen vollständig aus, es ist nicht nur Laut.[428] Gottes eigentliches Sein, die ἀγεννησία, würde nicht erkannt, wenn man von einer willkürlichen Setzung der Namen nach der Entstehung der Welt ausginge, da in diesem Fall der Begriff ei-

---

[425] Die Debatte zwischen Gregor und Eunomios ist in den drei Büchern Gregors gegen Eunomios sowie dessen darin in Exzerpten erhaltenen beiden Verteidigungsschriften Ἀπολογητικός und ἀπολογία ὑπὲρ ἀπολογίας greifbar. Auf das letzte, 378 entstandene Werk konnte Basileios nicht mehr antworten, diese Aufgabe übernahm sein Bruder mit den zwischen 379 und 383 verfaßten *Contra Eunomium*. Im Jahr 383 widerlegte Gregor auch das von Eunomios auf der Synode von Konstantinopel vorgelegte Glaubensbekenntnis in der *Refutatio confessionis Eunomii*. Zur Datierung und den Eunomiosexzerpten in *Contra Eunomium* vgl. L. ABRAMOWSKI, Eunomios, RAC VI, 1966, Sp. 936 - 947, bes. 939 - 941. Im Streit zwischen Basileios und Eunomios griff auch der Antiochener Theodoros mit seinem Ὑπὲρ Βασιλείου κατὰ Εὐνομίου zugunsten des Basileios ein. vgl. Phot. cod. 4. Dazu A. NAGL, Theodoros (49), RE V A 2, 1934, Sp. 1881 - 1893, bes. Sp. 1887 - 1888.

[426] Greg. Nyss. Adv. Eun. II = GNO I 196. Die auf eklatante Unkenntnis von Gregors Adv. Eun. wie der maßgeblichen Forschungsliteratur beruhende These von HEINE, Eunomios habe die allegorische Methode des Basileios nicht angegriffen, muß hier nicht erörtert werden.

[427] Vgl. die Darstellung bei D. BALÁS, Eternity and Time in Gregory of Nyssa's Contra Eunomium, in: H. DÖRRIE - M. ALTENBURGER - U. SCHRAMM (Hrsg.), Gregor von Nyssa und die Philosophie, Leiden 1976, S. 128 - 155.

[428] Greg. Nyss. Adv. Eun. II = GNO I 23.

ne Kenntnis von dem zu Erkennenden bedingt[429] Genau hier setzt Gregors Widerlegung ein, der aus der Rationalität des Menschen dessen Freiheit und Kompetenz zur Namenssetzung begründet: ἀδικεῖν ἡμᾶς λέγει ὅτι τὸ μὲν λογικὸν γενέσθαι παρὰ τοῦ θεοῦ τὸν ἄνθρωπον οὐκ ἀρνούμεθα (Adv. Eun. II = GNO I 197). Der Nyssener führt dann die Spekulation von der dem Menschen vorlaufenden Existenz des Begriffes ad absurdum, indem er zunächst darauf verweist, daß bereits vor der Schaffung des Menschen die Worte "Sonne", "Pflanze" etc. existiert haben müßten, und dann das Bild des benennenden und sprechenden Gottes drastisch ausmalt: Der Weltenschöpfer, abhängig von einer Stimme, mit der er seine Gedanken artikuliert - καὶ φωνῇ καὶ φθόγγῳ διατυποῦν τὰ νοήματα (Adv. Eun. II = GNO I 199) -, der mit Luftröhre, Zunge und Zähnen versehen, seine Wangen beim Sprechen bläht und einzieht, ist in der Theologie des Eunomios notwendig, der Gott einen menschlichen Körper zuschreibt und ihn so sterblich macht: καὶ διὰ τὴν τοῦ λόγου χρείαν διασχηματίσει τὸ θεῖον (Adv. Eun. II = GNO I 203). Dieser erste Argumentationsschritt Gregors läßt in aller Deutlichkeit die Verwertung der neuplatonischen Organonkommentierung erkennen, die ganz konkret wird in der Aufrechterhaltung der menschlichen Autonomie bei der Begriffsbildung.[430] Auch in der *reductio ad absurdum* von Eunomios' These von der gottgegebenen Sprache setzt er all jene Vokabel ein, die seit Aristoteles den physiologischen Aspekt der Lautbildung beschrieben. Die direkte Vorlage ist höchstwahrscheinlich der zitierte Passus aus Basileios, doch formt er die geläufigen Motive zu einer Invektive, deren Effekt er steigert - so nennt Gregor ἀρτηρίας, γλώσσης, ὀδόντων, στόματος, φάρυγγι, ὑπερῴα, παρειαί, χειλῶν (Adv. Eun. II = GNO I 199 - 202).

Dieses bereits von den Kappadokiern formulierte Modell

[429] Vgl. E. MÜHLENBERG, Die philosophische Bildung Gregors von Nyssa in den Büchern Contra Eunomium, in: M. HARL (ed.), Écriture et culture philosophique dans la pensée de Grégoire de Nysse, Leiden 1971, S. 230 - 251, S. 232, der Adv. Eun. II = GNO I 153; 171; 195; 262 beibringt.

[430] Dieser Gedanke der menschlichen Autarkie bei der Sprachproduktion ist ein wesentliches Element in der Sprachphilosophie des Ammonios und kann auf Plotin zurückgeführt werden, vgl. Kap. I B 5.

der Sprachentstehung, ihr Plädoyer für den übertragenen Sinn in Gen. 1, 3 konnte Philoponos zur Polemik gegen Theodoros und Kosmas einsetzen, die man in der literarischen Öffentlichkeit als Propagatoren einer dem Buchstaben verpflichteten Exegese kannte.[431]

2. Der Theologe Moses

Die Kontroverse zwischen Basileios, seinem Bruder Gregor und Eunomios um den Stellenwert des Wortes der Heiligen Schrift im Verhältnis zu einem höheren Sinn berührte den Kern des christlichen Glaubens und war kein Phänomen einer autonomen Literaturbetrachtung. Daher liegt es auch nahe, die oben skizzierte Position des Philoponos zum rechten Verständis von εἶπεν im Kontext einer übergeordneten dogmatischen Auseinandersetzung zu betrachten. Nachdem Philoponos wie die beiden kappadokischen Väter jede anthropomorphe Komponente beim Sprechen Gottes ausgeschlossen hat, schlägt er die Brücke vom linguistischen zum theologischen Sachverhalt: Ebenso wie es nicht opportun ist, εἶπεν als Aussage des Moses über die physiologischen Aspekte des Sprechaktes zu verstehen, ist es unangebracht, seine anderen Aussagen über die empirischen Phänomene während der Genesis als physikalische Lehren aufzufassen. Moses will nicht τεχνολογεῖν, er ist kein τεχνίτης (Opm. 6, 2 - 6), sondern verfolgt das Anliegen des Theologen. Im Anschluß an die kurze Digression über die Nützlichkeit der τέχνη für das diesseitige moralische Leben setzt Philoponos mit der Kritik an einem nament-

[431] Sehr plausibel, aber aufgrund des schlechten Erhaltungszustandes von Philoponos' theologischem Schrifttum kaum nachzuweisen scheint die Annahme zu sein, daß der Alexandriner mit Basileios und Gregor nicht nur gegen die Gleichsetzung von Wort und Sein kämpft, sondern auch denselben Gegner treffen wollte - den Neuarianismus. Auf Syrisch erhaltene Fragmente, die primär über christologische, nicht aber über hermeneutische Kontroversen Auskunft geben, belegen auf jeden Fall, daß sich Philoponos abseits seines Genesiskommentares gegen den Neuarianismus wandte. Ausgabe und lat. Übersetzung der syrischen Fragmente bei A. van ROEY, Fragments Antiariens de Jean Philopon, in: OLoP 10, 1979, S. 237 - 250.

lich nicht genannten Theologen fort, dessen Beobachtungsgegenstand die materiellen Gründe - ὑλικαὶ αἴτίαι - ausmachen (Opm. 6, 9 - 13). Sein Fehler besteht in einem didaktischen Versagen, da diese Methode keine anagogische Wirkung auf die erdverhafteten Menschen auszuüben vermag.[432] Wir haben hier also eine klare Scheidung von τέχνη und θεολογία, Kenntnis des überweltlichen Gottes und materiegebundener Wissenschaft vor uns. Nun ist bemerkenswert, daß Gregor dieselben Motive, mit denen Philoponos Moses vor einer falschen Beurteilung als Physiker bewahren möchte, zu einer Polemik gegen Eunomios gebündelt hat, um ihn als depravierten Theologen zu profilieren: Unfähig, die wesenhafte Abständigkeit Gottes von der Welt zu begreifen, interpretiert Eunomios das εἶπεν als akustischen Vorgang. Auf das Innerweltliche fixiert, untersucht er τὰ ἐν τῇ γῇ (Adv. Eun. III = GNO II 11), um ausgehend von der Werdewelt als τεχνίτης zu einer Darstellung der göttlichen Schöpfung zu gelangen: ἀλλὰ πρόδηλος ὁ σκοπὸς τοῦ τεχνίτου, ἵνα τῇ πρὸς τὸ πάθος διαβολῇ

432 ... κινδυνεύειν οἶμαι τὴν εἰς θεὸν ὡς αἴτιον πάντων συντονίαν ἐκλύειν τῇ περὶ τὰς κάτω καὶ προσεχεῖς αἰτίας ζητήσει καὶ μάλιστα ταῖς παχυτέραις τῶν ψυχῶν (Opm. 6, 10 - 13). Begrifflich (παχύτερος und συντονία) aber auch inhaltlich verwandt ist ein Passus aus den Briefen des Basileios: Vor der Erweckung der Schöpfung zur vollkommenen Schau Gottes vermag der Mensch nur durch die Kontemplation der Heilstat Gottes langsam zur γυμνὴ θειότης aufzusteigen. Hier ist sein Geist nämlich παχυνθές, der Erde verhaftet und unfähig, sich auf die Betrachtung Gottes zu konzentrieren (ἐνατενίζειν): Ἀλλ᾽ ἐπειδὴ παχυνθὲς ἡμῶν ὁ νοῦς τῷ χοῒ συνεδέθη καὶ τῷ πηλῷ συμφύρεται καὶ ψιλῇ τῇ θεωρίᾳ ἐνατενίζειν ἀδυνατεῖ .... (Basil. epist. VIII 7, 37 - 39). Ein weiterer Beleg für die Verwendung von παχύτερον aus der unmittelbaren zeitlichen Umgebung des Philoponos ist im vierten, gegen Origenes gerichteten Kanon des Konzils von Konstantinopel erhalten: Εἴ τις λέγει τὰ λογικὰ τὰ τῆς θείας ἀγάπης ἀποψυγέντα σώμασι παχυτέροις τοῖς καθ᾽ ἡμᾶς ἐνδεθῆναι καὶ ἀνθρώπους ὀνομασθῆναι ... ἀνάθημα ἔστω (ACO 4, 248, 17 - 20). Die "dichten" Körper stehen nach Ansicht des Origenes der logoshaften göttlichen Liebe gegenüber. Der semantische Widerpart von παχύτερος ist also die gottbezogene Vernunftseele.

περιγράψῃ τοῦ κυρίου τὴν γέννησιν (Adv. Eun. III = GNO II 11).

Gregor baut diese Widerlegung des Eunomios auf einer Trennung zwischen der göttlichen, einfachen, immateriellen und einer stofflichen, passiven Welt auf, die jeweils Gegenstände differenter Betrachtungsweisen sind. Eunomios verstößt gegen diese Gliederung, indem er seinen ihm vorgegebenen Bereich überschreitet: τί οὖν ἐμφιλοχωρεῖ τῇ σωματικῇ ταύτῃ φυσιολογίᾳ ... καταλιπὼν τὴν προκειμένην ὑπόθεσιν; οὗ γὰρ τὴν ζωώδη ταύτην γέννησιν τὴν διὰ σαρκὸς συνισταμένην μαθεῖν ἐδεόμεθα (Adv. Eun. III = GNO II 5). Epistemologische und ontologische Basis für die Unvereinbarkeit von Theologie und Fachwissenschaft ist Gregors διάστμα - Lehre von der Unüberwindlichkeit der Abständigkeit unserer Welt zum Intelligiblen, das über allem Erfassen ist.[433] Jede in der Immanenz vollzogene Beobachtung bleibt aufgrund des diastematischen menschlichen Geistes immanent, die vermeintliche Katalepsie des geschaffenen Kosmos vermag nicht zur Transzendenz zu führen: οὕτω καὶ πᾶσα ἡ κτίσις ἔξω ἑαυτῆς γενέσθαι διὰ τῆς καταληπτικῆς θεωρίας οὐ δύναται, ἀλλ᾽ ἐν ἑαυτῇ μένει ἀεὶ καὶ ὅπερ ἂν ἴδῃ, ἑαυτὴν βλέπει κἂν οἰηθῇ τι ὑπὲρ ἑαυτὴν βλέπειν, τὸ ἐκτὸς ἑαυτῆς ἰδεῖν φύσιν οὐκ ἔχει (Greg. In Eccles. Or. VII = GNO V 412, 6 - 10). Also nicht einzelwissenschaftliche Aussagen zur innerweltlichen Ordnung, sondern deren Abkoppelung vom letzten Seinsgrund machen das Skandalon eines Theologen aus, der nicht bei seinem Leisten geblieben ist. So erhält Eunomios von Gregor in sarkastischer Weise den Titel des καινὸς θεόλογος (Adv. Eun. II 50, 13 f.), der ὑλικαὶ αἰτίαι auf den göttlichen Logos appliziert und damit vorgibt, das Unbegriffliche zu erkennen und die unsagbare Geburt des Sohnes verdolmetschen zu können.[434] Philoponos hat diesen Motivkomplex aus hermeneutischen und metaphysischen Elementen - das geschriebene Wort gilt als Element des Diesseits, Zuweisung der ὑλικαὶ αἰτίαι zur τέχνη, Beschränkung des Theologen auf die Gotteserkenntnis, Bestimmung einer verkehrten Theologie als technitisch - wie Gregor als Einheit gesehen und für die Artikulation eines

[433] Vgl. In Gott gibt es kein διάστημα, da dieses als Abstand zweier Punkte Grenze voraussetzt und daher Endlichkeit bedingt. Vgl. Greg. Adv. Eun. I = GNO I 342 und VERGHESE S. 250 f.

[434] Greg. Adv. Eun. III = GNO II 8 - 9. SCHOLTEN (1997), S. 84 Anm. 21.

Anliegens verwendet, das ihm mit den antiarianischen Bestrebungen des Kappadokiers verwandt schien. Der Moses des Philoponos ist der positive Widerpart des Eunomios, ein vorbildlicher Theologe, der die gegebene ὑπόθεσις nicht überschreitet und mit seinen Aussagen zur Natur nicht die hyletischen Ursachen, sondern Gott vermitteln will. Zugleich rückt er Moses aus dem Schußfeld einer Kritik, die ihn auf physikalischem Gebiete, das dezidiert nicht das seine ist, widerlegen möchte. Wer ist aber jener unbenannte θεόλογος des Philoponos, der Gefahr läuft, sich im Materiellen zu verhaften und den Weg zu Gott nicht zu finden? Nach diesen Ausführungen scheint es ausgeschlossen, daß sich Philoponos, wie Scholten meint, selbst bezichtigt.[435] Zu sehr waren die vorkommenden Motive zum kodifizierten Gehalt der antiarianischen Polemik geworden. Viel näher liegt es, diesen Theologen mit Theodoros oder Kosmas zu identifizieren, die aufgrund ihrer strikten Orientierung am Literalsinn leicht in einen Topf mit Eunomios geworfen werden konnten: Wer die hyletische Ebene der Schrift nicht verläßt, agiert als Technit, ohne als Theologe Aussagen über das ihm zukommende Thema, Gott, zu treffen und ohne seiner Pflicht, die Seelen zum Höchsten zu wenden, Genüge zu tun. Seine Lehre bleibt ein λεπτολεγεῖν (Opm. 6, 10), eine Sammelsurium von unverbundenen Einzeltatsachen, die nicht auf Gott, der ganzen Wirklichkeit des Seins, zurückgewendet werden.[436]

3. Zusammenfassung

Im Eöffnungsteil von Opm. bewertet Philoponos das Wesen der mosaischen Sprache als ὑψηλόν, womit er entsprechend der rhetorischen Theorie, wie sie etwa bei Longin zum Ausdruck kommt, den emphatischen Charakter des sprachlichen Ausdrucks betont. Die zweite Facette der ὑψηλότης besteht nach Auskunft der Rhetoren im Fehlen des Tempusaspekts, die auf Chronologie verzichtende Sprache des Moses ist der zeitlosen Schöpfung kongruent. Drittens hebt das sublime Sprechen in der rhetorischen Doktrin den Menschen zu Gott

[436] In der rhetorischen Theorie wird die λεπτολογία (*distributio*) als Aufteilung eines Ganzen in kleinste Gegenstandseinzelheiten bestimmt. Schem. dian. 18 ed. HALM zitiert zur Illustration Cic. Verr. 5, 11, 27. Vgl. LAUSBERG S. 404 § 813, 2.

empor. Moses ist Gott näher als irgend jemand sonst. Sein von Philoponos behaupteter Vorrang an *sublimitas* gegenüber Platon bedeutet somit auch den ersten Rang in der Skala der inspirierten Propheten und Philosophen.

Die Frage, wie das εἶπεν ὁ θεός im Verlauf der einzelnen Schöpfungsphasen zu verstehen sei, wird innerhalb eines sprachphilosophischen Paradigmas beantwortet. Das Wort Gottes ist nicht Sprechakt, weil die Bedingungen für das Vorhandensein von Sprache - eine Vereinbarung zweier Kommunikationspartner und die Gliederung des Schallautes zu einem semantischen Laut - beim Sprechen Gottes vor der Entstehung von Welt und Zeit nicht gegeben sind. Das "Er sprach" ist Sinnbild des göttlichen Denkaktes im Verlauf der Genesis, der gleichzeitig bereits die entstandene Welt ist. In der Tradition der christlichen Hexaemeorondeutung steht Philoponos mit diesem Modell Gregor von Nyssa sehr nahe, der in seiner Schrift gegen den Arianer Eunomios ebenso pagane Sprachentstehungstheorien heranzog, um für ein übertragenes Verständnis des Sprechens Gottes zu plädieren.

In einem größeren Zusammenhang ist die Interpretation dieses einen Verses Ausdruck eines hermeneutischen Programms, wonach die Erzählung des Moses nicht im positivistischen Sinn als fachwissenschaftliche Studie zu verstehen ist. Moses wird als der ideale Theologie schlechthin konturiert, sein Anliegen besteht in der Hinführung der Israeliten zu Gott. Mit diesem Mosesbild schafft Philoponos im Präludium seines Werkes die Voraussetzungen für seinen Kampf gegen die Bibelexegese des Theodor von Mopsuestia und Kosmas Indicopleustes, die wegen ihres Beharrens auf dem Literalsinn nicht zu einer differenten Betrachtungsweise von theologischen und naturwissenschaftlichen Aussagen fähig sind. Sie dringen von den einzelnen Ausdrücken der Bibel nicht zu Gott als der Ursache allen Seins vor und sind Gefangene des materiellen Wortlautes.

III DIE EXEGESE IN DEN 7 BÜCHERN VON OPM.

A. DAS ERSTE BUCH

1. Inhalt und Aufbau

Bevor der Aufbau des ersten Buches dargestellt werden kann, muß hervorgehoben werden, daß, wie sonst nirgends in Opm., ein durchlaufendes Thema, nämlich die Frage der vorweltlichen Existenz der Engel, den größten Teil des Buches vom Kapitel 8 bis zu dessen Schluß einnimmt. So wenig die in der exegetischen Tradition strittige Frage, ob aus den ersten Worten des Schöpfungsberichtes die Entstehung der Geistwesen vor oder gleichzeitig mit der Schaffung von Himmel und Erde hervorgehe, hier erörtert und verglichen werden kann,[437] so relevant ist die gegen Theodor entwickelte Polemik für das Verständnis der hermeneutischen Arbeitsweise des Philoponos, da anhand eines größeren und in sich geschlossenen Gedankenverlaufs die Aufbauprinzipien des gesamten Kommentares, die Gewichtung von buchstäblicher und freierer Interpretation, der Umgang mit dem literarischen Gegner, das Verhältnis zur Sprachphilosophie der Neuplatoniker und Gregors von Nyssa und die Verwendung von rhetorischen Argumentationsmethoden gleichsam *in situ* studiert werden können. Um ein Abdriften der in sich homogenen Angelologie der Kapitel 8 bis 22 vom Buchganzen zu verhindern, bekräftigt Philoponos im Schlußkapitel seine Ansicht, die Wendung καὶ εἶπεν ὁ θεός (Gen. 1, 3) sei nicht literal zu verstehen, weil Gott wie auch die Engel jeder Körperlichkeit entbehrten. Damit schlägt er eine Brücke zum Kapitel 2, wo vom selben Vers ausgehend das Wort Gottes als

[437] Vgl. L. S. B. MacCOULL, The Monophysite Angelologie of John Philoponos, in: Byz. 65, 1995, S. 389 - 395 mit dem Überblick bei SCHOLTEN (1996), S. 147 - 148. Zu der von Philoponos abgelehnten dyophysitischen Engellehre, wonach die Geistwesen gleichzeitig mit dem sichtbaren Universum geschaffen wurden, vgl. Kosm. top. 2, 101; 3, 13; 3, 42. Kosmas weist den immanenten Engeln den Platz unterhalb des Firmaments zu: 2, 108; 5, 245 - 247; 7, 48 - 59. Sie dienen dem Menschen, der Abbild Gottes ist: 2, 84 - 98; 3, 20; 5, 73 - 74; 7, 49 - 52.

Willens- und nicht als Sprechakt bestimmt wurde, bevor mit Kapitel 3 die eigentliche Einzelerklärung des biblischen Textes einsetzte. Somit werden der programmatische Vorspann, der mit dem Kapitel 2 ausklingt, und das Ende des Buches thematisch eng aufeinander bezogen, um trotz des mächtigen Abschnittes über die Genese der Engel die Kohärenz des Ganzen zu gewährleisten.

Zum Inhalt der Kontroverse gegen Theodor über die Erschaffung der Engel sei angemerkt, daß Philoponos in Kapitel 8 einleitend Basilius' Lesart der Genesis, wonach die Engel vor der wahrnehmbaren Welt existierten, gegen die Attacken Theodors verteidigt. Seine eigene Ansicht, so Philoponos, sei in der Bibel zwar *expressis verbis* nicht belegt, aber ebenso akzeptabel wie viele aus der Hl. Schrift gemäß ihrer ἀκολουθία abgeleitete Dogmen der Kirche. Die Kapitel 9 - 11 sind vom Vorwurf getragen, Theodor hafte zu sehr am Literalsinn. Dementsprechend verwahrt sich Philoponos gegen eine wörtliche Auffassung von Ps. 103, 4 (ὁ ποιῶν τοὺς ἀγγέλους αὐτοῦ πνεύματα), welche die Körperlichkeit der Engel impliziert: Wären die Engel, was Theodor glaubt, mit der Welt entstanden und ein Teil von ihr, müßten sie, was nicht einmal Theodor glaubt, körperlich und damit vergänglich sein. Auch die Hypothese, die körperlosen Engel bedienten sich wie die Seele eines Leibes als Werkzeug, bedeutete deren Zerstörung in der Welt analog zur Vergänglichkeit der menschlichen Seele. Auch dies ist ausgeschlossen. Nach diesem ersten Beweisgang vollführt Philoponos eine methodische Kehrtwende, indem er im Kapitel 12 Theodor vorwirft, er lehre Ungeschriebenes und vergewaltige den buchstäblichen Wortlaut: Nichts sei lächerlicher und unbeweisbarer, als die Vorstellung von arbeitenden Engeln, die Sterne wie Zugtiere schleppen. Theodors eilfertige Schlußfolgerungen exemplifiziert Philoponos in Form des Exkurses von Kapitel 13 anhand der dem Wortlaut von Gen. 7, 19 - 24 zuwiderlaufenden Auslegung Theodors, nach der die Sintflut sich nur auf das bewohnte Gebiet der Erde erstreckt habe. In einer zweiten Digression weist Philoponos im Kapitel 14 auf die Ablehnung der Thesen Theodors durch Theodoret hin. Nach der Synopse von Kapitel 15 hält Philoponos in den Kapitel 16 und 17 Theodors Engellehre seine eigene Konzeption von Körper und Ort entgegen: Die Annahme seines Gegners von a) innerweltlichen und b) unkörperlich-geistigen Engeln ist ein Widerspruch in sich, da Existenz im Ort immer auch dreidimensionale Körperlichkeit bedingt. Es ist also unmöglich, daß unkörperliche Wesenheiten der Dimensionalität unterliegen. Bei Geistigem, so schließt Philoponos im Kapitel 17 an, darf "Begrenzung" nicht im örtlichen Sinn als Umfang bestimmt werden, wie dies Theodor behauptet. Dessen Lehre von einem unbegrenzten Gott bedeutet unter diesem falschen Verständnis von Grenze nichts anderes als die Annahme eines zwar quantitativ die Ausdehnung der Welt übertreffenden, gleichwohl örtlich kategorisierbaren, endlichen Gottes. In den Kapiteln 18 - 22 geht Philoponos detailliert auf die Schriftbeweise Theodors ein, um sie durch sein Konzept von einem spirituellen Verständis der Bibel zu widerlegen.

Auch wenn sich in dieser Inhaltsparaphrase bereits eine grobe Gliederung Texteinheit von Kapitel 8 - 22 abzeichnet, kann mit der Analyse der Disposition der jeweiligen Argumente eine um vieles klarere Ordnunsstruktur kenntlich gemacht werden. Dabei stehen das Ende des Einleitungskapitels 8 und der Schluß von Kapitel 11 unter dem Gedanken der sklavischen Abhängigkeit Theodors vom Buchstaben, während die Lehre der Kirche wesentlich auf den aus dem Text abgeleiteten Folgerungen beruhe. Unter fast völliger Bewahrung des Wortlautes umrahmt Philoponos ringkompositorisch diese Textpassage: ἀλλ᾽ ἐξ ἀκολουθίας ἑτέρων πολλὰ τῶν δογμάτων ἐν τῇ ἐκκλησίᾳ τοῦ θεοῦ συνέστη (Opm. 18, 22 - 24 = Kapitel 8); ... ἕτερα πολλὰ τῶν δογμάτων ἀγράφως ἐν τῇ ἐκκλησίᾳτοῦ θεοῦ πολιτεύεται ἐξ ἀκολουθίας ἑτέρων συλλελογισμένα (Opm. 28, 8 - 10 = Kapitel 11). Innerhalb dieser Klammer variiert Philoponos an mehreren Stellen seine Forderung, hinter den Buchstaben zu blicken.[438] Bemerkenswert ist nun, daß Philoponos ab Kapitel 11 einen markanten Einschnitt setzt, indem er seine Polemik nahezu ins Gegenteil verkehrt: Jetzt kritisiert er Theodor aufgrund dessen Unvermögen, seine Thesen durch Schriftbeweise abzusichern, was zu irrigen und auch innerhalb seiner Anhänger nur von Splittergruppen geteilten Schlußfolgerungen führt. Theodor wird so als einfältiger Allegorist konturiert, der in Gegensatz zu Basileios und seiner in der Kirche anerkannten Exegese tritt. Zunächst entwertet Philoponos die Lehre des Theodor als ἄγραφον (Opm. 28, 7 f.

[438] Opm. 23, 11 - 14 = Kap. 9 Ende; 24, 4 - 7 = Kapitel 10 Anfang; Opm. 27, 21 = Kapitel 11 Anfang.

= Kapitel 11 Ende) und fordert dann die Beibringung von Textbelegen ein (Opm. 28, 21 = Kapitel 12 Anfang; 30, 17 f. = Kapitel 12 Ende). Hatte Philoponos die stimmige Ableitung von Lehrsätzen aus dem bilischen Text als Ausdruck des Common Sense gutgeheißen und unter einem soziologischen Aspekt der rechtgläubigen Kirche zugeschrieben, wird nun spiegelbildlich das Einzelgängertum eines noetisch zu Schlußfolgerungen ungeeigneten Theodor Sinnbild einer nicht mehr in die Glaubensgemeinschaft integrierten Kleingruppe: Die rechte Vernunft der Kirche korrespondiert motivisch mit dem erkalteten und dummen Denken Theodors und seiner Partei. Diese Sekte - οἱ τῆς αὐτοῦ μοίρας (Opm.[439] 31, 1 = Kapitel 12 Ende) - vermag ihre Vermutungen nicht rational zu begründen: μηδὲ λόγῳ τὰς ἑαυτῶν ὑπονοίας κατασκευάσαι δυνάμενοι (Opm. 31, 3 = Kapitel 12 Ende). Von welch zentraler Bedeutung für Philoponos das Argument von der Kirchenferne Theodors und seiner Theorien war, wird daraus ersichtlich, daß er auch in den Exkursen der beiden Kapitel 13 und 14 dieses Motiv jeweils endponderiert hervorhebt: Theodor kämpft mit privaten Argumenten gegen das Wort Gottes: ἀλλὰ τοῖς θείοις μαχόμενος λογίοις δι᾽οἰκείων Θεόδωρος λογισμῶν (Opm. 33, 1 f. = I 13 Ende); er vertritt eine ungeschriebene Lehre kraft eigener Gedanken: ὑπὲρ ἀγράφου Θεόδωρος δόγματος διισχυρίσατο, ἐκ μόνης ... ἰδίας ἐπινοίας αὐτῷ παριστάμενος (Opm. 34, 1 - 3 = I 14 Ende).

Diese Beobachtungen können nun in die Erstellung eines Aufbauschemas für den Abschnitt über die Entstehung der Engel und dessen Anbindung an das Buch 1 münden:

[439] Ὀρθῶν ἐννοιῶν (Opm. 28, 14 f. = Kapitel 11 Ende). Das Denken Theodors beschreibt Philoponos als τοῦτο τῆς Θεοδώρου ἐστὶν ἐπινοίας ψυχρόν τε καὶ ἠλίθιον (Opm. 30, 2 f. = Kapitel 12); die Anhänger Theodors sind die οἱ τῆς Θεοδώρου δόξης προεστῶτες (Opm. 28, 21 f. = Kapitel 12 Anfang).

1: Das Ziel von Opm. und das Anliegen des Moses
2: Das Sprechen Gottes
3 - 4: Beginn der Textinterpretation: Die Bedeutung von ἀρχή
5 - 7: Die Bedeutung von "οὐρανὸν καὶ τὴν γῆν

8: Die Engel existieren vor der Welt. Die Dogmen der Kirche sind aus der Schrift abgeleitet
9 - 11: Theodor haftet am Literalsinn
7 KAP. 12: Theodor verläßt den Literalsinn und lehrt Ungeschriebenes
13: Exkurs A: Die Sintflut nach Theodor
14: Exkurs B: Theodor ist auch innerhalb seiner Schule isoliert
15: Zusammenfassung
7 KAP. 16 - 17: Darstellung von Philoponos' Lehre
18 - 22: Widerlegung der Schriftbeweise des Theodor
(22): Das Sprechen Gottes

Aus diesem Strukturmodell, das im Gegensatz zu Scholtens vorwiegend inhaltlich orientierter Analyse besonders die hermeneutischen Kategorien erfaßt,[440] läßt sich zunächst eine axialsymmetrische Gliederung der Kapitel 8 - 22 mit dem Kapitel 15 als Mittelachse ausmachen, wobei vor und nach diesem zentralen Stück jeweils sieben Kapitel angeordnet sind. Die Disposition der Argumente ist im wesentlichen von Philoponos' Einsatz interpretationstheoretischer Paradigmen geprägt, nach denen das Denken Theodors bewertet wird. Es zeigt sich klar, wie wenig sich Philoponos in seiner kommentatorischen Arbeit von Lemmavorgaben leiten ließ. Der Abschnitt über die Engel bildet einen erratischen Block innerhalb des ersten Buches, der weit über den Inhalt des gerade erörterten Lemmas hinausweist. Neben den Angriffen auf die sachlichen Gehalte von Theodors Angelologie arbeitet Philoponos an der Desavourierung des exegetischen

---

[440] Scholten (1996), S. 150 f. rekonstruiert folgenden Aufbau:

A. Prolog (1, 1f.)
B. Exegese von "Anfang" (1, 3 f.)
C. Exegese von "Himmel und Erde" (1, 5 - 7)
D. Die Erschaffung von Geistwesen (1, 8 - 22)
  I. Problemstellung (1, 8)
  II. Syllogistische Widerlegung des Theodor (1, 9)
    a. Die Substanz der Engel ist nicht Körper (1, 9 [19, 13 - 22, 16])
    b. Die Engel haben keinen Körper als Werkzeug (1, 9 [22, 17 - 23, 17])
    c. Die menschliche Seele wird nicht gemeinsam mit dem Körper geschaffen (1, 10 [23, 21 - 25, 21])
    d. Zusammenfassung (1, 10 [25, 22 - 27, 12])
  III. Theodor lehrt eine ungeschriebene Lehre (1, 11 - 14)
  IV Zusammenfassung (1, 15)
  V. Positive Widerlegung Theodors (1, 16 f.)
  VI. Widerlegung der Schriftargumente (1, 18 - 22)

Rufs seines Gegners. In einem raffinierten Wechsel des Gesichtspunktes konfrontiert er den Antiochener zuerst mit dem Vorwurf, dem Buchstaben der Genesis hörig zu sein, um dann in einem zweiten Schritt genau den gegenteiligen Vorwurf ins Treffen zu führen, Theodor leite seine Lehren von Ungeschriebenem ab. Was auch immer Theodor vorbringt, es gibt, will man Philoponos Glauben schenken, keine exegetische Methode, die dieser Mann korrekt zur Begründung seiner Argumente verwendete. Philoponos unterstützt seine Argumentation durch das Motiv der Kirchenferne des Antiocheners: Die Orthodoxie, ihr voran Basileios, ist Sammelbecken einer gemäß der ἀκολουθία gewonnenen, auf den geistigen Gehalt abzielenden Dogmatik, von der Theodor ausgeschlossen ist, weil er über den Buchstaben der Schrift nicht hinauskommt. Wenn Theodor als Interpret dagegen aus dem Wortlaut ausschert, führt ihn gerade die dem *consensus omnium* widersprechende Eigenständigkeit seiner Theorien in die kirchliche Isolation. Der zweifachen Inkompetenz, die passende hermeneutische Technik zu wählen, korreliert der doppelte Ausschluß von der Majorität der Rechtgläubigen, die an der vorweltlichen Entstehung der Geistwesen festhalten. Philoponos unterstellt Theodor neben der für einen Antiochener zu erwartenden Fixierung auf den Wortbefund somit auch eine spirituell - allegorische Deutung, sodaß er seine Widerlegung auch auf diesen zwei Argumentationsebenen ansiedeln und in polemischer Weise sowohl die Beibringung des Textbeleges verlangen als auch die Forderung nach einer den Buchstaben transzendierenden Deutung erheben kann.[441]

[441] Hier stimme ich mit SCHOLTEN (1997), S. 156 Anm. 94 nicht überein, der meint, Philoponos argumentiere gegen Theodor lediglich auf literaler Ebene, da seine Widerlegung, wolle sie Erfolg haben, auf demselben Niveau erfolgen müsse.

2. Die Worterklärung im ersten Buch

α) Die Bedeutung von Ἐν κεφαλαίῳ

Im Kapitel 4 dikutiert Philoponos die Übersetzungsvariante Aquilas, der statt Ἐν ἀρχῇ aus Gen. 1, 1 LXX das Original mit ἐν κεφαλαίῳ wiedergibt. Unmittelbar nach Anführung des Textes geht der Kommentator auf die exegetische Tradition ein und referiert die Ansicht nicht genannter Interpreten, die keine semantische Differenz zwischen ἀρχή und κεφάλαιον ausmachen. Die dazu verwendete einleitende Floskel τινὲς μέν ... φασι (Opm. 11, 10 - 11) signalisiert in der Antiochenischen Schule eine polemische Auseinandersetzung mit fremden Auslegungsvarianten.[442] Tatsächlich gebraucht auch Philoponos diese Formel wie die Antiochener, um eine gegnerische Ansicht als solche kenntlich zu machen, da er sich durch ein ἐμοὶ δὲ δοκεῖ von der Gleichsetzung der beiden Übertragungen distanziert. Er versteht κεφάλαιον dagegen als Ausdruck einer zusammengenommenen und gleichzeitigen Entstehung von Himmel und Erde am Beginn der Schöpfung. Begründet wird diese Argumentation durch die dem normativen Sprachgebrauch innewohnende Bedeutung von κεφάλαιον: Κεφάλαιον γὰρ καλεῖν εἰώθαμεν τὴν ἐν ἑνὶ πολλῶν ἅμα συναίρεσιν (Opm. 11, 15 - 16). Sinngemäß verwandt ist eine Eintragung in Hesychs Lexikon: κεφάλαιον. ἢ κόσμος τῶν νεῶν. [ἢ κεφαλή. ἢ συναρίθμησις (II Nr. 92 s. v. κέφαλα). Dieselbe Worterklärung bieten Anecdot. Gr.: κεφάλαιον: ἡ κεφαλὴ καὶ συναρίθμησις (I p. 268, 3 ed. Bekker).

In einem zweiten Beweisgang sichert Philoponos seinen Gedanken von der durch Aquilas Wortwahl besonders klar zu Tage tretenden Gleichzeitigkeit der Entstehung von Himmel und Erde durch Verweis auf die Bedeutung der Präposition (πρόθεσις) σύν ab. Σύν drückt einen συνδυασμός aus, als Beispiel werden angeführt: σὺν ἐμοὶ ἦλθες, σὺν ἐμοὶ περιπατεῖς, συνέστιος, σύμψηφος (Opm. 11, 18 - 20). In Opm. 268, 24 - 25 verweist Philoponos auf die hier gebotene Erklärung von σύν und bringt als neue Beispiele συστρατιώτης, συστράτηγος und σύνδουλος. Dieses Konzept, das Präposition und Vorsilbe nicht scheidet, begegnet uns auch in den Scholien zu Dio-

---

442 Dies zeigt anschaulich BULTMANN S. 38 anhand von Theod. In Mich. 1, 15.

nysios Thrax, wo beide Aspekte von σύν als semantische Einheit mit der Bedetung "zusammen" verstanden werden (ScholDionThr. 464, 34 - 465, 13). Dort erscheint auch σύμψηφος (465, 8) als Beispiel. Aus der paganen grammatischen Literatur stammt auch der Beleg σύνδουλος. In einem separat erhaltenen Exzerpt aus den Dionysiosscholien lesen wir: ‹ὥσπερ γὰρ σύνοικον λέγομεν› τὸν σὺν ἑτέρῳ οἰκοῦντα, καὶ σύνδουλον τὸν σὺν ἑτέρῳ δοῦλον, τὸν αὐτὸν τρόπον σύμφωνα λέγονται τὰ σὺν ἑτέρῳ φωνὴν ἀποτελοῦντα (ScholDionThr. XLII 3 - 5). Es ist nun nachweisbar, daß die Bedeutung der mit dem Präfix σύν- eingeleiteten Worte durch Gegenüberstellung mit semantisch verwandten, aber durch eine andere Vorsilbe versehenen Komposita gewonnen wurde. So weiß der Scholiast: ὁμόδουλοι γὰρ εἰσιν οἱ μετέχοντες ὁμοίας τύχης δουλικῆς, σύνδουλοι δὲ οἱ σὺν ἀλλήλοις δουλεύοντες (ScholDionThr. 389, 15 - 16).[443] Den Ertrag dieser Begriffsdifferenzierung funktionalisiert Philoponos für sein exegetisches Anliegen, aus dem zweifachen σύν des Aquilatextes die gleichzeitige (vgl. das σὺν ἀλλήλοις des Scholion) Entstehung der zwei eigenständigen Entitäten Himmel und Erde abzulesen. Das philologische Prinzip, es mit dem Gebrauch der Worte sehr ernst zu nehmen,[444] ist Basis für das Verständnis der Intention des Moses, die nach Philoponos' Überzeugung von Aquila hier klarer als in der Septuaginta verbalisiert wurde (Opm. 11, 22). Das Ideal der Deutlichkeit und Klarheit spricht Philoponos im übrigen nicht einem Übersetzer pauschal zu. Vielmehr bezieht sich sein Urteil nur auf den konkreten Bibelvers, sodaß er durchaus zu divergierenden Stellungnahmen bezüglich der σαφήνεια und ἐνάργεια der jeweiligen Versionen in Relation zur Septuaginta

---

443 Vgl. ScholDion. 236, 11 - 12; 554, 21 - 23.

444 Vgl. NEUSCHÄFER S. 141 f. zur Methode der Worterklärung bei Origenes.

gelangt.[445] Ziel dieser Vergleiche ist aber nirgends die philologische Textkritik, sondern Enthüllung des inspirierten Gedankens.

β) Etymologisches zu ἄβυσσος und πῦρ

In der Exegese von Gen. 1, 2 - καὶ σκότος ἐπάνω τῆς ἀβύσσου - erklärt Philoponos Finsternis als die noch nicht erleuchtete Luft über dem Abgrund, der nichts anderes sei als die unfaßbar große Menge Wasser in der Mitte des Universums: Ἄβυσσος δὲ καλεῖται παρὰ πᾶσι τὸ πολὺ ὕδωρ καὶ εἰς βάθος χωροῦν ἄληπτον ἡμῖν παρὰ τὸ μὴ βύειν εἰς αὐτό (Opm. 13, 10 - 12). Der Alexandriner bewahrt dabei mit der Wendung παρὰ τό nicht nur die Form der etymologischen Worterklärung, sondern auch die Rückführung von ἄβυσσους auf βάθος und βύ(ζ)ειν entstammt den Etymologisten. So verzeichnet etwa das Etymologicum Magnum Genuinum unter dem Lemma βυθός: τὸ βάθος τὸ ἄφατον· παρὰ τὸ βάθος τοῦ $\overline{α}$ εἰς $\overline{υ}$ τραπέντος. ἢ παρὰ τὸ βύζω βυστὸς καὶ βυθός (Nr. 289 = II p. 514, 9 - 10 ed. Lasserre - Livadaras). Sehr nahe steht Orion: Βυθός, παρὰ τὸ βάθος, ἢ παρὰ τὸ βύζω, βυτὸς καὶ βυθός (38, 14 - 15).[446] In der von Philoponos gebotenen Reihenfolge ἄβυσσος - βάθος - βύειν sind noch die Spuren der alten etymologischen Operation sichtbar, die eine ähnliche Abfolge aufweist: βυθός - βάθος - βύζω.

Während Philoponos' Überlegungen zur Bedeutung von

---

445 In Opm. 68, 21 - 23 und 269, 22 - 27 übertrifft Symmachus die anderen Varianten an Klarheit, in Opm. 292, 15 - 21 bietet dagegen wieder Aquila das σαφέστερον (allgemeine Zustimmung zu Aquila auch 298, 8 - 10). Generell weiß Philoponos vom engen Anschluß des Aquila an das hebräische Original, was beinahe zur Zerstörung der griechischen Syntax führen kann (Opm. 179, 1 - 3). Vgl. BULTMANN S. 45 f. zur Beurteilung der Übersetzung des Symmachus im Verhältnis zur Septuaginta bei Theodor. Bereits beim Antiochener ist das Kriterium der Deutlichkeit Richtschnur der Übersetzungskritik.

446 F. LASSERRE - N. LIVADARAS (ed.), Etymologicum Magnum Genuinum - Symeonis Etymologicum - Etymologicum Magnum Auctum, Vol. II, Athen 1992, S. 514 geben als Parallele noch Etym. Magn. 366 an.

ἄβυσσος ihre Herkunft aus den einschlägigenen Etymologica verraten, steht die Bedeutungsdifferenzierung von πῦρ und φλόξ (Opm. 13, 25 - 14, 11) ebenso auf einer etymologischen Basis, ohne daß dieser Zusammenhang unmittelbar einsichtig wäre. Das elementare, über der Luft in der Feuersphäre befindliche Feuer (πῦρ) ist im Gegensatz zur einzelnen, überschießenden Flamme lebensspendend und rettend für die Pflanzen (τὰ φυτά, τὰ φυόμενα). Gerade dieser Bezug von πῦρ auf φυτά - φυόμενα ist nicht nur naturwissenschaftliches Argument sondern auch philologischer Beweis mit der üblichen Ableitung des Substantivs πῦρ vom Stamm φυ-. Als signifikante Belege zu nennen sind Epim.Hom. I p. 126, 73 - 74: πυραί: γίνεται παρὰ τὸ πῦρ· τοῦτο παρὰ τὸ φύρω ἢ φύω, II p. 593, 38 - 39: τὸ δὲ πῦρ παρὰ τὸ φύω οὐδὲν γὰρ ἔστι εὐφυ[έστερον πυρός ..., Orion 133, 9 - 12: πῦρ· φῦρ ἐστὶν, ὅτι φεγγόμενον ἐξανίσταται ... τί γὰρ εὐφυέστερον πυρός; Gerade weil diese Komponente in der Unterscheidung der Arten von πῦρ bei Platon in Tim. 58 C - D nicht thematisiert wird, den Philoponos hier aber vor allem heranzieht,[447] gewinnen wir neben den wörtlichen Entsprechungenen ein stichhaltiges Indiz, die Verbindung zwischen hegendem Feuer und lebenden Organismen auf eine etymologische Quelle zurückzuführen.

Wollen wir neben der Sammlung von etymologischen Einsprengseln im ersten Buch von Opm. auch Aussagen zur methodischen Aufarbeitung dieses philologischen Wissens machen, ist festzuhalten, daß in den beiden untersuchten Fällen Etymologie nicht herangezogen wird, um Benennungsgründe, das eigentliche Ausgangswort oder den Benennungsprozeß zu beschreiben.[448] Die Ebene der sprachwissenschaftlichen Forschung als autarke Fragestellung bleibt völlig ausgeblendet, vielmehr werden die vermeintlichen Ergebnisse dieser Untersuchungen als bekannt vorausgesetzt und kommentarlos als selbständiger Beweis mit dem Text der Genesiskommentierung verwoben. Nirgends ruht freilich auf der Etymologie die Hauptlast

[447] Zum Verständnis von Feuer bei Philoponos und der Abhängigkeit von Tim. 58 B vgl. SCHOLTEN (1997), S. 100 Anm. 44.

[448] Vgl. UHL S. 495 - 504 zur Dreiteilung der Etymologie. Vgl. auch R. JAKOBI, Die Kunst der Exegese im Terenzkommentar des Donat, Untersuchungen zur antiken Geschichte und Literatur 47, Berlin - New York 1996, S. 98 - 101.

der Argumentation, Philoponos bedient sich ihrer nur als eines zusätzlichen Überzeugungsinstruments, das Assoziationen hervorruft, ohne eine explizit durchgeführte Erforschung des Benennungsgrundes sein zu wollen.[449] Zu den einzelnen etymologischen Erklärungsverfahren kann aufgrund der schmalen Basis erst später Stellung genommen werden.

3. Die grammatisch-rhetorische Exegese

Nun sollen im einzelnen typische Erscheinungen der grammatisch-rhetorischen, dann in einem größeren Zusammenhang Aspekte der philosophischen Texterklärung besprochen werden. Gleich im Einleitungsteil verweigert Philoponos Theodor die Gefolgschaft, wenn dieser seinen Glauben an die Entstehung der Engel mit und in der Welt damit begründet, es stehe eben nichts von einer vorkosmischen Genese der Engel in der Prophetie des Moses (Opm. 17, 3 - 10). Das Problem stellt sich für den Alexandriner darauf als Konflikt zwischen dem Anschluß an den Wortlaut oder die Intention des Autors (πρὸς λέξιν - πρὸς ἔννοιαν: Opm. 18, 3), den er prinzipiell zugunsten einer sinnentsprechenden Auslegung entscheidet (Opm. 18, 16 - 25). Genau dieses Bewußtsein um das Zweifelhafte des einzelnen verschriftlichten Ausdrucks steht an der Wiege der Tradition grammatischer Texterklärung, mit der die Ambiguität des Isolierten im Kontext mit dem Gesamtsinn erhellt werden soll. Schäublin hat das Dictum des Ὅμηρον ἐξ Ὁμήρου σαφηνίζειν historisch mit dem gesellschaftlichen Bedürfnis der jungen Polis in Verbindung gebracht, den Bürger durch grammatische Schulung im forensischen Leben zu unterstützen und ihn zu befähigen, die oft dunklen und schwer verständlichen Rechtsnormen vor dem Hintergrund der Intention des Gesetzgebers sprachlich und inhaltlich zu verstehen.[450] Diese Überle-

[449] Ebenso beschreibt auch BERNARD S. 56 die Rolle der Etymologie im Phaidroskommentar des Hermeias, des Vaters des Ammonios.

[450] Ch. SCHÄUBLIN, Homerum ex Homero, in: MH 34, 1977, S. 221 - 227, bes. S. 221 - 223 unter Berufung auf Aristot. Pol. 9, 1 - 2, wo das Verständis des Einzelgesetzes von der Erschließung der gesamten Verfassung abhängig gemacht werde.

gung, zugespitzt im Oppositionspaar λόγος – διάνοια τοῦ νομοθέτου (Aristot. Rhet. 1374 b 11 ff.), habe dann die hellenistische Rhetorik aufgegriffen und Methoden zu entwickeln versucht, um der διάνοια eines Textes beizukommen, und so die Stasislehre entwickelt.[451] Eng verwandt mit der sich im Kapitel 8 für Philoponos auftuenden Problematik, die Präexistenz der Engel ohne eindeutigen Schriftbeleg zu behaupten, ist ein vermutlich auf Hermagoras zurückgehender Passus aus Ciceros *De Inventione*, wo die Ursache für die Unklarheit einer Stelle mit *ex ambiguo, ex scripto et sententia, ex contrariis legibus, ex raticinatione* und *ex defintione* angegeben wird (Inv. 2, 116). Als Lösung für die Kontroverse um die Absicht des Autors wird anschließend empfohlen, den unmittelbaren Kontext der strittigen Stelle, die Werke und Taten des Autors ebenso zu untersuchen wie dessen Überzeugungen: *Deinde ex superiore et ex inferiore scriptura docendum id, quod quaeratur, fieri perspicuum. quare si ipsa separatim ex se verba consideretur, omnia aut pleraque ambigua visum iri; quae autem ex omni considerata scriptura perspicua fiant, haec ambigua non oportere existimare. deinde, qua in sententia scriptor fuerit, ex ceteris eius scriptis et ex factis, dictis, animo atque vita eius sumi oportebit* (Cic. Inv. 2, 117). Cicero bietet dann eine Reihe von Gemeinplätzen, die sowohl dem Verfechter einer übertragenen Textauslegung, als auch den in positivistischer Weise auf das vorhandene Textmaterial gestützten Interpreten eine Handreichung für die Durchsetzung ihrer Ziele bietet. Für das Argumentieren *contra scriptum* empfiehlt der Rhetor den Hinweis auf die über dem Wortlaut stehende, unzweifelhafte Absicht des Gesetzestextes, den Nutzen und die Gerechtigkeit zu wollen: *demonstrabit nullam esse legem, quae aliquam rem inutilem aut iniquam fieri velit* (Cic. Inv. 2, 138). Unter der Prämisse, daß der Text im Hinblick auf den Nutzen von einem weisen Autor verfaßt sei, enthüllt sich der den Willen seines Schöpfers oft verdunkelnde Wortlaut: *deinde leges nobis caras esse non propter litteras, quae tenues et obscurae notae sint voluptatis, sed propter earum rerum, quibus de scriptum est, utilitatem et eorum, qui scripserint, sapientiam et diligentiam* (Cic. Inv. 2, 141). Beim Verfahren, durch Analogie von Geschriebenem auf Ungeschrie-

[451] SCHÄUBLIN (1977), S. 225.

benes zu schließen,[452] empfiehlt Cicero die Hervorhebung der sachlichen Parallelen zwischen dem feststehenden, zur Beweisführung herangezogenen Text und der aus ihm abgeleiteten Folgerungen (Cic. Inv. 2, 150). Obgleich die *raticinatio* im engeren Sinne der von Philoponos hier eingeschlagenen Methode entspricht, bieten alle der von Cicero referierten exegetischen Instrumentarien einen gut bestückten Fundus an Möglichkeiten, für die Ableitung von *expressis verbis* nicht belegten Dogmen zu argumentieren.

Eine der bei Cicero nachweisbaren rhetorischen Praktiken, die Philoponos am häufigsten zur Aufhellung des biblischen Berichtes im Sinne einer über den Wortlaut hinausweisenden Deutung verarbeitet, ist das Argument von der konkreten Intention des Moses, die Menschen vom Sichtbaren zur Erkenntnis Gottes zu führen. Diese Absicht erfordert es aber nur, die Entstehung des materiellen Kosmos, nicht aber die der Geistwesen zu lehren (Opm. 18, 18 - 22). Wenn beispielsweise Theodor in seinem Genesiskommentar[453] den Psalmisten heranzieht, um die Engel innerweltlich im Himmel zu lokalisieren,[454] resultiert diese Fehlinterpretation nach Einschätzung des Philoponos aus Nichtbeachtung eines Grundgesetzes der Erklärung von Texten, wonach der σκοπός des Verfassers zu ermitteln ist, um die isolierte Passage zu verstehen: David wollte nicht die Welt in ihrer physikalischen Ordnung vorstellen, sondern Gott preisen. Daher besitzt der Psalm für die Frage nach der Ortsgebundenheit der Engel keine exegetische Relevanz.[455] Cicero sprach vom *animus* des Gesetzgebers (Cic. Inv. 2, 117), dessen *honestum, utile* und *necessarium* vorauszusetzen ist, um den über der einen Bestimmung stehenden Sinn auszumachen. Diesen forensischen Gemeinplatz, wonach die Annäherung an einen strittigen Passus von der Prämisse der guten Absicht des Gesetzgebers auszugehen habe, macht sich

---

[452] Zur Definition der *raticinatio* vgl. Cic. Inv. 2, 148.

[453] Zur Zuweisung vgl. SCHOLTEN (1997), S. 156 Anm. 93.

[454] Αἰνεῖτε τὸν κύριον ἐκ τῶν οὐρανῶν, αἰνεῖτε αὐτὸν πάντες οἱ ἄγγελοι αὐτοῦ (Ps. 148, 1 f.).

[455] Εἷς οὖν καὶ μόνος γέγονε τῷ προφήτῃ σκοπὸς τὸ ἐκ πάντων ἅμα τῶν γενομένων πλέξαι τῷ θεῷ τὸν ὕμνον, καὶ οὐχὶ διελεῖν τὰ ἐκ τῶν οὐρανῶν καὶ τὰ ἐκ τῆς γῆς, ὥς φησι Θεόδωρος, κατὰ τὴν τάξιν τῆς αὐτῶν γενέσεως (Opm. 51, 25 - 52, 4). Vgl. Cic. Inv. 2, 117.

Philoponos auch in Opm. 26, 15 f. zu eigen: Οὐ γὰρ ἂν ἤμελλε Μωυσῆς οὕτως ἀτίμως αὐτῶν παραρρίπτειν τὴν φύσιν. Ähnlich verhält es sich mit dem Beweisgang in Opm. 46, 19 - 47, 3: Dem Wortlaut von Ps. 2, 4 und Dan. 7, 89 zufolge müßte man zur Annahme eines menschengestaltigen Gottes gelangen, doch ist dieses Ergebnis von vornherein unhaltbar, weil man dem Propheten selbst eine gottlose Grundhaltung zuschreiben müßte. Das Motiv für das anthropomorphe Gottesbild ist der Nutzen für ein in der Gotteserkenntnis noch nicht weit fortgeschrittenes Auditorium. Damit spricht Philoponos das χρησιμόν an (Opm. 48, 8), einen Wert, den auch Cicero als Maßstab für die Erklärung von Gesetzen empfohlen hatte. Wer mit seiner Lesart das *utile* eines Gesetzes deutlicher erkennen läßt, verfügt in der Kontroverse der Advokaten über die besseren Karten (Cic. 2, 119). Mit Hilfe dieser exegetischen Operation vermag Philoponos Aussagen zum Aufenthalt der Engel als nützliche Anagoge für einfache Menschen interpretieren und ihnen durch diese Einengung auf einen begrenzten Adressatenkreis eine universaldogmatische Geltung abzusprechen: εἰκότως οὖν ... καὶ τοὺς τοῦ θεοῦ λειτουργοὺς ἐν οὐρανῷ φασιν αὐτῷ παρεστάναι τῷ θεῷ, σωματικώτερον ἐκ τῶν ἡμετέρων διατυποῦντες τὰ θεῖα πρὸς τὴν τῶν πολλῶν ὠφέλειαν (Opm. 49, 23 - 26).[456] Theodor kann dagegen nicht erklären, wo bei seiner Sicht des Schöpfungsberichtes diesem die Kriterien des *honestum* bzw. *utile* zukommen, sondern muß, so will es Philoponos glauben machen, geradezu eine asebische Autorintention voraussetzen. Die ständig repetierten Bemerkungen, daß Moses den Schöpfungsbericht speziell für sein Volk verfaßte, damit dieses die Allmacht des einen Gottes erfahre, entspricht dem Usus der Rhetoren, wonach bei der Beweisführung mit dem übertragenen Sinn die Segmentierung des Inhaltes durch den Autor nachdrücklich hervorgehoben werden muß. Nicht alle können aus einem Text alles lernen, sondern gewisse Rezipienten verstehen einzelnes: *a ratiocinatione, oportere coniectura ex eo, quod scriptum sit, ad id, quod non sit scriptum, pervenire; et neminem posse omnes res per scripturam amplecti, sed eum commodissime scribere, qui curet, ut quaedam ex quibusdam intellegantur* (Cic. Inv. 2, 152). Schließlich beantwortet Philoponos auch die Frage, welche gegenüber einer über den Buchstaben hinausweisenden Interpretation

[456] Sehr ähnlich Opm. 56, 6 - 9.

wohl immer gestellt werden wird, warum der strittige Sachverhalt eben nicht textlich verankert sei, ganz im Sinne Ciceros: Das Wort Hiobs, der Herr habe ihn aus Ton geformt und bringe ihn wieder zur Erde zurück (Hiob 10, 9), impliziert, daß Gott den Körper des Menschen nicht nur aus Erde, sondern auch aus Wasser bildete. Da es einleuchtet (προφανές), daß ohne Wasser Erde nicht formbar ist, fehlt dieses Element im Text (Opm. 24, 1 - 7).

Eine andere, ebenfalls in den rhetorischen *praecepta* verankerte Empfehlung bezieht sich auf die Verteidigung des Wortlautes gegenüber einer die bloße Intention des Gesetzgebers heranziehenden Beweisführung. Dabei sollte als höchster und letzter Beweis im Verfahren das geschriebene Gesetz selbst immer wieder zitiert und dem Tatbestand gegenübergestellt werden: *saepe id, quod scriptum est, recitando, saepe cum scripto factum adversarii confligendo* (Cic. Inv. 2, 126). Da Philoponos in seiner Debatte gegen Theodor des öfteren die Seiten wechselt, indem er dem Antiochener einmal zu engen Anschluß an den Wortlaut vorwirft, ihn dann aber wegen zu freier Schlußfolgerungen inkriminiert, schlüpft er auch in die Rolle des Verteidigers des so und nicht anders geschriebenen Wortes und greift dort, wo ihm an einer buchstäblichen Auffassung der biblischen Aussagen gelegen ist, auf dieses Verfahren der oftmaligen Zitierung zurück. Signifikant ist das Stück Opm. 20, 24 - 26, das eine methodische Brücke von der Berufung auf die *sententia auctoris* hin zum *dictum* darstellt: Ἀλλ᾽ οὐ τοιούτους εἶναι τοὺς λειτουργοὺς τοῦ θεοῦ διδάσκει τὰ λόγια. Nach der vorangegangenen Diskussion, die mit abgeleiteten Argumenten geführt wurde, will Philoponos nun unter Berufung auf die Schrift selbst die nur unkörperlichen Geistwesen zukommende Macht der Engel Wort für Wort belegen, es geht um den eindeutigen und klaren Literalsinn. Erst jetzt läßt Philoponos eine Auflistung von nicht weniger als 13 Bibelzitaten auf seinen Gegener hereinbrechen (Opm. 20, 26 - 22, 12), die er allesamt wörtlich interpretiert, um die Macht und die unkörperliche Substanz der Engel zu demonstrieren. Aus dem vorsichtig abwägenden Interpreten, der den Buchstaben lediglich als materielle Basis für eine nicht verbalisierte Botschaft begreift, ist ein fundamentalistischer Zertrümmerer gegenläufiger Meinungen geworden.

Ein ähnliches Bild zeichnet sich im Kapitel 18 ab. Dort bekämpft Philoponos die Gewohnheit Theodors, durch judaisierende Verabsolutierung des Buchstabensinnes den Himmel als Aufenthaltsort der Engel zu bestimmen:[457] μόνῳ τῷ γράμματι προσέξων (sc. Θεόδωρος) Ἰουδαικῶς (Opm. 45, 20). Philoponos begibt sich nun auf das gegnerische, d. h. den Literalsinn bewahrende Beweisniveau seiner Gegner und führt neun Schriftbelege an, die entsprechend der Methode antiochenischer Exegese das anthropomorphe Wesen Gottes beweisen müßten (Opm. 45, 21 - 46, 26). Auch hier sind wir mit der Junktimierung von wörtlichem Textverständnis im Sinne eines *scriptum defendere* und akribologischer Aufzählung von Beispielen konfrontiert. Philoponos instrumentalisiert nun dieses rhetorische Verfahren allerdings zu einer ironischen *reductio ad absurdum* der gegnerischen Position: Aus allen Belegen geht tatsächlich die Immanenz und Körperhaftigkeit Gottes hervor, wenn man jene Texte w ö r t l i c h versteht, die Gott Augen, Ohren und eine Rechte zuschreiben. Da dieser Schluß aber gottlos und töricht wäre (Opm. 47, 1 - 2),[458] ist auch die Prämisse der literalen Exegese falsch. Aus der Bibel geht ebensowenig die Körperlichkeit Gottes wie der Engel hervor. Die vorgetäuschte Akzeptanz der Prämissen des Gegners ist Kennzeichen der rhetorischen Figur der Ironie, speziell der *simulatio*, also der Vorspiegelung einer mit der Meinung des Widerparts konformen Ansicht.[459] Über das Einzelwort hinausgehend, will Philoponos vor einem Publikum, das diese Ironie als solche erkennen soll,[460] eine geschlossene Argumentationskette des Antiocheners als unsinnig

---

457 Zur Gleichsetzung von jüdischer und nur am Wort orientierter Interpretation vgl. Greg. Nyss. Adv. Eun. II = GNO I 199, Orig. GenHom. 6, 1; dazu R. E. HEINE, Gregory of Nyssa's Apology for Allegory, in: VigChr. 38, 1994, S. 360 - 370, S. 365.

458 Im sechsten Buch setzt Philoponos im Kapitel über die Gottebenbildlichkeit des Menschen die allgemeine Ablehnung eines menschengestaltigen Gottes als Argumentationsbasis voraus: ἐσχάτως γὰρ ἀσεβὲς τὸ νομίζειν ἀνθρωπόμορφον εἶναι τὸ θεῖον (Opm. 239, 21 - 23).

459 So LAUSBERG § 902, 2 nach Quint. Inst. 6, 3, 85.

460 Zur Erkennbarkeit der Ironie vgl. LAUSBERG § 902, 3.

erweisen.[461] Wie sehr Philoponos der rhetorischen Tradition verpflichtet ist, zeigt sich auch darin, daß man dort die vollständige Zitierung aller Details im Interesse der Wirksamkeit empfahl und unter das technische Begriffspaar ἀκρίβεια / ἀκριβολογία einordnete: γίνεται δ᾽ ἡ ἐνάργεια πρῶτα μὲν ἐξ ἀκριβολογίας καὶ τοῦ παραλείπειν μηδὲν μηδ᾽ ἐκτέμνειν ... τὸ γὰρ ἐναργὲς ἔχει ἐκ τοῦ πάντα εἰρῆσθαι τὰ συμβαίνοντα καὶ μὴ παραλελεῖφθαι μηδέν (Demetr. de eloc. 209).[462] So weiß auch Theodor, daß die Wahrhaftigkeit des Propheten aus der vielfachen Erwähnung des Sachverhalts ersichtlich wird: ὥστε καὶ ἐνεῖναι μαθεῖν ἐντεῦθεν, ὅση τι τοῦ προφήτου ἡ ἀλήθεια, ὡς πολλάκις καὶ τὰ πράγματα καὶ τὰ ῥήματα μετὰ πολλῆς φθέγξασθαι τῆς ἀκριβείας (PsHypoth. 34). Philoponos ist hier nicht bemüht, im Text der Hl. Schrift ἀκρίβεια als besonderes Stilmerkmal nachzuweisen, vielmehr verwendet er dieses literarische Darstellungsmittel, um seinem eigenen Text Effizienz zu verleihen. Damit folgt er einer Empfehlung der alten Homererklärer: πάντα δὲ λέγων ἀληθοποιεῖται τὸν λόγον (Schol. B zu Hom. Φ 34).

Die in Form der Akribologie beigebrachten Beispiele von anthropomorphen Gottesbildern, die sinnvollerweise nur übertragen aufzufassen sind, entfalten erst dann Beweiskraft, wenn ihre Interpretation in der Öffentlichkeit außer Streit stand, d. h., wenn sie auch von den Antiochenern nicht im buchstäblichen Sinne verstanden wurden. Wenn Philoponos dabei die Augen und Ohren Gottes mit dessen Fähigkeit, alles zu sehen und zu hören, seine Rechte mit seiner Kraft zu handeln erklärt, setzt er in der Bibel die Ausdrucksweise des *concretum pro abstracto* voraus, die in der rhetorischen

---

[461] In den Kapiteln 2 und 11 des letzten Buches von Opm. wendet Philoponos diese Ironie zuerst gegen origenistische und dann gegen manichäische Vorstellungen eines substantiell Bösen in der diesseitigen Welt an. Wie hier gibt auch dort der Syllogismus die sprachliche Form ab, um anhand der absurden Konsequenzen die Unhaltbarkeit der gegnerischen Position darzustellen.

[462] Vgl. SCHÄUBLIN (1974), S. 112. NEUSCHÄFER S. 238 vermeint einen Bedeutungsunterschied insofern zu erkennen, als in der ἀκρίβεια der qualitative, in der ἀκριβολογία der quantitative Aspekt hervorgehoben werde.

Tradition zum Stilmittel der Metonymie gerechnet wurde.[463] Da es zu einem Wesensmerkmal der rhetorisch gefärbten antiochenischen Exegese gehörte, Tropen und Figuren in der Hl. Schrift zu identifizieren und sie für die Exegese nutzbar zu machen, ist die von Philoponos vertretene und auf der Metonymie basierende Deutung keinesfalls originell und auch für die Antiochener akzeptierbar. Nun hat Schäublin festgestellt, daß sich Theodor der Metonymie bedient, um eben die Anstößigkeit antropomorpher Gottesdarstellungen zu entschärfen.[464] Gottes Auge wird als Aufsicht, seine Hand als Wirkkraft, seine Rechte als Hilfe aufgefaßt.[465] Der Rat des Philoponos an Theodor, dieser möge seinem Bibelverständnis ensprechend Gott doch auch Gliedmaßen, Hände, Finger, Füße, eine Rechte, Augen, Lider, Ohren, Mund, Herz, Gesicht und einen Rücken verleihen (Opm. 46, 22 - 23), ist somit nicht nur zynisches Spiel, sondern setzt eine beachtliche Kenntnis der antiochenischen Exegese voraus: Viele der hier genannten Körperteile wurden von Diodor und seinen Nachfolgern als Metonymie für Gottes Wirken erklärt. Neben den bereits besprochenen Beispiele stehen die Finger für δύναμις, Mund für πρόσταγμα, Füße für παρουσία.[466] Stand erst einmal das metonymische Sprechen der Bibel über Gott unabhängig von den einzelnen exegetischen Richtungen außer Frage, verwundert es nicht, daß die Metonymie selbst als hebräisches ἰδίωμα Eingang in systematische Lehrwerke fand, die eine Handreichung zum Verständis der biblischen Sprache bieten wollten. Dazu gehört die in die erste Hälfte des 5. Jahrhunderts zu datierende Εἰσαγωγὴ εἰς τὰς θείας γραφάς des Adrianos.[467] Hier finden wir in Form eines tabellarischen Überblicks idiomatische Ausdrucksweisen der Hl. Schrift, in denen Gott Gliedmaßen oder Affekte zugeschrieben werden, zusammen mit der jeweils

[463] Zur Einteilung der Metonymie vgl. LAUSBERG § 568, 2 - 4.

[464] SCHÄUBLIN (1974), S. 114.

[465] Theod. In Ps. 16, 2; 20, 10; 33, 16; 37, 3 - 4; 43, 4; 68, 30; 73, 3; 73, 11; 79, 18 - 19. SCHÄUBLIN (1974), S. 114 betont die Übereinstimmung zwischen Theodor und den Alexandrinern, die Gottes Gliedmaßen als übertragene Darstellung seines Wirkens in der Welt deuten.

[466] Diod. Frg. 21, 15 ff.; vgl. SCHÄUBLIN (1974), S. 114 Anm. 117.

[467] Cassiod. Inst. 1, 10, 1; vgl. SCHÄUBLIN (1974), S. 138 Anm. 222

dazu passenden übertragenen Bedeutung. Im einzelnen führt Adrianos βλέφαρα, ὀφθαλμοί, ὦτα, στόμα, ὄσφρησι, πρόσωπον, χεῖρες, δεξιά, πόδες und μέλη an (PG 98, 1277 D - 1279 C). Bis auf den Geruchsinn sind alle Beispiele Adrians auch Philoponos geläufig, nur dieser fügt auch Finger, Herz und Rücken an. Welche Schlüsse sind daraus zu ziehen? Da keiner der von Adrianos und Philoponos im Kap. 18 des ersten Buches zitierten Schriftbelege für das Vorkommen der betreffenden Metonymien identisch ist, sich auch in der Reihenfolge der Aufzählung keine Übereinstimmung ausmachen läßt, ist eine direkte Abhängigkeit des Philoponos von Adrianos nicht verifizierbar. Vom Blickpunkt der Arbeitsökonomie wäre es mehr als verwunderlich, würde Philoponos zwar die einzelnen Beispiele übernehmen, sich aber der Mühe unterziehen, den Fundort in der Schrift zu ignorieren und durch einen neuen, von Adrianos abweichenden Nachweis ersetzen. Diese Feststellung gilt auch für das Verhältnis des Philoponos zu den Antiochenern, deren metonymische Interpretation der Gliedmaßen Gottes zwar ähnlich, aber nirgends ausschließliche Vorlage sein muß. Die stupenden Parallelen zwischen Philoponos, den Antiochenern und Adrianos lassen sich als Zeugnis einer Tradition erklären, in der an den antiochenischen Kommentaren abgelesene Mechanismen der Exegese, speziell die metonymisch interpretierten anthropomorphen Gottesbilder, Eingang in systematische Lehrwerke fanden, von denen wir in Adrians Eisagoge eine früheres Beispiel haben, das über spätere Bearbeitungen noch einen indirekten Einfluß auf den etwa 100 Jahre später wirkenden Philoponos haben konnte. Dieser war sich auf jeden Fall im klaren, daß in der antiochenischen Schule und in den Handbüchern der biblischen Rhetorik die Metonymie als Typikon der Bibel gewertet wurde. In der konsequenten Übernahme dieser Interpretationstechnik im Kapitel 18 der ersten Buches zitiert er die Methode seines Rivalen Theodor, um ihn von dessen eigenen Prämissen her zu widerlegen.

Zu diesen Versuchen des Philoponos, biblische Aussagen zum Sprechen Gottes einer buchstäblichen Interpretation zu entheben und von jeglichen Assoziationen mit dem menschlichen Stimmbildungsapparat zu befreien, gehört auch das Stück Opm. 55, 7 - 56, 6, wo zunächst 1 Kor. 13, 1 - Ἐὰν ταῖς γλώσσαις τῶν ἀνθρώπων λαλῶ καὶ τῶν ἀγγέλων - herangezogen wird, um ein anthropomorphes

Verständnis von Engelszungen als absurd darzustellen. Dazu bestimmt er diesen Paulusvers als rhetorisches σχῆμα der ὑπερβολή, die eine Hypothese (ὑπόθεσις) artikuliere. Diese und ähnliche hypothetische Annahmen weisen nach Philoponos nicht auf die Verwirklichbarkeit des angenommenen Sachverhaltes hin, sondern ihre Funktion bestehe darin, dem Hörer durch übertreibende Verdeutlichung Sicherheit im Verständnis zu verschaffen: πρὸς ἀσφάλειαν τῶν ἀκουόντων (Opm. 56, 1). Ziehen wir die Aussagen aus der grammatischen Schultradition zum Wesen und zur Funktion der Hyperbel bei, so stoßen wir auf Orig. In 1 Kor. § 49, wo als Zweck dieser Stilfigur die ἔμφασις angegeben und an den Beispielen "weißer als Schnee" und "schneller als der Wind" nachgewiesen wird.[468] Origenes spricht zwar nicht wie Philoponos von einer ἀσφάλεια, doch die Zweckbestimmung der Hyperbel als ἔμφασις weist ihr im Kommunikationsprozeß zwischen Autor und Leser dieselbe Funktion der Verdeutlichung zu, wie wir sie hier bei Philoponos kennengelernt haben. Die pagane Schultradition, in der Origenes und Philoponos wurzeln, bot dem Kommentator ein Instrumentarium, die buchstäbliche Unwahrscheinlichkeit eines Textes zuzugeben und die tiefere Wahrheit hinter dem Wort anzuerkennen, ohne zur allegorischen Exegese Zuflucht nehmen zu müssen.[469] Die Hyperbel als rhetorische Figur ist an einen bestimmten Schematismus gebunden, der an einer einzelnen sprachlichen Gegebenheit ablesbar sein muß. Damit steht sie im Gegensatz zur allegorisierenden Deutung, die prinzipiell gesamtsprachlicher Natur ist und auf jede biblische Aussage applizierbar ist. In der Suche und Deutung von Hyperbeln werden Texte, nicht metaphysische Wahrheiten enthüllt.

Die letzte hier faßbare und weit in die philosophische

---

[468] Theodor verwendet in seinem Psalmenkommentar ὑπερβολικῶς und ἐμφατικῶς austauschbar: vgl. PsCom. 78, 3 und dazu BULTMANN S. 57. NEUSCHÄFER S. 235 f. bringt zusätzlich Schol. Hom. A bT zu K 437, wo erklärt wird, daß etwas zwar weißer als Schnee, unmöglich aber schneller als Wind sein könne, sowie PsPlut. Hom. 71 und Tryph. trop. 3 p. 198, 31 - 199, 3. Im pseudoplutarchischen Traktat dient die Übertreibung der Wahrheit zur Steigerung der Spannung (ἐπίτασις).

[469] So NEUSCHÄFER S. 236 über Origenes.

Hermeneutik reichende Methode der Texterschließung ist das Argument vom Geschriebenen auf eine textlich nicht belegte, wohl aber als dogmatisch abzusichernde Lehre. Da die Bibel über die Schöpfung von Himmel und Erde, nicht aber über die vorzeitliche Entstehung der Engel Auskunft gibt, bedient sich der Exeget des Syllogismus, nach den Worten Ciceros eines Verfahrens, das *ex eo quod uspiam est, ad id, quod nusquam scriptum est* führt (Cic. Inv. 2, 148).[470] Den Glaubwürdigkeitsbeweis muß Philoponos aufgrund des weitgehenden Fehlens einer biblischen Textgrundlage aus der Sache selbst ableiten.[471] Hierzu konnte er Maximen der aristotelischen Logik, wie er sie in seinem Kategorienkommentar interpretierte, für sein Anliegen der Hexaemeronerklärung umsetzen: Der Syllogismus dient zur Scheidung von wahr und falsch (CatCom. 10, 23 - 25) und beruht auf dem Grundgesetz, wonach das isolierte Wort kein Wahrheitskriterium darstellt, das erst in der gedanklichen Verknüpfung zustandekommt (CatCom. 45, 10 - 14). In makroskopischer Perspektive ist es dann nicht der isolierte biblische Vers, der definitiv die Absicht des Moses enthüllt, sondern erst die Beziehung zu thematisch vergleichbaren Äußerungen vermag die Beweiskraft für eine Lesart zu erlangen. Entscheidend ist somit nicht das Wort, sondern dessen abstrahierter und verknüpfter Gehalt. Nach neuplatonischem Verständnis ist der Syllogismus nach unten vom Einzelwort bzw. von den wahrnehmbaren Dingen abgegrenzt. Doch ebensowenig gehören die ontologisch ersten Dinge in seinen Anwendungsbereich: πάλιν τῶν πραγμάτων τὰ μὲν νοητά, τὰ δὲ αἰσθητά, τὰ δὲ μέσα τούτων· λέγω δὴ ὅτι οὔτε ἐπὶ τῶν νοητῶν συλλογιζόμεθα οὐδ᾽ ἐπὶ τῶν αἰσθητῶν ἀλλὰ μόνον τῶν μέσων (Ammon. AnPrCom. 25, 11 - 14). Demnach findet der Syllogismus seine Anwendung im mittleren Bereich des Denkens, wo er zum Verständis der diskursiven διάνοια führt: ἡ οὖν διάνοια συλλογιστικῶς καὶ ἀποδεικτικῶς ἐπίσταται (Ammon. AnPrCom. 25, 10). Von den intelligiblen, dianoetischen und rezeptiven Seelenkräften ist somit nur die zweite dem Syllogismus zugänglich (Ammon. AnPrCom. 24, 31 - 34). Nach dem Denkprinzip *similia similibus* wird nun nicht bloß

---

[470] Vgl. Aristot. AnPr. 24 b 18 - 20: συλλογισμός δέ ἐστιν λόγος ἐν ᾧ τεθέντων τινῶν ἕτερόν τι τῶν κειμένων ἐξ ἀνάγκης συμβαίνειν τῷ ταῦτα εἶναι.

[471] LAUSBERG § 371.

das Erkannte, sondern auch das Erkennende in uns als διάνοια identifiziert: αὕτη ἐστὶν ἡ δύναμις ἡ συλλογιζομένη [ἡ] ἐν ἡμῖν καὶ διὰ συλλογισμῶν γιγνώσκουσα καὶ ἀποδεικνύουσα τὰ πράγματα (Ammon. AnPrCom. 25, 4 - 5). Da weder die αἰσθητά noch die νοητά der syllogistischen Denkweise zugänglich sind, kann der Theologe niemals durch Syllogismen das Reich des Intelligiblen anzeigen, sondern muß sich dazu der Analogie bedienen. Der deduktiv von der Ursache auf das Verursachte schließende syllogistische Beweisgang versagt angesichts des Ersten, das über sich keinen vorausgegangenen Grund hat: οἱ μὲν γὰρ συλλογισμοὶ ἀπὸ τῶν αἰτιῶν τὰ αἰτιατὰ δεικνύουσιν καὶ ἀπὸ τῶν καθολικωτέρων τὰ μερικώτερα· τὰ δὲ νοητὰ πρῶτά ἐστιν καὶ καθολικώτερα τῶν ἄλλων πάντως· ὥστε εἰκότως περὶ τῶν πρώτων οὐ συλλογιζόμεθα (Ammon. AnPrCom. 25, 16 - 19). Vergegenwärtigen wir uns abermals die Notwendigkeit, die Präexistenz der Geistwesen ohne explizite Aussagen aus der Hl. Schrift zu untermauern, erkennen wir, daß sowohl Methode als auch Anwendungsbereich den Syllogismus für Philoponos zum geeigneten Werkzeug machen, mit dessen Hilfe er seine Argumente untermauern kann. Philoponos setzt dabei die Bestimmungen des Ammonios in die Praxis um, wonach mit der rationalen Seele das Feld zwischen Empirie und Gott syllogistisch erschlossen werden könne. Um nichts anderes geht es Philoponos bei seinem ständigen Insistieren auf das Wollen, das vernünftige und durchschaubare Konzept des Moses bei der Gestaltung seines Hexaemeron. Aber auch das Sein der Engel ist diskursiver διάνοια zugänglich,[472] weil sie - obschon von unkörperlicher und ausdehnungsloser Natur - von Gott geschaffen sind, zu dem sie im Verhältnis von Verursachtem und Ursache stehen.[473] An drei wichtigen Abschnitten seines Plädoyers für die vorkosmische Entstehung der Geistwesen deklariert Philoponos seine und der Kirche Beweisführung

---

[472] Opm. 42, 22 - 26.

[473] Vgl. Opm. 27, 5 - 6. In Opm. 28, 15 - 16 beschreibt er seine Engellehre als Syllogismus aus der rechten Vernunft. In Opm. 40, 7 - 8 weist er im Gegenzug darauf hin, daß Theodor eine rationale Beweisführung nicht gelungen sei.

als Argument ἐξ ἀκολουθίας.[474] Bereits bei einer ersten Annäherung an diese Stellen wird evident, daß Philoponos unter der ἀκολουθία das hier besprochene syllogistische Beweisverfahren meint,[475] also die Folgerung von einem Schriftbeleg auf nur mittelbar zu erschliessende Lehren.[476] Der Überlegung wert ist nun aber das Faktum, daß auch Philoponos' Lehrmeister Ammonios konkret in seinem IntCom. über das Verhältnis von ἀκολουθία und ὑποθητικοὶ λόγοι, also über die von Philoponos bevorzugt angewendete Form des Syllogismus, reflektierte.[477] Nach Ammonios bezeichnet eine durch εἰ verbundene Periode nicht eine Seinsweise (οὐχὶ ὑπάρξεως δηλωτικόν: IntCom. 67, 11), sondern eine Folgerung (ἀκολουθία: IntCom. 67, 12) aus Gegebenem. Die von der Konjunktion zusammengehaltene hypothetische Periode gleicht somit dem Schiff, das zwar aus vielen einzelnen Planken zusammengebaut ist, aber erst durch die verbindenden Bolzen seine sichtbare Einheit gewinnt (IntCom. 67, 15 - 19). Wenn Philoponos durch Syllogismen in ihrer Ausprägung als hypothetische Periode eine ἀκολουθία der Schriftworte ermitteln möchte, transzendiert er dementsprechend die ὕπαρξις des jeweiligen Wortbefundes und gelangt zu einem System, einem Ganzen, das mehr ist als die Summe seiner Teile, wie auch das Schiff als Erzeugnis aus einzelnen Holzelementen nicht ausschließlich als Addition seiner Bauteile erfaßt werden kann. Der von Moses für eine ungebildete Zuhörerschaft konstituierte Text des Hexaemeron ist der menschlichen Vernunft zugänglich und somit zur dianoetischen Analyse wie der syllogisti-

---

474 Opm. 18, 22 = Kapitel 8 Ende; 23, 21 = Kapitel 10 Anfang; 28, 10 = Kapitel 11 Ende. Zur Scharnierfunktion dieser Kapitel im Aufbau des ersten Buches vgl. Kap. III A 1.

475 Zum Konzept der ἀκολουθία bei Gregor von Nyssa vgl. DANIELOU S. 49, MARGERIE S. 243 und Kap. II A 2.

476 SCHOLTEN (1997) S. 124 Anm. 66 bringt Orig. princ. praef. 10 als Beispiel für eine Theoriebildung über die Hierarchie dogmatischer Aussagen. Das lat. Äquivalent zur griechischen ἀκολουθία ist dabei die *consequentia*.

477 Ammon. IntCom. 67, 5 - 19.

schen Gewinnung weiterführender Aussagen geeignet.[478] Es ist zwar möglich, hinter dem Akolouthiebegriff bei Philoponos nichts weiter als ein Synonym für Syllogismus zu sehen, doch läßt der nachhaltige Einfluß Gregors von Nyssa, in dessen Exegese die Betrachtung der ἀκολουθία alles Gewordenen einen zentralen Platz einnahm, nach einem komplexeren Gehalt suchen. Wie oben gezeigt werden sollte, besteht nach Gregor zwischen der Abfolge der biblischen Schriften, ihrem spirituellen Gehalt und der Heilsgeschichte eine innere Gesetzmäßigkeit, die rational entschlüsselt werden kann.[479] Doch wer verfügt über die Kompetenz, dieses Prinzip der wesensmäßigen Kongruenz aller aus Gott hervorgegangenen Elemente der Schöpfung am Text der Hl. Schrift oder im Aufbau des Universums zu erkennen? Gregor gibt eine Antwort in einem Gleichnis, das er zu Beginn seiner Hexaemeronapologie entwirft: Demnach habe sein Bruder Basileios aus dem Samenkorn des mosaischen Berichtes durch seine auf das Hohe gerichtete Seele einen Baum gezogen, in dessen breit ausladender Krone, dem Sinnbild für die νοήματα des Basileios, sich die himmelgewandten Seelen auf den Zweigen der Dogmen einnisten können.[480] Gregor definiert sich selbst metaphorisch als Schößling, der sich mit diesem Baum des noetischen Wissens verbindet (ἐμφυόμενος τοῖς νοήμασι: HexApol. 64 C), um seiner διάνοια durch die Weisheit dieses Organismus Kraft zuzuführen. Befragen wir diese von Gregor konsequent durchgehaltene Metapher nach den Bedingungen des Wissens und des rechten Umgangs mit der Bibel, so wird man Denkprinzipien identifizieren, die auch für Philoponos' Ableitung von Lehrsätzen aus dem Schriftwort gültig sind. Zunächst ist da die jedem Mystizismus fernstehende Gewißheit Gregors, durch rationale Seelenvermögen den Weg zur Botschaft der Schrift bewältigen zu können, ein Weg, den auch Philoponos in Opm. wählt. Aus dem

[478] Vgl. Greg. Nyss. HexApol. 117 C: die menschliche Natur vermag die Weisheit Gottes nicht direkt zu begreifen, kann aber hinsichtlich der empirischen Schöpfungsorndnung eine ἀκολουθία erkennen. Hier ist wie der Syllogismus in den Ammoniostexten die ἀκολουθία auf das vernünftige Verständnis des Gewordenen bezogen.

[479] Vgl. S. 193 f.

[480] Greg. Nyss. HexApol. 64 A.

schlichten Samenkorn der alttestamentarischen Erzählung entwickelt sich eine vielschichtige[481] und philosophisch begründete Dogmatik. Doch trotz des Fortschrittes gegenüber Moses repräsentiert Basileios für Gregor nicht die Endgültigkeit alles menschlichen Bemühens um das rechte Schriftverständnis. Wenn wir die Metapher vom eingewachsenen Schößling Gregor ernst nehmen, verstehen wir sein Konzept der korrekten Schriftdeutung als nie zu einem Abschluß kommende *theologia perennis*, die sehr wohl fortschreitet, aber ihr Ziel, Gott selbst, nie erreichen wird. Der junge und noch schwache Zweig Gregors wird, um das Bild weiterzudenken, den Baum des Basileios vergrößern und der Form nach verändern, doch die substantielle Abständigkeit zum überkosmischen ungeschaffenen und adimensionalen Gott nicht reduzieren. Genau dieses Denkmuster von einer unaufhörlich verbesserbaren, weil in den Kategorien menschlicher Vernunft ablaufenden Exegese,[482] vom Schriftverständis als einem lebendigen, im Fluß der Zeit stehenden Organismus, der dadurch neues Leben erhält, daß sich neue Interpreten einfinden, deren Interessen mit denen des ersten Verfassers - hier Moses - nicht mehr identisch sind,[483] haben wir auch bei Philoponos vor uns: Sowohl im Kapitel 8 als auch im Kapitel 11 weist der Alexandriner die Fähigkeit, durch wissenschaftliche Schlußverfahren aus der Bibel Ungeschriebenes abzuleiten, der Kirche zu, die als eine dem historischen Wandel unterworfene Gemeinschaft mit stets neuen Fragen an den Text herantritt. Obschon Kollektiv, verfügt sie wie der Basileios Gregors über die Kompetenz, noetisch (ὀρθαὶ ἔννοιαι: Opm. 28, 15), Antworten zu bekommen, die der Autor des inspirierten Textes noch nicht vorsehen konnte. Die Ergebnisse dieser ständig unter neuen Vorzeichen erfolgenden Exegese des *per se* einfachen Schriftwortes konkretisiert

---

481 Basileios' Homilien zeichnen sich gegenüber Moses durch μέγεθος, κάλλος, ποικιλία und σχῆμα aus: Greg. Nyss. HexApol. 62 B.

482 Vgl. Greg. CantCantHom. 8 = GNO VI 245, 11 - 246, 12 und MOSSHAMMER S. 110.

483 MOSSHAMMER S. 116 unterstreicht ausgehend von der Interpretation des Hoheliedkommentares den undogmatischen Charakter der Exegese des Gregor, der Interpretation als Anregung für andere versteht, nach ihrer Wahrheit des Textes zu suchen: nach InscrPs. 1, 7 = GNO V 45, 4 - 15.

sich bei Gregor und Philoponos in den Dogmen,[484] die der Nyssener bildhaft mit den Zweigen im Geäst der Vernunft darstellt. So sind denn auch die Beispiele, die Philoponos für abgeleitete Dogmen gibt, mehr als ein Tohuwabohu aus Christologie und Elementarphysik: ... καὶ ἕτερα πολλὰ τῶν δογμάτων ἀγράφως ἐν τῇ ἐκκλησίᾳ τοῦ θεοῦ πολιτεύεται ἐξ ἀκολουθίας ἑτέρων συλλελογισμένα· τὸ ἀσώματον εἶναι τὸ θεῖον, τὸ ἀσχημάτιστον, τὸ ἀδιάστατον, διὸ καὶ ἀμερὲς ὑπάρχει, τὸ ὁμοούσιον εἶναι τὴν ἁγίαν τριάδα, τὸ ἐκ τῶν τεσσάρων στοιχείων εἶναι τὰ σύνθετα σώματα, καὶ ἄλλα πλεῖστα (Opm. 28, 8 - 14). In diesen Aussagen über die Eigenschaften Gottes, über sein Verhältnis zur Welt und über deren materieller Zusammensetzung spiegelt sich das mit den Erfahrungen des Gottesvolkes veränderte Textverständnis. Weil sich die Fragen an den Text im Ablauf der Geschichte vermehren, erhöht sich auch die aus den Antworten gewonnene Erkenntnis. Verständnis stellt sich für Philoponos dann ein, wenn das inspirierte Wort der Bibel bewahrt und in seinem Folgecharakter weitergedacht wird. Zugrunde liegt der Glaube an die im Schriftwort geborgene dynamische Kraft, allen Anforderungen der Späteren Genüge zu tun,[485] die Überzeugung, daß Wissenszuwachs als Vertiefung des Textverständnisses nur auf den bereits gewonnenen und vernetzten Erkenntnissen der Denkgemeinschaft Kirche beruht.[486]

---

[484] Greg. HexApol. 64 A, Philop. Opm. 18, 22 - 24.

[485] Vgl. die Interpretation des Prooemium mit der Konturierung des Moses als Plato Christianus in Kapitel II A 1: Die Wahrheit des Moses ist substantiell nicht mehr zu überbieten, muß aber in und für die jeweilige Zeit neu enthüllt werden.

[486] Diese Anbindung des Wissens an einen Personenverband geht auf das Konzept von Philosophie als Lebensform zurück.

α) Theodor als Feindbild

In der Polemik gegen Theodor sind nun die Motive des noetischen Versagens und der Kirchenferne gekoppelt. Im Kapitel 12 laufen die Argumentationsstränge zusammen und konturieren Theodor als tragikomischen Widerpart der Vernunft und des Glaubens: 1) Der Antiochener stellt Syllogismen ohne Textbasis auf und widerspricht damit dem rhetorischen Gesetz, wonach das *scriptum* zur Grundlage des Schlusses auf Ungeschriebenes zu machen sei.[487] 2) Theodor arbeitet ohne Schriftbeweise, Resultat dieser Verirrung ist nicht Wahrheit, sondern Mythos: καὶ ἄλλα δὲ πλεῖστα μυθολογεῖ (Opm. 30, 25). Philoponos greift mit dem Vorwurf des μυθολογεῖν auf einen geläufigen Topos in der Bewertung der exegetischen Leistungen des Gegners zurück. So beschuldigt Origenes in der Philokalie die Gnostiker der unreflektierten Deutung, sie bildeten Mythen, um ihre eigenen Zwecke zu legitimieren: μυθοποιοῦντες ἑαυτοῖς ὑποθέσεις.[488] Demoen hat in seiner Untersuchung der Konnotation von μῦθος bei Gregor von Nazianz festgestellt, daß der Kappadokier zwar die von den Rhetoren stammende Definition von Mythos als fiktional ausgestalteter Wahrheit kennt,[489] aber in anderen Zusammenhängen Mythos in Opposition zu ἀλήθεια setzt: μῦθος bedeutet dort "Unsinn", "Geschwätz".[490] Der häufigste Gehalt von μῦθος und seinen Ableitungen wie μυθολογία, μυθολογεύω, μυθόλατρις, μυθικός deckt den

---

487 Der Hinweis, daß es Theodor unmöglich sei, den Wahrheitsbeweis durch Belegstellen anzutreten, durchzieht leitmotivisch das gesamte Kapitel 12: Opm. 28, 21; 29, 10 - 11; 29, 19; 30, 7 - 8; 30, 15 - 16; 30, 24; 31, 2.

488 Origen. Philok. 1, 8; vgl. LIM S. 358.

489 Εἴτε ἀλήθεια ταῦτά ἐστιν εἴτε μῦθος παραδεικνὺς τὴν ἀλήθειαν ἐν τοῖς πλάσμασιν: Greg. Naz. Or. 5, 38; dazu DEMOEN S. 214.

490 Greg. Naz. Or. 5, 32. Vgl. DEMOEN S. 214 f.

Bereich des paganen Mythos ab.[491] Basileios instrumentalisiert diese Elemente der christlichen Abwertung des Mythos zur Abwehr gegen eine Schriftdeutung, die von einer schmalen Textbasis ausgehend eigene Hirngespinste in die Hl. Schrift hineinliest: Bei der Auslegung von Gen. 1, 2: καὶ σκότος ἐπάνω τῆς ἀβύσσου biegen die Häretiker den Sinn von σκότος um, indem sie in dualistischer Weise die Finsternis zu einer autonomen, Gott widerstrebenden Macht aufwerten. Dabei sind gedankliche und terminologische Parallelen zu Gregor von Nazianz, aber auch zu Philoponos unverkennbar, wenn er μῦθος mit πλάσματα gleichsetzt und deren Entstehung mit der Absicht der Häretiker begründet, das Bibelwort ihren Vermutungen anzupassen: Πάλιν ἄλλαι μύθων ἀφορμαὶ καὶ πλασμάτων δυσσεβεστέρων ἀρχαὶ πρὸς τὰς ἰδίας ὑπονοίας παρατρεπόντων τὰ ῥήματα (HexHom. 26, 20 - 22). Sehr ähnlich artikuliert Philoponos den Verdacht, Theodor schiebe der Schrift seine eigene Theorie unter: τὰς σὰς ὑπονοίας τῇ θείᾳ περιάπτων γραφῇ (Opm. 36, 5 - 6). Den Vorwurf, aus dem literalen Sprachbefund des Hexaemeron kein Zeugnis für die eigene Doktrin anführen zu können und so vom wissenschaftlichen Diskurs auf die Mythologie auszuweichen, erhebt Philoponos auch gegen Theodor: καὶ ἄλλα δὲ πλεῖστα μυθολογεῖ Θεόδωρος ἐν τοῖς εἰς τὴν Γένεσιν καὶ τοῖς ἄλλοις αὐτοῦ συγγράμμασι καὶ οἱ τῆς αὐτοῦ μοίρας μηδεμίαν, ὧν λέγουσιν, ἐκ τῆς ἱερᾶς γραφῆς μαρτυρίαν ἔχοντες, μηδὲ λόγῳ τὰς ἑαυτῶν ὑπονοίας κατασκευάσαι δυνάμενοι (Opm. 30, 25 - 31, 4). Resultat dieser Fehlinterpretationen sind nach Basileios gottlose Lehren (ἀθέων δογμάτων: Basil. HexHom. 27, 4), die nicht nur im Gegensatz zur kirchlichen Dogmatik stehen, sondern, sich auf eine winziges Wort berufend, wie Wölfe die Herde Gottes zerstreuen: ποῖοι λύκοι βαρεῖς διασπῶντες τὸ ποίμνιον τοῦ θεοῦ, οὐχὶ ἀπὸ τῆς μικρᾶς ταύτης φωνῆς τὴν ἀρχὴν λαβόντες; (HexHom. 27, 5 - 6). Am Ende der Entwicklung steht der Abschaum der Kirche, die Häresien der Markionen, Valen-

---

491 DEMOEN S. 216. Auch Philoponos richtet den Vorwurf des μυθολογεῖν in Zusammenhängen, die nicht von innerkirchlichen Konflikten geprägt sind, gegen die heidnische Geistigkeit, speziell gegen die Vorsokratiker, deren Lehren in Gegensatz zu den Erkenntnissen der Naturwissenschaftler (φυσικοί) gerückt werden (Opm. 80, 20 - 82, 2).

tiner und Manichäer. Nach dem Vorbild des Basileios hat dann Philoponos das polemische Triptychon: mangelnde Textbasis bei der Auslegung - eigene, "mythenbildende" Exegese - Häresiebildung, gegen Theodor ins Feld geführt. Daß die Töne weniger schrill klingen als bei seinem Lehrherrn, hängt wohl damit zusammen , daß die Angriffe gegen Theodor im ersten Buch den Kampf um die rechtgläubige Christologie vorbreiten, der erst im vorletzten Buch des Werkes ausgetragen wird.

4. Die Homonymie in der Exegese des Philoponos

Bei der Bewertung der rhetorisch- grammatischen Praktiken, die Philoponos in die Kontroverse mit Theodor um das Wesen der Engel einbrachte, waren bislang schon Aspekte angeklungen, die auch dem Bereich der philosophischen Hermeneutik zugezählt werden können: In dieser Grenzzone ist beispielsweise die Frage nach der Deutung von Geschriebenem auf Ungeschriebenes angesiedelt, zu der sowohl der Rhetor Stellung nahm, die aber auch den neuplatonischen Syllogistiker wie den christlichen Sprachdenker Gregor von Nyssa interessierten. Hier soll nach weiteren Konkretisierungen der neuplatonischen Exegese gesucht werden.

Nachdem Philoponos im Kapitel 18 durch eine sture, auf den Wortlaut fixierte Interpretation die Menschengestaltigkeit Gottes "erwiesen" und mit der rhetorischen Figur der Ironie die hermeneutische Technik der Antiochener der Lächerlichkeit preisgegeben hat, formuliert er im Gegensatz dazu *propria persona* eine Grundmaxime richtiger Schriftauslegung: εἶ δὲ ταῦτα τῆς ἐσχάτης ἀσεβείας ἐστὶν καὶ ἠλιθιότητος, οὐ ψιλῷ προσεκτέον τῷ γράμματι, ἀλλ᾽ εἰς ὅτι νεύει ἕκαστον τούτων ἐξιχνευτέον. ἐξ ὧν γὰρ ἴσμεν οἱ τῇ αἰσθήσει μόνῃ προσηλωμένοι, ἐκ τῆς τούτων ἀναλογίας εἰς ἐννοίας ἡμᾶς θειοτέρας ἀνάγουσιν αἱ θεόπνευστοι γραφαί· (Opm. 47, 1 - 6); Καὶ οὕτως ἐφ᾽ ἑκάστου τῶν οὕτως εἰρημένων διὰ τὸ ἡμῖν χρήσιμον εἰς ἐννοίας ἀξίας ἀνάγεσθαι προσήκει θεοῦ τοὺς βραχεῖαν γνῶσιν τῆς θείας ἔχοντας φύσεως (Opm. 48, 7 - 10). Wir stoßen hier auf den zentralen Begriff der Analogie, die im ersten Hauptteil bereits ausführlich behandelt wurde.[492] Hier genügt es zu rekapitulieren, daß man von Aristoteles

[492] Vgl. Kap. I B 4.

ausgehend, der die Analogie als Methode der Klassifizierung dort anwandte, wo die Sprache keine Vokabel zur Verfügung stellte, im Neuplatonismus den durch Worte nicht zu beschreibenden Gott durch analogisches Denken zu erkennen trachtete. Am Beispiel Dexipps wird sichtbar, wie im späteren Platonismus die Annäherung an das Erste Prinzip begründet wurde: Die als νοητή, φυσική und αἰσθητή gegliederte intelligible οὐσία strukturiert die empirische Welt, zu der auch die Sprache zählt, in Analogie zu ihrer Ordnung: Der Begriff "οὐσία" kann die unsagbare intelligible οὐσία tatsächlich nicht bezeichnen, aber als Metapher und Analogie aus der Empirie auf sie hinausverweisen.[493] Insofern zwei verschiedene Wirklichkeiten mit einem Terminus artikuliert werden, liegt Homonymie vor, die eine sprachliche Brücke zwischen zwei ontologischen Ebenen bilden kann. Diesem Modell entsprechend beschrieb auch Ammonios die Tätigkeit des auf die Ideen fixierten Namengebers als analogische Übermittlung einer höheren Wirklichkeit,[494] nämlich der Weitergabe des männlich / weiblichen Prinzips an die Dinge in Form der geschlechtspezifischen Substantiva. So betrachtet Ammonios auch die Analogie im Gegensatz zum Syllogismus als einzige Form des Sprechens über die Ersten Dinge.[495] Philoponos erkennt demnach in der Hl. Schrift eine analogische Darstellungsweise genau dort, wo die Aussagen Gott zum Thema haben, während er die Gesetze und Strukturen der Welt mithilfe des Syllogismus klärt. Wenn also die Schrift von Gottes Augen und Ohren spricht, führt sie uns ebensowenig wie die maskulinen Flußgötter des Ammonios zu einem anthropomorphen Gottesverständis, sondern geleitet die Seele bei ihrem Aufstieg zu Gott (ἀνάγουσιν) zu einer allgemein gültigeren und prinzipielleren Erkenntnisform. Der Aufwärtsbewegung einer das Wort als analogische und nicht als Äquivalent begreifenden Lesart korreliert das Herabziehen (κατασπᾶν) Gottes zu körperlichen Vorstellungen, wenn der homonyme Charakter von Sprache nicht erkannt wird:[496] Das Wort Mose vom verzehrenden Feuer (ὁ θεὸς ἡμῶν πῦρ καταναλίσκον: Dtn. 4, 24) bot ungebildeten Israeliten eine Handhabe, von konkreten

[493] Vgl. Dex. CatCom. 41, 18 - 19; 25 - 27.

[494] Ammon. IntCom. 35, 21 - 32; vgl. S. 56 f.

[495] Vgl. Ammon. AnPrCom. 25, 13 f.

[496] Opm. 20, 11 - 14.

Sprachbildern ausgehend einen abstrakteren Aspekt der Wirklichkeit Gottes, speziell seine Allmacht zu verstehen. Dieses exegetische Modell wandte Philoponos im übrigen auch bei der im Kapitel 17 ablaufenden Diskussion zur Unbegrenztheit Gottes an.[497] Philoponos kritisiert hier nicht, daß Theodor und seine Gefolgsleute die Grenzenlosigkeit Gottes geleugnet hätten, sondern deren wörtliches Verständnis des Begriffes der Grenze: Diese ist nach übereinstimmender Ansicht an Ort und Körper gebunden. Schreibt man Gott das Prädikat unbegrenzt zu, verbleibt man innerhalb der Kategorie der Räumlichkeit und kreiert einen unendlich großen, d. h. körperlichen und dimensionalen Gott: Οὕτως οὖν νοοῦσι καὶ τὸν θεὸν ἀπερίγραφον συνεκτείνοντες αὐτὸν ἅπασι τοῖς σώμασι καὶ τῷ κόσμῳ παντὶ καὶ ὑπερβαίνειν αὐτὰ οἰόμενοι τοπικῶς, κἂν ἀσώματον εἴπωσι τὴν θείαν οὐσίαν καὶ νοητήν (Opm. 42, 10 - 13).[498] Die von Philoponos vorgeschlagene Lösung, die Theodor aufgrund seiner Fixierung auf den Literalsinn der Schrift nicht mittragen kann, ist die homonymische Auffassung von unbegrenzt bzw. unendlich, wenn sie auf Gott bezogen wird: ὥστε τὸ ἀπερίγραφον καὶ ἄπειρον ἄλλως ἐπὶ θεοῦ λέγεταί τε καὶ νοεῖται (Opm. 42, 20 - 22).[499]

---

[497] Opm. 42, 2 - 22. SCHOLTEN (1996) S. 178 - 181 untersucht den naturwissenschaftlichen Körperbegriff im Hinblick auf seine theologischen Konsequenzen. Er betont den Einfluß von PsDionysios auf Philoponos, hält aber zu Recht fest, daß dieser als erster dem ἄπειρον aufgrund seiner Herkunft aus der Naturphilosophie die Relevanz als Gottesprädikat abgesprochen habe: Der Begriff der Grenzenlosigkeit hat eine räumliche Bedeutung, die nicht auf Gott übertragen werden darf.

[498] Vgl. SCHOLTEN (1996) S. 178 f. Zur Lehre vom Körper als Kompositum aus Materie und Form, von der Dimensionalität jedes Körpers vgl. Philop. PhysCom. 688, 27 - 689, 17).

[499] Zur Homonymie vgl. Aristot. Cat. 1 a 1 und dann Ammon. Cat Com. 15, 29 - 16, 1.

5. Philoponos und Gregor von Nyssa: Exegese als Anagoge

Wie sehr auch dieses Konzept von Sprache als analoger Verweis auf die Ersten Prinzipien Ausdruck neuplatonischen Sprachdenkens ist, so nahe steht Philoponos doch dem Bekenntnis des Nysseners zu einer übertragenen Schriftauslegung, wie dieser sie im Prolog seiner Hoheliedhomilien formulierte. Vorhin sollte die innere Nähe von Philoponos' Entwurf einer Theologie, die in ständigem rationalen Diskurs mit der Bibel zu Dogmen gelangt, indem sie nach dem Prinzip der ἀκολουθία Ungeschriebenes aus Geschriebenem ableitet, zu Gregors Auffassung vom Wesen Gottes und der Sprache gezeigt werden.[500] Hier stehen drei Einzelbeobachtungen im Vordergrund, an welchen die Verwandtschaft zwischen Philoponos und Gregor in der Ablehnung einer buchstäblichen Deutung sogar im terminologischen Detail abgelesen werden kann.

1) Wie Philoponos steht auch Gregor in der Tradition der antiken Rhetorik, wenn er das Motiv des Nutzens (ὠφέλιμον) in einen Konnex zur Einschätzung des Wortlautes bringt: Ist bei einem buchstäblichen Verständnis der Inhalt nützlich und sinnvoll, muß das Gesagte nicht als bewußt gestaltetes Gleichnis oder Rätsel weiter interpretiert werden.[501] Nach Philoponos können anthropomorphe Gottesbilder ungebildeteren Menschen nützlich zur Entwicklung einer passenden Gottesvorstellung sein.[502] Doch was den Israeliten bei ihrem Auszug aus Ägypten nutzbringende Botschaft und nicht weiter hinterfragenswert war, stellte für die Kirche im Verlauf ihrer historischen Entwicklung lediglich eine erste Grundlage für weitere Fol-

500 Vgl. Kap. III A 3.

501 Greg. Nyss. CantCantHom.= GNO VI 4, 10 - 17. Vgl. Cic. Inv. 2, 119, wo das *utile* als Richtschnur der korrekten Auflösung einer *ambiguitas* gesehen wird.

502 Opm. 48, 7 - 10.

gerungen aus der Schrift dar.[503] 2) Das Verlassen des Wortsinnes zu einem höheren Wissensniveau sehen beide Autoren als anagogischen Vorgang,[504] als eine intellektuelle Aufwärtsbewegung, die angemessene Gedanken über Gott hervorruft.[505] Gregor möchte die Antithese Allegorie - Tropologie zugunsten der Synthese der Anagogie aufheben: ὧν τὴν διὰ τῆς ἀναγωγῆς θεωρίαν εἴτε τροπολογίαν εἴτε ἀλληγορίαν εἴτε τι ἄλλο τις ὀνομάζειν ἐθέλοι, οὐδὲν περὶ τοῦ ὀνόματος διοισόμεθα, μόνον εἰ τῶν ἐπωφελῶν ἔχοιτο νοημάτων (CantCantHom. GNO VI 5, 6 - 9).[506] Nicht mehr technische Fragen der Schriftausle-

---

503 Vgl. Kapitel 8 des ersten Buches. Neben dem *utile*, das bei einer unklaren Textstelle das Fundament darstellt, auf dem der wirkliche Sinn rekonstruiert werden kann, geht Gregor wie Cicero und Philoponos auch vom *honestum* aus, um den wahren Gehalt nicht eindeutiger biblischer Gebote zu eruieren: ἀλλ᾽ ἑτέραν τινὰ ζητοῦμεν διάνοιαν ἐπὶ τοῦ νόμου τούτου ἀξίαν τῆς τοῦ νομοθέτου μεγαλειότητος: Greg. Nyss. CantCantHom. GNO VI 10, 11 - 12.

504 Greg. Nyss. CantCantHom. GNO VI 5, Philop. Opm. 47, 5; 48, 8.

505 Greg. Nyss. CantCantHom. GNO VI 6; 7; 10, Philop. Opm. 47, 5 f.; 48, 8 f.

506 Nach Diod. HypothInPs. 118 ist die Tropologie eine Übertragung des offenkundigen Wortlautes, um das Gelesene in seiner Bedeutung hervorzuheben. Im Gegensatz zur allegorisierenden Schriftauslegung, die prinzipiell einen tieferen Sinn annimmt, setzten die Antiochener die tropologischen Ausdrucksformen mit der verselbständigten, rhetorischen Sprechweise gleich. Vgl. SCHÄUBLIN (1974), S. 111; 120 ff. Nach DÜNZL S. 98 Anm. 6 spielt Gregor mit der Alternative Tropologie - Allegorie auf die methodischen Differenzen zwischen der antiochenischen und alexandrinischen Exegetenschule an. Tropologie ist dabei ein Sammelbegriff für einen rhetorisch-philologischen Zugang zum Text, charakterisiert durch Identifizierung und Deutung punktuell auftretender rhetorischer, von der Norm abweichender Spracherscheinungen. Die allegorisierende Exegese geht dagegen prinzipiell von einem durchgehenden, spirituellen Inhalt der Schrift aus, wobei in der Hermeneutik des Origenes jeder Bibelstelle ein pneumatisch - allegorischer, nicht aber unbedingt ein leiblicher

gung, sondern das Geleiten der Menschen zu einem höheren Gottesverständnis sind das Erkennungszeichen einer gelungenen Exegese. Wenn der Nutzen für den Gläubigen das hermeneutische Kriterium der Exegese darstellt, kann abhängig von der Rezipientenschaft und abhängig vom interpretierten Text sowohl tropologisch-rhetorische als auch allegorisierende Auslegung die ἀναγωγή zu göttlichen Gedanken bewirken. Eine Stellungnahme des Basileios, der die Aufmerksamkeit auf dieselben Termini richtet, um die auch Gregors Gedanken in den Hoheliedhomilien kreisen, läßt Gregors Position noch schärfer hervortreten: Ἡμῖν δὲ καὶ πρὸς τοὺς ἀπὸ τῆς ἐκκλησίας ἐστί τις λόγος περὶ τῶν διακριθέντων ὑδάτων, οἵ, προφάσει ἀναγωγῆς καὶ νοημάτων ὑψηλοτέρων, εἰς ἀλληγορίας κατέφυγον, δυνύμεις λέγοντες πνευματικὰς καὶ ἀσωμάτους τροπικῶς ἐκ τῶν ὑδάτων σημαίνεσθαι (Hex Hom. 53, 21 - 24).[507] Im Gegensatz zu seinem Bruder verurteilt Basileios allegorische und tropologische Exegese als letztlich dasselbe nicht begründende und spekulative Altweibergeschwätz (HexHom. 534, 9). Die Frage, ob der Allegorie oder der Tropologie der Vorrang eingeräumt wird, ist - wieder gegen Gregor - nicht bloßer Streit um Terminologie, vielmehr geht es um die Wahrheit der Schriftdeutung

Schriftsinn zugeschrieben wird: Orig. De princ. 4, 2, 6 = GCS 316, 12 - 317, 4; 4, 3, 5 = GCS 331, 13 f. Dazu NEUSCHÄFER S. 237, der auch dargestellt hat, daß Origenes den Begriff der Allegorie nur selten und eingeschränkt verwendet, weil der übertragene Sinn im Wesen der Sprache selbst begründet liegt, während die Herkunft der Allegorie aus der Rhetorik die Assoziation an eine klar definierte Stilfigur erweckt. Die von Origenes bevorzugte Antithese κυρίως - καταχρηστικῶς ist hingegen nicht rhetorisch, sondern philosophisch konnotiert; dazu NEUSCHÄFER S. 234.

507 Der Passus ist der Erklärung von Gen. 1, 6 entnommen, wo Basileios sich gegen die innerkirchlichen Richtungen zur Wehr setzt, die das Wasser über dem Firmament als Allegorie für Engelsmächte begreifen und die Wasser darunter als Ausdruck für die gefallenen Engel deuten. Ob Basileios hier speziell Origenes' Genesishomilie angreift, oder spätere Allegoristen in origenistischer Tradition meint, ist in der Forschung umstritten. Vgl. LIM S. 355 f.

an sich. Wenn Basileios zu bedenken gibt, manche tarnten ihre allegorischen Spekulationen unter dem Deckmantel der ἀναγωγή oder höherer Gedanken, signalisiert er damit, daß die Hinführung des Lesers zu einem geistigen Sinn für ihn, aber auch für die kritisierten Allegoristen außer Streit steht. Philoponos artikuliert sein exegetisches Ideal mit einem Begriff, der durch die kappadokischen Väter sanktioniert war und ihn von jedem Verdacht der Origenesnachfolge schützte. Die tropologische und allegorisierende Methode wird vorsichtshalber nicht einmal mehr wie von Gregor als Variante der ἀναγωγή erwähnt. Dies ängstliche Bemühen, sich von origenistischen Anschauungen zu distanzieren, hängt mit den 543 und 553 erfolgten Verurteilungen des Origenes zusammen.[508] Abgesehen von dogmati-

[508] Eine eingehende Untersuchung des Origenismusstreits und der Verurteilung der Drei Kapitel - diese Bezeichnung leitet sich von den drei Anathemeta gegen die drei Bischöfe Theodor, Ibas von Edessa und Theodoret von Kyros - kann hier nicht geboten werden. Zur Verurteilung des Theodor auf dem fünften Konzil von Konstantinopel des Jahres 553 vgl. A. GRILLMEIER, Jesus der Christus im Glauben der Kirche 2/2, Feiburg - Basel - Wien 1989, S. 431 - 484. Vgl. R. DEVREESSE, Essai sur Théodore, AtT 141, Vatikan 1948, S. 5 - 94. SCHOLTEN (1996) S. 56 f. weist auf einen Zusammenhang zwischen der gleichzeitig erfolgten Verurteilung der Drei Kapitel und des Origenes hin: Gegnerschaft zu Origenes bedingt Nähe zu Theodor. P. BRUNS, Theodor von Mopsuestia. Katechetische Homilien Bd. 1, Fontes Christiani 17/1, Freiburg - Basel etc., 1994, S. 13 - 16 führt die Anathematisierung Theodors auf die antichalkedonensische Stimmung im Osten des Reiches zurück: Justinian wollte die wegen der Verurteilung des Origenes empörten Gruppen durch Verdammung ihres exegetischen Widerparts, der auf dem Konzil von Chalkedon rehabilitiert worden war, entschädigen. Grundlegend zum Origenismusstreit ist nach wie vor F. DIEKAMP, Die origenistischen Streitigkeiten im sechsten Jahrhundert und das fünfte allgemeine Concil, Münster 1899, S. 50 - 54. Vgl. weiter E. A. CLARK, The Origenist Controversy, Princeton 1992, S. 46; 109 und die in Druck befindliche Studie von L. S. MacCOULL, The Historical Context of Philoponus' *De Opificio Mundi* in the Culture of Byzantine-Coptic Egypt.

schen Fragen wie der Ablehnung der Lehre von der Präexistenz der Seelen, den Seelenfall und der Beseelung der Gestirne, für die Origenes einstand, diskreditiert Philoponos zweimal Origenes als Theologen, der aus Unfähigkeit, den Sinn des Bibeltextes festzustellen, Zuflucht zur Allegorie nimmt.[509] Allegorie und Origenismus waren offenbar derart miteinander verzahnt, daß das Konzept der ἀναγωγή alleine genügen mußte, um eine den Buchstaben fortsetzende Hermeneutik zu markieren.

3) Im letzten, den Ähnlichkeiten zwischen dem Kapitel 18 und Gregors Prolog zu den Hoheliedhomilien gewidmeten Abschnitt, gehen wir von der Aufforderung beider Exegeten aus, nicht beim γράμμα der Hl. Schrift zu verharren. Gregor führt ausgehend von 2 Kor. 3, 6: τὸ γράμμα ἀποκτείνει, τὸ δὲ πνεῦμα ζωοποιεῖ neutestamentliche Belege an, wo Jesus selbst den verhüllten Sinn der vordergründigen Bedeutung des Gesagten entschlüsselt.[510] Diese biblischen Episoden sind Ansporn, bei der Lektüre den Sinn über den wörtlichen Gehalt einer Stelle aufzuspüren. Auch Philoponos zitiert Schriftbelege, die, buchstäblich verstanden, widersinnig sind,[511] und schließt daran seine Aufforderung, das Wort in seiner Zeichenfunktion als Hinweis auf einen höheren Sinn zu verstehen. Das Plädoyer für die hinter dem Buchstaben zu findende Wahrheit lautet bei den beiden Autoren: ἅπερ πάντα καὶ ὅσα τοιαῦτα γένοιτο ἂν εἰς προτροπὴν ἡμῖν τοῦ χρῆναι διερευνᾶν τὰς θείας φωνὰς καὶ προσέχειν τῇ ἀναγνώσει καὶ κατὰ πάντα τρόπον ἀνιχνεύειν, εἴ πού τις εὑρεθείη λόγος τῆς προχείρου κατανοήσεως ὑψηλότερος ἐπὶ τὰ θειότερά τε καὶ ἀσώματα χει-

509 Opm. 228, 9 - 13; 278, 18 - 279, 1.

510 Greg. Nyss. CantCantHom.= GNO VI 8, 1 - 9, 18 bringt in dieser Folge Joh. 8, 18; 3, 14, Mt. 16, 6 - 12, Joh. 4, 32; 4, 34 und zitiert dann selbst Beispiele, bei denen das vordergründig Verstandene dem eigentlichen Sinn nicht nahekommt: Joh. 7, 37 f.; 6, 50; 2, 19; 14, 6; 10, 9, Mk. 12, 10, Lk. 17, 34, Mt. 24, 41; 24, 28; 24, 32.

511 Aus strategischen Erwägungen des Philoponos - eine buchstäbliche Exegese muß zu einem anthropomorphen Gottesbild gelangen und ist daher widersinnig - stammen diese Belege vorwiegend aus dem Alten Testament: Ps. 2, 4; 113, 24; 112, 5 f.; 13, 2; 143, 5, Jes. 66, 1, Apg. 7, 49, Dan. 7, 9.

ραγωγῶν τὴν διάνοιαν (Greg. CantCant Hom. GNO VI 9, 18 - 10, 4). ... οὐ ψιλῷ προσεκτέον τῷ γράμματι, ἀλλ᾽ εἰς ὅτι νεύει ἕκαστον τούτων ἐξιχνευτέον. ἐξ ὧν γὰρ ἴσμεν οἱ τῇ αἰσθήσει μόνῃ προσηλωμένοι, ἐκ τῆς τούτων ἀναλογίας εἰς ἐννοίας ἡμᾶς θειοτέρας ἀνάγουσιν αἱ θεόπνευστοι γραφαί (Opm. 47, 2 - 6). An Parallelen sind festzustellen: Die gelungene Lektüre endet im göttlicheren Denken (Gregor: ἐπὶ τὰ θειότερα ... χειραγωγῶν τὴν διάνοιαν; Philoponos: εἰς ἐννοίας ... θειοτέρας), der Weg dahin wird als spiritueller Aufstieg beschrieben (Gregor: χειραγωγῶν; Philoponos: ἀνάγουσιν). Die Aufforderungen an die Leserschaft werden mit προσέχειν und ἀνιχνεύειν (Gregor), bzw. mit προσεκτέον und ἐξιχνευτέον (Philoponos) umschrieben.[512] Für die Warnung vor der Verabsolutierung des ψιλὸν γράμμα findet sich im oben ausgeschriebenen Gregorzitat zwar keine Entsprechung, doch steht dessen gesamte Erörterung unter dem Banne des Paulusverses aus dem Korintherbrief mit der Antithese von γράμμα und πνεῦμα.

Aus dem Gesagten geht m. E. nicht nur hervor, daß Philoponos' Auffassung vom Wesen der biblischen Sprache und der daraus abgeleiteten exegetischen Maximen ohne den Einfluß Gregors undenkbar wären, sondern die Präsenz von Motiven aus dem Hoheliedhomilien im Kapitel 18 und nicht zuletzt die mehrfachen terminologischen Entsprechungen lassen den Schluß zu, daß Philoponos von Gregors Homilien zumindest den Prolog gekannt und zustimmend rezipiert hat.

---

512 Zu ἐξιχνεύειν vgl. Origen. princ. 331, 4 - 8. Zur Erhellung der ἀσάφεια von Bibelstellen, deren wörtliche Auslegung historisch oder sachlich unmöglich ist, empfiehlt Origenes, aus dem Gesamtbestand des Textes nach dem Sinn zu suchen (ἐξιχνεύειν).

B. DAS ZWEITE BUCH

1. Inhalt und Aufbau

Die Ordnung der vier Elemente im Schöpfungsplan Gottes, weiters die Frage, ob Finsternis Akzidens oder Substanz sei, und schließlich Moses' Lehre über Ursache und Qualität von Licht sind die drei Koordinaten, an denen die spezielleren Untersuchungen des Philoponos im zweiten Buch von Opm. festgemacht werden können. Im letzten Abschnitt möchte Philoponos seine Theorie, wonach die Finsternis vor dem ersten Licht der Schöpfung nicht zur Nacht zählt, somit der Tag der Nacht vorausgeht, aus dem Ablauf des jüdischen Paschafestes und der Chronologie der Auferstehung Christi absichern.

Das kompositionelle Profil des Buches zeigt sich in markanter Deutlichkeit, wenn wir bei der Aufbauanalyse vom Kapitel 6 ausgehen. Dort setzt der Kommentator mit dem Rückverweis auf die Bestimmung der Finsternis als unerleuchteter Luft im Anfangskapitel und dem Vorverweis auf die Untersuchung, ob Gott auch Urheber der Finsternis sei, einen Einschnitt,[513] der die Kapitel 1 bis 5 als erste geschlossene Einheit des Buches hervorhebt. Im Kapitel 6 wird nun die Überzeugung des Philoponos, wonach die Finsternis nicht als Gegensatz zu Licht, sondern als Ermangelung, als Abwesendsein von ἕξις aufzufassen sei, mit der aristotelischen Kategorientafel erklärt; es folgen zwei Kapitel mit Beispielen für die Arten von Ermangelung und der Auswertung von Jes. 45, 7 zur Sache. Das Lemma Gen. 1, 3 leitet zum zweiten Hauptthema, der von Kapitel 9 - 14 abgehandelten Problematik von Herkunft und Wesen des Lichts. Das Zitat von Gen. 1, 5 a im Kapitel 15 bildet den Abschluß dieses Stückes, hier rekapituliert Philoponos im wesentlichen die Grundaussage von Kapitel 6. Beispiele für die Unhaltbarkeit von Theodors Substanztheorie in Kapitel 16 und der Rekurs auf den Text des mosaischen Berichtes im Kapitel 17 vertiefen von zwei verschiedenen Seiten die in den Kapitel 6 und 15 behauptete Doktrin. Der Wortlaut von Gen. 1, 5 b

[513] Die Zäsur wird sprachlich durch die Antithese ἐπειδὴ δὲ ἔλεγον - ζητοῦμεν νῦν (Opm. 69, 6; 69, 10) markiert.

leitet den letzten Hauptteil ein, in dem das zeitliche Verhältnis von Tag und Nacht durch Aussagen aus Phlegon über die Auferstehung Christi sowie aus dem Ritus des Paschafestes geklärt werden sollen. Dasselbe Zitat von Gen. 1, 5 b im Kapitel 23 beschließt diese thematische Einheit von fünf Kapiteln. Das Schlußkapitel ist als Nachtrag der detaillierteren Frage nach dem Gebrauch der Zahlwörter im Hebräischen gewidmet: Warum wird der erste Tag der Schöpfung in Gen. 1, 5 b ἡμέρα μία, nicht aber ἡμέρα πρώτη genannt?

Wir gelangen zur folgenden Verteilung des Inhaltes auf die einzelnen Kapitel:

5 KAP.

1: LEMMA Gen. 1, 2. Moses' Lehre umfaßt auch die Elemente.
2: Die unsichtbare Erde und die Ordnung der Elemente.
3: Moses erwähnt alle Elemente.
4: Die Kugelgestalt der Erde.
5: Die Erde war ungestaltet.

3 KAP.

6: GEN. 1, 2; 1, 3. Rückverweis auf 1: Finsternis ist nicht Substanz.
7: Die Arten von Ermangelung.
8: Die Wertigkeit der Aussagen von Jes. 45, 7. LEMMA Gen. 1, 3.

6 KAP.

9: Theorien zur Lichtentstehung.
10: Die Lehre des Basileios: Das Licht existierte vor den Lichtkörpern.
11: Das Licht existiert in Körpern.
12: Das Licht nahm nur einen Teil des Durchsichtigen ein.
13: Die letzten Gründe der Schöpfung sollen nicht untersucht werden. Moses' Autorität genügt.
14: LEMMA Gen. 1, 4 b. Arten der Trennung von Licht und Finsternis.

3 KAP.

15: LEMMA Gen. 1, 5 a. Rückgriff auf 6. Finsternis ist ein Akzidens.
16: Die Finsternis ist jeweils eine verschiedene und keine konstante Entität.
17: Moses Defintion von Finsternis als Nacht. LEMMA Gen. 1, 5b.

5 KAP.

18: Die erste Finsternis entspricht nicht der Nacht.
19: Im jüdischen Pascha geht der Tag der Nacht voraus.
20: Die Nacht nach dem Sabbat zählt nicht zum Auferstehungstag.
21: Phlegon und die Finsternis zur Todesstunde Christi.
22: Der Tag kommt vor der Nacht. Beweis aus dem Buch Exodus.

23: Warum der erste Tag in der Bibel der "eine Tag" genannt wird.

Aus dem Diagramm lassen sich, besser als dies beim ersten Buch mit seiner unüblichen Konzentration auf ein dominantes Thema, der Angelologie, möglich war, Konstituenten des Philoponischen Gestaltungswillens ausmachen, die wir in allen weiteren Büchern identifizieren werden. Philoponos, so viel ist klar, gliedert seine Bücher durch Vor- und Rückverweise, die einen thematische einheitlichen Passus rahmenartig umfassen. Unterstützt wird diese Binnenstrukturierung häufig von der Wiederaufnahme der jeweiligen Lemmata, nach denen der unterbrochene Argumentationsfaden weitergesponnen wird. So umgibt die zweifache Zitierung von Gen. 1, 2 bzw. von Gen. 1, 5 b die Kapitel 1 - 5 bzw. 18 - 22. Rein inhaltlicher Art sind die Verweise von Kapitel 6 auf Kapitel 1 und Kapitel 15 auf Kapitel 6 und Kapitel 8. Das Korrelationspaar Kapitel 8 - Kapitel 15 sowie das Lemma von Gen. 1, 3 am Ende von Kapitel 8 bestimmen den dazwischenliegenden Abschnitt als kohärente Einheit. Betrachten wir die Kapitelzahl, wird die dispositionelle Architektur klar, in die Philoponos seine vielfältigen Aussagen zum Genesistext einschreibt: Um einen Zentralteil von sechs Kapiteln gruppieren sich spiegelbildlich Einheiten von jeweils fünf bzw. drei Kapiteln, wobei diese durch die Lehre von der Finsternis als Mangel an Licht aufeinander bezogen sind und so zur Kontrastierung des Hauptteiles wie zum Zusammenhalt des Buchganzen beitragen. Wie sehr Philoponos auf die systematische Ordnung seines Beweisganges Wert legt, zeigt der identische Aufbau dieser auf je drei Kapitel angelegten Abschnitte: Auf die Exposition der Lehre (Kapitel 6 und 15) folgt die Absicherung des Theorems durch beispielhafte Beobachtungen aus der Natur (Kapitel 7 bzw. 16) sowie durch biblische Aussagen (Kapitel 8 bzw. 17).

Von der konkreten Disposition des zweiten Buches abgesehen, kann als Typikon der Philoponischen Kommentatorik eine Vorliebe für die axialsymmetrische Gliederung festgestellt werden. Die Zäsuren ergeben sich erstens aus den Sinneinheiten selbst, die durch die gleichbleibende Kapitelzahl als geschlossene Blöcke kenntlich gemacht und in ein harmonisches Gleichgewicht zueinander gebracht werden, zweitens aus Verweisen auf thematisch verwandte Kapitelgruppen und drittens aus den Lemmata. Das Buch des Philoponos ist ein organischer Kosmos, dessen Segmentierung der Übersichtlichkeit dient, ohne die Kohärenz des Ganzen zu zerstören.

2. Die Worterklärung

α) Die Erde war ungestaltet - Kapitel 5

Im Gegensatz zu Basileios, der zur Erklärung von Gen. 1, 2: Ἡ δὲ γῆ ἦν ἀόρατος καὶ ἀκατασκεύαστος nur den Septuagintatext heranzog (HexHom. 22, 1 - 23, 5), bespricht Philoponos mit Gregor HexApol. 80 B - C auch die Varianten von Theodotion, Aquila und Symmachus, ohne allerdings wie der Nyssener die Übersetzungen Aquilas und Theodotions zu vertauschen.[514] Philoponos ist bestrebt, Gen. 1, 2 in das Gedankenschema von Potentialität und Aktualität einzufügen, wonach die vom Wasser vollständig bedeckte Erde trotz aller bereits vorhandenen δυνάμεις, wie etwa der Kraft, Pflanzen hervorzubringen, diese noch nicht verwirklichen konnte. Philoponos legitimiert seine Interpretation vorab durch den Hinweis auf ihre allgemeine Akzeptanz unter den Auslegern vor ihm (Opm. 67, 19 - 20), eine Bemerkung, die im Lichte der exegetischen Tradition schlichtweg nicht richtig ist. Aus Basileios kennen wir dessen Polemik gegen Häretiker, die das ἀόρατος nicht auf die Bedeckung der Erde durch Wasser bezogen, sondern als Beleg für die Annahme einer qualitäts- und formlosen Materie verwendeten, die Gott bereits vorfand und nach seiner Weisheit gestaltete. Diese ὕλη ist nach jener dualistischen Auffassung ungeworden - ἀγένητος - und eigenständiges Prinzip.[515] Während nun Basileios die Unsichtbarkeit der Erde auf die Verhüllung durch einen anderen Körper, nämlich Wasser zurückführt, bringt Philoponos diesen Gedanken zwar auch vor, doch baut er seine Argumentation auf dem theoretischen Fundament der δυνάμις - ἐνέργεια - Antithese auf, die nur bei Gregor von Nyssa zu finden war. Diese Theorie bot die Möglichkeit, von einer geschaffenen Materie auszugehen, deren Vollendung in ihren δυνάμεις angelegt war, ohne den Prozeß der Gestaltung als Formung eines gegebenen Substrats, das Gott antithetisch gegenübersteht, erklären zu müssen. So bringt

---

514 Vgl. ALEXANDRE (1988), S. 170 zu den Übersetzungsvarianten.

515 Basil. HexHom. 23, 6 - 17. ALEXANDRE (1988), S. 175 f. führt Ambros. Hex. PL 14, 135 - 136; 139 und Tert. Adv. Hermog. 23 als Parallelen an, wo die Festlegung der Materie als ewig und ungeschaffen ebenso bekämpft wird wie bei Basileios.

denn auch Gregor das ἀργός in der Übersetzung des Symmachus etymologisch mit ἐν-έργεια zusammen: Die inaktive Materie befindet sich im Zustand der noch nicht erreichten Aktualität. Philoponos übernimmt die Worterklärung ἀργὸν μὲν τῶν κατὰ φύσιν αὐτῆς ἐνεργειῶν, ἃς πρότερον μὲν εἶχε δυνάμει, ὕστερον δὲ τὸ θεῖον αὐτὰς εἰς ἐνέργειαν ἤγαγε πρόσταγμα (Opm. 68, 24 - 26) als selbstverständlich, während Gregor noch vorsichtiger formulierte: Δηλοῦται γὰρ διὰ τούτων, κατὰ τὸν ἐμὸν λόγον, διὰ μὲν τοῦ ἀργοῦ, ὅτι ἐνεργείᾳ μὲν οὔπω ἦν (HexApol. 80 B). Da sich in den Etymologika die Rückführung von ἐνέργεια auf ἀργός nicht belegen läßt, bezieht Philoponos sein Wissen mit aller Wahrscheinlichkeit direkt aus Gregor.

β) Das α- Privativum und Etymologisches - Kapitel 6.

Die Finsternis aus Gen. 1, 2 soll als Ermangelung - στέρησις - bestimmt und auf dieselbe Ebene wie ἄσοφον, ἄφιλον, ἄοικος, ἄνανδρος, ἄμουσος, ἄχροος, die allesamt das Abwesendsein des Gegenteils bezeichnen, gehoben werden (Opm. 69, 20 - 24). Am Kapitelende greift Philoponos auf diese Liste zurück und erklärt abermals das Prinzip der στέρησις an den Beispielen ἄμουσος, ἄτεχνος, ἄοικος, ἄφιλος, ἄχροος, ἀόρατος und ἀφώτιστος (Opm. 71, 1 - 11). Der im Beweisgang des Philoponos zentrale Begriff der στέρησις ist nun nicht nur physikalischer Terminus, sondern war auch in der Schulgrammatik Klassifikationsprinzip für Wortbildungen mit dem α- Privativum. Hesych hält s. v. A fest: καὶ ψιλούμενον στέρησιν, ὡς ὅταν λέγωμεν ἄνανδρον.

Finsternis, Blindheit und Taubheit, so fährt Philoponos fort, sind also keine entgegengesetzten Qualitäten, sondern das Fehlen von Kräften. Die anschließende Bestimmung der Stummheit als Derivation gewinnt Philoponos aus der etymologischen Literatur. Seine Erklärung: τὸν δὲ τοιοῦτον καὶ κωφὸν καλοῦσι παρὰ τὸ ἐκκεκόφθαι τὴν ὄπα τουτέστιν τὴν φωνήν (Opm. 71, 15 - 16) ist bereits Orion s. v. κωφός bekannt: παρὰ τὸ ἐκκεκόφθαι καὶ ἀφαιρεῖσθαι τὴν ὄπα ἐν τῷ ἀκούειν (82, 11 - 12).[516]

Das Kapitel 20 läßt Philoponos mit einem etymologischen

---

516 Vgl. Etym. Magn. p. 500, 1.

Wortspiel ausklingen, um den "Morgen des ersten Tages der Woche" (τῇ ἐπιφαυσκούσῃ εἰς μίαν σαββάτων: Mt 28,1) als Beginn des Auferstehungstages nachzuweisen. Dabei bringt er den Hahnenschrei als Beispiel, daß in der Benennung des Hahnes die Parousie der Sonne impliziert sei: ... ἡ τῶν ἀλεκτόρων φωνὴ τὴν παρουσίαν ὅσον οὔπω τοῦ ἡλίου μηνύει. Καὶ γὰρ τοὔνομα αὐτοῖς ἐτέθη διὰ τὸ τῶν λέκτρων ἡμᾶς ἐγείρειν· διὸ καὶ ὁ ἥλιος »ἠλέκτωρ« ἐκλήθη (Opm. 98, 4 - 7). Man vergleiche Orion: s. v. ἀλέκτωρ: ... καὶ διά τε ἀπὸ τῶν λέκτρων ἡμᾶς ἐγείρειν ... εἴρηται ἐπὶ τοῦ ἡλίου· ὥστε ἠλέκτωρ ὑπερίων (22, 18 - 21). Die Kombination der Etymologien von ἀλέκτωρ und ἠλέκτωρ übernahm Philoponos mit beinahe identischem Wortlaut der Schule der Grammatiker, wobei ein Einfluß Orions auf den Alexandriner sehr wahrscheinlich ist.

3. Die Sacherklärung

Die Finsternis nach dem Tod Christi - Kapitel 21.

Um nach Jona 2, 1 zu belegen, daß Christus nach dem Tod am Karfreitag drei Tage und drei Nächte bei den Toten verweilte, muß Philoponos die Finsternis von der sechsten bis zur neunten Stunde als Nacht, d. h. als Sonnenuntergang definieren. Exegetischer Widerpart ist hier Theodor, der die Nacht nach dem Sabbat zum Sonntag zählte, weil er die chronologische Abfolge Nacht - Tag auch in der Leidensgeschichte wahrnehmen wollte, um einen Schriftbeleg für seine Annahme von einer vor dem ersten Tag der Schöpfung währenden Finsternis zu gewinnen.

Da sich Philoponos *expressis verbis* auf Phlegon,[517] Eusebios' Kirchengeschichte und Flavus Josephus beruft, gewinnen wir eine der wenigen Gelegenheiten, in Opm. neben den auch zum ἱστορικόν zählenden zentralen Aussagen zur Kosmologie die Arbeitsweise des Kommentators im Umgang mit historischen Quellen zu studieren. Die hier relevante, weil im Zentrum der Polemik gegen Theodor stehende Frage betrifft die Interpretation der neutestamentlichen Berichte über die Finsternis zum Zeitpunkt des Todes Jesu.[518] Auszugehen ist von der Terminologie für das semantische

[517] Ohne Buchangabe zitiert Philoponos das Werk des unter Hadrian wirkenden Chronographen unter dem Titel ἐν τοῖς Ὀλυμπίασιν. Bei Origenes wird dies Werk als Χρονικά (C.Cels. 2, 14 = GCS 2 p. 143, 43 - 144, 6; 2, 33 = p. 160, 6 - 10; 2, 59 = p. 186, 6 - 9; Matth. comm. ser. 40 = GCS 38 p. 79, 9 - 13; 134 = p. 273, 13 - 17 in der Suda als Ὀλυμπιάδες (744, 25 - 745, 10 Adler) von Photios als Ὀλυμπιονικῶν και Χρονικῶν συναγωγή (cod. 97 = 83 b 23 - 25) bezeichnet. Nach NEUSCHÄFER S. 173. Vgl. die Sammlung der Phlegonfragmente bei Jacoby in FGrH 257 Frg. 1 - 34 ohne Orig. Matth. comm. ser. 40 und 134 (=GCS 79, 9 - 13; 273, 13 - 17).

[518] Was die Eckdaten im Bios Christi betrifft, fixiert Philoponos unter Berufung auf Phlegon den Kreuzestod auf Olymp. 202/4, dem neunzehnten Regierungsjahr des Tiberius. Nach Lk. 3, 1 f. und Euseb. h. e. 1, 10, 2 = GCS 9, 72, 25 - 76, 8 legt er das Wirken Jesus auf nicht ganz vier Jahre fest, das mit der Verkündigung des Johannes im 15. Regierungsjahr des Tiberius begonnen habe. Neben dieser Tradition, die von einem mehrjährigen öffentlichen Wirken Jesus ausgeht, gibt es einen zweiten Überlieferungsstrang, in dem eine einjährige öffentliche Tätigkeit Jesus vorausgesetzt wird. Dort wird das Todesjahr Christi in das Jahr 15 der Ära des Tiberius gesetzt und in Verbindung mit Lk. 3, 21 und 4, 18 gegen Joh. 2, 13; 6, 4; 11, 55 ein einjähriges Lehren erschlossen. NEUSCHÄFER S. 177 - 179 hat in einer stupenden Quellenuntersuchung gezeigt, daß dort, wo Origenes, Tertullian und Clemens übereinstimmen, diese chronographische Tradition wirksam ist. In seinem Matth. comm. ser. weicht Origenes von die-

Feld "Finsternis". Philoponos nennt sie zunächst σκοτός/νύξ (Opm. 99, 6). Wenn er aber direkt Phlegon zitiert, ist dort von einer ἔκλειψις ἡλίου die Rede (Opm. 99, 9). Nach dem Zeugnis des Georgios Synkellos brachte der pagane Phlegon diese Sonnenfinsternis nun gerade nicht mit dem Kreuzestod Christi in Verbindung: τῷ δ' ἔτει τῆς σβ' ὀλυμπιάδος ἐγένετο ἔκλειψις ἡλίου μεγίστη τῶν ἐγνωσμένων πρότερον, καὶ νὺξ ὥρᾳ ἕκτῃ τῆς ἡμέρας ἐγένετο, ὥστε καὶ ἀστέρας ἐν οὐρανῷ φανῆναι (Ecl. Chron. 394, 8 - 10 ed. Mosshammer). Da Philoponos in Phlegon kein schlüssiges Indiz vorfand, daß die dort beschriebene Finsternis mit der von den Synoptikern beschriebenen identisch war, bemüht er sich, aus der von dem Chronographen erwähnten Größe und Einmaligkeit dieses Naturereignisses den Zusammenhang mit dem Kreuzestod Christi herzustellen (Opm. 99, 11 - 15). Eine zweite Schwierigkeit tat sich für Philoponos insofern auf, als Phlegon nicht nur von einer Sonnenfinsternis in Jerusalem berichtete, sondern auch Beben in Bithynien und Nikaia verzeichnete.[519] Philoponos verkürzt aufgrund seiner christozentrischen Betrachtungsweise nicht nur die auf Phlegon beruhenden Informationen zu den Erdbeben, sondern erweitert seinen eigenen Bericht um astronomische Überlegungen: Er greift die Wertung seiner Quelle auf, es habe sich um die größte bislang bekannte Sonnenfinsternis gehandelt, und beschreibt sie als Wunder, da sie zum Zeitpunkt des Vollmondes stattgefunden habe, während eine reguläre Verfinsterung der Sonne an die Konjunktion (σύνοδος) von Sonne und Mond gebunden und nur bei Neumond möglich sei. Ebenso helle sich bei den anderen Finsternissen die Sonne sofort auf, während die Luft nach dem Tode Christi drei Stunden völlig lichtlos geblieben sei (Opm. 99, 18 - 23). Die dezidierte Festlegung der Finsternis als ein allen naturwissenschaftlichen Gesetzen widersprechendes Ereignis muß das Spezifikum

---

sem Überlieferungsstrang ab und kommt aufgrund der Prophezeiung von der Zerstörung des Tempels in Dan 9, 24 - 27 auf das 18. Regierungsjahr des Tiberius als Todesjahr Christi sowie ein mindestens dreijähriges Wirken Jesu. Nur dort, nicht in den Quellen, die von einer einjähriges Lehrtätigkeit ausgehen, spielt die Wochenprophetie des Buches Daniel eine Rolle.

519 Georg. Synk. Ecl. Chron. 394, 5 Mosshammer. Vgl. den Kommentar zu Phlegon FGrH 257, 16 von JACOBY.

jener Quelle gewesen sein, die Philoponos über Phlegon hinausgehend verwendete. Im Rahmen der Untersuchung der Tendenz der Chronographie des S. Iulius Africanus und ihrer Verbindung mit Origenes' hat Neuschäfer als Tendenz dieser Schrift deren Bestreben erkannt, die Finsternis zur sechsten Stunde nicht als astronomische Sonnenfinsternis zu werten,[520] da der Chronograph vom Niveau der zeitgenössischen Kosmologie ausgehend die Bedingungen für das Vorhandensein einer Eklipse nicht gegeben sah: 1) Der Mond befand sich nicht auf der der Sonne abgekehrten Erdseite, 2) eine totale Sonnenfinsternis ist nur bei Neumond möglich, den es nur am 30. des Monats gibt. Da die Kreuzigung am Vortag des Paschafestes stattfand, an dem Vollmond herrscht, konnte es sich bei dieser Finsternis nicht um eine ἔκλειψις gehandelt haben. Unter Berufung auf Phlegon, der von einer vollständigen Finsternis zur Zeit des Vollmondes (ἐν πανσελήνῳ) berichtet habe (Georg. Synk. Ecl. chron. 391, 18 ed. Mosshammer), bestimmte er die Finsternis als Wunder - σκότος θεοποίητον (Georg. Synk. Ecl. chron. 391, 23 ed. Mosshammer). Nur Iulius Africanus behauptet, in der Chronik des Phlegon seien biblische Finsternis und Vollmond verbunden gewesen, weder bei Origenes noch bei Eusebios finden wir eine entsprechende Notiz zum Werk des Phlegon.[521] Dagegen referiert Origenes die Ansicht von Skeptikern, die gegen die christliche Inanspruchnahme von Phlegon als Zeugen auftreten, weil dieser nichts vom Vollmond während des Dunkels am Karfreitag gewußt und nur von einer normalen Sonnenfinsternis berichtet habe. Wiederum liegt ein deutliches Indiz vor, daß im chronographischen Werk des Phlegon die Verfinsterung der Sonne keinesfalles auf den Zeitpunkt des Vollmondes datiert worden war.

Philoponos rezipiert nun unter Angabe der Quelle Phlegons Verweis auf die Einzigartigkeit der Finsternis (Opm. 99, 13 - 15), die er ohne Nennung des Africanus auf den Vollmond datiert (Opm. 99, 19). Philoponos kennt also Phlegon durch die Lesart des Africanus, indem er gegen Origenes' und Eusebios' Auffassung der Phlegonstel-

---

520 NEUSCHÄFER S. 180 - 185.

521 Orig. Matth. comm. ser. 134. Origenes schreibt diese Auffassung, ohne Africanus zu erwähnen, namentlich nicht genannten Verteidigern des Christentums zu. Vgl. NEUSCHÄFER S. 183.

le die Einmaligkeit der Verfinsterung und ihren Zusammenfall mit dem Vollmond referiert. Ein zweites Argument für die Nähe des Philoponos zu Africanus besteht in der Gelassenheit, mit der sie die Unvereinbarkeit der in der Bibel geschilderten Finsternis mit den astronomischen Gegebenheiten akzeptieren und als nicht erklärliches Wunder begreifen. Aus Origenes' Referat über die Theorie des Africanus erfahren wir nämlich, daß man durchaus an eine Sonnenfinsternis *contra consuetudinem* glauben dürfe, wenn man auch die übrigen *prodigia* während der Passion Christi gelten lasse, die nicht *secundum consuetudinem* abgelaufen seien.[522] Dieser Gegensatz von *secundum / contra consuetudinem* findet sich nun auch bei Philoponos im Wortpaar συνήθει / φυσικῶς ἀδύνατον in Opm. 99, 17 - 20: αἱ γὰρ συνήθεις τοῦ ἡλίου ἐκλείψεις ἐν μόνῃ συνόδῳ τῶν δύο φωστήρων γίγνονται. ἡ δὲ ἐπὶ τοῦ δεσπότου Χριστοῦ ἐν πανσελήνῳ γέγονεν, ὅπερ φυσικῶς γενέσθαι ἐστὶν ἀδύνατον. Auf der Suche nach einer weiteren Entsprechung in den Testimonien zu Africanus werden wir im Exzerpt des Synkellos fündig: ἀδύνατον δὲ ἐν ἄλλῳ χρόνῳ πλὴν ἐν τῷ μεταξὺ μιᾶς καὶ τῆς πρὸ αὐτῆς κατὰ τὴν σύνοδον αὐτὴν ἀποβῆναι (Ecl. Chron. 391, 12 - 14 ed. Mosshammer). Hier ist die Nähe zu Philoponos terminologisch und sachlich durch das ἀδύνατον und die Bindung der Finsternis an die σύνοδος gegeben. Die dritte Parallele zwischen dem Chronographen und dem Kommentator bezieht sich auf die topographischen Grenzen der besagten Dunkelheit. Nach Philoponos Opm. 101, 4 wurde die gesamte Erde von Finsternis überzogen, während Zeichen geschahen, und auch Africanus spricht von von Wundern als Zusammenballung von besonderen Zeichen, einem kosmischen τέρας und einer κίνησις κοσμική (Georg. Synk. Ecl. chron. 391, 16; 21 ed. Mosshammer). Dagegen reduzieren Origenes und Eusebius die astronomischen Vorkommnisse auf ein lokales Schauspiel in Jerusalem, die Ursache der Finsternis wird rationalistisch auf eine Zusammenballung von Wolken zurückgeführt.

Bei der Bewertung dieser Berichte über das Passionsgeschehen in Opm. kann man sich des Eindrucks nicht erwehren, daß Philoponos konsequent einer Tradition folgte, ohne alle ihre Motive

---

522 Zu Eusebius vgl. chron. GCS 47, p. 174, 25 - 175, 1, zu Origenes vgl. die unter Anm. 544 verzeichneten Erwähnungen des Phlegon.

für seinen Beweiszweck - die Finsternis von der sechsten bis zur neunten Stunde war Nacht - zu benötigen. Dazu zählt auch die Beschreibung der Sonnenfinsternis als eines gegen die Naturgesetze ablaufenden Phänomens, die weder Theodors Chronologie widerlegt, noch positiv die Gleichsetzung von Finsternis und Nacht begründet. Diese Tradition fußt im wesentlichen auf Iulius Africanus, der gegen eine rein naturwissenschaftliche Deutung der Finsternis Stellung bezogen hatte. Da auch Origenes im Matth. comm. ser. 134 eine Diskussion um die Argumente des Chronographen überliefert, sie somit bereits zum Gegenstand allgemein kritischer Reflexion geworden waren, können die Quellen, aus denen Philoponos' Wissen gespeist wurden, nicht mehr verifiziert werden. Deutlich ist allerdings sein Anliegen, unter Beibehaltung des genauen Schriftsinnes nicht rationalistisch hinwegzuinterpretieren, was nicht in das Paradigma der empirischen Wissenschaften integrierbar ist. Vielmehr sind diese Instrumente, um das Wunder als solches herauszustellen.

4. Die grammatisch - rhetorische Exegese

α) Die συνήθεια der Bibel und die Verwendung der Numeralia - Kap. 20; 23.

Gegen Theodors Chronologie, in der die Nacht des Sabbat zum Auferstehungstag gezählt wird, zieht Philoponos Mt. 28, 1 - 8 heran, um nachzuweisen, daß "nach dem letzten Tag der Woche" das Ende der Sabbatnacht bedeutet. Dazu interpretiert er das ὀψὲ σαββάτων aus Mt. 28, 1 als Sabbat unter der Begründung, daß "wir" mit Spätnachmittag (δείλη ὀψία) analog das Ende des Nachmittags aussagen (Opm. 96, 16 - 20). Hier wird methodisch die neutestamentliche Sprache auf dem Niveau des zeitgenössischen Idioms angesiedelt, um sie aus diesem zu erklären. Das καλοῦμεν des Philoponos, Ausdruck der συνήθεια, ist Jargon der Grammatiker, wie Diomedes zeigt, der die Formen des gewohnten Sprachgebrauchs unter die Kategorie des *nos dicimus* ordnet.[523]

Im Kapitel 23 nähert sich Philoponos dem Problem, warum

[523] Diomed. GL I 311, 11 - 13. Zur συνήθεια allgemein und ihrer Bedeutung als Umgangssprache vgl. S. 159 - 162.

es μία ἡμέρα statt πρώτη ἡμέρα heißt, auf zweifache Weise. Zuerst ordnet er durch den Hinweis auf ein Hebräisches ἰδίωμα der Frage des Grammatikers nach der συνήθεια des biblischen Sprachgebrauchs zu.[524] Durch Zitieren von Quellen im Sinne eines Ὅμηρον ἐξ Ὁμήρου σαφηνίζειν beweist Philoponos, daß es sich hier nicht um einen Soloecismus, sondern tatsächlich um eine allgemein zu beobachtende sprachliche Erscheinung handelt, bei der Zahl eins dem Ordinale vor dem Numerale den Vorzug zu geben (Opm. 107, 7 - 21). Was nun die im zweiten Schritt vorgeschlagene Lösung betrifft, ist die allusorische Erwähnung einer reichen exegetischen Tradition zu dieser Sache bedeutsam, die Philoponos auch veranlaßt, seine eigene These mit gebotener Vorsicht zu entwickeln. Vor Philoponos merkte bereits Philon an, daß die Genesis vom Tag Eins, nicht aber vom ersten Tag spreche,[525] und begründete diese Wortwahl damit, daß der Tag der Entstehung der noetischen Welt die φύσις der Monade besitze, während ab dem zweiten Tag die Entwicklung des empirischen Kosmos einsetze. Damit bedeuten nach Philon die Worte Himmel und Erde in Gen. 1, 1 nicht weltliche, materielle Gegebenheiten, sondern verweisen auf den intelligiblen Kosmos, gleichsam der Idee und dem Urbild für die später nach ihm gebildeten empirischen Elemente: *Quod ergo illud caelum prius quam cetera deus condidit quamve terram ? Philo carentes corpore atque intellegibiles essentias fore censet, ideas et exemplaria tam siccae istius terrae quam soliditatis* (Calcid. TimCom. 282, 7 - 9).[526] Bei Clemens von Alexandrien entspricht den intelligiblen Substanzen aus dem ersten Genesisvers die Monade, damit die noetisch - archetypische Welt.[527] Trotz dieser evident ähnlichen Gedankenführung hat nun gerade Philoponos im Gefolge des Basileios und Gregors die Kosmologie Philons und des Clemens in diesem Punkt entschieden abgelehnt: Mit Gen. 1, 1, beginnt für ihn die Erschaffung der sichtbaren Welt, Himmel und Erde meinen die zwei Extrempunkte der empirischen Schöpfung, innerhalb der alle Elemente mitbegriffen sind (besonders Kapitel 5). Wenn nun Philoponos

---

524 Zu diesem Verfahren bei den Antiochenern vgl. SCHÄUBLIN (1974) S. 109 - 110; 131.

525 Philon Opm. 15.

526 Zitiert und erläutert bei van WINDEN (1973), S. 373.

527 Vgl. Clem. Strom. 5, 93, 4 und van WINDEN (1973), S. 373 f.

gleichwohl den Tag Eins der Schöpfung der Monade zuordnet, kann die Begründung dafür nicht mehr wie bei Philon und Clemens in deren noetischem Wesen gefunden werden: ἐπεὶ οὖν τῶν ἡμερῶν οὐκ ἔστι διαφορά, ἀλλ᾿ ὡς εἶπον μία ἡ πρώτη τὰς ἄλλας ἀνακυκλουμένη ποιεῖ, εἰκότως ἄρα μίαν αὐτὴν καὶ οὐ πρώτην ὠνόμασε Μωυσῆς, ἅτε δὴ τῶν ἑξῆς ἁπασῶν οὖσαν γεννητικήν, ὡς καὶ ἡ μονὰς μία ἐστὶ τῇ ἰδίᾳ ἀνακυκλήσει τοὺς ἑξῆς ἀριθμοὺς γεννῶσα (Opm. 108, 11 - 16). Die Monade wird als die ἀρχή der folgenden Zahlen aufgefaßt, die in ihrer Zeugungskraft dem Tag Eins der Schöpfung, dem Ursprung aller späteren Tage, äquivalent ist. Das dahinterstehende kosmologische Konzept bewertet demnach Himmel und Erde des ersten Schöpfungstages in Gen. 1, 1 zwar als weltliche Größen, aus denen sich aber in einem nächsten Schritt der empirische Kosmos als qualitativ bestimmtes Sein erst entwickeln muß. Der Himmel gilt dabei aufgrund seiner Bewegung als Mitursache der elementaren Prozesse und damit auch der uns umgebenden Körperwelt. Dieser Gedanke, daß Moses mit den beiden Extrema Himmel und Erde die Totalität einer Welt angezeigt hat, die sich, ohne vollendet zu sein, im dynamischen Vollzug zur jeweils spezifischen ἐνέργεια entwickelt, war einer der wesentlichen Beiträge Gregors von Nyssa zur Hexaemeronliteratur. Nach dem Hinweis auf die beiden πέρατα Himmel und Erde als Ausdruck aller elementaren Veränderungen deutet dieser das Wort von der Erde, die ἀόρατος und ἀκατασκεύαστος war: ... τῇ μὲν δυνάμει τὰ πάντα ἦν ἐν πρώτῃ τοῦ Θεοῦ περὶ τὴν κτίσιν ὁρμῇ, οἱονεὶ σπερματικῆς τινος δυνάμεως πρὸς τὴν τοῦ παντὸς γένεσιν καταβληθείσης, ἐνεργείᾳ δὲ τὰ καθ᾿ ἕκαστον οὔπω ἦν (Greg. HexApol. 77 D). [528] Gregor artikuliert hier seine Überzeugung vom Wesen der ersten erschaffenen Materie als potentiellem Urstoff jeder nachfolgenden Genese. Die Veranschaulichung dieser Evokation der stoischen σπερματικὴ δύναμις,

528 Vgl. van WINDEN (1973), S. 374 f.

welche die Kraft der Materie bezeichnet,[529] aus sich aktiv Neues hervorzubringen, macht einen typischen Zug der Kosmologie Gregors aus, der einen ständigen und direkten Eingriff Gottes auf die Entwicklung der Welt ablehnt. Aus einer zugrundeliegenden und geschaffenen Materie entfaltet sich gemäß einer notwendigen Ordnung körperliche Wirklichkeit. Erde ist (potentiell) und ist nicht (aktuell). Der Zwang dieser mit Gen. 1, 1 geschaffenen Materie in die Realität geht auf Gott zurück, der bereits in der Schöpfung ein für alle Mal (συλλήβδην) dem materiellen Gesamtbestand alle Impulse und Kräfte für seine spätere Vereinzelung mitgegeben hat: ... πάντων τῶν ὄντων τὰς ἀφορμὰς καὶ τὰς αἰτίας καὶ τὰς δυνάμεις συλλήβδην ὁ Θεὸς ἐν ἀκαρεῖ κατεβάλλετο, καὶ ἐν τῇ πρώτῃ τοῦ θελήματος ὁρμῇ, ἡ ἑκάστου τῶν ὄντων οὐσία συνέδραμεν, οὐρανὸς, αἰθὴρ, ἀστέρες, πῦρ, ἀὴρ, θάλασσα, γῆ, ζῶον, φυτά (HexApol. 72 B). Dieses Konzept einer zeugenden Potentialität steht nun auch hinter Philoponos' Erklärung der Monade als γεννητική, die die Ordnung aller Zahlen generiert, wie der Tag Eins der Schöpfung den weiteren Ablauf der gesamten physischen Welt verursacht und bestimmt.

529 Die Vorstellung von einer keimhaften Kraft hatte aber bereits in den Platonismus Eingang gefunden und war auch mit der aristotelischen Vorstellung von der ungestalteten Materie als Körper in Potenz vereinbar. Zur Einbettung von Greg. HexApol. 77 D in die platonische - aristotelische Tradition vgl. ALEXANDRE (1988), S. 171 mit den Belegen Aristot. Metaph. 1042 a, Phys. 217 a, Diog. Laert. 7, 136 = SVF I 102, Plot. Enn. II 5; III 2, 2; IV 3. HexApol. 80 A.

C. DAS DRITTE BUCH

1. Inhalt und Aufbau

In den 17 Kapiteln des dritten Buches läßt sich eine Teilung in zwei größere Einheiten ausmachen, wovon die erste (Teil A: Kapitel 1 - 7) den Wissensstand zu Substanz und Gestalt des Firmaments referiert. Dabei wird wiederholt auf die dem Menschen nicht zugänglichen letzten Ursachen der sichtbaren wie der unsichtbaren Welt verwiesen. Das Kapitel 8 übt eine Scharnierfunktion zwischen Teil A und B aus, in dem gegen namentlich nicht genannte, aber mit Theodor und Kosmas zu identifizierende Vertreter eines den Phänomenen widersprechenden Weltbildes polemisiert wird, das ob seiner naturwissenschaftlichen Rückständigkeit dem Christentum als solchem schadet. Die Empfehlung des Philoponos, angesichts dieser Inkompetenz doch besser zu schweigen, wird noch einmal im Kapitel 13 ausgesprochen. Dort beschließt ein Genetivus Absolutus im ersten Satz die vorangegangene Untersuchung, im letzten Teil des Kapitels kündigt der Kommentator die Exegese der λέξις an und schreibt nochmals den Text von Gen. 1, 6 - 8 aus, um von dort die Wortinterpretation vorantreiben zu können. Diese beiden aufeinander bezogenen Kapitel 8 und 13 liegen wie eine Klammer um die erste Argumentationskette von Teil B, in dem Philoponos zur Widerlegung der gegnerischen Position ansetzt. Das geschieht in axialer Anordnung durch Bezug auf (a) Erfahrungstatsachen (b) Schriftargumente (b') Schriftargumente (a') Erfahrungstatsachen. Nach der Zäsur von Kapitel 13 setzt Philoponos bis einschließlich Kapitel 16 in positiver Weise seine eigene Exegese in Gen. 1, 6 - 8 der Auffassung Theodors entgegen. In diesem Kapitel 16 thematisiert er wie im ersten Kapitel das Stilmittel der Epanalepse. Kapitel 17 wird als Epilog und Zusammenfassung deklariert. Hier entwickelt der Autor abermals die Etymologie von οὐρανός, die im Eingangskapitel des Buches bereits angeklungen war. Folgendes Schema kann konstituiert werden:

		1:	TEXT Gen. 1, 6 - 8. Firmament und Himmel sind nicht identisch. Etymologie von οὐρανός
		2:	Die Aussagen über des Firmament sind keine Epanalepse des ersten Himmels.
		3:	Die Naturwissenschaft liefert nur Hypothesen.
TEIL A		4:	Der Grund für die Entstehung des Himmels ist dem Menschen unzugänglich.
		5:	Die Substanz des Firmaments. Platon und Moses.
		6:	Die Gestalt des Firmaments.
		7:	Hiob und Basileios zur Lage der Erde im All.
		8:	Unverständige gefährden die Lehre Christi. Schweigen wäre angeraten.
	a	9:	Beweise aus der Wahrnehmung für die Kugelgestalt der Himmelskörper.
	b	10:	Bibelstellen zum Thema.
4 KAP.	b	11:	Es existieren keine Schriftbelege für die Unbeweglichkeit des Himmels.
	a	12:	Physikalische Beweise für die Bewegung des Firmaments.
TEIL B			--
		13:	Abschluß dieser Untersuchung. Das schädigende Verhalten der Unverständigen. TEXT Gen. 1, 6 - 8
		14:	Der biblische Gebrauch des Wortes "Wasser".
4 KAP.		15:	Wasser als Substanz zwischen Himmel und Firmament.
		16:	Die Bedeutung von ἐν μέσῳ τοῦ ὕδατος. Das Stilmittel der Epanalepse.
		17: Epilog:	Die Ordnung des Alls und die Etymologie von οὐρανός.

Eine systematische Zweiteilung des Buches ist im Einschnitt des Kapitel 8 zu fassen, der Teil B 1 ist axialsymmetrisch angeordnet. Vor- bzw. Rückverweise zwischen Kapitel 1 und 16 bzw. 17, Kapitel 8 und 13, sowie Kapitel 9 und 12 tragen zur Homogenität des Buches als organischem Ganzen bei. Der Aufbau selbst richtet sich nach der Einheit des Kapitels.

Der Wille des Philoponos zur künstlerischen Gestaltung wird somit gerade in dem Buch deutlich, in dem Philoponos zu den wesentlichen Fragen der Ordnung des Universums Stellung nahm: Moses lehrt zwei Himmel, den alles umspannenden οὐρανός und das am zweiten Schöpfungstag geschaffene Firmament. Diese sind kugelförmig über die im Zentrum des Alls positionierte Erde gebreitet und bestehen aus einer Mischung aus kristallisiertem Wasser und Luft. Die Sterne sind am Firmament fixiert und in ihren Bewegungen von diesem determiniert. Der gesamte Bereich von der Erde bis zum οὐρανός, dem Ende der Welt, besteht aus spezifischen Kombinationen der Elemente Feuer, Wasser, Luft und Erde.

2. Die Worterklärung

α) Die Bedeutung von οὐρανός: Etymologie und Homonymie

Das Problem des rechten Verständisses von οὐρανός bestand zunächst darin,[530] die in Gen. 1, 1 berichtete Erschaffung des ersten Himmel mit der Gen. 1, 6 - 8 erwähnten Entstehung des Firmaments sinnvoll zu kombinieren. Handelt es sich bei dem späteren Bericht um eine Wiederholung, oder sind der Himmel des ersten Schöpfungstages und das Firmament verschieden? Wie ist dann, unabhängig von der Entscheidung für die Existenz eines oder zweier Himmel die Erzählung des Paulus in 2 Kor. 12, 2 - 4 von seinem Aufstieg in den dritten Himmel zu interpretieren?

Betrachten wir nun die hermeneutische Technik des Philoponos innerhalb der exegetischen Tradition zur Frage nach Substanz und Zahl der im Hexaemeron erwähnten Himmel, so bietet Basileios einen ersten Vergleichspunkt. Wie Philoponos kritisiert er Christen, die im Bericht von der Erschaffung des Firmaments eine nachträgliche Information über den οὐρανός von Gen. 1, 1 sehen (HexHom. 43, 1 - 7), ohne aber wie Philoponos diese Wiederholung mit dem technischen Terminus der ἐπανάληψις zu beschreiben.[531] Basileios gebraucht das allgemeine ἐπηξήγησις (HexHom. 43, 3). Zur Begründung für die tatsächliche Verschiedenheit von Himmel und Firmament im Genesistext untersucht Basileios im Gegensatz zu Philoponos nicht die jeweils vergleichbaren narrativen Strukturen, um festzustellen, nach welchen Kriterien eine Wiederaufnahme der Handlung an bestimmten Punkten plausibel ist, sondern der Kappadokier leitet aus dem knappen Hinweis auf die semantische Verschiedenheit der Vokabel οὐρανός und στερέωμα die Eigenständigkeit von Himmel und Firmament auch im Aufbau des Kosmos ab. Wie erklärt nun Basileios Gen. 1, 8: Καὶ ἐκάλεσεν ὁ θεὸς τὸ στερέωμα οὐρανόν ? Philoponos

[530] Einen profunden Conspectus der diesbezüglichen Hexaemeronauslegung vor Philoponos bietet SCHOLTEN (1997) S. 271 - 297 mit dem Schwerpunkt Elementenlehre, Kinetik und Gestalt der Himmelskörper.

[531] Zur Epanalepse und der Rolle der Homonymie in der Exegese des Philoponos vgl. das folgende Kapitel.

hatte im Kapitel 1 die Theorie der homonymischen Ausdrucksweise als Argument beigebracht, daß "Himmel" in der Sprache des Moses Homonym für Luft sei und daher den Bereich zwischen Erdoberfläche und den alles umfassenden ersten Himmel von Gen. 1, 1 abdecke. Dementsprechend werde auch das Firmament, das zwischen Erde und der äußeren Sphäre des ersten Himmels angesiedelt ist, unter dem Wort "Himmel" mitverstanden. Basileios zeigt, vor demselben interpretatorischen Problem stehend, keine Affinität zu einer philologischen Lösung, sondern behilft sich mit der Beobachtung, daß aufgrund der physikalischen Ähnlichkeit zwischen Himmel und Firmament auch deren sprachliche Repräsentanten austauschbar seien. Ohne naturwissenschaftliche Beweisführung bemüht Basileios die alte Etymologie von οὐρανός als sichtbarem Ort am Firmament,[532] um von der Sichtbarkeit auf dessen Kompaktheit und Härte zu schließen. Unausgesprochen setzt Basileios dabei die Assoziation von στερέωμα mit der physikalischen Eigenschaft der Dichte voraus, die er auf dem Weg der Etymologie auch für den Himmel wahrscheinlich machen will.[533] Wenn der Aspekt der Sichtbarkeit des Firmaments im Vordergrund steht, so der Kappadokier weiter, spricht die Bibel von ihm als Himmel. Als Schriftbeleg führt er in dieser Reihenfolge Ps. 8, 9, Gen. 1, 20, Ps. 106, 26, Deut. 33, 13 - 15; 28, 23 an, wo jeweils στερέωμα gemeint sei, aber οὐρανός geschrieben stehe.

Wenden wir den Blick wiederum Philoponos zu, so ist abgesehen von dessen Bemühen, eine kohärente naturwissenschaftliche

---

532 Τετηρήκαμεν δὲ πολλαχοῦ τὸν ὁρώμενον τόπον οὐρανὸν λεγόμενον (διὰ τὸ ναστὸν καὶ συνεχὲς τοῦ ἀέρος ἐναργῶς ἡμῶν ταῖς ὄψεσιν ὑποπίπτοντος, καὶ παρὰ τὸ ὁρᾶσθαι τῆς τοῦ οὐρανοῦ προσηγορίας ἀξιουμένου) (HexHom. 51, 20 - 52, 2). Vgl. Plat. Krat. 396 b - c, rep. 509 d 3 - 4; 529 a 1 - 2, Soph. 246 a.

533 Nach Ps 17, 3; 74, 4; 150, 1 wies Basileios bereits in HexHom. 44, 1 - 5 auf den metaphorischen Gehalt von στερέωμα hin, das die Schrift als Bild für Stärke kennt. Zudem erinnerte er an den paganen Gebrauch von στερεόν als Synonym für ναστόν und πλῆρες. Das markante ναστόν nimmt er hier als Qualität des οὐρανός wieder auf, um dessen dem Firmament ähnliche Beschaffenheit zu untermauern.

Theorie zu entwickeln,[534] der abweichende Einsatz derselben exegetischen Instrumentarien festzustellen. Οὐρανός leitet er von ὁρᾶν ab, geht aber dabei von der aktiven Form des Verbums aus: Οὐρανός ist jetzt nicht mehr im Sinne des Basileios Ausdruck für die Sichtbarkeit des Himmels, somit für dessen physikalische Dichte, sondern belegt, daß das "Sehen" auf den Himmel als den Träger von Lichtkörpern zurückgeht, οὐρανός folglich homonymisch für ἀήρ gesagt werden könne, dessen Transparenz die Farben vermittelt. Neu gegenüber Basileios ist nicht die Aufnahme der Etymologie als solche, sondern ihr Einsatz für die Zuordnung der Planeten zu den Sphären des Firmaments, die Basileios in seinen Homilien nicht thematisiert hatte. Eine ähnliche Methode, *loci classici* der Hl. Schrift in eine neue Argumentationskette zu integrieren, läßt sich auch im Umgang mit den Schriftbelegen ausmachen. Wie Basileios zitiert er Dt. 28, 23 f, Gen. 1, 20 und Ps. 8, 9, doch erzielt er einen wesentlich höheren Effekt, indem er mit Dt. 28, 23: Καὶ ἔσται ὁ οὐρανός ὁ ὑπὲρ κεφαλῆς σου χαλκοῦς καὶ ἡ γῆ <ἡ> ὑποκάτω σου σιδῆρα die äquivoke Verwendung von Himmel und Luft nachweist. Weiters ist Gen. 1, 20: τὰ πετηνὰ τὰ πετόμενα ἐπὶ τῆς γῆς κατὰ τὸ στερέωμα τοῦ οὐρανοῦ Beispiel für die homonymische Bezeichnung des Abstandes zwischen Erde und Firmament durch Himmel oder Firmament (Opm. 111, 8 - 15). Schließlich zeigt Ps. 8, 9: τὰ πετηνὰ τοῦ οὐρανοῦ καὶ τοὺς ἰχθύας τῆς θαλάσσης τὰ διαπορευόμενα τρίβους θαλασσῶν in Ergänzung zu Gen. 1, 20, wo die Erschaffung der Vögel aus dem Wasser berichtet wird, daß in der Genesis Wasser als *pars pro toto* für Luft stehen kann: καὶ ἐκ τούτου δὲ πάλιν δῆλόν ἐστι, ὅτι συνεκδοχικῶς ὕδωρ ὀνομάζει καὶ τὸν ἀέρα (Opm. 156, 18 - 20). Aus diesen drei Schriftpassagen geht nach Philoponos nicht nur die im biblischen Sprachgebrauch mögliche Benennung des Firmaments als Himmel, sondern ebenso der Ersatz des im hebräischen Thesaurus nicht existenten ἀήρ durch οὐρανός und die Zusammensetzung des Firmaments aus Wasser und Luft hervor. Durch souveräne Handhabung des Homonymiemodells, das eine freie Deutung des Wortbestandes ermöglicht, erzielt Philoponos in Relation zu Basileios eine vielschichtigere Deutung eines im Prinzip konstanten Repertoires an Schriftbelegen. Der Vorsprung an

[534] Zu dieser Würdigung gelangt SCHOLTEN (1997), S. 274.

sprachphilosophischer und technisch-grammatischer Kompetenz erlaubt somit eine ökonomischere Auswertung des Textsubstrates. Diese Beobachtung läßt sich besonders gut an der bereits erwähnten Etymologie von οὐρανός verifizieren. Abgesehen davon, daß Philoponos durch Rückführung von οὐρανός auf das aktive ὁρᾶν das Firmament als Ursache des Sehens und damit Ort der Himmelskörper einführt, ermöglicht eine zielgerichtete Dekomposition der phonetischen Elemente dieses Substantivs bereits im Eingangskapitel eine Antwort auf die vieldiskutierte Frage nach der Zahl der Himmel:[535] Τούτου οὖν οὕτως ἔχοντος ὑπερβὰς ὁ Παῦλος τῇ θεωρίᾳ τοῦ νοῦ τὸ μεταξὺ ἅπαν οὐρανοῦ καὶ γῆς καὶ αὐτὸν τὸν ὑποπίπτοντα τῇ αἰσθήσει ἡμῶν διὰ τῶν ἐν αὐτῷ ἀστέρων οὐρανόν, ὃν ἡ γραφὴ στερέωμα προσαγορεύει, καὶ τὸν πρῶτον καὶ ἔξωθεν πάντων, καὶ ἁπλῶς εἰπεῖν πᾶσαν ὑπεραναβὰς τοῦ σωματικοῦ κόσμου τὴν θεωρίαν, γυμνῷ τῷ νῷ μετάρσιος τοῖς ὑπερκοσμίοις ὡμίλησε καὶ θεῷ — »Μακάριοι γὰρ οἱ καθαροὶ τῇ καρδίᾳ« φησὶν ὁ κύριος »ὅτι αὐτοὶ τὸν θεὸν ὄψονται« — καὶ ἀρρήτων ἀνθρώποις ἠξιώθη ῥημάτων ἀκοῦσαι (Opm. 111, 16 - 26). Die hier gebotene Beschreibung des noetischen Aufstiegs des Moses zur Schau des Intelligiblen stellt drei Motive in den Mittelpunkt, die den zeitgenössischen Leser an die etymologische Analyse von οὐρανός erinnern mußten. 1) Der Weg des Moses ist ein Transzendieren der Körperlichkeit, ein Schreiten nach oben, wie es in ὑπερ-βάς, ὑπερ-αν-ελθών zu den ὑπερ-κόσμια anklingt. In den griechischen Etymologika führte man die Silbe -αν- aus οὐρανός auf den Blick nach oben im Sinne einer ὅρασις ἄνω zurück.[536] Die handbuchartige Auswertung der etymologischen Elemente von οὐρανός geht auf den Kratylos

[535] Basil. HexHom. 42, 8 - 10 scheint nach Paulus 2 Kor. 12, 2 - 4 den ersten Himmel als Bereich zwischen Erde und Firmament, den zweiten Himmel als Raum über dem Firmament und als dritten Himmel die Grenze des sichtbaren Kosmos anzunehmen (HexApol. 120 C - 121 D).

[536] In den *Excerpta Orionis* finden wir unter dem Lemma οὐρανός die Eintragung: εἴρηται διὰ τὸ ὁρᾶσθαι ἄνω. ἢ ὅρασις ἄνω. Die Orionexzerpte sind ediert von A. M. MICCIARELLI COLLESI, Nuovi «Excerpta» dall' «Etimologico» di Orione, in: Byz 40, 1970, S. 517 - 543. Et. Gud. 441, 55 hat beispielsweise διὰ τὸ ὁρᾶσθαι ἄνω, ἡ ὅρασις.

Platons zurück, wo die εἲς τὸ ἄνω ὄψις als sinnvolles sprachliches Äquivalent für die οὐρανία empfunden wird.[537] 2) Der geistige Aufstieg aktualisiert sich in der Schau Gottes, wofür Philoponos θεωρία (zwei Mal) und ὄψονται setzt. Hier evoziert der Kommentator die wohl offenkundigste Etymologie, die Rückführung von οὐρανός auf ὅρασις - ὄψις - ὁρᾶν/ὁρᾶσθαι. 3) Eigentliches *agens* dieser seelischen ἀνάβασις ist Paulus' νοῦς, der schauend den Wahrnehmungsbereich verläßt und gereinigt (γυμνῷ τῷ νῷ) mit Gott verkehrt. Im Etymologikon des Johannes Mauropus von Euchaita wird der himmelgewandte Blick als ein πᾶν νοῶν verstanden, weil -νο- als Wurzel von νοῦς als Ursprung der letzten Silbe von οὐρα-νό-ς empfunden wurde: τὸν οὐρανὸν δ᾿ ὅρον τι ἴστω τῶν ἄνω, ὁρῶν ἄνω τε τοὔνομα γνωριζέτω ἄνω τὸ κύκλῳ πᾶν νοῶν τῶν ἓν μέσῳ καὶ πᾶν ὅλον τε καὶ πόλον κεκλημμένον καὶ στερέωμα τοῦ φύσει ῥυτοῦ στάσιν.[538] Natürlich wäre es sehr plausibel, wenn Philoponos etymologische Literatur direkt für die Gestaltung seines Bildes von Paulus als einem die mundanen Regionen geistig übersteigenden Denker herangezogen hätte, doch aufgrund der selbstverständlichen Vertrautheit des Grammatikers Philoponos mit der etymologischen Worterklärung ist ein zwingender Beweis für die Abhängigkeit von einem Fachschriftsteller schwer beizubringen. Meiner Ansicht nach überlagern hier Platonismen eine dem γλωσσηματικόν zugehörige Textbetrachtung. Die von Philoponos vorgenommene Dreifachzerlegung von οὐρανός in ὁρᾶν, ἄνω und νοῦς ist nun auch im Kratylos Platons präsent. Der Blick nach oben zum Himmel läßt beim Betrachten einen καθαρὸς νοῦς entstehen: ἡ δὲ αὖ ἓς τὸ ἄνω ὄψις καλῶς ἔχει τοῦτο τὸ ὄνομα καλεῖσθαι, "οὐρανία", ὁρῶσα τὰ ἄνω ... φασιν ... τὸν καθαρὸν νοῦν παραγίγνεσθαι οἱ μετεωρολόγοι, καὶ τῷ οὐρανῷ ὀρθῶς τὸ ὄνομα κεῖσθαι (Krat. 396 b 7 - c 2). Neben der evidenten Ähnlichkeit in der phonetischen Analyse von οὐρανός wird Etymologie bei Platon und Philoponos als Begründung für eine psychagogische Theorie nutzbar gemacht, derzufolge das Verlassen des Wahrnehmungsbereiches durch die Schau der Wirklich-

537 Vgl. Plat. Krat. 396 b 7 - c 2.

538 Etym. Joh. Maur. v. 17 - 21 abgedruckt in R. REITZENSTEIN, Geschichte der griechischen Etymologika. Ein Beitrag zur Geschichte der Philologie in Alexandria und Byzanz, Leipzig 1897, S. 173 - 179.

keit außerhalb des Kosmos zu einer Reinigung der Seele führt. Philoponos zitiert Mt. 5, 8, um Paulus den καθαροί τῇ καρδίᾳ zuzuordnen, nach Platon resultiert aus der Hinwendung zu den οὐράνια ein καθαρὸς νοῦς. Damit gewinnt Philoponos nicht nur ein Argument, die Entrückung des Paulus in den dritten Himmel als geistiges Verlassen der Wahrnehmungswelt zu interpretieren und so die kanonische Zahl von zwei Himmeln aufrechtzuerhalten, sondern die Zeichnung des Paulus erhält platonisierende Glanzlichter, die den Apostel als einen jener wenigen Auserwählten konturieren, denen direkter Umgang mit Gott an einem Ort über bzw. außerhalb der Erde zuteil wurde.[539] Die Fähigkeit der Vernunftseele zur vollständigen Schau Gottes, die Lokalisierung dieses mystischen Erlebnisses über dem empirischen Kosmos, der durch den Aufstieg überwunden wird, die Unübersetzbarkeit der "drüben" gemachten Erkenntnisse in die Sprache der Welt gehören zu den wesentlichen Motiven in Platons Erzählung vom Aufschwung der Seele im Phaidros. Dort schauen die Seelen von einem überhimmlischen Ort - ὑπερουράνιος τόπος - (Phdr. 247 c 3), der am Rücken des Himmels liegt, in die Wirklichkeit außerhalb des Himmels: ἔξω πορευθεῖσαι ἔστησαν ἐπὶ τῷ τοῦ οὐρανοῦ νώτῳ, στάσας δὲ αὐτὰς περάγει ἡ περιφορά, αἱ δὲ θεωροῦσι τὰ ἔξω τοῦ οὐρανοῦ (Phdr. 247 b 7 - c 2). Dieser Ort war nie und wird nie gebührender Gegenstand der Sprache sein (τὸν δὲ ὑπερουράνιον τόπον οὔτε τι ὕμνησέ πω τῶν τῇδε ποιητὴς οὔτε ποτὲ ὑμνήσει κατ᾽ ἀξίαν (Phdr. 247 c 3 - 4), wie auch Paulus für würdig befunden wurde, unsagbares Sein zu schauen - ἀρρήτων ἀνθρώποις ἠξιώθη ῥημάτων ἀκοῦσαι (Opm. 111, 25 - 26). Die Qualität dieser Welt über uns kann nur durch Negativprädikate gefaßt werden. Platon spricht von einer ἀχρώματός τε καὶ ἀσχημάτιστος καὶ ἀναφὴς οὐσία (Phdr. 247 c 6 - 7), Philoponos beschreibt die Botschaft Gottes an Paulus als ἄρρητα ῥήματα. Voraussetzung für den Zug der Seele nach oben ist ihre Prägung durch den νοῦς (Phdr. 247 d 1: διάνοια νῷ ... τρεφομένη, Opm. 111, 16: τῇ θεωρίᾳ τοῦ νοῦ), die bei Platon nur den Seelen der Götter dauernd zuteil wird.

---

539 Vgl. E. HEITSCH, Platon. Phaidros. Platon Werke III 4, Göttingen 1993, S. 109 - 110 zur Metaphorik vom Aufschwung der Seele. Ausgehend von der Vorstellung der Weltkugel wird aus dem Weg der Seele nach oben eine Sehnsucht nach draußen.

Überlegen wir nun die Beweggründe, warum Philoponos die Stelle aus dem zweiten Korintherbrief mit evident platonischen Vorzeichen versah, kann neben dem offenkundigen Anliegen, den Aufstieg des Apostels als psychisches Erlebnis zu werten, das sein Sprechen von einem dritten Himmel aus dem Konnex einer naturwissenschaftlichen Lehre löst (Phaidrosmotiv), weil unter οὐρανός eine geistige Welt "draußen" zu assoziieren sei (Etymologie aus dem Kratylos), auch das Bestreben erkannt werden, den im dritten Buch praktizierten Umgang mit dem biblischen Wort vorzubereiten und philosophisch zu untermauern. Im Aufstieg der Seele des Paulus zu Gott und dem Reich der unsagbaren Worte enthüllt sich bereits im Eröffnungskapitel beispielhaft die Differenz des Wortes zum Sein. Denn gerade wenn Paulus nach dieser Grenzerfahrung des Gewahrwerdens des Unsagbaren von einem dritten Himmel spricht, kann dieser Ausdruck als Behelf gewertet werden, die nicht artikulierbare φύσις des Seins mit dem Instrument der Analogie in die Erfahrungswelt herunterzuübersetzen. Dies war ja auch Kern der im ersten Hauptteil rekonstruierten Sprachphilosophie der Ammoniosschule, daß das Wort direkt nur Symbolzeichen des Denkens, nicht aber des Seins ist.[540] Philoponos bereitet damit seinen informierten Idealleser auf die in dem Buch vorherrschende hermeneutische Technik vor, in Frage stehende Termini aus Gen. 1, 6 - 8 als homonymische Zeichen für verschiedene Seinsebenen zu deuten, die untereinander durch analogische Proportionen verbunden sind. Im Vergleich zu dem hier etwas hausbackenen Basileios, der argumentatorisch aus der Etymologie von οὐρανός lediglich dessen substantielle Ähnlichkeit mit dem Firmament und daraus die Austauschbarkeit der beiden Begriffe gewonnen hat, erweist sich Philoponos' Darstellungskunst als vielschichtiges Gebilde, in dem etymologische, platonisierende und sprachphilosophische Motive neben der Exegese auch zum Zwecke der Leserlenkung fruchtbar gemacht werden. Der Rezipient soll das inspirierte Wort der Genesis als Anzeichen eines Denkens schätzen, das vor der Textinterpretation in seinem Kontext erforscht werden muß. Unter dieser Voraussetzung kann die Erzählung des Paulus vom dritten Himmel als analoger Ausdruck für eine ekstatische Erfahrung verstanden werden, die an der Gliederung des Kosmos in ein die

540 Vgl. Ammon. IntCom. 35, 21 - 30

Gestirne tragendes, glasartiges Firmament und den Himmel als äusserste Schale nichts ändert.

Gehen wir des weiteren vom Faktum aus, daß Philoponos besonders im dritten Buch auf die Kosmologie des Kosmas reagiert,[541] die angesichts ihrer Unvereinbarkeit mit den allgemein akzeptierten kosmologischen Modellen[542] das Christentum in seiner Gesamtheit der Lächerlichkeit preisgeben mußte, konnte das um Paulus aufgetragene platonische Kolorit den zweifelnden Leser lehren, Aussagen aus der Bibel zur Kosmologie fernab von einem ausschließlich literalen Verständnis als notwendigerweise unvollkommene Äußerungen von inspirierten Propheten verstehen, die ganz im Sinne von Platons Ontologie die intelligible, nicht verbalisierbare Wahrheit geschaut hatten. Bereits zu Beginn entschärft Philoponos mögliche Textbelege, die bei wörtlichem Verständnis unter dem Niveau des aktuellen Forschungsstandes bleiben. Diese Tendenz setzt Philoponos im gesamten Buch fort, wenn er die Vereinbarkeit Platons mit der

541 SCHOLTEN (1997) S. 406 - 419 hat nicht nur gezeigt, daß sich der Dissens zwischen Kosmas und Philoponos um die Frage des Weltaufbaues, besonders im Kapitel 10 niederschlägt, sondern ist auch der bei Wolska noch unbeantworteten Frage nachgegangen, in welcher zeitlichen Abfolge die Topographie des Kosmas und der Hexaemeronkommentar des Philoponos zueinander stehen. Da dieser bis auf eine Stelle, die er als Zugabe zur Verdeutlichung seiner Argumente heranzieht, nur Schriftzeugnisse diskutiert, die auch Kosmas vorbringt, und diese im Werk seines Gegners verstreuten Bibelpassagen im Kapitel 10 gebündelt erörtert, ist Scholtens Theorie sehr wahrscheinlich, daß Philoponos der reagierende Part in dieser Diskussion war.

542 Nach Damasc. PhilebCom. 225, 16 - 20 spielten die Lehren des Ptolemaios, Nikomachos, Euklid, Aristoxenos und Theodosios in der zeitgenössischen Astronomie eine bedeutende Rolle. Über das Hochschulstudium vgl. W. LIEBESCHÜTZ, Hochschule, RAC XV, 1991, Sp. 859 - 911, bes. Sp. 862 und L. G. WESTERINK, Ein astrologisches Kolleg aus dem Jahre 564, in: ByZ 64, 1971, S. 6 - 21, bes. S. 19. Im Unterricht veranschaulichte das Astrolab die Mechanismen des sphärischen Weltmodelles. Vgl. A. P. SEGONDS, Jean Philopon, traité de l' astrolabe, Paris 1981.

Bibel herausstellt.[543]

Wir fassen hier wiederum den für das geistige Profil des Philoponos so markanten eigenständigen Umgang mit Denktraditionen, der ihn nicht davon abhält, die Exegese der von ihm anerkannten Kirchenlehrer zu verlassen. Dazu gehört zweifelsohne Gregor von Nyssa, der sich ebenfalls explizit zur rechten Deutung von 2 Kor. 12, 2 äußerte und die Frage nach der Zahl der Himmel als wichtigen Untersuchungsgegenstand bewertete (HexApol. 120 D). Anders als Philoponos ordnet Gregor die vielfache Anwendungsmöglichkeit des Terminus οὐρανός für den Bereich der Luft über der Erde, für den Raum unterhalb des Firmaments und für das στερέωμα als der obersten Grenze der Wahrnehmungswelt der Stilfigur der Katachrese zu (HexApol. 121 A). Entgegen der rhetorischen Theorie versteht er die Katachrese nicht als uneigentlichen Gebrauch eines Begriffes für eine Sache ohne spezifischen Terminus,[544] da ja die Begriffe νέφη oder στερέωμα vorhanden sind.[545] Vielmehr scheint es, als ob Gregor eine Katachrese dann annimmt, wenn eine wörtliche (κυρίως) Auffassung zu einem sachlich unzutreffenden Interpretationsergebnis führen würde.[546] Es ist also schlichtweg falsch, sich den Raum der verdichteten Luft über der Erde als Himmel zu denken, auch wenn ihn das Wort der Schrift so bezeichnet. In weiterer Konsequenz ist dann οὐρανός die uneigentliche, katachrestische Variante von στερέωμα, Himmel und Firmament sind für Gregor substantiell dasselbe, der Endpunkt der Wahrnehmungswelt: Εἶτα τὸ ἕτερον, οὐρανόν τε καὶ στερέωμα κατονομάζει, τὸ μετὰ τὴν ἀπλανῆ σφαῖραν περὶ τὸ ἐντὸς θεωρούμενον, ἐν ᾧ οἱ πλανῆται τῶν ἀστέρων διαπορεύονται (HexApol

543 Opm. 119, 2 - 5; 120, 8 - 9; 134, 24 - 28; 140, 8 - 10; 26 - 27.

544 PsPlut. Hom. 18, Tryphon trop. 193, 4 - 6.

545 Vgl. K. BARWICK, Probleme der stoischen Sprachlehre und Rhetorik, ASAW. Ph. 49, 3, Berlin 1957, S. 96.

546 NEUSCHÄFER S. 221 - 223 unterscheidet theoretische Bestimmung der Katachrese und exegetische Praxis: Hier wird ein Wort als katachrestisch eingestuft, wenn eine wörtliche Auffassung zu Sinnstörungen führen würde.

121 B).[547] An diesem äußersten Punkt des Kosmos, dem Himmel-Firmament, war auch Paulus nach seinem Durchschreiten der Wahrnehmungswelt angelangt, seine Erzählung von einer Entrückung in den dritten Himmel meint genau diesen einen οὐρανός, die Grenze zwischen Empirie und Intelligiblem. Ganz anders arbeitet Philoponos, wenn er von der Homonymie als dem Typikon der biblischen Spracherzeugung ausgeht. Die entscheidende Differenz zur Katachrese liegt in der Auffassung, daß homonymisches Sprechen zwei Gehalte, die auf verschiedenen Seinsebene angesiedelt sind, aber miteinander wesenhaft verbunden sind, durch einen Begriff zum Ausdruck bringt. Empfiehlt ein Kommentator, eine Bezeichnung καθ᾽ ὁμωνυμίαν zu verstehen, gibt er damit nicht die eigentliche Bedeutung als falsch oder sinnlos preis, sondern ist sich der Existenz mehrerer, durch ein Wort bezeichneter Referenzen bewußt. Dieses vorgehen läßt sich mühelos an einigen Beispielen aus dem dritten Buch von Opm. verifizieren: Die Schrift benennt homonymisch das Firmament als Himmel. Hinter οὐρανός stehen zwei verschiedene Wahrheiten, nämlich der Himmel des ersten Schöpfungstages als äußerste Kosmoshülle und die Wahrheit des Firmaments als darunter angeordneter, kristalliner Schale.[548] Für den auf die Katachrese vorverweisenden Gregor ist dagegen eine Bedeutungsebene, die aus dem wörtlichen Sinn abgeleitet wird, prinzipiell falsch, es kann lediglich der zweite Inhalt als einzig richtiger anerkannt werden: οὐρανός steht nicht wie bei Philoponos sowohl für Himmel als auch für Firmament, sondern Himmel und Firmament fallen zusammen, οὐρανός ist das zweite Wort für Firmament, neben dem dann auch de facto kein Himmel existiert. Dasselbe Denkmuster läßt sich auch bei der Deutung des Wassers über und unter dem Firmament in Gregors Hexaemeron-

547 Ähnlich HexApol. 121 C: τὸ ἀκρότατον τοῦ αἰσθητοῦ κόσμου, ὃ μεθόριον τῆς νοητῆς κτίσεως, στερέωμά τε καὶ οὐρανὸν ὀνομάζει.

548 Zur Zeit der Abfassung von Opm. bestand für Philoponos das Firmament vorwiegend aus Luft und Wasser (Opm. 118, 17 - 18). In Aetm. 517, 24 - 519, 6 dachte er an ein Überwiegen des feurigen Elements, in MetCom. 46, 11 - 27 gilt das Vorkommen von Erde als verantwortlich für die Festigkeit des Firmaments. Vgl. SCHOLTEN (1996), S. 309 f.

schrift erkennen. Ohne auf das Vorhandensein einer Katachrese explizit zu verweisen, setzt Gregor in 85 B nach Gen. 1, 7 - 8 das Firmament als Grenze zwischen sichtbaren und geistigen Wassern an, denen eine ἄμικτος φύσις zukomme (HexApol. 85 A). Verstünde man an der Genesisstelle den Ausdruck für Wasser für den Bereich oberhalb des Himmels im literalen Sinn, wäre, so ist zu folgern, die Aussage der Stelle verkannt. Die Botschaft vom Wasser "oberhalb" ist kein äquivoker Ausdruck, der auch das empirische Wasser in sich schließt, sondern weist auf eine ausschließlich noetische Realität.

Zur selben Genesispassage nimmt nun auch Philoponos Stellung, wobei er unter Wasser einen homonymen Terminus versteht, der von Moses herangezogen werden konnte, um die Substanz über dem Firmament zu definieren. Die Konsistenz dieses Stoffes bleibt im einzelnen offen, doch sind wasser-, luft- und feuerartige Teilchen wahrscheinlich, sodaß auch in diesem Bereich der Kosmos von einer empirischen Realität eingenommen wird: ἔοικεν οὖν ἐξ ἀναλογίας τούτων ὁ Μωυσῆς τὴν οὐσίαν τὴν ἀναπληροῦσαν τὸ μεταξὺ τῶν δύο οὐρανῶν διάστημα ὕδωρ ὁμωνύμως καλέσαι· καὶ δῆλον ὅτι λεπτομερέστατον, ὅτι ποτ᾽ ἂν εἴη, τὴν οὐσίαν ἐστὶ τοῖς τόποις συμφώνως, εἴτε ὑδατῶδες εἴτε αἐρῶδες εἴτε οἷον τὸ ὑπέκκαυμα ὑπάρχει εἴθ᾽ ὅπως οὖν ἄλλως ἔχοι φύσεως (Opm. 154, 15 - 20). Wie im Falle des οὐρανός kann nach Philoponos der Ausdruck "Wasser" ambivalent als reines Element oder als Mischung verstanden werden, die nach dem überwiegenden Stoff ihren Namen trägt, der unabhängig von seiner Deutung als einfache oder zusammengesetzte Substanz wirklich auf Wasser verweist. Dagegen verliert der Begriff ὕδωρ bei Gregor seine eigentliche Bedeutung |Wasser| zugunsten |intelligibles Wasser über dem Firmament|. Dieser Stoff hat dann mit der Wahrnehmungswelt tatsächlich nichts mehr zu tun.

Wir halten fest, daß unabhängig von den einzelnen Ergebnissen der Bibeldeutung Philoponos exegetische Methoden anwendet, die in der Erklärung von Substanz und Anzahl von οὐρανός noch nicht beschritten worden waren. Dazu gehört die Integration einer grammatischen Form der Texterschließung, speziell die Etymologie von οὐρανός, in das Sprachdenken des zeitgenössischen Platonismus. In diesem Konzept ist οὐρανός auf allen Seinsebenen von der empirischen Luft bis zum Ort oberhalb bzw. außerhalb der Wahrnehmungswelt sinnvolles Sprachzeichen für verschiedene, zueinander in einem analogen Verhältnis stehende Glieder einer ontologisch abgestuften Wirklichkeit. Aufgrund der Teilhabe und Ähnlichkeit der an verschiedenen Stellen einer Hierarchie positionierten Elemente (|Himmel| steht für die über der Erde vorkommende Luft wie auch für die äußerste Grenze des Universums, mit dem sie zusammenhängt),[549] können die einzelnen Konkretisierungen als *partes pro toto* mitbenannt werden. Diese Benennung ist auf jeder Stufe richtig, da ein Wort als Homonym Symbol mehrer Wirklichkeiten ist. Gregor zieht dagegen aus dem Faktum der Unfaßbarkeit Gottes den Schluß, daß das an die Welt von Raum und Zeit gebundene Wort wie Staub abgeschüttelt werden muß, um danach zur intelligiblen Betrachtung vordringen zu können.[550] Der Kappadokier artikuliert diesen Drang nach der Freiheit vom Wort durch den Verweis auf das katachrestische Wesen der biblischen Sprache.

3. Die grammatisch-rhetorische Exegese

α) Die Epanalepse - Kapitel 1; 2; 16

Anfang und Schluß des dritten Buches widmet Philoponos der Theorie, wonach die biblischen Aussagen über die Erschaffung des Firmaments am zweiten Schöpfungstag (Gen. 1, 6 - 8) eine Wiederholung (ἐπανάληψις) des Berichtes von der Entstehung des ersten Himmels am ersten Tage wären. Als Parallele hatte man die nach dem Sechstagewerk, also nach der Schaffung Adams, abermals von den Anfängen des Menschen einsetzende Erzählung in Gen. 2, 5 angeführt und analog auf die narrative Struktur der biblischen Kosmogonie übertragen.[551] Philoponos entkräftet diese Spekulation in Kapitel 2 zunächst durch die literaturtheoretische Überlegung, nach der Moses am Ende des Hexaemeron ein zweites Mal vom Anfang des Menschen berichtet habe, um den Zusammenhang zu der nun einsetzenden Menschheitsgeschichte zu wahren und den Anforderungen des

549 οὐρανόν ... πολλαχοῦ καὶ τὸν ἀέρα καλεῖ ὡς μέχρις οὐρανοῦ διήκοντα καὶ οἱονεὶ συνημμένον αὐτῷ (Opm. 151, 12 - 14).

550 Vgl. CantCantHom. = GNO VI 6, 12 - 7, 1.

551 Zu οὐρανός vgl. Kapitel III C 2 α.

συνεχές Genüge zu tun. In der rhetorischen Theorie wurde damit die innere Verkettung der Handlungsteile bezeichnet, die im Gegensatz zur episodenhaften, nicht auf Wahrscheinlichkeit abzielenden Gliederung steht.[552] Moses wollte eine kontinuierliche Schilderung (τὰ περὶ τῶν ἑξῆς ἀνθρώπων ἱστορεῖν: Opm. 112, 18 - 19) der Zeit vom ersten Menschen bis zu seinem Tod geben, deren Geschlossenheit lediglich durch einen zweiten Beginn erreicht werden konnte, an dem nachträglich die Entstehung Evas und weitere genealogische Informationen eingebaut wurden. Diese kompositorischen Zwänge fehlten aber dort, wo Moses von Himmel und Feuer spricht, sodaß nach Philoponos eine Wiederholung auszuschließen ist. Οὐρανός und στερέωμα sind substantiell verschieden, οὐρανός kann aber als Homonym verschiedene Gehalte, wie etwa Firmament und die äußere Himmelsschale symbolisieren.[553] Dagegen schließen sich Homonymie und Epanalepse gegenseitig aus, da letztere als spezielle Form der *geminatio*, somit als Verdoppelung des gleichen Wortmaterials für die gleiche Sache steht. Im technischen Sinn war die ἐπανάληψις im Gegensatz zur παλλιλογία, der Wiederholung des Einzelwortes, als Wiederaufnahme einer Wortgruppe definiert,[554] wobei die repetierten Wortblöcke unmittelbar hintereinander stehen oder durch Zwischenglieder getrennt sein können. Diese Zwischenschaltung, wie Lausberg sie nennt, hat zum überwiegenden Teil den Umfang eines Wortes, beispielsweise einer Interjektion, und weitet sich selten bis zur Parenthese aus.[555] Unter dem Lichte dieser Theorie wird man von kosmologischen Prämissen abgesehen, Philoponos Recht geben, wenn οὐρανός von Gen. 1, 8 nicht als ἐπανάληψις des οὐρανός von Gen. 1, 1 aufzufassen ist, da die beiden Elemente der Verdoppelung zu weit von einander getrennt sind. Philoponos verbalisiert die mißverständliche Verwendung eines Fachterminus nicht, weil er mit seiner Bestimmung von οὐρανός als Homonymie ein stichhaltigeres Argument gefunden zu haben glaubte und auch er selbst den Begriff untechnisch auf die zweifache Schilderung der Entstehung des Menschen appliziert. Zugute halten kann man dem Alexandriner freilich, daß er

552 Belege bei LAUSBERG § 1201.

553 Zur Homonymie im dritten Buch vgl. das vorangegangene Kapitel.

554 Alex. schemat. III p. 19, 32; 29, 5. Vgl. LAUSBERG § 617.

555 Alex. schemat. III p. 20, 6, Quint. Inst. 9, 3, 29.

im Rahmen der positiven Darlegung seiner Exegese von Gen. 1, 6 im engen, terminologisch korrekten Sinn von Epanalepse als Wiederholung eines lediglich durch einen Gliedsatz getrennten Wortblocks spricht: καὶ ἐγένετο οὕτως. καὶ διεχώρισεν ὁ θεὸς ἀνὰ μέσον <τοῦ> ὕδατος, ὃ ἦν ὑποκάτω τοῦ στερεώματος καὶ ἀνὰ μέσον τοῦ ὕδατος τοῦ ἐπάνω τοῦ στερεώματος (Gen. 1, 6 in Opm. 156, 6 - 9). Die aus ἀνὰ μέσον <τοῦ> ὕδατος bestehende Epanalepse verdeutlicht die Aussage des Moses, daß das Firmament als Grenze zwischen dem Wasser über ihm und unterhalb eingezogen wurde und nicht als Verfestigung eines Teiles des auf der Erde befindlichen unteren Wassers zu sehen ist.[556] Wie auch immer Philoponos die Epanalepse klassifiziert, sei es im technisch engen Sinn als Verdoppelung identischer Satzteile oder als freiere Wiederaufnahme eines Zitates, so ist er sich doch über ihre Funktion im klaren: Ziel dieser rhetorischen Figur ist die Verdeutlichung des Gedankenganges. Zu diesem Ergebnis gelangt der Kommentator auch im vierten Kapitel des vierten Buches, wo er zuerst Origenes' Ausführungen zitiert, die Wiederholung καὶ συνήχθη τὸ ὕδωρ etc. in Gen. 1, 9 - 10 sei überflüssig und deute auf eine Korruptel, und dann mit Rekurs auf die Häufigkeit von Epanalepsen in Gen. 1, 6 und Gen. 1, 11 f. zurückweist. Man müsse also überall einen sekundären Eingriff in den Text annehmen oder nirgends. Be-

556 Dieses kosmologische Modell vertrat vor Philoponos Severian von Gabala, der das Firmament als kristalline Erstarrung des über der Erde stehenden Wassers interpretierte, das dann die über ihm befindlichen Wassermassen emporhob. Am Ende bildet dieses Firmament die Decke des sich über der rechteckigen Erde erhebenden Weltgebäudes (Sev. creat. or. 2, 3 = PG 56, 442). Vgl. SCHOLTEN (1996) S. 280 f. Philoponos verschmolz die These des Antiocheners von der kristallartigen Substanz des Firmaments, das dessen Durchsichtigkeit und Härte erklären konnte, mit der Vorstellung von der wasserhältigen Beschaffenheit der Räume unter und über dem Firmament. Weil Moses seine Bezeichnung nach dem sichtbareren Element vorgenommen hatte, steht Wasser als *pars pro toto* für eine Gesamtmasse aus Wasser und Luft (Opm. 156, 19 - 20). Unklar bleibt die quantitative Verteilung der Elementenmassen diesseits und jenseits des Firmaments.

merkenswert ist, daß Philoponos nicht auf der völligen Authentizität der Septuagintaversion beharrt, sondern in Gen. 1, 6 f. eine spätere Ergänzung in Betracht zieht und rechtfertigt, da sie den Sinn verdeutliche: εἴτε οὕτω τὰ ἀρχαῖα τῶν ἀντιγράφων εἶχεν, εἴτε οἱ ἑβδομήκοντα καθ᾽ ὁμοίωσιν τῶν ἄλλων τὸ παραπλήσιον εὐλόγως κἀνταῦθα προσέθηκαν, διὰ τὴν τοῦ λόγου σαφήνειαν τό "καὶ ἐγένετο οὕτως" ἐξηγούμενοι (Opm. 167, 22 - 26). Auch dort, wo Philoponos unter Epanalepse die Wiederholung von Satzteilen mit nur einigen identischen Begriffen in verschiedenen Kasus versteht, erhellt sie die διάνοια des Textes (Opm. 219, 19 - 22).

β) Die Epitasis - Kapitel 10.

Die Antiochener interpretierten Koh. 1, 2 - 7 als Schriftbeweis gegen eine sphärische Form der Erde,[557] weil nach den Worten Salomos die Sonne nicht untergehe, sondern kreisförmig von ihrem Aufgang nach Norden zieht, um dann wieder sichtbar zu den südlichen Zonen zurückzukehren. Kosmas meinte, die Sonne beschreibe in verschieden hohen Bahnen im Norden der Erde einen Kreis um einen Bergkegel, wobei der dabei entstehende Schatten den Eindruck der Nacht vermittle.[558] Zur Widerlegung dieser These mußte Philoponos der Nachweis gelingen, daß Koh. 1, 6 unter dem Kreisen der Sonne nicht eine aufgangs- und untergangslose Bewegung in geradliniger Ost - Westrichtung an einem tonnenartigen Gewölbe versteht. Der von ihm favorisierten Lesart zufolge erläutert das Schriftwort den Umlauf der Sonne auf dem Tierkreis, nur darauf treffe das κυκλοῖ κυκλῶν zu: ἴδωμεν δὲ τί βούλεται τὸ ἑξῆς· "Ἀνατέλλων αὐτὸς ἐκεῖ πορεύεται εἷς τὸν νότον καὶ κυκλοῖ πρὸς βορρᾶν, κυκλοῖ κυκλῶν"· ὧδε γὰρ στικτέον (Koh. 1, 6 in Opm. 138, 11 - 13). Durch eine gegenüber dem Text des Kosmas abweichende Interpunktion ordnet Philoponos das κυκλοῖ κυκλῶν dem ersten Versteil und damit der Sonne zu. Diese bewegt sich auf scheinbar spiralförmiger Bahn zwischen den beiden

557 Kosm. Chr. Top. 2, 34; 4, 11; 5, 33; 9, 12; 10, 33.

558 J. O. MADATHIL, Kosmas der Indienfahrer. Kaufmann, Kosmologe und Exeget zwischen alexandrinischer und antiochenischer Theologie, FC.FP 4, Thaur - Wien - München 1996, S. 5 mit der Zeichnung des Weltbildes des Kosmas und S. 73 f.

Wendekreisen, unter κυκλοῖ κυκλῶν ist nicht die tägliche Kreisbewegung der Sonne zu verstehen.[559] Da das Kreisen der Sonne im Koheletvers bereits durch κυκλοῖ πρὸς βορρᾶν artikuliert worden war, konstituiert ein abermaliges Verweisen auf den solaren Zyklus mit demselben Wortbestand eine Verstärkung des Ausdrucks. Unter die Formen pleonastischer oder hyperbolischer Redeweise reiht nun der Rhetor Phoibammon die ἐπίτασις ein,[560] zu deren Wesensmerkmalen in der Rhetorik Affektgeladenheit und Steigerung der Intensität gerechnet werden. Da sich Philoponos über die Klassifikation der für sein Verständnis von Koh. 1, 2 - 7 wesentlichen Wortkombination κυκλοῖ κυκλῶν in Schweigen hüllt, sind die Indizien zu sammeln, welche die Annahme einer Epitasis als Voraussetzung der hier praktizierten Exegese verstehen lehren. Hilfreich ist zunächst der Umstand, daß die in Frage stehende Wendung bei der reformierten Interpunktion des Philoponos eine Rolle spielt. Aus Schol. A zu M 178, P 595 und Schol. bT zu H 90 wissen wir, daß die Epitasis als Kriterium für Interpunktionsfragen herangezogen wurde.[561] Es ist also sehr wahrscheinlich, daß Philoponos hier aufgrund seiner rhetorischen Schulung eine Epitasis vermutetete. Ein weiteres und schlüssiges Argument für diese These liefert Adrianos: Κατ᾽ ἐπίτασιν τὸ αὐτὸ λέγει· ὡς τὸ "Παιδεύων ἐπαίδευσέ με ὁ Κύριος" καὶ "Ὑπομένων ὑπέμεινας" Καὶ "Ἦ μὴν εὐλογῶν εὐλόγησω σε" (PG 98, 1301 A). Durchgehendes Typikon der Epitasis in den von Adrianos gebrachten biblischen Exempla ist wie auch in κυκλοῖ κυκλῶν die Kombination zweier Formen desselben Verbums, von denen eine im Partizip Präsens steht. Philoponos interpunktiert nach κυκλοῖ κυκλῶν, weil er darin eine nachträgliche, dem Bild von der kreisförmigen Bahn der

---

559 Kosm. Chr. Top. 2, 34 zieht das κυκλοῖ κυκλῶν zum folgenden Sinnabschnitt: ... πρὸς νότον καὶ κυκλοῖ πρὸς βορρᾶν. κυκλοῖ κυκλῶν, καὶ ἐπὶ κύκλου αὐτοῦ ἐπιστρέφει τὸ πνεῦμα. Zur Gegenüberstellung beider Textvarianten vgl. SCHOLTEN (1996), S. 414 f.

560 Phoib. fig. 47, 32 - 48, 3. NEUSCHÄFER S. 229 zitiert dazu auch noch Anonym. subl. 38, 6 mit der Zuordnung der Epitasis zur ὑπερβολή.

561 Vgl. etwa Schol A zu M 178: "Ἀργεῖοι δὲ καὶ ἀχνύμενοί περ ἀνάγκῃ </νηῶν ἠμύνοντο>". ἡ τελευταία λέξις ἡ ἀνάγκη κεχωρίσθαι ὀφείλει τῶν ἄνω, ἵνα σαφέστερον περιστῇ ἥ τε ἐπίτασις καὶ ἡ ἐναντίωσις.

Sonne zugehörige Hervorhebung erkennt, die er als zentrales Anliegen von Koh. 1, 2 - 7 wertet. Dieses Stück aus dem Ecclesiastes ist ihm somit entsprechend einem Arbeitsschritt, der zum διορθωτικόν der grammatischen Kunst zählt, Beweis für die sphärische Form der Welt.

γ) Allegorisches Sprechen der Bibel - Kapitel 14.

Wie bereits erörtert,[562] war aufgrund der Ablehnung einer exzessiven allegorischen Deutung der Bibel durch Basileios, der Polemik der Antiochener gegen die allegorisierende Exegese und der Diskreditierung des Origenes die Parteinahme für die allegorische Methode für Philoponos unmöglich. Wenn der Kommentator hier der Schrift, ja sogar Gott ein ἀλληγορικῶς ὀνομάζειν bezüglich des Wassers zuschreibt (Opm. 149, 25 - 150, 1), hat er dabei den eingeschränkten Bereich der rhetorischen Allegorie im Sinn, wo nicht wie in der neuplatonischen Allegorese jede sprachliche Äußerung im narrativen Geschehen auf eine allgemeinere, intelligiblere Ursache verweist,[563] sondern die Allegorie unter die Figuren der Rede fällt. Allegorie ist in diesem Fall eine rhetorische Anleitung für die Bildung und Interpretation von Figuren, die einen Ausdruck in seiner Wirkung steigern sollen, nicht aber die Betrachtung eines prinzipiell verborgenen Sinnes in einem literarischen Universum.[564] Der Autor muß dabei eine Intention haben, einen bestimmten Inhalt durch einen anderen Begriff zu bezeichnen.[565] Die Allegorie nach rhetorischem Verständis ist eine gewollte Einzelerscheinung im Gefüge eines Textes und rührt nicht vom Bildcharakter der Sprache gegenüber dem allgemeineren und daher wirklicheren Sein her. So geht es bei Philoponos' Identifikation einer Allegorie im Kapitel 14 auch um ein Vokabel - Wasser -, das der göttliche Autor der Hl. Schrift als Platzhalter für die Inhalte

---

562 Vgl. Kap. II C 1.

563 Vgl. BERNARD S. 29 - 34, COULTER S. 21.

564 Vgl. COULTER S. 25, der rheotrische und philosophische Allegorese auf die Begriffe Allegorie bzw. Allegorese aufteilt.

565 Vgl. BULTMANN S. 60 zu Theod. InSach. 1, 7 ff.

|gut| oder |schlecht| einsetzt.[566] Nun hat Philoponos als Grammatiker diesbezüglich aus einschlägigen Handbüchern geschöpft, da in der Eisagoge des Adrianos als erstes von drei Beispielen für eine biblische Allegorie ebenfalls das Wasser angeführt ist, welches πλῆθος symbolisiert (PG 98, 1305 C). Da Adrianos bekanntermaßen die Tradition der antiochenischen Schule spiegelt,[567] die in der Bibel Allegorien nur als rhetorische Figuren zu finden glaubte, steht Philoponos mit seinem Hinweis auf die allegorische Benennung von Wasser in Abhängigkeit von der rhetorischen Figurenlehre, die auch die Antiochener rezipierten.

566 Opm. 149, 26. Die Beispiele entnimmt Philoponos aus Ps. 68, 2 f; 123, f., Joh. 4, 14, Ps. 22, 2.

567 Vgl. BULTMANN S. 62.

D. DAS VIERTE BUCH

1. Inhalt und Aufbau

Im Abschnitt über die an einigen Stellen von Opm. nachweisbare Einteilung der Kommentierung in einen theoretischen und einen dem Wortlaut verpflichteten Abschnitt, sind die Kapitel eins und drei des vierten Buches, in denen dieses Schema besonders deutlich hervortritt, bereits besprochen worden.[568] Darüberhinaus sind im vierten Buch Ordnungsmuster erkennbar, die der formalen Methodik in anderen Büchern kongruent sind.

Die ersten drei Kapitel widmet Philoponos dem Nachweis der sinnvollen Anordnung des mosaischen Schöpfungsberichtes, dessen τάξις und θέσις mit den empirisch erfaßbaren Phänomenen übereinstimmt. Am Ende des Kapitel 3 zitiert er zum zweiten Mal den auszulegenden Text von Gen. 1, 9 - 10, um dann zur Einzelinterpretation überzugehen. In dieser dem Textbefund verpflichteten Exegese steht zuerst die Frage nach dem Numerusgebrauch im Vordergrund: Warum wird der Befehl Gottes, das Wasser möge sich an einer Sammelstelle sammeln, im Singular ausgedrückt, die Ausführung aber in den Plural gesetzt? Nach diesem Block von sechs Kapiteln folgt das zentrale Kapitel 10 mit einer auffällig hohen Dichte an Genesiszitaten, in denen Philoponos lediglich sparsame Erklärungen etymologischer und physikalischer Natur bietet. Der Verweis auf Basileios ersetzt die eigene Kommentierung. Nach diesem Mittelstück schliessen sich abermals sechs Kapitel als geschlossener, einem Leitthema gewidmeter Block an, in dem die Möglichkeit der Existenz von Licht ohne Lichtquelle diskutiert und aus der Bibel sowie aus Erscheinungen der Natur nachgewiesen werden soll. Das Zitat Gen. 1, 16 markiert die letzte Zäsur innerhalb des Buches, nach der Philoponos in den verbleibenden vier Kapiteln gegen die Genethlialogie, den Glauben an die Weissagung aufgrund der Konstellation der Gestirne zum Zeitpunkt des Geburtstages, polemisiert.

Diese Inhaltsparaphrase verdeutlicht die spiegelbildich um

---

[568] Zur τάξις - λέξις - Struktur vgl. Kapitel II B 2.

das Zentrum des Kapitel 10 angeordneten Großabschnitte, die jeweils einem Leitmotiv untergeordnet sind. Dabei ist die Kapitelzahl mit 3 - 6 - Mitte - 6 - 4 den Gesetzen der Symmetrie verpflichtet, wobei wie im dritten Buch auch hier das Schlußkapitel die Züge eines Epilogs trägt, in dem die einzelnen Argumantationslinien gebündelt werden. Unter Berücksichtigung dieser Binnengliederung des letzten Abschnittes kann das präzisere Schema 3 - 6 - Mitte - 6 - 3 [+1] die Vorliebe des Philoponos für die axiale Disposition des Stoffes noch verdeutlichen. Innerhalb dieser formalen Struktur spannt der Kommentator einen thematischen Bogen von den ersten Sätzen des Buches bis zu seinem Schlußwort gegen die heidnischen Verfechter des Sternglaubens: Moses, so heißt es im ersten Kapitel, überlieferte die Entstehung des Lichtes vor der Schaffung von Lichtkörpern, um die Israeliten vom Glauben der Ägypter an die Gestirngötter abzubringen, ein Glaube, der nach Philoponos' eigenen Worten bis in seine Zeit weiterlebt: βάρβαροι δὲ σχεδὸν ἅπαντες μέχρι νῦν, ὅσοι μήπω τὸ Χριστοῦ μυστήριον παρεδέξαντο, θεοὺς εἶναι ἥλιον καὶ σελήνην καὶ τοὺς λοίπους ἀστέρας νομίζουσι. καὶ μάλιστα τῷ ἡλίῳ τὴν τῶν καρπῶν ἀνατίθεασι γένεσιν (Opm. 160, 9 - 13). Im letzten Kapitel wird dieser Vorverweis auf die aktuelle Gefahren der Astralreligionen aufgegriffen und am Beispiel der Genthlialogie exemplifiziert. Die Hierarchie im Aufbau der Welt und ihrer literarischen Darstellung durch Moses aus den ersten drei Kapitel wird so in inhaltliche Nähe zur Frage der Herrschaft von Sonne und Mond im letzten Kapitel gebracht. Diese dialektische Spannung zwischen dem den Kosmos bestimmenden Gott des Moses und den von den Gestirnen determinierten Dämonen der Heiden gewährleistet die sachliche und formale Einheit des vierten Buches, dessen Gliederung in Kapitel sich wie folgt darstellen läßt:

3 KAP.
1: TEXT Gen. 1, 9 - 10. Der heidnische Glaube an Gestirngötter. Reihenfolge und Ordnung der Schöpfung
2: Die Kugelgestalt der Erde. Moses kennt die τάξις der Elemente.
3: Die Entstehung von Bergen und Meeren. Untersuchung der λέξις angekündigt. TEXT Gen. 1, 9 - 10.

---

6 KAP.
4: Mehrfache Epanalepsen. Der Numerusgebrauch.
5: Gibt es ein einziges Meer und viele Meere zugleich?
6: Der Numerusgebrauch bei συναγωγή.
7: Der Befehl Gottes ergeht im Singular, die Ausführung im Plural. TEXT Gen. 1, 9 - 10.
8: Das "συναγωγὴ μία" symbolisiert die Einheit der Art.
9: Vor der Vollendung existierten weder Flüsse noch Seen.

10: TEXT Gen. 1, 10. Die Erde. TEXT Gen. 1, 11 - 12. Verweis auf Basileios. TEXT Gen. 1, 14.

---

6 KAP.
11: Das erste Licht und die späteren Lichtträger.
12: Die Lichtqualität ist vom Material des zugrundeliegenden Körpers bestimmt.
13: Licht ohne Lichtkörper
14: Die Lichtträger als Ursache der Zeiten. Text Gen. 1, 14.
15: Die Substanzen von Sternen und Firmament. TEXT Gen. 1, 16.
16: Das größere Leuchtvermögen des Mondes

3+1 KAP.
17: TEXT Gen. 1, 16. Sonne und Mond als Herrscher, ihr Nutzen.
18: Eine Origenesparaphrase gegen die Wirksamkeit der Genethlialogie.
19: Die Genethlialogie schadet der Moral.
20: Die Genethlialogie ist keine τέχνη. Nach Porphyrios kann die Theosophie in der Praxis nicht richtig gehandhabt werden. Die heidnischen Götter belügen die Menschen.

2. Die Worterklärung

α) Die Etymologie von γῆ - Kapitel 10.

Im Zusammenhang mit dem Nachweis, daß die Erde durch die überwiegende Qualität des Trockenen geprägt sei, erwähnt Philoponos Naturwissenschafter (φυσιολογοῦντες), die den wirklichen Sachverhalt hinter dem Namen γῆ etymologisch ableiteten: Die charakteristische Fähigkeit der Erde, die drei übrigen Elemente Feuer, Wasser und

Luft in sich aufzunehmen, ist in γῆ enthalten, das vom Verbum γῶ stammt, was χωρῶ bedeutet (Opm. 181, 24 - 27). Verwandt sind Choirob. epim. 58, 24: τὸ γῶ πόσα σημαίνει; γῶ, τὸ χωρῶ, ἐξ οὗ καὶ γῆ, ἡ πάντα χωροῦσαν, Etym. Gud. II p. 309, 9 - 10: Γῆ: παρὰ τὸ γῶ, τὸ χωρῶ· ὅθεν γωρυτός, ὁ χωρῶν τὸ ῥυτόν, ἤγουν τὸ τόξον und Orion 39, 20: ὁ δὲ Φιλόξενος ἐν τῷ περὶ Ἀναδιπλασιασμοῦ φησὶν ὅτι γῶ ἐστὶ ῥῆμα δηλοῦν τὸ δέχομαι καὶ λαμβάνω. Philoponos wendet hier ein etymologisches Verfahren an, in dem Monosyllaba auf Verben zurückgeführt werden. Johannes Mauropus überliefert in seinem Etymologikon die Kritik an einem nicht näher bezeichneten Grammatiker, der einsilbige Substantiva wie γῆ nicht als letzten Benennungsgrund anerkennt, sondern noch weiter ableitet (Joh. Maurop. v. 47 - 60). Reitzenstein hat dahinter den Nachhall einer im ersten vorchristlichen Jahrhundert zwischen Seleukos und Philoxenos geführten Kontroverse erkannt,[569] in der jener die Unmöglichkeit einer weiteren Zerlegung einsilbiger Worte behauptete und dieser den Wortstamm auch in diesem Fall auf ein zugrundeliegendes Verbum zurückführen wollte.[570] Philoxenos setzte sich durch, ja es ist sogar sehr wahrscheinlich, daß Orion, der Philoxenoszitate mit Titelangaben bringt, noch direkten Zugriff auf die Schriften des alten Grammatikers hatte.[571] Wie in kaum einem anderen Fall einer etymologischen Begriffsklärung kann die von Philoponos gebrachte Ableitung von γῆ auf das Werk des Orion zurückgeführt werden. Dafür sind zwei Argumente maßgeblich. Zum einen entspricht die Reihe γῆ: γῶ - χωρῶ - ἐπιλαμβάνω in Opm. 181, 24 - 182, 5 der Rückführung des Orion mit γῆ: δέχομαι - λαμβάνω. Zum anderen verbindet Philoponos das Motiv der aufnehmenden und mütterlichen Erde mit dem Schriftbeleg Gen. 1, 10 - 12: Dort wird die Kraft der Erde beschrieben, pflanzliches σπέρμα aufzunehmen und Gewächs hervorzubringen. Nun hatte auch Orion die Etymologie von γῆ nicht in einem selbständigen Lemma entwickelt, sondern *sub voce* γυνή abghandelt: γυνή, γονή τις ἐστὶν, παρὰ τὴν γονήν· διὰ τὸ δεκτικὸν εἶναι τοῦ γόνου, τουτέστι τοῦ

569 REITZENSTEIN S. 180.

570 Varro LL 7 - 10 spricht von der neuen Etymologie, die nicht nur Dichterworte erklärt, sondern auf die *initia* abzielt. Vgl. DEGANI S. 512.

571 Vgl. C. WENDEL, Orion, RE XVIII/1 1939, Sp. 1083 - 1087.

σπέρματος. ὁ δὲ Φιλόξενος ... (39, 19 - 20). Das Prinzip, wonach der aufnehmende Aspekt von γῆ nicht nur wortanalytisch abgehandelt, sondern anhand der Befruchtung durch σπέρματα auch biologisch abgesichert wird, ist lediglich Orion und Philoponos gemein. Der Umstand, daß Orion Grammatiklehrer des Proklos war,[572] macht dessen Benutzung im Kreise seiner Nachfolger, zu denen auch die Ammoniosschule mit Philoponos zählte, auch aus historischen Gründen wahrscheinlich.

β) Das Wesen der τέχνη - Kapitel 20

Philoponos versteht unter der paganen Methode der Befragung der Gestirne ein Produkt des Zufalls ohne rational nachprüfbare Ableitung der Wirkung von den Ursachen. Dabei gilt als Voraussetzung für das Vorhandensein von τέχνη die häufige Verwirklichung jener Ziele, die der jeweiligen τέχνη inhärent sind: πᾶσα τέχνη τὰ ἴδια τέλη ὡς ἐπίπαν κατορθοῦσα σπανίαν τὴν ἐν τούτοις ἀπότευξιν ἔχει (Opm. 199, 10 - 12). Die Orientierung einer τέχνη an einem spezifischen τέλος als ihrem äußeren Objekt, um dessentwillen sie ausgeübt wird, war von Aristoteles als Spezifikum von "Kunst" bestimmt worden.[573] Diese Definition von τέχνη durch den Stagiriten wirkte mächtig weiter und beeinflußte im Hellenismus die Debatte zwischen Karneades und der Stoa über das Wesen des höchsten Gutes, als der Akademiker bei seiner Auflistung aller existierenden und theoretisch vertretbaren Bestimmungen für das höchste Gut im Leben τέχνη und deren Ziele schied: *negabat igitur ullam esse artem, quae ipsa a se proficiscatur; etenim semper illud extra est, quod arte comprehenditur ... est enim perspicuum nullam artem ipsam in se versari, sed esse aliud artem ipsam, alliud quod propositum sit arti* (Cic. fin. 5, 16 = Karneades Frg. 6 Mette).[574] Im Postulat von autonomen Zielen, die durch τέχνη zwingend erreichbar sein müssen, konnte Philoponos der Genethlialogie den Rang einer τέχνη absprechen. Die nicht gelingende

[572] Marin. VitProcl. 8.

[573] Aristot. EN 1097 a 15 - 24.

[574] Dazu FLADERER S. 144 - 147 und A. A. LONG - D. N. SEDLEY (ed.), The Hellenistic Philosophers. 2 vols., Cambridge 1988², I S. 409.

τέλος-Verwirklichung der Astrologen entlarvt ihre Praktiken als Aberglaube und Depravation von Wissenschaft.

3. Die grammatisch - rhetorische Exegese

α) Der Numerusgebrauch - Kapitel 4 - 9.

Nach vereinzelten Überlegungen zur idiomatischen Verwendung des Plurals von οὐρανός in der Septuaginta[575] begegnet uns in den Kapiteln 4 - 9 des vierten Buches ein geschlossener Zusammenhang, in dem wiederholt und systematisch die Frage des Numerusgebrauches in die praktische Exegese einbezogen wird.

Anlaß der Fragestellung ist Gen. 1, 9 f., wo Gott die Sammlung des Wassers an einer Sammelstelle befiehlt - συναχθήτω τὸ ὕδωρ τὸ ὑποκάτω τοῦ οὐρανοῦ εἰς συναγωγὴν μίαν - unmittelbar anschließend aber von Wasseransammlungen und Meeren im Plural die Rede ist: καὶ τὰ συστήματα τῶν ὑδάτων ἐκάλεσεν θαλάσσας.[576] Gibt es also einen Ozean mit verschiedenen Ausbuchtungen oder voneinander getrennte Einzelmeere? Philoponos spricht sich unter

575 Opm. 114, 8; 116, 13.

576 Zur Problematik vgl. Opm. 168, 4 - 8. W. WOLSKA, La topographie chrétienne de Cosmas Indicopleustes, BByzE 3, Paris 1962, S. 260 - 264 (mit Karten) zeichnet die Geschichte der Debatte um die Gestalt des Ozeans von den älteren jüdischen bzw. babylonischen Vorstellungen bis in die Zeit des Philoponos nach. Das Konzept eines die inselförmige Erde umgebenden Weltmeeres wurde bereits von Herodot (II 23; IV 42 - 43) und dann vor allem von Ptolemaios (VII 3; 5) abgelehnt und zugunsten einer Theorie von in sich abgeschlossenen Teilmeeren wie etwa dem Indischen Ozean aufgegeben. Dagegen lebte die alte Idee von dem einen Meer als einem Kontinuum bei Strabon fort (Geogr. I 1, 8), sodaß zur Zeit des Philoponos keines der beiden geographischen Modelle die endgültige Akzeptanz erreicht hatte. Dies geht auch aus dem Faktum hervor, daß sogar Basileios an ein einheitliches, sich lediglich in Buchten ausstülpendes Weltmeer glaubt und damit Theodoret und Kosmas näher steht als Philoponos.

Einbeziehung der Schriften des Ptolemaios und Pappos für die zweite Möglichkeit aus und lehnt die von Kosmas favorisierte Vorstellung von einem geschlossenen, die Erdscheibe umringenden Weltmeer ab,[577] das sowohl ein einziges als auch viele Meere ist. Im darauffolgenden Kapitel 6 möchte er den Nachweis führen, daß sich dieser topographische Befund auch im Wortlaut der Genesis, speziell in der Numerusverwendung, spiegelt. Dabei zitiert er am Beginn der eigentlichen Textinterpretation Beispiele aus der klassischen griechischen Literatur, um anhand von sowohl im Singular als auch im Plural vorkommenden Städtenamen die Variabilität des Numerusgebrauchs auch in der Hochblüte des ἑλληνισμός zu belegen.[578] Mit dieser Notiz polemisiert Philoponos direkt gegen Theodoret, der in seinen Untersuchungen zum Octateuch am Beispiel von Athen und Delphi die ausschließliche Verwendung des Plurals bei gewissen Wörtern auch im klassischen Griechischen dargestellt hatte, um das hebräische *plurale tantum* οὐρανός hellenischen Lesern erklärlich zu machen (Quaest. oct. 15, 2 - 4).

Schwieriger ist die Frage zu beantworten, welchen Nutzen dieser Hinweis auf die Bedeutungslosigkeit der grammatischen Zahl für den Inhalt einzelner Wörter im Argumentationsverlauf haben mag, wenn Philoponos im Anschluß daran die Unterschiede zwischen Singular und Plural exemplifiziert (Opm. 174, 2 ff.). Eine mögliche Erklärung könnte von der Kontroverse des Philoponos mit dem Antiochener Theodoret über die Form der Erdoberfläche und der Meere ausgehen. Demnach entwindet Philoponos seinem Diskussionspartner durch den Hinweis, daß der Numerus an sich nicht prinzipiell den Inhalt der Quantität transportiert, eine Begründung für dessen These, daß hinter der einen συναγωγή das Weltmeer und hinter den vielen συναγωγαί von Gen. 1, 9 dessen Ausbuchtungen zu

577 Kosm. Chr. Top. 2, 24 = SCh 141, 327 - 329; 4, 7 = SCh 543, 5.

578 Opm. 173, 6 - 10. Es sind die Namen der Städte Athen (mit Verweis auf Hom. Od. 7, 80, Soph. Ai. 1221, Eurip. Phoin. 1705), Theben, Plataia(i) und Thespeia(i), die in beiden Zahlen gebräuchlich sind. Die Termini πληθυντικῶς bzw. ἑνικῶς haben in der Grammatik früh ihren technischen Charakter erhalten (Dion. Thrax 30, 5) und fanden auch Eingang in den Philosophenkommentar; vgl. Ammon. CatCom. 66, 15 - 19.

verstehen sei.

Entsprechend dem Wesenszug der vielschichtigen Hermeneutik des Philoponos, in der die grammatische, rhetorische und philosophische Exegese zu einem harmonischen Organismus verschmolzen wird, transponiert der Alexandriner das philologische Problem des Numerusgebrauchs in den philosophischen Kontext der Kategorienlehre: καὶ τὸ μὲν ἑνικὸν τὸ περιεκτικὸν δηλονότι τῶν καθ᾽ ἕκαστον ἁπάντων εἶδος ἢ γένος ὑπάρχον σημαίνει· τὸ δὲ πληθυντικὸν τὰ ὑπὸ τὸ εἶδος ἄτομα (Opm. 174, 2 - 5). Die ontologische Stufung in γένος, εἶδος und ἄτομα begegnet im Bezug auf die aristotelische Gliederung der οὐσία auch im Kategorienkommentar des Philoponos, wo die Ordnung von Gattung und Art als Ursache den einzelnen verursachten Individuen vorausgeht, wenn die Natur des Seins zum Maßstab der Betrachtung auserkoren wird: ἐπεὶ εἴ γε ἠκολούθει τῇ φύσει τῶν πραγμάτων, πρώτην ἂν εἶπε τὴν τῶν γενῶν καὶ τῶν εἰδῶν, δευτέραν δὲ τὴν τῶν ἀτόμων, ὡς ἐκείνην μὲν αἰτίαν, ταύτην δ᾽ αἰτιατήν (Philop. CatCom. 50, 6 - 8). Charakteristikum des jeweils ontologisch Übergeordneten ist, daß es über mehrere Typen der untergeordneten Klasse ausgesagt werden kann: Die Gattung "Lebewesen" prädiziert nicht nur Sokrates.[579] Unter einem anderen Aspekt ist eine Vielzahl an Individuen unter ein εἶδος, eine Vielzahl von εἴδη unter ein γένος subsumierbar. Da sich die Überlegungen von Ein- und Vielzahl bei γένος, εἶδος und ἄτομον auf Untergruppen der aristotelischen Kategorie der οὐσία beziehen, ist es angebracht, die grundsätzlichere Frage zu stellen, ob die Kategorie *per se* als Einzelding zu werten ist bzw. welche ihrer Aspekte als Plural verstanden werden können. Reflexionen dieser Art stellten Ammonios und Philoponos zur Kategorie πρός τι an,[580] wo die Pluralverwendung in Aristot. Cat 6 b 2 (περὶ τῶν πρός τι) den Kommentatoren erklärungsbedürftig schien. Die Kategorien als nicht weiter zerlegbare Aussagen zeigen nämlich einen Sachverhalt an und sind deshalb durchgehend im Singular beschrieben. Warum verstand also Aristoteles die Relation als Mehrzahl? Philoponos' im CatCom. entwickelte Lösung, der wir hier folgen, bringt uns auch seinem Verständnis von Gen. 1, 9 näher. Es ist durchaus möglich, so Philoponos, auch die Kategorie der Relation

[579] Philop. CatCom. 67, 24 - 32.

[580] Ammon. CatCom. 66, 5 - 67, 26, Philop. CatCom. 102, 13 - 105, 29.

im Singular als περὶ τοῦ πρός τι zu bezeichnen, wenn nicht die in dieser Kategorie enthaltenen Objekte (πράγματα), sondern die Kategorie als solche gemeint ist (CatCom. 103, 5 - 10). Im speziellen Fall der Relation ist aber pluralische Sprechweise sinnvoller, da in dieser Kategorie Aussagen über das Verhältnis von mindestens zwei Sachverhalten zueinander, wie rechts/links, Sklave/Herr, Schüler/Lehrer getätigt werden. Je nachdem, ob innerhalb dieser Kategorie die Gegenstände der Aussage oder die eine, auf diese mehreren Gegenstände zutreffende σχέσις in den Blickpunkt tritt, ist Plural oder Singular angebracht. Sklave und Herr stellen beispielsweise zwei voneinander getrennte, doch in Relation zueinander stehende Subjekte dar, was sie verbindet, ist die eine Prädikation Sklaventum.[581] Insofern ein Sein - die Relation - in den Kategorien ausgesagt wird, ist der Singular begründet, während die von diesem Verhältnis affizierten Subjekte das Sprechen im Plural nahelegen. Dabei wird prinzipiell zwischen homonymischer und heteronymischer Ausdrucksweise getrennt. Zur letzteren gehört Quantität (größer - kleiner als), Herrschaft (Herr/Sklave von), Urteil (Wahrnehmung von), Teilhabe (Besitz von), Ursächlichkeit (Ursache von), Wirkung (tun/leiden) und der Ortsunterschied (links/rechts) (Philop. CatCom. 105, 1 - 11). Fassen wir die im Kategorienkommentar vertretene Theorie über das Verhältnis von Seinsformen und Numerusgebrauch zusammen, ergibt sich: 1) Γένος, εἶδος und ἄτομα stehen in einem abgestuften Verhältnis von Ursache und Wirkung. 2) Jede der zehn Kategorien stellt eine elementare Aussageform als solche dar und kann daher *per se* als Einheit im Singular artikuliert werden. 3) Wo Subjekte in Relation zueinander treten, wird die Kategorie heteronymisch in Form der Mehrzahl bezeichnet.

Wenden wir nun den Blick auf die Exegese von Gen. 1, 9 zurück, so läßt sich die Rezeption der aristotelischen Kategorienlehre in dieser philologischen Problematik des Numerusgebrauchs deutlich

---

581 Philop. CatCom. 103, 12 - 15. Vgl. Philoponos' Begründung für den Numerusgebrauch bei Ὁμώνυμα λέγεται in Aristot. Cat 1 a 1 im CatCom. 15, 33 - 16, 10. Homonymisch bezeichnete Subjekte sind als relationale Größen nur in einer Mehrzahl denkbar, während das Prädikat λέγεται das homonymische Verhältnis als solches aussagt und daher als Singular formuliert wird.

nachweisen. Die Spannung zwischen Gottes Auftrag zur Entstehung einer συναγωγή für das Wasser und der anschließenden Erwähnung einer Vielzahl von Meeren wird in die Systematik von γένος, εἶδος bzw. ἄτομα gebracht, wobei der Singular der einen Sammelstelle die Gattung "Sammelstelle" anzeigt: οὕτως ἔμπαλιν ἐνταῦθα "εἰς συναγωγὴν μίαν" εἰπὼν τὴν τῷ γένει μίαν παρέστησεν (Opm. 178, 7 - 8).[582] Gott schafft damit die jede konkrete Sammelstelle umfassende, singuläre Art, die als "In einem Gefäß Eingeschlossensein" beschrieben wird: μία δὲ συναγωγὴ ὑδάτων τὸ περτιεκτικὸν εἶδος πάσης συναγωγῆς, τὸ ὡς ἐν δοχείῳ τινὶ περιέχεσθαι (Opm. 175, 2 - 4). Mit der Bestimmung als γένος/εἶδος ist der Singular erklärt: πᾶν γένος ἕν ἐστι (Opm. 175, 11). Was das Verhältnis zwischen Gattung und Einzelding angeht, legt Philoponos wie im CatCom. auch das Paradigma Vollkommenes - Unvollkommenes, früher- später, Ursache - Verursachtes an (Opm. 176, 29 - 177, 9). Die μία συναγωγή) ist vollendete Gattung der nach dem Befehl Gottes in Becken sich bildenden Meere. Auch bei der Beschreibung der individuellen Ansammlungen von Wasser als Pluralität folgt Philoponos dem in seinem früheren Werk angelegten Denkpfaden. Dort wurde die Relation zwischen zwei Subjekten als verantwortlich für die Ausdrucksweise im Plural festgemacht und deren Arten in einer Dihärese dargestellt. Dabei gehörte Ortsentfernung zu den Formen von Relationalität und damit auch ins Gebiet pluralischen Sprachgebrauchs (Philop. CatCom. 105, 10 - 11). Auch in Opm. bringt Philoponos das Kriterium der Örtlichkeit mit der Mehrzahl in Zusammenhang: οὕτως οὖν καὶ διὰ τὸ ὁμοειδὲς τῶν συναγωγῶν τοῦ ὕδατος μίαν εἶπεν αὐτοῦ τὴν συναγωγήν, διὰ μέντοι τὰς ἀπ᾽ ἀλλήλων διαστάσεις αὐτῶν πολλάς (Opm. 175, 23 - 26). Signifikant ist der wiederholte Hinweis, daß die Anordnungen Gottes an vielen Stellen zur Wirklichkeit wurden.[583] Auch bei der Erschaffung des Menschen beginnt die Vielzahl mit einer Relation, hier allerdings nicht mit einer örtlichen, sondern mit der zwischen Mann und Frau: τὸ μὲν γὰρ ἑνικὸν κατὰ τοῦ εἴδους, τὸ δὲ πληθυντικὸν κατά τε τῶν δύο

[582] Philoponos vermeidet die präzise Festlegung, ob diese Sammelstelle γένος oder εἶδος ist: τὸ μέν "εἰς συναγωγὴν μίαν" τὴν κατ᾽ εἶδος ἢ γένος μίαν συμφώνως τοῖς ἄλλοις ἅπασι νοεῖν ἀνάγκη (Opm. 178, 15 - 17).

[583] Philop. Opm. 176, 7 - 11; 21 - 22.

γενῶν, τοῦ ἄρσενος καὶ τοῦ θήλεος (Opm. 177, 14 - 16).

Wollen wir abschließend das Spezifkum der von Philoponos vorgenommenen Erläuterungen zu Gen. 1, 9 bewerten, so ist seine Eigenständigkeit gegenüber den Antiochenern, aber auch Basileios evident. Auf innovative Weise zieht er die aristotelische Kategorienlehre heran, um die Diskussion von den ὀνόματα weg und hin zum Paradigma Gattung - Individuum zu lenken. Zahlwörter, so sein Beweisziel, treffen nicht ausschließlich Aussagen über mathematische Mengen, sondern bestimmen γένος/εἶδος und ἄτομα, sie haben neben einem offenkundig numerischen auch ein ontologisches Gewicht. Von dieser Basis ausgehend erreicht Philoponos einen bemerkenswerten Fortschritt in der Exegese *ad rem*: Im Unterschied zu Theodoret, aber auch zu Basileios[584] verfügt er über ein Instrumentarium, das es ihm ermöglichte, die vielen Meere nicht als zusammenhängende Ausbuchtung eines Großozeans, der μία συναγωγή, deuten zu müssen, was dem wissenschaftlichen Standard seiner Zeit keineswegs entsprach,[585] sondern unter Bewahrung des Wortlautes die eine Sammelstelle als Genusbezeichnung aus der empirischen Realität zu lösen und als Oberbegriff des "Wassers in einem Sammelbecken" den individuellen, tatsächlich getrennten Weltmeeren gegenüberzustellen.

Nachzutragen bleibt eine weitere Vertiefung der Exegese von Gen. 1, 9 gegenüber seinen Vorgängern, die in der Literatur weder bemerkt noch gewürdigt wurde. Bei seinem Versuch, geographische Gegebenheiten gleichnishaft zu illustrieren, stellt Philoponos die proportionale Analogie μία συναγωγή : συστήματα τῶν ὑδάτων = μία ἐκκλησία : συστήματα τῶν ἐκκλησιῶν auf (Opm. 175, 2 - 5). Diese Gleichung ist nun nicht bloß Aussage über den Gattungscharakter der auf Gottes Anordnung entstandenen Sammelstelle für das Wasser, sondern auch eklesiologische Deklaration: Die Einheit der Kirche ist der historischen Dimension ebenso enthoben wie die eine Ansammlung des Wassers kein topographisches Faktum im Verlaufe der Erdgeschichte darstellt. Realität *hic et nunc* sind lediglich die vielen Kirchen als separate Individuen, die übergeordnete Universalkirche besitzt generischen oder spirituellen Status. Will man nun wie Wolff die in Opm. entwickelten naturphilosophischen und theologischen

---

584 Basil. HexHom. 63, 9 - 20, Theodoret Quaest. Oct. 15, 5 ff.

585 So mit Nachdruck Opm. 171, 15 - 26.

Lehren unter sozial - politischen Vorzeichen lesen,[586] impliziert das Bild der Einheitskirche als einer lediglich noetischen Größe die Leugnung eines auf historisch- politischer Ebene geltenden Souveränitätsanspruches einer zentralistisch aufgebauten Reichskirche. Philoponos wertet diese zur Gattung auf und degradiert sie damit als politischen Faktor mit regulativen Ansprüchen. Pluralität und Verschiedenheit der über die Oikumene verstreuten Teilkirchen bleiben als solche ebenso bestehen wie die topographisch nicht zusammenhängenden, sondern nur gattungsmäßig eine Einheit bildenden Weltmeere.[587] Nicht daß die μία ἐκκλησία den örtlichen Gemeinden vorgeordnet wäre, bestreitet Philoponos, vielmehr geht es um die Frage, in welcher Hinsicht diese bevorzugte Stellung besteht. Ausgehend von der aristotelischen Kategorienlehre legt Philoponos diesen Unterschied als Differenz zwischen individueller Eigenkirche und ideeller Universalkirche fest.[588]

---

586 WOLFF (1978), S. 114 f.

587 Zum antihierarchischen Moment in Philoponos' Lehre von der Gottebenbildlichkeit des Menschen vgl. WOLFF (1978), S. 117 f.

588 In einem Brief an Justinian (syrisch bei Michael dem Syrer erhalten) kritisiert Philoponos den politischen Machtanspruch des Papstes gegenüber den Bischöfen der Ökumene im Verlaufe des für den Monophysitismus verhängnisvollen Konzils von Chalkedon. Zitiert nach der Übersetzung von T. HERMANN, Johannes von Philoponos als Monophysit, in: ZNW 29, 1930, S. 209 - 264, S. 252 f.: *"Wenn sie die apostolische Macht des Petrus vorwenden und meinen, die Schlüssel des Himmelreiches seien ihnen übergeben, so sollen sie auf andere Städte blicken, die mit apostolischer Glorie geschmückt sind. Ich geschweige die unsrige, die den Sitz des Evangelisten Markus leitet; aber Ephesus lenkt trotz des Apostels Johannes der Sitz von Konstantinopel, weil an dies die kaiserlichen Vorrechte übergegangen sind. ... Warum stimmen die Bewohner von Großantiochia diesem Vorrang nicht bei? Erstens weil Petrus, von dem die Römer so Großes denken, zuerst Antiochias Leitung innegehabt hat, dann weil dort zuerst der teure Christenname Bürgerrecht erlangte. Warum aber hat nicht der Bischof von Jerusalem den Vorrang, sondern der*

4. Sacherklärung

α) Licht ohne Lichtquelle, Feuer ohne Hitze - Kapitel 13

Im Kapitel 13 liefert Philoponos ausgehend von der Problematik, daß in der Genesis die Entstehung des Lichts vor der Schaffung der Lichtkörper berichtet wird, einen wesentlichen Beitrag zu seiner Lichttheorie, die als Aspekt der Philoponischen Naturphilosophie nicht Gegenstand dieser Arbeit sein kann.[589] Uns interessiert hier vielmehr eine kurze Notiz, in der Philoponos die Ebene der physikalischen Fragestellung verläßt und auf Kritiker in seinem Umfeld eingeht, die nicht anerkennen, daß nicht der Mensch, sondern nur die Natur in der Lage ist, Leucht- und Brennkraft voneinander zu trennen. Philoponos bringt nun das Beispiel der leuchtenden, aber nicht brennenden Glühwürmchen und fährt fort: καὶ οἱ τὰ τοιαῦτα δὲ πρὸς ἡμᾶς ἀποροῦντες, εἴτε ἀντιπαθείᾳ τινὶ φυσικῇ εἴτε θεῶν ἢ δαιμόνων, ὡς ἂν αὐτοὶ φαῖεν, δυνάμει πυρὸς ἐπιβαίνοντες ἀπαθεῖς διαμένουσιν, ὧν τὴν ἀπάτην ἐλέγχει τὸ τοῦ σταυροῦ σημεῖον ἢ τὸ τοῦ Χριστοῦ λεγόμενον ὄνομα· εὐθὺς γὰρ τὸ πῦρ εἰς αὐτοὺς τὰ τῆς ἰδίας δυνάμεως ἐπιδείκνυται (Opm. 186, 16 - 22). Wer waren diese nicht näher identi-

zu Rom? Weil diesem allein die kaiserliche Macht zur Seite war, der Vorsitz vor allem wegen der Größe der Stadt gehörte und die kaiserliche Macht aus einer gewissen Gewohnheit bereitstand". Diese Worte sind ein flammendes Plädoyer für eine Kirche der Patriarchate und gegen eine zentralistisch strukturierte Einheitskirche. Vgl. WOLFF (1978) S. 89 f. Zur Entstehung einer *de facto* selbständigen monophysitischen Kirche in Ägypten mit einer autonomen klerikalen Hierarchie vgl. MacCOULL, Manuskript passim und W. H. C. FREUD, The Rise of the Monophysite Movement, Cambridge 1972, S. 283 - 295.

589 Vgl. É. ÉVRARD, Philopon, la ténèbre originelle et la création du monde: *Aristotelica. Mélanges offerts à m. de Corte*, Brüssel - Lüttich 1985, S. 177 - 188, J. de GROOT, Aristotle and Philoponus on Light, New York 1991 (Rezension von D. N. BLAKELEY, in: Canadian Philosophical Review 13, 1993, S. 13 - 15), L. S. B. MacCOULL, Notes on Philoponus' Theory of Vision, in: Byz. 67, 1997, S. 558 - 562, SCHOLTEN (1996), S. 234 - 270.

fizierten Gegenspieler, die behaupten, auch der Mensch könne aus sich oder durch göttliche Fügung unbeschadet durch Feuer gehen? Wurde hier Lebenserfahrung im Sinne einer Beobachtung von Feuerriten oder Allgemeinwissen für das ἱστορικόν der Exegese fruchtbar gemacht?

Bevor wir uns diesem Passus zuwenden, sind die Eckdaten der in Opm. vertretenen Lichttheorie nachzutragen:[590] Moses lehrte im Einklang mit dem Ablauf in der Kosmologie die Schaffung des Lichts vor der Entstehung von Lichtquellen, um die der Idoliatrie verfallenen Israeliten von der Macht ihres Gottes über die Gestirne zu überzeugen. Licht ist als εἶδος eine Qualität, unkörperlich und somit an einen Körper gebunden, der vor der Schaffung der Gestirne das Durchsichtige war (II 9, IV 13). Die Trennung von Licht und Lichtquelle, von Wärme und Wärmequelle, sowie von Feuer und Hitze ist nur Gott möglich bzw. kann nur in der von ihm geschaffenen Natur beobachtet werden (Opm. 76, 3 - 15; 185, 23 - 25). Dort zeigen Glühwürmchen, Fischschuppen und Knochen von Seeigeln die Existenz von Licht ohne Wärme (Opm. 186, 5 - 16). So ist auch die Erzählung vom brennenden Dornbusch zu verstehen, als Gott die Leuchtwirkung des Feuers von dessen Brennkraft schied (II 10). Mit dem anschließenden καὶ οἱ τὰ τοιαῦτα δὲ πρὸς ἡμᾶς ἀποροῦντες berichtet Philoponos von Leuten, die behaupten, die Hitze des Feuers an sich nicht wahrzunehmen. Liegt hier also eines jener Wunder vor, zu denen Philoponos auch das Feuer im Dornbusch zählte, ein Faktum, das umso anstößiger wäre, als die angesprochenen Gegner zweifelsohne dem christlichen Glauben fernstehen und sich auf Götter und Dämonen berufen? Scholten hat nun bemerkt, daß Philoponos auch in Aetm., allerdings in anderem Kontext, als Beispiel für die Unversehrtheit durch Feuer von Theophoreten erzählt, die, von Dämonen besessen, ohne körperliche Empfindung den eigenen Leib mit Schwertern zerfleischen oder durch Feuer gehen: [591] ἤδη δὲ καί τινες τῶν παρ᾿ Ἕλλησιν ὡς αὐτοῖ φαῖεν ἂν θεοφορήτων, ἐγὼ δὲ φήσαιμι ἂν κατόχων δαίμοσιν πονηροῖς ξίφεσιν ὡς λόγος τὰ οἰκεῖα διατέμνοντες σώματα καὶ διὰ πυρὸς ἰόντες οὐδὲν ὧν πέφυκεν πάσχειν ὑπὸ πυρός τε καὶ σιδήρου τὰ σώματα, ὥς φασιν, ὑπομένουσιν (Aetm. 241, 14

[590] Vgl. ausführlich SCHOLTEN (1996), S. 240 f.

[591] SCHOLTEN (1997), S. 419 Anm. 59.

- 19). Von dieser Stelle aus ist zunächst die präzise Identifikation der tifikation der Enthusiasmierten und die Rückführung auf die Quelle möglich. In seinen Erörterungen zur Trance und göttlichen Besessenheit versucht Jamblich in seiner Schrift *De Mysteriis* einen Katalog an Kriterien aufzustellen, anhand deren eine wirkliche Besessenheit von Göttern diagnostiziert werden kann. Merkmale dieses anormalen Zustandes sind Handlungen, die nicht den Sinneswahrnehmungen unterliegen, ein Gefühl der Zeitlosigkeit verbunden mit trancehaften Zuständen, die ein Ichbewußtsein ausschließen, dafür aber die Deutung der Zukunft ermöglichen.[592] Als bestes Indiz für den ἐνθουσιασμός und die θεοφορία führt er dann Fälle an, wenn Menschen vom Feuer tatsächlich nicht verbrannt werden oder zwar Verbrennungen erleiden, diese aber nicht spüren. Andere werden von Beilen und Dolchen zerfetzt, ohne Reaktionen zu zeigen. Wie die Priesterin in Kastaballa springen sie in völliger Bewußtlosigkeit durch das Feuer.[593] Die Assoziation der seelischen Entrückung mit der Theophorie, die Aufzählung der identischen Beispiele und schließlich das Motiv der Zukunftsprognose zeigen, daß Philoponos in der Schilderung von persönlichkeitsverändernden und tranceähnlichen Zuständen in Aetm. von Jamblichs Schrift über die Mysterien abhängig ist.[594] Dasselbe Motiv wurde verkürzt auch für Opm. fruchtbar gemacht. Wir ersehen daraus, daß die Belesenheit und enge Vertrautheit mit dem Neuplatonismus eher die Quellen waren, aus denen Philoponos seine Argumente bezog, als die Autopsie ähnlicher Praktiken in seiner näheren Umgebung. Sieht man nun diesen Passus aus Opm. im Zusammenhang mit Jamblichs Bericht von der Apathie inspirierter

592 Jambl. Myst. III 4 = 109, 4 - 110, 4.

593 Jambl. Myst. III 4 = 110, 5 - 116. Das Schreiten über glühende Kohlen galt als Spezifikum des Kultes der Artemis Perasia in Kastaballe, einer Ansiedlung bei Tyana an der Kilikischen Pforte. Vgl. Strabo Geogr. XII 2, 7: ὧν ἐν τοῖς Κασταβάλοις ἐστὶ τὸ τῆς Περασίας Ἀρτέμιδος ἱερόν, ὅπου φασὶ τὰς ἱερείας γυμνοῖς τοῖς ποσὶ δι᾽ ἀνθρακᾶς βαδίζειν ἀπαθεῖς.

594 Ἀλλ᾽ οὐδὲ τὰς ἐνθουσιώσας τῶν ψυχῶν καὶ ὑπὲρ τὴν οἰκείαν φύσιν γινωσκούσας "τά τ᾽ ἐόντα τά τε ἐσόμενα πρό τ᾽ ἐόντα" ἑτέρας ἂν εἴποιμεν οὐσίας παρὰ τὰς λοιπὰς διὰ τὴν θεόθεν αὐταῖς ἐπιφοιτήσασαν δύναμιν (Philop. Aetm. 241, 10 - 14).

Priester, scheint eine Verbesserung der Übersetzung von Scholten möglich, der Opm. 186, 17 - 19 wie folgt wiedergibt: "*(sc. sie) bleiben, sei es aus einer natürlichen Widerständigkeit oder einer, die durch Götter oder Dämonen verliehen ist, wie sie selbst sagen würden, unversehrt, wenn sie die Kraft des Feuers testen*".[595] Faßt man ἀντιπαθείᾳ τινι φυσικῇ und θεῶν ἢ δαιμόνων δυνάμει als chiastische Wortgruppe auf, gewinnt man πυρός als Genetivobjekt von ἐπιβαίνοντες, was das wörtliche Verständnis dieses Verbums mit der Bedeutung "betreten, hinaufsteigen" ermöglicht. Durch die Parallelüberlieferung Jamblichs und Strabons von Priesterinnen, die auf glühende Kohlen treten, empfiehlt sich diese Wiedergabe eher als das schlecht belegte "testen" Scholtens. Mein Vorschlag: "*... sei es aufgrund einer natürlichens Widerstandskraft oder wegen der Macht der Götter oder Dämonen, wie sie vermutlich selbst sagen, bleiben sie unversehrt, wenn sie auf Feuer treten*".

Der abschließende Ratschlag, das Kreuzzeichen als wirksamste Waffe zu gebrauchen, um dieses heidnische Blendwerk zu zerstören, entspringt der allgemeinen christlichen Glaubensgewißheit von der apotropäischen Wirkung des Kreuzes und kann keiner spezifischen Theologie oder einer besonderen Erfahrung zugewiesen werden.[596]

Sind somit als Teilnehmer an diesem Diskurs die Anhänger von magischen Riten identifiziert, in denen durch theurgische Praktiken der Geist förmlich herabgezogen und der Entrückte vom Feuer erfaßt wird,[597] kann auch die Funktion dieses Einschubs innerhalb eines naturwissenschaftlichen Zusammenhangs geklärt werden. Der Glaube der von chaldäischen Riten beeinflußten Neuplatoniker an die Feuer- und Lichtphänomene bei der Epiphanie von Gottheiten, wäh-

---

595 SCHOLTEN (1997), S. 419.

596 Zum Kreuzzeichen als wirksame Hilfe vgl. August. civ. Dei 22,8, contr. Faust. 12, 30, En. Ps. 68, 1, 12, Joh. Chrys. ColHom. 8, 5, contr. Iud. gent. 9, educ. lib. 23 = SC 188, 108. Vgl. R. BRÄNDLE, Johannes Chrysostomus, RAC XVIII, 1998, Sp. 426 - 453, Sp. 491 f., J. HAMMERSTAEDT, Crux, Augustinus-Lexikon II, 1996, Sp. 143 - 152, bes. 149 f.

597 Jambl. Myst. III 6 = 112, 10 - 13.

rend der Feuer keine Brennwirkung entfaltet,[598] konnte gegen Philoponos' Argument von der lediglich dem Schöpfergott möglichen Trennung von Feuer und Wärme ins Feld geführt werden, zumal auch die platonischen Biographen verkündeten, daß die Häupter ihrer Lehrer von Licht umstrahlt waren, ohne daß die Philosophen verbrannt wären.[599] Philoponos verläßt in seiner Entgegnung, durch das Kreuzzeichen könnten diese Feuererscheinungen als falscher Zauber entlarvt werden, zwar die Ebene rationaler Beweisführung, doch macht er sich immerhin pagane Reflexionen über die Authentizität von Anzeichen göttlicher Besessenheit zunutze, wie sie Jamblich (Myst. III 6 = 113, 1) überliefert: Der Leser war vorbereitet, daß echte Bewußtseinsentrückung und simpler Trug rein äußerlich oft ununterscheidbar beieinanderlagen und die Wirklichkeit göttlicher Parusie nur von wenigen erlebt werden konnte. Als positive Gestalt gegenüber dem heidnischen Schwindel konturiert Philoponos nun Moses, der Gott als Feuer im Dornbusch schaute. Wenn Philoponos dabei die Autorität des Propheten auf diese αὐτοψία zurückführt, liefert Philoponos einen relevanten Schlüsselbegriff aus dem Kontext der paganen Feuerepiphanie, durch den Moses über die heidnischen Philosophen und Theurgen gestellt wird. Die Autopsie des Feuers ist dort ebenso Wesensmerkmal des Inspirierten wie in Opm.[600]... τῷ ἀξιώματι τοῦ προφήτου πιστευέτω θείας αὐτοψίας τε καὶ ἐντυχίας ἠξιωμενῷ καὶ τῆς ἐκεῖθεν ἐναργοῦς ἐπιπνοίας (Opm. 187, 9 - 11). Volle Schau der Gottheit als Ursache und Bedingung der ἐπίπνοια kannte der informierte Rezipient auch aus den Stellungnahmen des Jamblich zum Wesen wahrer Gottbesessenheit,[601] er verstand von dieser platoni-

---

598 Jambl. Myst. III 6 = 113, 8 - 12.

599 Damasc. VitIsid. 144, 3, Marin. VitProcl. 23, Porph. VitPlot. 13; vgl. dazu F. CREMER, Die chaldäischen Orakel und Jamblich De Mysteriis, Beiträge zur Klass. Philologie 26, Meisenheim am Glan 1969, S. 145 f, der alle Stellen anführt, in denen in Jamblichs *De mysteriis* Feuer oder Licht als Epiphaniemerkmal auftreten.

600 Vgl. Jambl. Myst. II 10 = 93, 1: αὐτοπτικὸν πῦρ; II 10 = 94, 21: αὐτοπτικὴ ἀλήθεια. Zur terminologischen Abhängigkeit des Jamblich von den chaldäischen Orakeln in der Epiphanieschilderung vgl. CREMER S. 144.

601 Jamb. Myst. III 6 = 113, 1 - 7.

schen Begrifflichkeit her Moses als wirklich inspirierten Propheten, dessen Wissen ebenso zeitlos ist wie das der Entrückten des Jamblich. Beide befinden sich in einem Seelenzustand, der ihnen Macht und Wahrheit des göttlichen Geistes offenbart.[602] Die auf Inspiration beruhende Weisheit des Moses, die keine Zeitlichkeit kennt und daher auch über die vor der Zeit liegende ἀρχή der Welt zu künden vermag, wird mit Hom. Il. 1, 70 als τά τ᾽ ἐόντα τά τ᾽ ἐσσομένα πρό τ᾽ ἐόντα artikuliert (Opm. 187, 12 f.). Das Bild des von Angesicht zu Angesicht geschauten Feuers ist Ausdruck der sich enthüllenden Wahrheit auch in den neuplatonisch - chaldäischen Mysterien und legitimiert in christlicher Übertragung auf Moses den Wahrheitsanspruch seiner Botschaft. Feuer und Wahrheit sind eins.[603]

Fassen wir zusammen: Der Einschub über die Unversehrtheit gegenüber Feuer bei magischen Riten ist nur innerhalb einer Diskussion mit einer heidnischen, platonisch geprägten Leserschaft sinnvoll. Dabei sollen von dieser Gruppe zu erwartende Einwände, wonach auch inspirierte Philosophen und Theurgen die Erfahrung des leuchtenden, aber nicht versengenden Feuers gemacht haben, widerlegt und in einem zweiten Schritt diese im Lebenshorizont des Nichtchristen präsente mystische Erfahrung auf Moses übertragen werden, der einer wahrhaften Feuerepiphanie für würdig befunden wurde. In positiver Beweisführung leitet Philoponos daraus den Wahrheitsgehalt der auf dieser Autopsie beruhenden mosaischen Lehre ab, da Feuerschau und Kenntnis des Wahren im Bewußtsein des heidnischen Lesers junktimiert waren. Es stellt der argumentativen Strategie des Philoponos ein gutes Zeugnis aus, daß die Glaubwürdigkeit des Moses gerade dort metaphysisch abgesichert wird, wo, wie im Falle des zeitlichen Vorranges des Lichts vor den Lichtquellen, ein naturwissenschaftlicher Nachweis für die Authentizität der Lehre nicht zu erbringen war.

β) Der Kampf gegen die Genethlialogie - Kapitel 17 - 20

Über den innerkirchlichen Konflikt mit den Antiochenern hinausgehend, nimmt Philoponos im letzten Block des vierten Buches das

602 Jambl. Myst. III 6 = 112, 15 - 19.

603 Jambl. Myst. III 5 = 112, 5; III 31 = 178, 10. Vgl. CREMER S. 58 f.

brisante Thema des Gestirnfatalismus auf und polemisiert gegen christliche, aber auch pagane Anhänger der Magie. Wie weitverbreitet der Glaube an die Wirkkraft der Sterne war, bezeugen beispielsweise die Warnungen des Johannes Chrysostomus und entsprechende Beschlüsse des Konzils von Konstantinopel.[604] Philoponos zitiert im Kapitel 18 ungewöhnlich lange aus dem Genesiskommentar des Origenes, was den nachhaltigen Einfluß dieses Kirchenvaters belegt.[605] Dieser geht wie Philoponos von der Bezeichnung der Gestirne als σημεῖα in Gen. 1, 14 aus,[606] um zu zeigen, daß Sterne das Schicksal nicht bewirken, sondern nur anzeigen.[607] Sein Verweis auf die richtigen Argumente anderer zur Widerlegung der Astrologie (Opm. 195, 11 - 13), die als bekannt vorauszusetzen und demnach nicht wiederholt zu werden brauchen, ist Spiegel der astrologiefeindlichen Haltung der Kirchenväter insgesamt [608] und erübrigt die Festschreibung einer exegetischen Tradition, von der Philoponos ausschließlich abhängig wäre. Dies gilt auch für das Kapitel 19, in dem der Alexandriner die negativen Auswirkungen des Sternglaubens auf das moralische und soziale Gefüge der Menschen schildert, die sich im Erlöschen der Hoffnung auf Gott, der Neigung zur Begierde, der Sinnlosigkeit von

[604] Vgl. Joh. Chrys. ColHom. 8, 54, contra Jud. et gent. 9, educ. liber. 23 = SCh 188, 108, JesHom. 1, 2 = SCh 277, 50. Vgl. BRÄNDLE Sp. 453. Im Kanon 61 des zweiten Konstantinopolitanum wurde die Astrologie scharf verurteilt.

[605] SCHOLTEN (1997), S. 438 Anm. 83 gibt als Herkunft der Origenesparaphrase des Philoponos Orig. GenCom 3, 9 f erhalten 1) in der Philoc. 23, 24 - 26 = SCh 226, 174 - 186, 2) Euseb. praep. ev. 6, 11, 55 - 73 und 3) die Katene Nr. 100 = Trad. exeget. gr. 1, 73, 31 - 76, 247 an.

[606] Philoc. 23 = SCh 187 - 212.

[607] Vgl. NEUSCHÄFER S. 190 zum Gegensatz von ποιεῖν und σημαίνειν und der Verankerung dieses Arguments im Platonismus bei Plot. Enn. 2, 3 [53], 1. Zur zentralen Stellung des Origenes im Kampf der Kirche gegen den Sternglauben vgl. H. O. SCHRÖDER, Fatum, RAC VII, 1969, Sp. 524 - 636, bes. Sp. 589 ff.

[608] Zur christlichen Literatur gegen den Fatalismus, der mit dem Glauben an die Wirkkraft der Gestirne verbunden wurde, vgl. W. GUNDEL, Astrologie, RAC I, 1950, Sp. 817 - 831, bes. 828 ff.

Lohn und Strafe und daraus resultierend in der Unmöglichkeit eines gelingenden Lebens niederschlägt. Schröder hat in seinem Artikel die Herkunft dieser "moralischen" Argumente gegen die Astrologie untersucht und sie auf Karneades' Kampf gegen die stoische εἱμαρμένη zurückgeführt.[609] Ohne mit dem Namen dieses Akademikers verbunden zu sein, fand diese Position Aufnahme in die Schrift *De fato* des Alexander von Aphrodisias und gelangte von dort zu Porphyrios' *Ex oraculis*, worauf Philoponos im Kapitel 20 verweist.

Was die Terminologie betrifft, hat Scholten angemerkt, daß Philoponos als einer der ersten neben der inhaltlichen auch die begriffliche Scheidung in Astrologie (gleichzusetzen mit Genethlialogie) und Astronomie vornehme.[610] Doch bereits in den wortkundlichen Studien der frühen kaiserzeitlichen Grammatiker wurde, allerdings ohne Wertung, die Bedeutungsdifferenz beider Begriffe vorausgesetzt. In dem auf Herennios Philon zurückgehenden Synonymenlexikon des Ammonios wird der Aufgabenbereich der Astronomie von dem der Astrologie abgehoben. Jene erforscht die Kinetik von Gestirnen, diese die von deren Bewegungen ausgehenden Effekte: ἀστρολογία ἀστρονομίας διαφέρει. ἀστρονομία μὲν γάρ ἐστιν ἡ κατάληψις τῶν ἄστρων, ἀστρολογία δὲ ἡ τὰ ἐκ τῶν κινήσεων τῶν ἀστέρων ἀποτελέσματα δηλοῦσα ἐπιστήμη (Ammon. diff. p. 157, 11).[611] Wie Ammonios bezeichnet auch Olympiodor in seinem MeteorCom. als Inhalt

---

609 SCHRÖDER Sp. 607. Wahrnehmbar sind die Reflexe bei Cic. Div. 1,7; 12; 22 f; 62; 109; 2, 8 f; 51; 87; 97; 150 = Karneades Frg. 9 Mette, Cic. Fat. 19; 23; 31 - 33 = Karneades Frg. 10 Mette.

610 SCHOLTEN (1997), S. 296 Anm. 32 zum Kapitel 6 des dritten Buches, wo Philoponos die zersetzende Wirkung der Astrolgie und der mit ihr gleichgesetzten Genethlialogie auf Gesetz und Moral hervorhebt (Opm. 121, 8 - 19). Damit nicht zu verwechseln sei die Astronomie: ἀκριβεῖς οὖν τηρήσεις οὐ τὰς ἀστρολογικάς, ἀλλὰ τὰς ἀστρονομικὰς ὁ μέγας Βασίλειος εἴρηκεν, ὅσαι τὰς κινήσεις τῶν ἀστέρων κατενόησαν ἀκριβῶς etc. (Opm. 121, 19 - 22). Unklar ist, auf welche Basileiosstelle sich Philoponos hier bezieht.

611 Zur Quellenlage bei Ammonios vgl. G. NICKAU, Ammonii qui dicitur liber de adfinium vocabulorum differentia, Stuttgart - Leipzig 1966, p. XXXVIII - XLI. Vgl. auch Heysch. s.v. ἀστρόλογος : γενεθλιολόγος.

astrologischer Forschung die ἀποτελέσματα, während als Gegenstand der Astronomie die κίνησις gilt (Meteor Com. 19, 20 - 27). Die Bewegung der Gestirne ist wiederum für Philoponos Aufgabengebiet des Astronomen (Opm. 121, 21). Es ist also sehr plausibel, der traditionellen Synonymik der Grammatiker die begriffliche Differenzierung zwischen Astronomie und Astrologie zuzuweisen, die Philoponos genauer rezipierte als die anderen christlichen Exegeten.

E. DAS FÜNFTE BUCH

1. Inhalt und Aufbau

Im fünften Buch, in dem Philoponos ausgehend von Gen. 1, 20 f. die Schaffung von beseelten Lebewesen kommentiert, ist das erste Kapitel der τάξις gewidmet, um die Kongruenz von biblischer Schöpfungsordnung und Naturgesetz (Opm. 205, 6 -11). nachzuweisen. Dieses Verfahren, die Allgemeinerklärung der Exegese des Wortlautes vorauszuschicken, wurde bereits in anderen Büchern betrachtet und diskutiert.[612] Was die Struktur des fünften Buches an langt, läßt sich eine Zweiteilung feststellen, die formal duch die Wiederaufnahme des Genesiszitates von Kapitel 1 im Kapitel 7 markiert ist. Das anschließende Kapitel 8 bringt unter grammatisch-philologischer Perspektive eine Zusammenfassung des bisher Gesagten, wobei die Textvarianten der Septuaginta und der übrigen drei Übersetzer unter Beiziehung der rhetorischen Figurenlehre miteinander verglichen werden. Mit der Neuaufnahme von Gen. 1, 22 leitet das Kapitel 8 den zweiten Buchteil ein, der Buchschluß im Kapitel 14 thematisiert die Frage, warum nicht auch den Erdlebewesen der Auftrag Gottes von αὐξάνεσθε καὶ πληθύνεσθε erteilt wurde, und schließt mit dem Hinweis, daß im Sinne eines ἀπὸ κοινοῦ dieses über andere Lebensformen ausgesagte Wort auch hier zu gelten habe. Bedenken wir weiter, daß im Kapitel 1 Wachstum und Vermehrung zu den Grundprinzipien des Lebens gerechnet wurden (Opm. 206, 11 - 13), erkennen wir die Vorliebe des Philoponos wieder, durch ein Rahmenmotiv die Einheitlichkeit eines Buches zu betonen. Präludium und Schlußakkord stimmen den Leser auf das Thema von Entstehung und Vermehrung des Lebens im Schöpfungsakt ein. Auch das Prinzip der axialen Buchgliederung läßt sich an den beiden zentralen Kapitel 7 und 8 ausmachen, die den Gedankenfluß zusammenführen, ordnen und zugleich die Überleitung zu einem anderen Problemkreis ermöglichen. Folgendes

612 Vgl. Kapitel II B 2.

Schema kann konstituiert werden:

1: TEXT Gen. 1, 20 - 21: Τάξις und axiologische Stufung des Entstandenen. Wachstum als Lebensprinzip.
2: Λέξις: Unter "Wasser" wird im Hebräischen auch Luft begriffen. Homonymie, Paronymie.
6 KAP. 3: Die Gemeinsamkeiten von Vögeln und Wassertieren.
4: Zusammenfassung: die gemeinsame Entstehung von Vögeln und Wassertieren.
5: Entstehung der Schwimmtiere ohne Zeugung. Die Nilfische.
6: Einteilung der Kriechtiere.

7: Die Bedeutung von κατὰ τὸ στερέωμα τοῦ οὐρανοῦ. Wiederaufnahme TEXT Gen. 1, 21.
8: Textvarianten. Epanalepse, Epexegesis. TEXT Gen. 1, 22.

9: Die Zahl der Sterne ist unverändert. Die Welt ist zeitlos entstanden.
10: "Wachset und mehret euch" wird nicht über Pflanzen gesagt. TEXT Gen. 1, 24 - 25.
6 KAP. 11: Die Erde bringt eine lebendige Seele hervor - Benennung ἀπὸ μέρους.
12: Der Unterschied zwischen θηρία und κτήνη.
13: Die Seelen der vernunftlosen Tiere gehen mit dem Körper zugrunde.
14: "Wachset und mehret euch" nicht über die Landlebewesen ausgesagt.

2. Die Worterklärung

α) Wasser und Luft als Paronyme im Hebräischen - Kapitel 2

Philoponos erklärt die Hervorbringung von Vögeln aus dem Wasser mit dem homonymen oder paronymen Wesen der beiden hebräischen Vokabel. Mit diesem Hinweis ist die Klassifikation der παρώνυμα aus der Kommentierung der aristotelischen Kategorien zusammenzubringen. Nach Ammonios und Philoponos liegt Paronymie dann vor, wenn zwischen zwei Worten und Sachverhalten sowohl Gemeinsamkeiten als auch Unterschiede gegeben sind,[613] wie im Beispiel von γραμματική und γραμματικός. Sowohl der identische Stamm und die Verwandtschaft des semantischen Feldes, als auch die Unterschiede, die zwischen dem Wortauslaut, zwischen abstrahiertem Inhalt (Grammatik) und einzelner οὐσία (Grammatiker) zutage treten, ergeben ein Paro-

613 Ammon. CatCom. 22, 21 - 24, 12, Philop. CatCom. 24, 6 - 25, 22 nach Aristot. Cat. 1 a 14 - 15, der neben dem oben zitierten Beispiel auch das Paar ἀνδρεία - ἀνδρεῖος anführt.

nymieverhältnis. Im Gegensatz zur Homonymie spielt die Paronymie in der metaphysischen Diskussion keine Rolle.[614] Die Zurückhaltung des Philoponos, entschieden eine Paronymie von Luft und Wasser im Hebräischen zu behaupten, erweist seine Unkenntnis dieser Sprache. Daß die Hypothese der Paronymie unmittelbar für die Behauptung der physikalischen Verwandtschaft der beiden Elemente Luft und Wasser fruchtbar gemacht wird, zeigt andererseits den ökonomischen Einsatz der Paronymielehre, die neben der phonetischen immer auch eine semantische Ähnlichkeit zwischen paronymen Worten behauptet hat.

β) Etymologische Worterklärungen – ἑρπετά und στερέωμα

Die Textvorlage Gen. 1, 20 ist erklärungsbedürftig, zumal dort die Herkunft von Kriechtieren und Vögeln aus dem Wasser behauptet wird und diese Klassifikation weder in der antiken Zoologie noch bei Basileios eine Rolle spielt. Philoponos geht in seiner Erklärung zum einen von den physiologischen Gemeinsamkeiten zwischen Vögeln und Tieren aus und begründet zum anderen die Entstehung der Vögel aus dem Wasser mit dem Fehlen des Begriffes für Luft im Hebräischen.[615] Ein drittes Argument gewinnt er aus der abenteuerlich anmutenden Verdrehung der traditionellen Etymologie von ἑρπετά: Ἑρπετὰ δὲ καλεῖται κυρίως τὰ μὴ ποσὶ τῆς γῆς ἐπιβαίνοντα ἀλλ᾽ ὅλα ἐπιπεπτωκότα τῇ γῇ· ἔρα γὰρ ἡ γῆ παρ Ἕλλησι κέκληται, ἐξ οὗ καὶ τὸ ἔραζε γέγονεν ἐπίρρημα, ἐραπετά τινα ὄντα εἰς τὴν ἔραν πεπτωκότα. ... οἱ ἰχθύες ... τὰ πτηνὰ ...ὅλην ἐπιθέντες οἱ μὲν τοῖς ὕδασιν, οἱ δὲ τῷ ἀέρι τὴν γαστέρα (Opm. 217, 3 - 9). Unter dem Lemma Ἐρεπόμενοι führt Orion die Kriechtiere wie auch Philoponos auf die ἔρα zurück: κυρίως ἀπὸ τῶν ἀλόγων. ἀπὸ τοῦ ἐκ τῆς ἔρας, ὃ ἐστὶ τῆς γῆς, ἀναλαμβάνειν τὴν τροφήν (51, 16 - 17). Näher als Orion steht aber Philoponos der Information, die das Etym. Magn. s. v. ἑρπετόν bietet: ... παρὰ τὸ ἐρείπειν, τὸ καταπίπτειν, τὸ μὴ ὀρθὸν

---

614 Vgl. M. ZANATTA, Aristotele. Le categorie. Introduzione, traduzione e commento, Mailand 1989, S. 402 f., J. OWENS, The Doctrine of Being in the Aristotelian Metaphysics, Toronto 1951, S. 330.

615 Vgl. das vorangegangene Kapitel und Opm. III 1; 14.

περιπατοῦν, καὶ ψιλοῦσι τινὲς τὸ ὄνομα. Κυρίως γὰρ λέγεται ἐπὶ τῶν συρογάστρων ζῴων ... Ἢ παρὰ τὸ ἐν τῇ ἔρᾳ πέτειν. Κυρίως δὲ τὰ ἄποδα εἴρηται ἑρπετά, ἀπὸ τοῦ πίπτειν ἐν τῇ ἔρᾳ. Als Begründung für die Benennung der Kriechtiere wird in allen drei Fällen angeführt, ἑρπετά seien der Erde affin, nur Philoponos und das Etym. Magn. ziehen den weiteren Schluß, Kriechtiere seien demnach gefallene, nicht mehr aufrecht schreitende Lebewesen. Gemäß den etymologischen Erklärungsverfahren der Dekomposition und der phonetischen Assoziation[616] mußte man erwarten, daß behutsam ἑρπετά in ἔρ-α zerlegt und wegen der klanglichen Nähe zu ἐρ-είπω die Bedeutung "auf die Erde gefallen" abgeleitet wird. Dies ist die Methode des Etym. Magnum, nicht die des Philoponos, der das Bindeglied ἐρείπω als bekannt annimmt und kommentarlos durch ein zwiefaches πίπτω ersetzt, das isoliert betrachtet keine Begründung für die Bezeichnung von ἑρπετά abgibt. In der Tradition der Etymologisten steht Philoponos, wenn er den an die Erde gebundenen Wesen eine Fortbewegung auf dem Bauch zuschreibt, doch über seine philologischen Lehrmeister hinausgehend setzt der Alexandriner einen neuen Schwerpunkt, indem er das relevante Merkmal "Kriechtiere - Bewegung mit Hilfe des Bauches ohne Füße" verallgemeinernd auch auf die Vögel überträgt und so mit grammatikalischen Argumenten eine neue Klassifikation aufbaut, in der Fische und Vögel nach dem Wort der Hl. Schrift Arten der Gattung Reptil sind.[617]

In Opm. III 1 und 14 hatte Philoponos die Benennung von Luft als οὐρανός erörtert und aus dem Sprachgebrauch des Hebräischen erklärt. Bei der Exegese des Verses Καὶ πετηνὰ πετόμενα κατὰ τὸ στερέωμα τοῦ οὐρανοῦ (Gen. 1, 20), böte sich also an, das Fliegen der Vögel längs des Firmaments als Bewegung in der Luft aufzufassen. Doch weil abgesehen von der Septuaginta alle drei Übersetzer

616 Vgl. UHL S. 550.

617 Basileios zählt in seiner siebenten Homilie alle Arten von Meerestieren, keineswegs aber die Vögel zu den ἑρπετά: GenHom. 113, 11 - 14, vgl. Aristot. HA 488 b 7. Zur Klassifikation in der aristotelischen Zoologie vgl. H. FLASHAR, Die Philosophie der Antike 3. Ältere Akademie, Aristoteles - Peripatos, Basel - Stuttgart 1983, S. 404 - 407.

Übersetzer πρόσωπον hinzufügen,[618] scheidet Philoponos diese Bedeutung hier aus, οὐρανός weist nicht auf die Luft unter den Wolken hin, sondern ist im eigentlichen Sinn als Himmel zu verstehen. Zur Absicherung seiner Lesart greift Philoponos auf die Worterklärung von πρόσωπον zurück, wobei er durch den Einsatz etymologischer Versatzstücke ein präziseres Verständnis der Textvorlage erzielen möchte: Πρόσωπον δέ ἐστι τοῦ οὐρανοῦ ἡ κοίλη καὶ πρὸς ἡμᾶς ὁρῶσα αὐτοῦ ἐπιφάνεια (Opm. 219, 1 - 3). Vergleichen wir damit die Notiz im Etymologikon des Orion zu πρόσωπον, stellt sich heraus, daß dieses Nomen in πρός und in den Perfektstamm von ὁρᾶν zerlegt wurde: πρόσωπον. ἀπὸ τοῦ πρόσω καὶ ἔμπροσθεν τοὺς ὦπας ἔχειν (129, 15 - 16).[619] Die Vorstellung, πρόσωπον impliziere durch die Vorsilbe πρός eine Richtungsangabe, nimmt Philoponos mit der Bemerkung auf, das κατὰ τὸ στερέωμα τοῦ οὐρανοῦ der Septuaginta bedeute einen auf den Himmel selbst gewandten Flug, eine Bewegung πρὸς αὐτὸν φέρεται τὸν οὐρανόν (Opm. 219, 6). Mit Hilfe dieser etymologisierenden Interpretation versteht Philoponos den Bibelvers als Information über die Flugrichtung der gefiederten Lebewesen, nicht aber als statische Ortsangabe. Die fliegenden Vögel werden gleichsam vom Blickpunkt des Himmels aus betrachtet, zu dem sie sich stets bewegen, wenn sie sich von der Erde emporheben. Bemerkenswerter als dieses Detailproblem ist Philoponos' Überzeugung von der Gleichrangigkeit der drei Übersetzer und des von der Septuaginta gebotenen Textes, die sich gegenseitig ergänzen und zu einem vertieften Verständnis führen. Dieses wird vom Wortlaut ausgehend gefunden, der aber *per se* nicht vollkommen ist und lediglich als Zeichen, nicht aber als Äquivalent der Wahrheit bewertet wird. In seinem Einsatz der Etymologie zeigt der Kommentator auffallendes Desinteresse, die philologische Herkunft seiner Argumente zu deklarieren. Nie wird die

---

618 Aquila: ... ἱπτάμενον ἐπὶ τῆς γῆς, ἐπὶ πρόσωπον τοῦ στερεώματος τοῦ οὐρανοῦ; Theodotion und Symmachus: ... πετόμενον ἐπὶ τῆς γῆς κατὰ πρόσωπον στερεώματος οὐρανοῦ (bei Opm. 218, 8 - 13).

619 Die Ableitung von der Wurzel *οπ- und πρός zeigt auch Etym. Magn. s. v. πρόσωπον: ἐκ τοῦ ὤψ ὠπός, ὃ σημαίνει τὸν ὀφθαλμόν, ὦπον, καὶ πρόσωπον, τὸ πρὸς τὸν ὦπα ὄν· ἢ ἀπὸ τοῦ πρόσω (τουτέστιν ἔμπροσθεν) ἀλλ᾽ οὐκ ἐκ πλαγίου τοὺς ὦπα ἔχειν· διὸ καὶ μόνοις ἀνθρώποις ἐπικατηγορεῖται.

Frage nach dem Benennungsgrund eines Wortes offen gestellt, vielmehr dienen die Ergebnisse etymologischer Untersuchungen als Beweis für die jeweils abzusichernde Theorie. Da Etymologie subkutan verabreicht und dabei ein Verfahren gewählt wird, in dem über phonetische Assoziationen der Wortsinn festgelegt wird, fordert Philoponos vom Leser ein hohes linguistisches Wissen. Eine ähnliche Methode der etymologischen Erklärung läßt sich bei der Differenzierung von θηρία und κτήνη ausmachen, wo Philoponos das Wortspiel κτήνη - κτῆσις bemüht: Vieh ist für den Besitz geeignet und verschafft uns auch Überfluß (Opm. 225, 20 - 22). Die Worterklärung von κτήνη, wie sie aus der Fachliteratur bekannt ist, stellt Philoponos nicht als Erklärungsprozeß dar, sondern baut das abgeschlossene Ergebnis dieses grammatikalischen Arbeitsschrittes in die Exegese ein.[620]

3. Die grammatisch - rhetorische Exegese

α) Die Synekdoche - Kapitel 8; 11.

Die Genetivwendung ἑρπετὰ ψυχῶν ζωσῶν aus Gen. 1, 20 empfindet Philoponos bei wörtlicher Interpretation als unstimmig und nur durch die ἐπανάληψις von καὶ πᾶσαν ψυχὴν ζῴων ἑρπετῶν als sinnvoll (Opm. 219, 19 - 21). Der Genetiv ψυχῶν ζωσῶν ist durch die Wiederholung nicht als Partitivus, sondern als Apposition (ἐπεξήγησις) aufzufassen, wie dies auch Theodotion und Symmachus in ihren Übersetzungen zeigen (Theodotion: ... ἐξερψάτωσαν τὰ ὕδατα ἑρπετά, ψυχὰς ζώσας; Symmachus: ἑρπετὸν ψυχὴν ζῶσαν: Opm. 219, 25 - 220, 2). Da Kriechtiere zum Zeitpunkt ihrer Schöpfung als vollkommene Lebewesen geformt sind und alles, was lebt, aus Körper und Seele zusammengesetzt ist (Opm. 225, 2 - 8), schließt der Begriff ψυχή nach der Benennung ἀπὸ τοῦ κυριωτέρου μέρους das ganze Lebewesen aus Körper und Seele mit ein (Opm. 220, 3 - 4). Der Tropus der Synekdoche,[621] den Philoponos als häufige Sprachform der Hl. Schrift betrachtet, gilt auch in Adrians Eisagoge als Charak-

[620] Vgl. Etym. Magn. s. v. κτῆνος.

[621] Vgl. LAUSBERG S. 572 ff.

teristikum des biblischen Stils: Κατὰ συνεκδοχήν, ὅταν ἀπὸ μέρους τὸ ὅλον δηλοῖ· ὡς τὸ "Τὴν ψυχήν μου ἐπέστρεψεν" (Ps. 22, 3) ἵνα εἴπῃ ἐμέ (PG 98, 1304 B). Da in der grammatischen Theorie gerade ψυχή als Beispiel für die Benennung des Ganzen nach dem Teil angeführt wurde, konnte Philoponos in der zweifachen Interpretation der Seele als *pars pro toto* für das gesamte Lebewesen (Opm. V 8; 11) mit allgemeiner Akzeptanz rechnen.[622]

β) Eine Heteronymie - Kapitel 10

Philoponos erklärt das Fehlen von Gottes Weisung "Wachset und mehert euch" bei der Erschaffung der Pflanzen mit deren automatischer Fruchtbarkeit, wonach die Frucht bereits Same künftigen Lebens sein wird: τοῖς δὲ φυτοῖς αὐτόματος ἡ προβολὴ τῶν καρπῶν, οἵτινες τῶν ἐσομένων εἰσὶ σπέρματα (Opm. 223, 1 - 3). Die Relation der Frucht zum Samen wurde von Ammonios auf dieselbe Weise bestimmt (CatCom. 17, 1 - 3) und der Heteronymie zugeordnet: Das gemeinsame Substrat "Getreide" wird unter dem Vergangenheitsaspekt als "Frucht", unter dem Blickwinkel der Zukunft als "Same" ausgesagt.

4. Die Sacherklärung

α) Zoologisches im fünften Buch

Die Herkunft des zoologischen Materials, das Philoponos im fünften Buch ausbreitet, zuverlässig zu bestimmen, ist insofern schwierig, als der Einfluß der biologischen Schriften des Aristoteles nicht hoch genug veranschlagt werden kann, der direkt und indirekt über verschiedene literarische Genera wie etwa der Paradoxaliteratur, der Buntschriftstellerei, der Historiographie und der wissenschaftlichen Zoologie auf Philoponos wirken mochte. Andererseits trägt Basileios als Philoponos' unmittelbare Autorität in der Hexaemeronauslegung

622 Der hier gezogene Schluß vom Teil auf das Ganze, wie im Falle der Setzung von Seele für Person, wurde übrigens auch von den Antiochenern zur Exegese herangezogen. Vgl. SCHÄUBLIN (1974), S. 111 zu Theod. PsCom. 98, 12.

in der 7. und 8. Homilie eine reiche Palette an tierkundlichen Informationen aus verschiedenen Quellen zusammen, deren Vorlage aufgrund der Synthese vorsokratischen, platonischen und hellenistischen Gedankenguts nicht auf eine exklusive Vorlage zurückgeführt werden kann. Als Faktum ist festzuhalten, daß die im ersten Kapitel entwickelte Systematik der Natur nach dem teleologischen Prinzip der *scalae naturae*,[623] wonach die höhere Stufe der Lebensformen die jeweils vorangegangenen aufweist, aristotelischem Denken entspricht. Die Klassifizierung der Lebewesen in Bluttiere und blutlose Tiere, wie sie der *Historia Animalium* zugrunde liegt, spielt keine Rolle, doch die Bedeutung der Qualitäten warm - kalt, trocken - feucht sowie der ihnen zugeordneten Elemente für die Einordnung der Tiere in den Gesamtplan des Lebens hat der Kommentator aus Aristot. GA 732 b 32 ff.[625] Der Gedanke von der Verwandtschaft der Fische mit den Vögeln, die auf der Ähnlichkeit des Bewegungsapparates beruht (Opm. 212, 3 - 18), stammt aus mot. an. 712 b 3 - 13 und wurde von Basil. HexHom. 130, 10 - 19 rezipiert. Nur Philoponos erklärt die im Vergleich zu den Flossen signifikante Größe der Flügel durch die höhere Dichte des Wassers. Daß Aale in ungeschlechtlicher Fortpflanzung aus dem Schlamm entstehen, berichten Aristoteles (HA 570 a 3 - 7; 15 - 19), Basileios (HexHom. 148, 20 - 22) und Philoponos (Opm. 215, 5 - 8). Bereits Aristoteles, der auch bei Seelebewesen die Existenz eines Gehörsinnes nachweisen wollte (HA 533 b 4 - 15), erzählte von Fischern, die durch Ruderstangen Lärm erzeugten, um die Fische dadurch in die Netze zu treiben. Die Schallübertragung im Wasser illustriert Philoponos anhand derselben Methode des Fischfangs, wenn mit Rudern ins Wasser geschlagen wird (Opm. 211, 17 - 22). Die Nachricht vom übelriechenden Köder zur Anlockung bestimmter Fischarten (Opm. 211, 22 - 24) konnte Philoponos unmittelbar aus einer Notiz des Aristoteles geschöpft haben (HA 534 a 13 - 16). Philoponos' Ansichten zur embryonalen Entwicklung gehen mit

---

[623] Vgl. C. SCHOLTEN, Weshalb wird die Schöpfungsgeschichte zum naturwissenschaftlichen Bericht? Hexaemeronauslegung von Basilius von Cäsarea zu Johannes Philoponus, in: ThQ 177, 1997, S. 1 - 15, bes. S. 4 (abgek. als "1997b").

[624] Vgl. SCHOLTEN (1997), S. 457 Anm. 5.

[625] Philop. Opm. 214, 10 - 20.

der Auffassung des Aristoteles konform, nach der Embryo eine pflanzliche (vegetative Seele), tierische (alogische Seele) und menschliche (noetische Seele) Phase durchläuft.[626] Neben diesen evident aristotelischen Bezügen bestehen auffallende Ähnlichkeiten mit Aelian im Bericht über den todbedeutenden Laut, welchen Seehunde von sich geben.[627] Der historiographischen Literatur entstammt die Anekdote von der Treue des Hundes des Lysimachos, der den Leichnam seines Herrn bis zu dessen Begräbnis bewachte,[628] sowie die Geschichte von der Autogenese von Fröschen und Mäusen in den Wolken.[629] Ob die Festellung, bei einer Fischjagd entzündeten die Männer Feuer, um dadurch die Fische in die Netze zu treiben, einer damals üblichen Praxis entsprach oder doch literarischen Quellen verdankt wird, kann hier nicht entschieden werden.[630]

β) Die narrative Präsentation zoologischer Inhalte

Ein Charakteristikum in der narrativen Präsentation des fünften Buches besteht in der Betonung anekdotischer Ereignisse mit paradoxem Einschlag. Zunächst berichtet Philoponos von einer merkwürdigen Begebenheit, die sich zu seiner Zeit ereignet habe. Ein Hund begleitete seinen Herrn, als dieser von einem Wegelagerer getötet wurde. Das Tier wachte beim Herrn, bis ein vorbeikommender Tavernenbesitzer den Leichnam bestattete und den Hund in seine Gastwirtschaft nahm. Der verhielt sich dort den Gästen gegenüber freundlich, bis eines Tages der Mörder seines ersten Herrn die Schenke betrat, den der Hund solange anbellte, bis der mißtrauisch gewordene Wirt den Fremden der Gerichtsbarkeit übergab, wo dieser seine Tat gestand und die gerechte Strafe erlitt (Opm. 209, 1 - 17).

626 Aristot. GA 736 b 13 ff., Philop. Opm. 209, 24 - 210, 15. Vgl. FLASHAR S. 409 f., SCHOLTEN (1997), S. 462 Anm. 11.

627 Philop. Opm. 207, 20 - 23. SCHOLTEN (1997), S. 458 Anm. 6 zitiert Ael. nat. anim. 9, 50.

628 Philop. Opm. 208, 22 - 209, 1; vgl. Appian Hist. Rom. 11, 64, Phlegon = FGH 257 Frg. 9.

629 Philop. Opm. 216, 8 - 13; vgl. Diod. Bibl. 3, 30, 3.

630 Philop. Opm. 211, 18 - 20; vgl. Plat. Soph. 220, Quint. Smyrn. VII 570 ff.

Die zweite Episode wird nicht zeitlich, wohl aber örtlich dem Umfeld des Philoponos zugeordnet: Nachdem die Maereotis beinahe leergefischt war, stieg das Wasser wieder an und es wurde eine gewaltige Menge an Alabesfischen gefangen. Am Morgen fanden die Fischer auf den Decks den Samen dieser Fische, der offenbar im feuchten Tau entstanden und nach unten gesunken war (Opm. 215, 16 - 216, 3). Beide Erzählungen bewertet Philoponos als παράδοξα (Opm. 209, 2; 215, 26) und signalisiert damit deren Nähe zum gleichnamigen literarischen Genus.[631] Gemeinsam ist den beiden παράδοξα die Einbettung des erzählenden Ich in den Handlungsverlauf, im Falle der Hundegeschichte geschieht das durch eine chronologische, bei der wundersamen Fischzeugung durch eine topographische Beziehung zum Autor. Die Betonung der Autopsie gehört zu den Gepflogenheiten der historisierenden Unterhaltungsliteratur seit Ktesias, um die Authentizität wundersamer Geschichten abzusichern und in psychagogischer Weise die Publikumswirksamkeit zu steigern.[632] Doch über dem Anliegen einer effektvollen Darstellung steht die Integration beider Episoden in den Argumentationsverlauf. Der Topos des klugen Hundes als Beleg für ein logosgerichtetes Verhalten bei gewissen höheren Tierarten überbrückt die Kluft zwischen Tier und Mensch, dem obersten Glied einer vielstufigen, durch kontinuierliche Übergänge gekennzeichneten *scala naturae*. So kann Philoponos nach dem Ende seines Dramoletts ansatzlos mit der Erschaffung des Menschen als des vollkommensten Lebewesens fortfahren, den der Hund als missing link mit dem Tierreich verbindet. Die Autogenese der Fische und Frösche in der feuchten Morgenluft bestätigt *ex eventu* die göttliche Anordnung aus Gen. 1, 20, daß das Wasser Kriechtiere hervorbringen möge und Mose Bericht von der Froschplage in Ägypten (Exod. 8, 2

---

[631] SCHOLTEN (1997), S. 460 Anm. 10 unterstreicht das Interesse der Spätantike an dieser Gattung, wie es in den Titeln verlorener Werke des Damaskios zum Ausdruck komme (nach Phot. cod. 130 = PG 103, 413 B - C).

[632] Vgl. Phot. cod. 72 = PG 103, 171 B: φησὶ (sc. Κτησίας) δὲ αὑτὸν τῶν πλειόνων, ἃ ἱστορεῖ, αὐτόπτην γενόμενον mit Philop. Opm. 209, 1 - 2: γέγονε δέ τι παράδοξον καὶ ἐπὶ τῶν ἡμετέρων χρόνων und Opm. 215, 16: οἶδα δὲ ἐγὼ καί τι τοιοῦτο γενόμενον παρ᾽ ἡμῖν.

- 14).[633]Bezüglich der narrativen Gestaltung der Episode vom treuen Hund wird man Philoponos literarisches Talent nicht absprechen wollen: Im Gegensatz zum fachwissenschaftlichen Stil seiner sonstigen Ausführungen wählt Philoponos eine akzentuiert verbale Sprechweise und markiert durch einleitendes γέγονε den episodenhaften Charakter der Erzählung, die durch Häufung von Partizipia und anfangsponderierte Prädikate weitergetrieben wird: ἠκολούθει τις κύων ὁδεύοντι ... λῃστὴς ἐνόδιος τὸν ἄνθρωπον ἀποκτείνας ἔλαθεν. ἔμενεν ὁ κύων ... συμπάσχων τε καὶ φυλάττων αὐτό. ... ὁδεύων ἰδὼν τὸ σῶμα ... ἠκολούθησεν ὁ κύων τῷ θάψαντι ... συνῆν ὁ κύων αὐτῷ ... φυλάσσων

[633] L. S. B. MacCOULL, Philoponus on Egypt, in: BF 17, 1991, S. 167 - 172, S. 172 f. führt den hier anschließenden Bericht über die spontane Entstehung von Feldmäusen nach Regenfällen in der Thebais als Beispiel für die ägyptozentrische Denkweise des Philoponos an, der als Vertreter eines selbstbewußten alexandrinischen Monophysitismus seine wissenschafltichen Erkenntnisse an seine Heimat, die das Land der Bibel war, anbinden möchte. Doch in den anderen aus Opm. beigebrachten Belegen kann ich keine Hervorhebung Alexandriens sehen. Dies gilt für den Hinweis auf verschiedene Zeitphasen in Opm. 126, 5 - 9 ebenso wie für die Feststellung, daß Unterägypten aus dem Schwemmland des Nil hervorgegangen war. Die letzte Beobachtung war Allgemeinwissen seit Hdt. II 5 (vgl. Diod. Bibl. 1, 34, 2, Strabo Geogr. 1, 2, 22 f.). Wenn Philoponos Opm. 170, 26 - 171, 2 die Entfernung des Arabischen Meeres von Babylon in Ägypten mit 4 Tagen (Packtiere) bzw. 24 Stunden (Eilpferd) angibt, handelt es sich dabei zweifelsohne um ägyptische Realien, die aber keiner ekklesiologischen bzw. theologischen Tendenz verpflichtet sind. Dies gilt auch für das Wort von der ägyptischen Finsternis (Opm. 12, 25 - 26), das interpretatorisch nicht überfrachtet werden sollte. In Summe bleibt gegen die Theorie von MacCoull einzuwenden, daß sich in einem Werk von mehr als 300 Teubnerseiten häufiger die Gelegenheit geboten haben könnte, Lokalkolorit zur Verbindung der biblischen Vergangenheit mit der Gegenwart aufzutragen, wäre dies Philoponos ein wesentliches Anliegen gewesen. Die Auswahl seiner Exempla wird, wie gezeigt werden soll, vorwiegend von literarischen Paradigmen bestimmt.

τὸ ἐργαστήριον (Opm. 209, 4 - 10). Zweifelsohne steht Philoponos hier am Ende einer Tradition, die in der jonischen Historiographie ihren Ursprung hatte. Als zeitlich und thematisch ferne, formal nahe Parallele sei die Geschichte von Kandaules und Gyges erwähnt, die Herodot mit einem ἦν Κανδαύλης beginnt (Hist. I 7, 1) und am Höhepunkt der Handlung durch eine dichte Frequenz an Partizipien am Satzbeginn dramatisch steigert. Auch die Wortwahl spiegelt das Wollen und die Fähigkeit des Philoponos zur kunstvollen Darstellung und entspricht einem gerade in der Gygesgeschichte klar zu Tage tretendem Schema. Aus Herodots Erzählung, der aus einem volkstümlichen Märchen eine die Tiefe der menschlichen Psyche ausmalende Tragödie komponierte, hat Stahl in einer grundlegenden Studie das Strukturelement des "wiederaufnehmenden und betonenden Schwerpunktwortes" abstrahieren könne, das ursprünglich im mündlichen Vortrag der Dichter dem Auditorium das Verständnis des Stoffes erleichterte und von Herodot als Typikon der Kurzgeschichte bewahrt wurde.[634] Philoponos wählt dies Methode des epanaleptischen Rückgriffes auch bei seiner ἱστορία über den treuen Hund an folgenden Stellen: ἠκολούθει τις κύων ὁδεύοντι (Opm. 209, 4) - ἠκολούθησεν ὁ κύων τῷ θάψαντι (Opm. 209, 8 - 9) / ἔμενεν ὁ κύων (Opm. 209, 6) - συνῆν ὁ κύων (Opm. 209, 9 - 10) / ὁδεύοντι μόνῳ τῷ δεσπότῃ (Opm. 209, 4 - 5) - ἕτερος δέ τις ὁδεύων (Opm. 209, 7) / φυλάττων αὐτό (sc. τὸ σῶμα: Opm. 209, 7) - φυλάσσων τὸ ἐργαστήριον (Opm. 209, 10). Abgesehen von de Anwendung eines literarischen Mechanismus zur Gestaltung abgeschlossener dramatischer Ereignisse unterstreicht Philoponos durch die Wiederholung des bedeutsamen Wortsubstrates den Charakter seines Hundes, der in parallelen Situationen ähnlich reagiert. Dieses Tier ist kalkulierend kalkulierbar und in seiner Welt durchaus vernünftig.

Die Komposition der Geschehnisse entspricht dem Topos vom Hund, der den Leichnam seines Herrn bewacht und dessen Mörder der gerechten Strafe zuführt, wie er bereits bei Plut. sollert.

---

634 Vgl. H. P. STAHL, Herodots Gyges - Tragödie, in: Hermes 96, 1968, S. 385 - 400. Stahls Ergebnisse bestätigt mit Verfeinerungen T. LONG, Repetition and Variation in the Short Stories of Herodotus, Beiträge zur Klass. Philologie 179, Frankfurt/Main 1987, S. 36 f.

anim. 969 c - d greifbar ist: König Pyrrhos bemerkte einen Hund, der den Leib seines ermordeten Herrn bewachte. Erst nach der Bestattung gab das Tier seinen Posten auf und ließ sich im Heereszug mitnehmen. Einige Tage später fand eine Truppeninspektion statt, in deren Verlauf die Soldaten am König vorbeidefilierten. Während der Hund die ganze Zeit hindurch ruhig geblieben war, sprang er plötzlich bellend auf einige Männer los, wobei er sich immer wieder nach Pyrrhos umblickte. Der Argwohn des Königs war geweckt: Die Männer wurden arretiert und legten vor Gericht das Geständnis ab, den Herrn des braven Hundes ermordet zu haben. Die Eckpfeiler der Handlung: Wache des Hundes am Leichnam - der neue Herr begräbt den ersten und nimmt den Hund in seinen Besitz - Identifikation des Mörders - Verhaftung, Gerichtsverhandlung mit Bestrafung des Mörders - bilden ein Themengeflecht, das je nach Bedarf durch historisch - geographische Variabeln modifiziert werden kann. Damit soll nicht behauptet werden, die von Philoponos vorgestellte Episode trage ausschließlich fiktionale Züge. Vielmehr scheint eine tatsächliche Begebenheit durch die Macht der literarischen Konvention in ein bestehendes narratives Schema gepreßt und somit literaturfähig gemacht worden zu sein.

Versuchen wir abschließend eine Würdigung der dem ἱστορικόν zugehörigen Aufbereitung biologischen Wissens, lohnt der Blick auf Basileios' Umgang mit dem vorhandenen naturkundlichen Material. Auf Schritt und Tritt begegnet uns in der 7. und 89. Homilie eine mittelbar vor allem Aristoteles, aber auch Aelian verpflichtete und ihrer Detailgenauigkeit beeindruckende Darstellung von Morphologie und Verhaltensweise der damals bekannten Fauna, aus der weitaus leichter ein Lehrbuch zur Zoologie erstellen wäre als aus dem vergleichsweise dürren, sich auf wenige Arten beschränkenden Kommentar des Philoponos. Und doch ordnet Basileios die Fülle der Fakten einem einheitlichen pastoralen Anliegen unter, wonach der Hörer seiner Homilien aus der Vielfalt und Sinnhaftigkeit der Schöpfung, wie sie sich allenthalben manifestiert, auf die Weisheit des

Schöpfers rückschließen soll.[635] Aus der Einordnung sogar der kleinsten, nicht vernunftbegabten Fische in den Plan Gottes wird die noch nicht verwirklichte Fügung des Menschen gegenüber Gott eingefordert, die aufgrund der uns eingepflanzten Vernunft verwirklichbar ist.[636] Dieser Pflicht zur Akzeptanz der göttlichen Ökonomie korreliert die realistische Hoffnung auf Gottes Fürsorge für den Menschen: Wenn der kleinste Seeigel nicht aus dem Blickfeld Gottes fällt, wer könnte dann an der Rettung des Menschen zweifeln? Gottes Obsorge für die vernunftlose Natur, die sich in den paradoxen Phänomenen des Tierreiches spiegelt, ist Garant für das Heil des Menschen in seiner Gottesebenbildlichkeit.[637] Das Mirakulöse in der Natur, deren Reichtum zu schildern der Kappadokier nicht müde wird,[638] ist eine *adhortatio fidei*, Mahnung an die Gemeinde, sich selbst als Teil des großen Wunders der Schöpfung zu begreifen. Wenn dagegen Philoponos auf paradoxe Phänomene zu sprechen kommt, tut er dies, um die Gültigkeit der göttlichen Weisungen, wie Moses sie lehrt, auch in den natürlichen Abläufen späterer Epochen zu erweisen. In seinem Kommentar bleibt die innere religiöse Disposition einer kirchlichen Gemeinschaft auch hier ausgespart.

---

635 Besonders Basil. HexHom. 143, 4 - 9. SCHOLTEN (1997b), S. 4 spricht vom jüdisch - christlichen Staunen über die Weisheit der Schöpfung, von einer Naturästhetik in der Hexaemeronschrift des Basileios.

636 Basil. HexHom. 120, 3 - 8; 121, 4 - 14.

637 Basil. HexHom. 122, 1 -4; 138, 1 - 5.

638 Τὸ ποικίλον in Basil. HexHom. 144, 6.

F. DAS SECHSTE BUCH

1. Inhalt und Aufbau

Entsprechend dem bislang beobachteten axialsymmetrischen Bauprinzip kann auch in diesem Buch ein zentraler Block identifiziert werden, doch ist Philoponos' Exegese hier in komplexere Strukturen gegossen. Seine Gedanken kreisen nach Gen. 1, 26 um die auf Gottebenbildlichkeit beruhende Sonderstellung des Menschen im Kontext der Schöpfung. Zur Annäherung an das spezifisch Menschliche zieht er in den beiden Einleitungskapiteln, die, obschon nicht als θεωρία bezeichnet, doch der Allgemeinerklärung vorbehalten bleiben, Grenzlinien, die den Menschen nach unten vom Tier (Kapitel 1) und nach oben von den beseelten Himmelskörpern trennen (Kapitel 2). Die Kapitel 3 - 8 sind nun der eigentlichen Worterklärung gewidmet und durch die Wiederaufnahme des Bibeltextes am Ende von Kapitel 4 in zwei Themengruppen geordnet: Die Frage des Numerusgebrauches (Kapitel 3 und 4) und die Qualität der Ebenbildlichkeit des Menschen (Kapitel 5 - 8). Im Zentralteil der Kapitel 9 - 17, von der vorangegangenen Worterklärung durch ein ταῦτα μὲν οὖν ἐπὶ τοσοῦτον (Opm. 244, 26) abgehoben, befaßt sich Philoponos eingehend mit Theodors Sicht der Ebenbildlichkeit des Menschen, wobei er oft in paraphrasierender oder zitierender Form auf das Werk seines antiochenischen Gegners Bezug nimmt. Das letzte Kapitel dieses Blockes beschließt durch eine Zusammenfassung der Schwachpunkte in Theodors Argumentation (Opm. 266, 8 - 21) diesen Teil und bereitet durch den Vers Gen. 1, 27 die weitere Erklärung der mosaischen Kosmogonie vor. Dabei wird in diesem Kapitel 17 die Frage nach dem Sinn des Plurals von ποιήσωμεν ἄνθρωπον, die bereits in Kapitel 3 die eigentliche Worterklärung eingeleitet hat, wiederholt, um nach der gegen die Antiochener gerichteten Polemik abermals den Zusammenhang mit der textimmanenten Behandlung der Genesis am Anfang des Buches herzustellen. Die fortlaufende Kommentierung des Schöpfungsberichts klingt in diesem Buch im Kapitel 20 aus. Der letzte Abschnitt unterbricht die fortlaufende Kommentierung der Lemmata zum Sechstagewerk, wobei Philoponos ausgehend vom Vers Gen. 2, 7, den er ausschreibt, in einem geschlossenen Abschnitt über den Menschen als Leib - Seele - Wesen reflektiert. Da er in markanter Weise zu Beginn und am Ende dieser Passage persönliche Einwürfe vorträgt, in denen er sein Abschweifen vom Hauptthema deklariert und den Inhalt der Digression umreißt,[639] handelt es sich bei dem in Frage stehenden Buchabschnitt um einen Exkurs bzw. Korollarium.[640] Dieser Textkörper, der mit den Aussagen der Bibel über die Schaffung des Menschen zwar in loser Verbindung steht, aber doch ein einheitliches Ganzes bildet, gibt Philoponos die Gelegenheit, in Form einer Rahmenhandlung die Gedankenfäden des Buchbeginnes am Ende zusammenzuführen. Die folgende Skizze zeigt die Anordnung zweier der Wortexegese verpflichteten Blöcke um den Zentralteil der Kapitel 9 - 17, einer Widerlegung Theodors:

639 Philop. Opm. 273, 11 - 15; 282, 10 - 14.

640 Die beiden von SCHOLTEN (1996), S. 110 angeführten Kriterien zur Identifikation eines Exkurses - ein durch Lemmata nicht unterbrochener längerer Textabschnitt sowie der Hinweis des Autors, er stelle im folgenden seinen persönlichen Standpunkt dar - werden hier konsequent realisiert. Neben den Korollarien des Philoponos über den Ort (PhysCom. 557 - 585, 4) und das Leere (PhysCom. 675 - 695, 8) erkannte Scholten auch noch in Meteor Com. 41, 23 - 44, 35; 113, 33 - 118, 25 bislang in der Forschung nocht nicht als Exkurse gewertete geschlossene Texteinheiten; zu den persönlichen Einwürfen im MeteorCom vgl. SCHOLTEN (1996), S. 111 Anm. 396 und die Liste von VERRYCKEN (1990), S. 242 Anm. 47. Als terminologischen Marker für Beginn bzw. Ende des hier vorliegenden Korallarium gebraucht Philoponos jeweils ein Kompositum von βιβάζειν: ὑπερβιβάζειν (Opm. 273, 13) - μεταβιβάζειν (Opm. 282, 12).

1: TEXT Gen. 1, 26: Schwäche und Stärke des Menschen gegenüber dem Tier.
2: Die Himmelskörper sind unbeseelt.

3: Kein Pluralis Maiestatis bei ποιήσωμεν.
4: Der Plural deutet auf die drei göttlichen Personen. TEXT Gen. 1, 26.
5: Der Mensch ist nicht Bild des Sohnes, der Bild des Vaters ist, sondern Bild des dreieinigen Gottes.
6: Variante A: κατ᾽ εἰκόνα und καθ᾽ ὁμοίωσιν bedeuten dasselbe (Parallelismus): der Mensch soll über die Lebewesen herrschen.
7: Variante B: κατ᾽ εἰκόνα und καθ᾽ ὁμοίωσιν differieren: jemeint den Herrschaftsauftrag, dieses die sittliche Angleichung an Gott.
8: Die Deutung des Paulus.

9: Widerlegung von Theodors Vergleich des Menschen mit einer Königsstatue.
10: Christus ist nicht ein von Gott geehrter und in den Himmel entrückter Mensch.
11: Die Genesis bezieht sich nur auf die innerweltliche Schöpfung, nicht auf die Engel. Nur an den Menschen ergeht der Herrschaftsauftrag.
12: Die Gottesebenbildlichkeit ist über Mann und Frau ausgesagt.
13: Theodor mißversteht die homonymische Ausdrucksweise, als ob auch die Engel über die Welt regierten.
14: Theodor findet die Ursache für die Ebenbildlichkeit des Menschen nicht.
15: Widersprüche in Theodors Interpretation der menschlichen Vernunftfähigkeit.
16: Der Herrschaftsauftrag meint gegen Theodor nicht die Monarchie willkürlicher Herrscher.
17: Der Ausdruck "Bild" Gottes darf nicht auf die Entstehung von Adam und Eva bezogen werden. Ende der Widerlegung. Rückgriff auf das Problem des Numerusgebrauchs. TEXT Gen. 1, 27.

18: Grammatische Einzelerklärung. TEXT Gen. 1, 27.
19: Bild und Abbild betreffen die Vernunftfähigkeit beider Geschlechter.
20: Nur beim Menschen wird die Schöpfung von Mann und Frau berichtet.

Korollarium

21: TEXT Gen. 2, 7.
22: Der Mensch als Ganzheit aus Seele und Körper.
23: Die Seele des Menschen ist vom Körper trennbar.
24: Adam ist als beseelter Mensch erschaffen, keine Übermittlung des Hl. Geistes.
25: Eintritt der Seele nach Formung des Embryonen.
26: Bestätigung der Übersetzer, daß nicht das Pneuma übermittelt wurde.

2. Die grammatisch - rhetorische Exegese

α) Zum Numerusgebrauch: Kapitel 3 - 4.

In den Kapitel drei und vier interpretiert Philoponos das ποιήσωμεν ἄνθρωπον κατ᾽ εἰκόνα ἡμέτερον (Gen. 1, 26) zunächst im Hinblick auf die Ursachen der Pluralverwendung. Die jüdische Interpretation, der Plural sei gerechtfertigt, weil sich Gott mit den Engeln über die Schaffung des Menschen bespreche,[641] lehnt er nach dem hermeneutischen Prinzip des Ὅμηρον ἐξ Ὁμήρου σαφηνίζειν ab: Nirgends wisse die Bibel von der Schöpferkraft der Engel, nie stehe der Pluralis Maiestatis für Gott. Im Vergleich zu Basileios, der in HexHom. 159, 17 - 22 ebenfalls auf dieses Problem zu sprechen kommt, argumentiert der Alexandriner terminologisch (πληθυντικαῖς φωναῖς: Opm. 234, 12 - 13) und sachlich (Kontextargumente) als Grammatiker, während der Prediger Basileios auf die antijüdischen Emotionen seines Auditoriums setzt: Ἰουδαικὸν τὸ πλάσμα (HexHom. 159, 17); τὸ ἐχθρὸν τῆς ἀληθείας γένος (HexHom. 159, 13 - 14), um die Annahme, der Mensch sei Abbild Gottes und der Engel, als widersinnig zu erweisen. Hinter den beiden Pluralformen (ποιήσωμεν, ἡμετέραν) steht nach Basileios Gott Vater und Gott Sohn als Mahnung an die Juden, Christus nicht zu leugnen, der anschließende Singular von ἐποίησεν sei eine Absage an den hellenischen Polytheismus (HexHom. 160, 7 - 11). Philoponos geht den von seinem Lehrmeister eingeschlagenen Weg, den Plural als Ausdruck der göttlichen Personen zu fassen, systematisch weiter, indem er zusätzlich auch den Hl. Geist als Erklärung für diese Sprechweise anführt: Die Dreiheit der göttlichen οὐσίαι manifestiert sich syntaktisch im Numerusgebrauch (Opm. 235, 20 f.), alle drei Personen der Gottheit verfügen über Schöpferkraft (236, 6 - 11). Als Schriftbeleg wird Gen. 11, 7 angeführt: δεῦτε καταβάντες συγχέωμεν τὰς γλώσσας αὐτῶν, den er ganz im Sinne einer grammatischen Texterklärung unter Verweis auf das προστακτικόν klären möchte. Wie die alten Homererklärer δεῦρο, legt Philoponos δεῦτε als Imperativ aus,[642] der als Anweisung an eine zweite Person ein Sprechen Gottes mit sich im Plural ausschließt. Moses, so das

[641] Philon Opm. 75 = I 25, 13 - 19 C. - W.

[642] Schol. Hom. X 254 a: "ἀλλ᾽ ἄγε δεῦρο": δύο τὰ παρακελευστικά; vgl. Eustath. 118, 12 zu Hom. A 361 und Schol. Hom. Ψ 485 b.

Beweisziel des Philoponos, lehrt die τὰ τρία θεότητος πρόσωπα verschlüsselt, aber für die Verständigen erfaßbar, bereits im Zusammenhang mit der Schaffung des Menschen. Daß die Trinitätstheologie keimhaft schon in der Genesis angelegt ist, erklärt Philoponos mit der ἀκριβὴς θεολογία des Moses, der somit nach dem grammatisch-rhetorischen Kriterium der ἀκρίβεια gemessen wird, der sorgfältigen und vollständigen Darstellung eines Sachverhaltes.[643]

β) Der Parallelismus oder vom Wesen des Menschen

Nach dem göttlichen Schöpfer tritt nun der Mensch selbst hinsichtlich seiner Beziehung zu seinem Gott in den Blickpunkt des Kommentators. Sind die Ausdrücke κατ᾽ εἰκόνα und καθ᾽ ὁμοίωσιν Zeichen für denselben Inhalt, oder zielen sie auf Differentes? Welcher Aspekt der *conditio humana* verbirgt sich hinter diesen Termini zur Gottebenbildlichkeit des Menschen? Philoponos transponiert diese Problematik in die Frage des Grammatikers nach dem Vorhandensein eines Parallelismus, einer Stilfigur, die für die semantische Identität der beiden Wendungen sprechen würde: πότερον δὲ ἐκ παραλλήλου ταὐτόν ἐστιν ἑκάτερον, ἢ ἄλλο μέν τι τό "κατ᾽ εἰκόνα" δηλοῖ, ἕτερον δὲ τό "καθ᾽ ὁμοίωσιν"; (Opm. 239, 24 - 26). Bereits in den Homerscholien galt die Wortordnung ἐκ παραλλήλου als ein Stilmittel zum Ausdruck desselben Gehaltes,[644] Bild und Abbild wären demnach dasselbe. Philoponos verbleibt nun nicht bei syntaktischen Erwägungen, sondern wählt das syllogistische Beweisverfahren, indem er von den Prämissen bedeutungsmäßiger Identität bzw. Verschiedenheit von Bild

---

643 Zur ἀκρίβεια vgl. Kap. III A 3.

644 Schol. Hom. A 99 a: ὅτι οὐ κατὰ προσηγορίαν τὴν ἀπριάτην λέγει, ἀλλ᾽ ἀντὶ τοῦ ἀπρατί, καὶ παράλληλον τὸ ἀνάποινον· τὸ γὰρ αὐτὸ δι᾽ ἀμφοτέρων δηλοῦται. Vgl. den späten Reflex bei Eustath. 107, 17 zu A 302. und markant Eustath. 118, 12 (zu A 361): καὶ ἐκεῖ γὰρ τὸ φράζειν καὶ τὸ εἰπεῖν τὸ αὐτὸ ἐκ παραλλήλου ἐστί. Auch an anderer Stelle in Opm. begegnet dieselbe Vorstellung über die Funktion von ἐκ παραλλήλου: Der Auftrag Gottes an die Menschen αὐξάνεσθε καὶ πληθύνεσθε (Gen. 1, 28) wird unter Annahme eines Parallelismus als Synomynm für πληθύνεσθε verstanden (Opm. 284, 2 - 3).

und Abbild ausgehend die Konsequenzen aus jeder der beiden Lesarten durchdenkt.[645] Im Falle der äquivoken Verwendung von εἰκών und ὁμοίωσις (Variante A) legt der anschließende Auftrag Gottes, der Mensch möge über die Lebewesen dieser Welt herrschen (Gen. 1, 26) es nahe, diese Gottebenbildlichkeit als Königtum des Menschen über alles Leben auf der Erde zu deuten. Die Begriffe "Bild" und "Abbild" sind in ihrer Semantik identisch. Doch ist Herrschaft das einzige Spezifikum Gottes? Wie steht es um Liebe, Barmerherzigkeit und Vollkommenheit Gottes, Idealen, denen sein Bildnis, der Mensch, offenkundig nicht gerecht wird? Von diesen Eigenschaften des Schöpfers ausgehend, die aus Mt. 5, 44; 5, 48, Lk. 6, 36 und Paulus 1 Kor. 11, 1 und 1 Joh. 3, 2 abgeleitet werden, wendet sich Philoponos entsprechend seiner exegetischen Grundhaltung, wonach der Sinn des Ganzen den Sinn des Einzelnen festlegt, dem Wortlaut zu: Der allgemeine Herrschaftsauftrag ergeht an jeden Menschen, insofern er κατ᾽ εἰκόνα Bild Gottes ist, die freie Wahl einer ethisch auf Gott hin orientierten Lebensweise ist zwar potentiell auch in jedem angelegt, wird hingegen lediglich von einzelnen aktualisiert (Variante B). So liegt im καθ᾽ ὁμοίωσιν der Anspruch Gottes an seine Geschöpfe begründet, sich ihm anzugleichen, einer Forderung, die wir bejahen oder verneinen können (Opm. 241, 22 - 242, 10). Der Beweisgang verläuft hier bifurkativ auf makroskopischer und mikroskopischer Ebene ab. Parallel mit dem theologischen, d. h. nicht aus dem Wortbestand abgeleiteten Argument beruft sich Philoponos auch auf den textimmanenten Befund, wenn er eine ἐπανάληψις in der zweiten Setzung von κατ᾽ εἰκόνα in Gen. 1, 27 beobachtet (Opm. 242, 2 - 10), während das καθ᾽ ὁμοίωσιν dort nicht wiederaufgenommen werde. Der anschließend hergestellte Bezug des "Bildes" auf den Herrscher spricht dafür, daß κατ᾽ εἰκόνα nicht als vorbildliche Lebensführung des Menschen zu verstehen sei. Dem Stilmittel der Epanalepse wird die Kraft der Verdeutlichung des Gesagten zugemessen.[646] Zu konstatieren ist des weiteren, daß Philoponos ein zweites Mal mit der Epanalepse in Gen. 1, 27 argumentiert. Diesmal gilt ihm im Vers ἐποίησεν ὁ θεὸς τὸν

645 Die beiden Abschnitte, jeweils auf ein Kapitel verteilt, werden durch εἰ μὲν οὖν bzw. εἰ δὲ eingeleitet und aufeinander bezogen: Opm. 239, 27; 241, 5.

646 Zur Epanalepse vgl. Kapitel III C 3 α.

ἄνθρωπον das Prädikat als singularische Wiederholung des ποιήσωμεν ἄνθρωπον von Gen. 1, 26, die den einen Gott auch im Numerusgebrauch zum Ausdruck bringt. Wiederum grenzt die Epanalepse einen Themenbereich präzise ein und schließt Fehldeutungen aus.

Wir halten fest: Die Identifikation von Parallelismen in der Hl. Schrift, die textimmanente Erörterung von Numerusgebrauch, Imperativen und Wiederholungen möchte zusammen mit einer makroperspektivischen Betrachtung des Interpretaments im Kontext anderer Schriftbelege ein Verständnis der Heiligen Schrift erwirken, demzufolge die in sich homogene, dreifache Schöpfergottheit der drei Personen Vater, Logos und Pneuma den Menschen kreiert. Dieser ist als Gattung Bild der Einheit Gottes in seinen drei Personen, die Ebenbildlichkeit äußert sich in der innerweltlichen Herrschaft der Menschen über alle Kreaturen und bezieht sich nur auf Gott, nicht auf die Engel, über deren vorweltliche Existenz im Schöpfungsbericht des Moses keine Aussage getätigt wird. Von diesen Grundlagen aus entwickelt Philoponos in den Kapiteln 9 - 17 seinen schärfsten Angriff gegen Theodor, der auf das Herzstück der gegnerischen Theologie gerichtet ist, auf die dyophysitische Christologie und Anthropologie.

γ) Die Lehre vom πρόσωπον und die Datierung von Opm.

Eingedenk des auf hermeneutische Techniken, nicht auf Dogmengeschichte abzielenden Gegenstands unserer Arbeit ist hier zu untersuchen, wie und zu welchem Ziele Philoponos exegetische Methoden in die zeitgenössische christologische Diskussion einbringt, welche semiotischen Perspektiven sich in dem Kommentarwerk eröffnen. Als hervorragendes Mitglied der Ammoniosschule wußte Philoponos um den pragmatischen Bezug von Sprache, die in ihrer Anwendung nicht bloß hinsichtlich eines absoluten Gehaltes determiniert wird, sondern von außersprachlichen Gegebenheiten ihren Sinn erhält. Eingespannt in einen kommunikativen Prozeß, in dem konventionelle Reaktionsmuster die Entschlüsselung von Sprachzeichen festlegen, gilt es, die Codes zu identifizieren, die es im Rahmen eines historisch gewachsenen Diskurses den Teilnehmern dieses Gespräches ermöglichten, hinter einem Wort ein relevantes Merkmal jener gerade ablaufenden Debatte zu sehen. Zweifelsohne übersetzt Philoponos den für die ungebildeten Israeliten des Alten Bundes konzipierten Schöpfungsbericht in einen dogmatischen Essay über das Verhältnis Gottes zu den Menschen, der seinerseits eine voraussgehende Deklaration zum Wesen Gottes, dessen Schöpfung der Mensch ja sein soll, erfordert. Im Rahmen dieser Transformation erhalten biblische Ausdrücke eine neue Signifikanz, ursprünglich narkotisierte Bedeutungen des biblischen Textes werden zu sprachlichen Reizen verwandelt, die das gewünschte Leserverhalten auslösen sollen. Die Freiheit des textverarbeitenden Kommentators liegt in seiner Rolle als Hermeneutiker, als Deuter und Redner, der nicht nur den primären Wortbefund der Schrift in einen neuen Kontext gießt, sondern auch die Qualität seiner eigenen Metasprache, in der er diese Metamorphose aktualisiert, festlegt. Am Ende konstituiert der Interpret eigene Zeichen, die ein bestimmtes Verhalten gegenüber bereits vorliegenden Zeichen bewirken sollen. Mit anderen Worten: Wenn Philoponos als führender Intellektueller des 6. Jahrhunderts reflektiert, warum Gott im Singular bzw. Plural gesprochen habe, gewinnen seine Aussagen im Rahmen des zeitgenössischen Umfeldes eine Valenz, die weit über die primär philologische Fragestellung hinausweist. Da kein Text unabhängig von den Erfahrungen mit anderen Texten rezipiert wird, ist der gebildete Leser dieser Zeit programmiert, sein intertextuelles Wissen zu aktivieren,[647] indem er hinter der offenkundigen Manifestation einer grammatischen Theorie zum Numerusgebrauch ein Erkennungszeichen für einen anderen Inhalt wahrnimmt,[648] der in unserem Fall sowohl dogmatischer als auch politischer Natur ist.

Wenn wir als Kriterium für ein diskursrelevantes Sprachzeichen innerhalb eines Kommentares die Forderung erheben, es müßte das primäre Textsubstrat erhellen und auch den Rezipienten zur Mitarbeit bei der Konstituierung eines zweiten Textes veranlassen, so trifft dieses Postulat hier in besonderer Weise auf den Begriff des πρόσωπον zu. Als Homonym für grammatikalische, trinitätstheologische und juridisch-politische Inhalte bereitet es den im Alexandria des 6. Jahrhundersts verhafteten Idealleser auf die Widerlegung Theodors auf dem Gebiet von Christologie und Staatsphi-

[647] Vgl. ECO (1990), S. 217 f.

[648] Der Ausdruck: τὸν δὲ πληθυντικὸν (τοῦτον τῶν προσώπων) ἀριθμόν in Opm. 237, 20 f. entspricht dem Fachjargon der Grammatiker.

losophie vor. Das öffentliche Leben war zur Zeit der Abfassung von Opm. von einer selbstbewußt erstarkten monophysitischen Kirche mit einer gegenüber den Verfechtern des Chalcedonense separaten Hierarchie geprägt,[649] die parallel zum orthodoxen Bischof in Alexandria auch einen monophysitischen Patriarchen durchsetzte.[650] Auf

[649] Der zu erwartende Aufsatz von MacCOULL wird die Zeitbezüge von Opm. erhellen. Die Zentralregierung war insofern gespalten, als Kaiserin Theodora die Monophysiten förderte. So hatte der von Theodora unterstützte antichalcedonensische Patriarch von Alexandria im Jahre 542 Jakob Baradaeus zum Metropoliten von Edessea geweiht, der durch eifrige Missionstätigkeit den Monophysitismus im Osten verbreitete. Um 557 wurde Sergius, dem Opm. dediziert ist, von eben diesem Jakob zum Patriarchen von Antiocheia gewählt. Vgl. P. ALLEN, Monophysiten, TRE 23, 1994, Sp. 219 - 233, bes. Sp. 229 f. und SCHOLTEN (1996), S. 60 - 64.

[650] WOLFF (1978), S. 95; 101 f. verweist auf die Vormachtstellung der Monophysiten in der wirtschaftlich mächtigen Handelsmetropole des Ostreiches. Gegenüber den radikalisierten monophysitischen Unterschichten konnte Byzanz die Wahrung der Gesetze nur schwer erzwingen. Die Alexandriner widersetzten sich beispielsweise der vom Konzil von Chalkedon verfügten Absetzung des Dioskur als Patriarch. Der Chalkedon ergebene neue Patriarch Proterius wurde nach Bekanntwerden des Todes Kaisers Markian 458 ermordet und im Hippodrom verbrannt. Vgl. dazu Evagr. hist. eccl. II 8, Ps.Zach. rhet. hist. eccl. III 10 - IV 2. Zur Datierung vgl. H. Chr. BRENNECKE, Chalkedonense und Henotikon. Bemerkungen zum Prozeß der östlichen Rezeption der christologischen Formel von Chalkedon, in: J. van OORT - J. ROLDANUS (Hrsg.), Chalkedon: Geschichte und Aktualität. Studien zur Rezeption der christologischen Formel von Chalkedon, Groningen 1997, S. 24 - 53, bes. 28 Anm. 23, der aber nicht auf die sozialpolitischen Gründe für die Rebellion in Alexandria eingeht. Zu den Vorgängen selbst vgl. V. C. SAMUEL, The Council of Chalcedon Re-Examined, Madras 1977, S. 97 - 99. Im Rahmen dieser faktischen Autonomie wurde der monophysitische Patriarch auch von der Stadt selbst gewählt, während der eingesetzte

theologischer Ebene manifestierte sich die Spaltung der byzantinischen Gesellschaft und Kirche im Kampf der Monophysiten gegen die christologische Formel von Chalkedon, ein Konflikt, den Justinian im Konzil von Konstantinopel 553 beizulegen versuchte.[651] Als Kompromißangebot an die Monophysiten wurden dort die drei Bischöfe Theodor, Theodoret und Ibas von Edessa anathematisiert, obwohl Theodor selbst vor etwa hundert Jahren die Beschlüsse von Chalkedon mitgetragen hatte.[652] Im zeitlichen Umfeld des in Konstantinopel abgehaltenen Konzils beteiligte sich Philoponos in seiner Diaitetes / Arbiter bezeichneten Schrift erstmals direkt an der christologischen Debatte, um für einen vorsichtigen Ausgleich zwischen den Parteien einzutreten.[653] Die wesentlichen Argumente dieser Abhand-

---

orthodoxe Patriarch als Vertreter des grundbesitzenden Adels in seiner Machtausübung auf die ägyptische Provinz beschränkt blieb. Diese kirchliche Dichotomie fand ihre Entsprechung auch in der topographischen Trennung der Residenzen der zwei Patriarchen. Während der von der kaiserlichen Regierung installierte Bischof seinen Sitz in der Stadt hatte, amtierte der monophysitische Patriarch im westlich von Alexandria gelegenen Kloster von Enaton und im späten 6. Jahrhundert in der Abtei von Sankt Makarios. Vgl. Chr. HAAS, Alexandria in Late Antiquity. Topography and Social Conflict, Baltimore - London 1997, S. 260 f.

651 Zur Intention Justinians vgl. H. CHADWICK, Philoponus the Christian theologian, in: SORABJI (1987), S. 41 - 56, bes. S. 45 f. und GRILLMEIER II 2, S. 444.

652 Zum sogenannten "Dreikapitelstreit" vgl. mit weiterer Literatur SCHOLTEN (1997), S. 66 Anm. 143, zur Reaktion auf die Verurteilung Theodorets innerhalb der syrischen Kirche MADATHIL S. 42 f.

653 Der syrisch erhaltene Traktat liegt in lat. Übersetzung vor bei A. ŠANDA, Joannis Philoponi Opuscula monophysitica, Beirut 1930. Philoponos beharrt nicht auf einer völligen Vermischung der göttlichen und menschlichen Natur im Sinne eines radikalen Monophysitismus, sondern erkennt den Unterschied der beiden Naturen in Christus an (Philop. arbit. 2). Vgl. BÖHM S. 414 - 429, L. S. B. MacCOULL, John Philoponus and the Composite Nature of Christ, in: Ostkirchl. Stud. 44, 1995, S. 197 - 204 und VERRYCKEN (1998), Sp. 547 f.

lung legen bereits die terminologischen Grenzen fest, innerhalb deren sich die Teilnehmer des Disputes um die Natur Christi bewegten. Philoponos verwahrt sich gegen die Formel von Chalkedon von einer Hypostase in zwei Naturen,[654] da unter Hypostase ein Individuum zu verstehen sei, mehrere Individuen eine begrifflich fixierbare, empirisch aber nicht *per se* existierende φύσις bildeten. So können gemäß der Lehre der Kirche von der Trinität mehrere, im konkreten Fall drei Hypostasen an einer Natur partizipieren.[655] Wie bereits früher erwähnt,[656] wurde bei den gemeinhin als orthodox geltenden kappadokischen Kirchenvätern, sachlich zum ersten Mal bei Basileios, terminologisch durchschlagend bei Gregor von Nyssa, Hypostasis als synonyme Bezeichnung für πρόσωπον verwendet.[657] Die Identität von πρόσωπον und Hypostasis kommt auch im Dogma von Chalkedon zum Ausdruck.[658] Wenn Philoponos im Rahmen einer Analyse des Numerusgebrauchs von den Personen Gottes bei der Schaffung Adams spricht, er weiters den Passus als Beleg für die drei Personen der einen Gottheit wertet (Opm. 237, 14 - 16), legt er die Modi fest, nach denen er seinen Kommentar zu Gen. 1, 26 verstanden wissen will: Ihm ist die zum Zeitpunkt des Dreikapitelstreites aufflammende christologische Kontroverse um die Person Christi jene Szenographie, in der er mit seinem Opm. gegen Theodor auftritt. Suchen wir nach Belegen für die diskurssteuernde Qualität von πρόσωπον, stellen wir fest, daß in den kanonischen Formulierungen des Konzils von Konstantinopel das korrekte Verständnis von πρόσωπον als wesentliches Kriterium der Rechtgläubigkeit festgelegt wurde. Bereits im ersten Kanon finden wir jene Bestimmung der einen Gottheit, die in drei Hypostasen oder Personen verehrt wird, die auch mit Philoponos' Lehre

---

654 Vgl. ACO II 1, 2, 129, 30: ἐν δυσὶ φύσεσιν ἀσυγχύτως ἀτρέπτως ἀδιαιρέτως ἀχωρίστος γνωριζόμενον.

655 Philop. Arbit. 28; vgl. CHADWICK S. 46 f.

656 Vgl. S. 198 ff.

657 Vgl. HAMMERSTAEDT (1997), Sp. 1021. 26, 18 f.; 31, 1 f.

658 ACO II 1, 2, 129, 33: καὶ εἰς ἓν πρόσωπον καὶ μίαν ὑπόστασιν συντρεχούσῃ.

von den drei Personen der einen Gottheit übereinstimmt.[659] Weiters beschreibt das Konzil die Logos-Anthropos-Christologie Theodors als Annahme von zwei πρόσωπα oder zwei Hypostasen der in Wahrheit einen Natur Christi, die nur verbal als ἓν πρόσωπον bezeichnet werde.[660] Schließlich verwerfen die Konzilsbeschlüsse im 12. Kanon diese Lehre Theodors, wonach Gott in einem Akt der Gnade einen Menschen auserwählte, ihn zum Sohn erhob und wie das Standbild eines Königs als Stellvertreter (πρόσωπον) des göttlichen Logos zur Verehrung hingab.[661]

Im Diaitetes 23 - 24 diskutiert Philoponos den Gehalt der Begriffe Hypostasis und Persona (πρόσωπον) aus monophysitischer Sicht in Abgrenzung zu dem Häretiker Nestorius sowie dem radikalen Flügel der Dyophysiten. Die dabei zutage tretenden Konnotationen führen ins Zentrum der christologischen Aussagen des sechsten Buches von Opm. und spiegeln die Form der zeitgenössischen Diskussion. Zunächst wird πρόσωπον als Polynom für ὑπόστασις bestimmt und beispielhaft mit dem äquivoken Wortpaar *ensis* und *gla-*

---

659 Εἴ τις οὐχ ὁμολογεῖ πατρὸς καὶ υἱοῦ καὶ ἁγίου πνεύματος μίαν φύσιν ἤτοι οὐσίαν μίαν τε δύναμιν καὶ ἐξουσίαν, τριάδα ὁμοούσιον, μίαν θεότητα ἐν τρισὶν ὑποστάσεσιν ἤγουν προσώποις προσκυνουμένην ... (ACO IV 1, 2, 240, 3 - 5); vgl. damit τὰ τρία τῆs θεότητος πρόσωπα; τῆς ἐν τριάδι μιᾶς θεότητος (Philop. Opm. 237; 15; 239, 7 - 8). Den Glauben an die Identität der οὐσίαι der drei göttlichen Personen artikuliert auch Philop. Opm. 236, 10 - 11.

660 Εἴ τις τὴν μίαν ὑπόστασιν ... οὕτως ἐκλαμβάνει ὡς ἐπιδεχομένην πολλῶν ὑποστάσεων σημασίαν καὶ διὰ τούτου εἰσάγειν ἐπιχειρεῖ ἐπὶ τοῦ κατὰ Χριστὸν μυστερίου δύο ὑποστάσεις ἤτοι δύο πρόσωπα καὶ τῶν παρ᾽ αὐτοῦ εἰσαγομένων δύο προσώπων ἓν πρόσωπον λέγει ... (ACO IV 1, 2, 241, 16 - 19).

661 Vgl. ACO IV 1, 2, 243, 1 - 8. Gegen die Antiochener betont der Monophysit, daß das Menschsein Christi niemals allein vor oder neben dem ewigen Logos existiert hat, sondern nur gedanklich als existent vorzustellen ist: *Sicut igitur incorporeitas Verbi Dei et impossibilitas et aeternitas intacte manserunt, quamquam unitae sunt carni passibili et cui est initium exsistentiae, ita et simplicitas essentiae eius et incompositio ex partibus sine perturbatione in Christo composito servantur* (Philop. diait. 60).

dius verglichen.[662] Die drei Personen der Trinität können ohne Bedeutungsvarianz somit auch als drei Hypostasen benannt werden. Davon hebt Philoponos in einem zweiten Schritt den Sinn von πρόσωπον ab, der diesmal nicht mit dem Inhalt von Hypostase zusammenfällt, sondern in das semantische Feld "Stellvertreter" gehört: *Dicimus nempe aliquem meam personam assumpsisse et nos in persona alicuius aliquem in iudicium introducere, et legatum gerere personam regis dicimus.*[663] Nur diesen letzten Aspekt von πρόσωπον aufgreifend sprechen nach Philoponos die Nestorianer von der einen Person Christi, meinen aber nicht die Synthese der zwei Naturen als solche, sondern die *cohaesio* (συνάφεια) des göttlichen Logos mit dem aus Maria geborenen Menschen, der *in persona divinitatis Verbi* wie ein Legat stellvertretend für Gott handelt. Der eine Christus der dyophysitischen Irrlehre entpuppt sich in Realität als temporäre Verbindung, an der zwei Personen partizipieren, die zueinander im Verhältnis von *rex* und *legatus* stehen: *Itaque exploratum est ... nos unam esse Christi personam dicendo, non sicut Nestorii amicis placuit, merae cohaesioni Verbi Dei cum homine nomen personae applicare, sed indiscriminatim denominatione hypostasis et personae utendo ita nos dicere unam esse Christi personam, sicut unam hypostasim humanam, Petri nempe vel Pauli* (diait. 24).

Somit kann behauptet werden, daß Philoponos ausgehend von einer Frage nach den grammatischen πρόσωπα diesem Terminus nicht nur eine allgemeine trinitätstheologische Konnotation, wie sie in der Gleichsetzung von Hypostasis und Person bei den Kappadokiern begegnet war, beilegt, sondern noch vor dem direkten Angriff

---

662 In dem Kategorienkommentar des Ammonios dienten ebenfalls ἄορ, ξίφος und μάχαιρα als Exempel für das πολυώνυμα, das Sprechen über denselben Sachverhalt mit Hilfe verschiedener Worte (Ammon. CatCom. 16, 4 - 6).

663 Philop. diait. 23. MacCOULL stellt in ihrem Manuskript heraus, daß die koptische Formel aus der Gerichtssprache "jemanden zu seinem πρόσωπον machen" mit der Bedeutung von "jemanden zu seinem rechtlich befugten Vertreter machen" hinter diesen Ausführungen von Philoponos steht. Sie zitiert dazu M. San. NICOLÒ, das *eire mprosopon* als Stellvertretungsformel in den koptischen Papyri, in: BZ 24, 1923 - 24, S. 336 - 345.

auf Theodor den Begriff mit Vorzeichen versieht, die eine Akzeptanz der antiochenischen Trennungstheologie unmöglich machen sollten.

Die Polemik gegen Theodor in sechsten Buch ist als solche nicht neu, sondern mit den in den Kapiteln 8 - 22 des Eröffnungsbuches vorgetragenen Attacken auf dessen Engellehre verzahnt. Dort war die noetische Inkompetenz des Bischofs von Mopsuestia, sowohl dem Wortlaut der Hl. Schrift zu folgen, als auch konsistente Schlüsse vom Geschriebenen auf Ungeschriebenes zu ziehen, dazu verwendet worden, um dessen Glauben an eine immanente Entstehung der Geistwesen zu erschüttern und seine Ferne von der Tradition der rechtgläubigen Kirche aufzuzeigen. Hier kann Philoponos auf seine grundlegende Kritik an der dyophysitischen Auffassung, wonach die Engel zusammen mit der körperlichen Welt entstanden seien, aufbauen und die daraus resultierende Irrlehre, die Engel dienten dem Gott ebenbildlichen Menschen strikt ablehnen.[664] Bemerkenswert im Hinblick auf den Stil im Umgang mit Theodor scheint die im Vergleich zum ersten Buch deutlich spürbare Verschärfung des Tons. Philoponos steigert das Motiv der Isolation des Theodor innerhalb der Kirche zum Vorwurf der Blasphemie, der Asebie und der schamlosen Verspottung des Wortlautes der Hl. Schrift und seiner orthodoxen Vorgänger.[665] Von Interesse ist nun, daß - wie bei Philoponos - auch in den Texten des Konzils von Konstantinopel Theo-

[664] Opm. 252, 12 - 20: Der Mensch als innerweltliches Wesen herrscht nur über die auch ihm eigene empirische Ordnung. MacCOULL (1995), S. 392 - 394 hat den engen Konnex zwischen der im ersten Buch im Vordergrund stehenden Angelologie und der themenbestimmenden christologischen Debatte des sechsten Buches klar erkannt. Die Aktualität der Frage, ob Engel Diener des Menschen seien, belegt MacCoull durch Verweis auf einen apokryphen Genesiskommentar aus dem Ägypten des sechsten Jahrhunderts, der einem Enetos oder einem Isidor zugeschrieben wird. Dort befahl Gott den Engeln, sich vor Adam zu verbeugen.

[665] Die höchste Frequenz an abwertenden Urteilen nimmt die sechsfache Behauptung der βλασφημία ein: Opm. 245, 1; 247, 12; 248, 23; 249, 4; 250, 25; 252, 4. Ἀσέβεια (ἀσεβής) begegnet Opm. 249, 9; 258, 5. Theodor verspottet die Exegeten vor ihm: Opm. 251, 15 - 18; 251, 25 - 252, 2; 262, 13 - 18.

dors Christologie unter die Rubrik der Blasphemie und Asebie geordnet wird.[666] Die Abspaltung Theodors von der kirchlichen exegetischen Tradition, ein signifikantes Element in der Desavouierung des Antiocheners durch Philoponos, begegnet im 14. Kanon des Konzils als Gegenüberstellung der Lehre der heiligen Väter mit der Gottlosigkeit der Häretiker wieder.[667] Wenn Philoponos also seine Polemik gegen Theodor in den Vorwurf der Gotteslästerung, der Asebie und Häresie münden läßt, so setzt das voraus, daß er sich im Rahmen eines bestimmten Kommunikationssystems, in einer bestimmten historischen Situation den durchschlagendsten Erfolg offenbar von diesen Signalen an den Leser erhoffte. Sinnvoll ist diese Gestaltung der Kontroverse nur dann, wenn im öffentlichen Gespräch Theodor bereits mit Blasphemie und Asebie assoziiert werden konnte, wenn eine Gedankenverbindung vorlag, wie sie der Konzilstext bereits vollzogen und in kanonische Form gebracht hatte. Der Umstand, daß Philoponos die Argumente gegen Theordors Genesisdeutung aus dem ersten Buch in diese Invektive kulminieren läßt, legt vom Standpunkt einer ökonomischen Beweisführung aus die Vermutung nahe, daß Philoponos mit seinem Opm. eher eine signifikante öffentliche Stimmung aufnimmt, als daß er sie vorbereitet.[668]

Die dritte und letzte hier zu besprechende Konnotation des Wortes πρόσωπον, die in der Welt des Philoponos von Relevanz war, ist Teil des politischen und sozialen Denkens. Wolff hat in seinem großangelegten Versuch, die generische Übereinstimmung zwischen Philoponos' Impetustheorie, derzufolge die Einheit zwischen *movens* und *motum* nicht die Bewegung, sondern die Übertragung einer identisch bleibenden, vom Beweger hervorgebrachten Kraft ausmacht,

---

666 Βλασφημία: ACO IV 1, 2, 243, 11; 24, ἀσέβεια (ἀσεβής): ACO IV 1, 2, 243, 1; 23; 244, 25.

667 ACO IV 1, 2, 244, 22 - 23.

668 WOLSKA S. 163 - 165 datiert Opm. vor das Konzil, weil sie in dem Werk den Versuch sieht, den Konzilsteilnehmern Material für die Verurteilung Theodors zur Verfügung zu stellen. SCHOLTEN (1996), S. 59 spricht sich aufgrund des Fehlens direkter Textbelege vorsichtig ablehnend gegen diese Chronologie aus. Vgl. WOLFF (1978), S. 72.

und der Sehweise der Hervorbringung von Gütern gezeigt.[669] Seine exemplarischen Überlegungen, die in der Philoponosforschung Neuland betreten, sind hier ob ihrer Konsequenzen für die exegetische Technik nachzuzeichnen. Demnach ist der Vorgang der Kraftherorbringung für Philoponos ein Paradigma zur Deutung von Ursachenzusammenhängen: "*»Produktion der Kraft«: genetivus subjectivus und objectivus: »Kraft« wird hervorgebracht und bringt hervor. »Produktion« ist in diesem präzis artikulierten Sinne nicht nur die zweckmäßige Veränderung natürlicher Dinge, sondern, aufseiten des Produzierenden, zugleich Aufwand und verlust an Kraft. Arbeit als »Produktion« ist nicht mehr ausschließlich Herstellung des zu vollbringenden Werkes, Leistung im objektiven Sinne, sondern sie ist auch subjektive Leistung, Mühe, »Produktion« eines Leistungsvermögens. Zwischen beiden, zwischen hervorbringendem Leistungsvermögen und hervorgebrachter Leistung als der einem Ding eingeprägten Kraft, behauptet Philoponos in seinem Physikkommentar, wie wir sahen, die Beziehung der Identität: sie ist »ein und dieselbe«. Diese Identitätsbehauptung, die das Prinzip der Übertragungskausalität der Sache nach impliziert, ist das über Aristoteles hinausgehende Neue.*"[670] Produkt und Handwerker sind durch die von diesem ausgehende, in jenes eingeprägte Kraft miteinander verbunden. Wolff bezieht dann dieses Modell auf gesellschaftliche Gegebenheiten in der Spätantike, speziell auf die Forderung nach einem *iustum pretium*, dem Anspruch auf einen gerechten Lohn für den erbrachten Arbeitsaufwand: der äquivalente Preis ist Ausdruck für die Identität zwischen entäußerter Kraft des handwerklichen Produzenten und dem verkauften Produkt, in das diese Kraft übergegangen ist. Erst wenn der hervorbringende Handwerker überhaupt als πρόσωπον, d. h. als paktfähiges Rechtssubjekt verstanden wird, was in der Justinianischen Gesetzgebung mit ihrer Beharrung auf der Scheidung zwischen dem Status Freier und Sklaven noch strikt abgelehnt wird, ist der Kampf um das *iustum pretium* für eine personal aufgewandte Mühe sinnvoll und

[669] WOLFF (1978), S. 79 - 83. Relevante Textbelege für seine Theorie sind Philop. Aetm. 84, 16 - 18, AnCom. 329, 16 - 26, PhysCom. 384, 18 - 33.

[670] WOLFF (1978), S. 82 - 83.

begründet.[671] Explizite Stellungnahmen zugunsten der Interessen der oft unfreien Produzenten nach einem ihrem Krafteinsatz äquivalenten Preis versucht Wolff nicht in sozialphilosophischen, sondern in theologischen Traktaten zu finden, da im byzantinischen Herrschaftssystem das Fehlen einer autonomen Rechtsphilosophie im bürgerlichen Sinne sich dahingehend niederschlage, daß sozialrevolutionäre Thesen im Gewande theologischer Argumente artikuliert würden.[672] Der Sinn von Philoponos' theologischen Positionen, wie das hier diskutierte Problem der Gottesebenbildlichkeit des Menschen, besteht für Wolff in einer politischen Absicht, die hinter und neben einer religiösen

---

671 WOLFF (1978), S. 93 Anm. 23 zitiert den Cod. Theod. 10, 10, 33 mit dem Erlaß, der den Statusunterschied zwischen Freien und Sklaven festschreibt: *stabit legitima servitutis libertatisque discretio*". Philoponos' Gegner Theodor bekämpfte in Ad Philem. II 262 kirchliche Gruppen, die für die Beseitigung eben dieses Unterschiedes eintraten. Ausdruck der Preiskämpfe zwischen der Masse der gewerbetreibenden Bevölkerung, die durch das Zinsverbot weder ihr Kapital vermehren noch aufgrund staatlicher Regulierung die Produktionskosten voll auf den Produktpreis übertragen konnten, und den Grundeigentümern ist die Einrichtung bischöflicher Schiedsgerichte durch Justinian, die den Produzenten zumutbare Endpreise zu garantieren sollten. Vgl. WOLFF (1978), S. 100 mit Literatur und Belegen. Dazu K. MARESCH, Nomisma und Nomismatia. Beiträge zur Geldgeschichte Ägyptens im 6. Jahrhundert n. Chr., Abh. der nordrhein-westfälischen Akad. der Wiss., Papyrologica Colonensia XXI, Opladen 1994. MARESCH hat in seinem Buch gezeigt, daß für die Löhne für Produzenten bzw. den Preis ihrer Erzeugnisse und für die Gehälter für bevorzugte Personen variierende παρά - Beträge in Rechnung gestellt wurden. Grundlegend für das Verständnis dieses Zahlungsmodus ist das Faktum, daß vom Wert der abstrakten Recheneinheit des Solidus ausgegangen wurde. Bei einfachen Lohnempfängern fiel der Abzug vom Solidusstandard, ein in den Papyri gewöhnlich durch παρά ausgewiesener Betrag, größer aus als bei höhergestellten Personen oder kirchlichen Empfängern. Vgl. die Auswertung der Papyri bei MARESCH S. 124 f.

672 WOLFF (1978), S. 114.

Problemstellung als Subtext mittransportiert werde. Die Teilnehmer der Kontroverse, Severos und Philoponos auf monophysitischer Seite sowie Theodor und Kosmas als Vertreter der Dyophysiten, ringen nach dieser Auffassung primär um das Verständnis des πρόσωπον Christi, verschlüsselt aber ebenso um den Rechtsstatus der Menschen in der byzantinischen Gesellschaft.

Es ist hier nicht der Ort, zu verifizieren, ob in allen Aspekten des theologischen Disputs eine politische Sonde vorhanden ist, sondern es genügt festzustellen, daß der Leser im Gebrauch von πρόσωπον ein sprachliches Merkmal in einem sozialpolitischen Konflikt identifizieren konnte: Während Theodor unter Person eine exklusive Statusbezeichnung versteht, die *per definitionem* nicht allen Menschen eigentümlich ist, betrachtet Philoponos in dem Opm. zeitlich nahestehenden Diaitetes das πρόσωπον als eigentümliches Sein eines jeden Menschen.[673] Im Hexaemeronkommentar bietet sich ein ähnliches Bild. Philoponos geht hier von der Prämisse aus, daß die Aussage von der Ebenbildlichkeit des Menschen gegenüber Gott ein konstitutives Element aller Menschen sei und sich auf den Bereich der empirischen Welt beziehe.[674] Objekt der menschlichen Herrschaft, in der die bildhafte Ähnlichkeit zu Gott besteht, ist also nicht prinzipiell der Mensch. Die Anordnung Gottes ergeht an die Gattung Mensch, womit sich Philoponos gegen Theodors hierarchielegitimierende Deutung, in der das κατ᾽ εἰκόνα die Regentschaft weniger Könige über die Masse der Menschen meine, ausspricht.[675] Wäre Theodors Auffassung korrekt, dürften nur wenige, nicht einmal Adam, Abbilder Gottes sein, da das Königtum nur auf eine geringe Zahl beschränkt ist. Die Monarchie basiert somit nicht auf Gottähnlichkeit heiligmäßiger Könige, sondern geht aus oft willkürlichen, auf jeden Fall aber menschlichen Entschlüssen hervor.[676] Im Gegensatz zu dieser θέσει - bestimmten Herrschaft muß sich Gottes Auftrag auf eine φυσικὴ ἀρχή beziehen, die in der Wirklichkeit ausschließlich

[673] Fragment bei Johannes von Damaskos in PG 94, 748 A. Vgl. B. KOTTER, Die Schriften des Johannes von Damaskos IV, PTS 22, Berlin - New York 1981, S. 50 - 55.

[674] Opm. 262, 20.

[675] Opm. 263, 10 - 14.

[676] Opm. 263, 15 - 19.

in der Herrschaft über andere Lebewesen erfahrbar ist.[677] Der zwischen Philoponos und Theodor faßbare Unterschied im Menschenbild ist Konsequenz eines verschiedenen Gottesverständnisses. Diesen Gott beschreibt der Monophysit als drei nur gedanklich abstrahierbare göttliche Personen, die über dieselben Kräfte verfügen, während Theodor zwei ähnliche, keinesfalls wesensgleiche δυνάμεις auf den θεὸς λόγος und das ἅγιον πνεῦμα aufteilt.[678] Der gespaltenen, urbildlichen Gottheit entspricht eine gespaltene abbildhafte Menscheit, die als hervorgegangene Inkarnation die göttliche Dichotomie in Zweiheit nachvollzieht. Die Seele des Menschen ist demnach bei Theodor ebenfalls dualistisch in Logos und ζωή gegliedert, wie Adam und Eva die Zweiheit des göttlichen Demiurgen repräsentieren.[679] Auf derselben binären Gedankenstruktur beruht die vorhin erwähnte soziologische Scheidung in Freie und apersonale Sklaven, in Herrscher und Beherrschte.

Wollen wir diesen Befund am Gesamtbild der bislang erarbeiteten hermeneutischen Methode des Philoponos messen, so läßt sich ein politisches Denkprinzip identifizieren, das im Zusammenhang mit der Erschaffung der Meere begegnete und bereits diskutiert wurde.[680] Dort hatte Philoponos die μία συναγωγή der Hl. Schrift im Gegensatz zur antiochenischen Exegese nicht als real existierendes Weltmeer aufgefaßt, das sich in verschiedene Buchten und Teilmeere ausstülpt, sondern als Genus "Meer" verstanden, nach dem sich die topographisch eigenständigen Teilmeere unserer Welt formten. Als Vergleich stellte Philoponos die Gattung der "Einen Kirche" den vielen autonomen Teilkirchen gegenüber, die abermals im Verhältnis des nur geistigen, universalen Genus zum realen Individuum stehen. In Analogie interpretiert Philoponos auch den Auftrag Gottes zur Herrschaft als Weisung an die Menschheit, als Befehl an eine Gattung, an dem die beiden Geschlechter von Mann und Frau ebenso teilhaben wie die gesamte Menschheit ohne Rücksicht auf politische und rechtliche Stellung. Nimmt man nun die politische Sonde in Philoponos' Lesart der biblischen Anthropogonie ernst, ist ein Fak-

---

677 Opm. 264, 1 - 2.

678 Opm. 265, 2 - 5.

679 Opm. 265, 5 - 11; vgl. WOLFF (1978), S. 118 f.

680 Vgl. Kapitel III D 3 α.

tum erklärungsbedürftig: In zwei Kapiteln des sechsten Buches paraphrasiert er die Exegese Theodors, in dem dieser das κατ᾽ εἰκόνα / καθ᾽ ὁμοίωσιν aus Gen. 1, 26 mit dem Standbild eines Königs vergleicht, das in der Mitte der Stadt aufgestellt ist zur Verehrung und Anbetung durch die Untertanen. Diese Rolle komme in der Schöpfung dem Menschen zu, der als Bildnis Gottes von der ganzen Schöpfung geehrt werde.[681] Der Mensch ist in diesem Bild nicht mehr aktiver Herrscher, sondern Stellvertreter eines fernen Gottkönigs, von dem er seine Würde erhielt. Dieses Konzept steht ganz im Einklang mit der dyophysitischen Statuslehre, wonach das πρόσωπον eine von einer höheren Instanz verliehene Ehrenbezeugung darstellt. Der Vergleich beruht ja auch auf der Prämisse der absoluten Regentschaft eines Monarchen, Herrschaft ist hier nicht an das Genus "Mensch", sondern an den Dynasten gekoppelt. Genau dagegen erhebt Philoponos seine Stimme: τὸ εἶδος τῆς ἀρχῆς τὸ ἐπὶ τῶν παρ᾽ ἡμῖν βασιλέων σῴζειν φησὶ τό "κατ᾽ εἰκόνα", καὶ οὐδὲ κατὰ νοῦν ἔλαβεν, ὡς πρῶτον μὲν τό "ποιήσωμεν ἄνθρωπον κατ᾽ εἰκόνα ἡμετέραν καὶ καθ᾽ ὁμοίωσιν" ἐπὶ παντὸς τοῦ γένους τῶν ἀνθρώπων εἴρηται· ὀλίγοι δὲ τούτων εἰσὶν οἱ βασιλεύσαντες (Opm. 263, 10 - 15). Umso bemerkenswerter ist nun, daß gerade diese Herrschaftsmetapher des Theodor, die doch den cäsaropapistischen Tendenzen der Regierung Justinians entgegenkommen müßte, im 12. Kanon des Konzils von Konstantinopel verurteilt wurde: .... καὶ διὰ τοῦ βαπτίσματος τὴν χάριν τοῦ ἁγίου πνεύματος λαβεῖν (sc. Χριστόν) καὶ υἱοθεσίας ἀξιωθῆναι καὶ κατ᾽ ἰσότητα βασιλικῆς εἰκόνος εἰς πρόσωπον τοῦ θεοῦ λόγου προσκυνεῖσθαι καὶ μετὰ τὴν ἀνάστασιν ἄτρεπτον ταῖς ἐννοίαις καὶ ἀναμάρτητον παντελῶς γενέσθαι (ACO IV 1, 243, 5 - 8). Da eine selbstzerstörerische Absicht der Orthodoxie und des sie schützenden Justinian wohl nicht anzunehmen ist, muß die Metapher Theodors vom Kaiserbildnis als rein theologisches Argument und Ausdruck der klassischen *homo assumptus* - Theologie der Antiochener verstanden worden sein: Abgelehnt wurde die Vorstellung von der gnadenhaften Erwählung eines Menschen zum Stellvertreter von θεὸς λόγος, ohne daß man einen politischen Code hinter dem Bilde vermutet hätte. Vordergründig zieht auch Philoponos in Opm. 247, 21 - 248, 3 gegen das Christus-

[681] Opm. 245, 5 - 12, Wiederaufnahme in Opm. 249, 17 - 250, 4. Vgl. SCHOLTEN (1996), S. 59 Anm. 213, WOLSKA S. 164; 297 f.

bild des Theodor zu Felde und bewertet die Vorstellung, Engel als Gott dienende Kräfte würden die Menschen bedienen, als Blasphemie.[682] Damit wahrt der Kommentator auf einer ersten Eben den Eindruck eines ausschließlich christologischen Disputs und aktiviert jene Bedeutung von πρόσωπον als "bevollmächtigter Vertreter", wie er sie im Diaitetes den Monophysiten zur Last gelegt hatte.[683] Doch ohne sich *expressis verbis* von den theologischen Problemen zu entfernen, setzt er bei der zweiten Besprechung von Theodors Gleichnis dessen Metapher vom Standbild des Königs mit dem biblischen Bericht vom goldenen Bild des Nebukadnezar in Beziehung: Ist es wirklich Intention der Hl. Schrift, so die rhetorische Frage des Philoponos, daß die ganze Welt zusammen mit den Engeln den Menschen als Gott anbetet, wie das Bild Nebukadnezars verehrt wurde ?[684] Dann müßte man ja auch die drei Jünglinge im Feuerofen ob ihrer standhaften Verweigerung der Proskynese vor dem Königsbild verurteilen.[685] Mit diesen beiden biblischen Motiven umgibt Philoponos die bislang nur theologisch diskutierte Metapher des Theodor mit einem Rahmen, der den gesellschaftlich neutralen Inhalt mit Vorzeichen versah, die auf einer zweiten Rezeptionsebene das Faktum der Verehrung eines Autokraten als solche fragwürdig erscheinen ließen. Diese These läßt sich noch weiter erhärten, wenn wir die drei Verse betrachten, die Philoponos als Schriftbeleg gegen Theodors Lehre von einer Anbetung des Menschen durch die körperliche und geistige Schöpfung vorbringt: Κύριον τὸν θεόν σου προσκυνήσεις καὶ αὐτῷ μόνῳ λατρεύσεις (Mt. 4, 10); τὴν δόξαν μου ἑτέρῳ οὐ δώσω (Jes. 42, 8); οὐκ ἔσονταί σοι θεοί ἕτεροι πλὴν ἐμοῦ (Ex. 20, 3). Natürlich k a n n man in den Bibelstellen a u s s c h l i e ß l i c h eine Forderung zum Monotheismus erblicken, doch die unmittelbar folgende Verurteilung der paganen Hellenen, die Tiere und Menschen zu Göttern erhoben hätten, deren Statuen sie anbeteten, veranlaßt den Leser, auch hinter dem Standbild des Königs eine Form des Götzendienstes zu sehen, der nicht der biblischen Forderung nach dem Glauben an einen Gott entspricht. Durch sorgsame Regieführung hat

682 Opm. 245, 12 - 246, 15.

683 Vgl. S. 374 f.

684 Opm. 249, 24 - 28.

685 Opm. 249, 28 - 250, 2.

Philoponos das Gleichnis des Theodor in den Konnex der Bilderverehrung übersetzt und somit zu einem politischen Programm gemacht, das auch für die Orthodoxie inakzeptabel sein mußte - die Aufwertung des Monarchen zum Gott. Rückblickend auf die These Wolffs kann somit festgehalten werden, daß eine politische Intention im sechsten Buch von Opm. im Sinne einer Ablehnung theokratischer Despotie auf jeden Fall greifbar ist. Was das Verhältnis von Opm. zum Konzil anlangt, ist es wohl plausibler, die virtuose Anverwandlung und thematische Anreicherung eines religiösen Motivs als Konsequenz eines Dogmas zu werten, als daß umgekehrt die offizielle Kirchenpolitik eine politisch nicht unbedenkliche Darstellung eines potentiellen Gegners entschärft und in die Schlußakte eines Konzils aufgenommen hätte. Dem Gleichnis vom Königsbild muß ob der zweifachen Zitierung offenbar ein gewaltiger Impetus zur Widerlegung Theodors zugemessen worden sein. Woher rührte das polemische Gewicht dieser Erzählung, wenn nicht von ihrer vorangegangenen Verurteilung durch das Konzil?

3. Die Sacherklärung - Kapitel 14.

Die Integration einzelwissenschaftlicher Forschung in die Exegese hält sich in diesem Buch in Grenzen und braucht daher nur am Rande erörtert zu werden. Im Kapitel 14 akzeptiert Philoponos zwar Theodors Ansatz, wonach es eine bestimmende Ursache für die Entstehung des Menschen nach dem Bilde Gottes geben muß, sieht aber in der Fähigkeit des Menschen, aus dem Nichts zu Schaffen im Gegensatz zum Antiochener nicht das Spezifikum des Menschseins. Zur Begründung führt er Beispiele aus dem Tierreich an, wo Wesen ohne Vernunft und Belehrung sinnvolle Gebilde erzeugen. Im einzelnen ist er dabei Basileios und indirekt Aristoteles verpflichtet, wenn er vom Wabenbau der Bienen berichtet, die den Blütenstaub zu Honig verwandeln. Die arbeitsame Honigbiene und ihre technische Begabung zum Bau ihres Hauses preist auch Basileios HexHom. 133, 13 - 135, 14, der dabei vorwiegend Aristoteles verpflichtet ist.[686] Die Sammlertätigkeit der Ameise hebt Philoponos ebenso hervor wie Ba-

[686] Vgl. Aristot. HA I 1;III 12; V 21 f.; IX 40 aber auch Aelian. nat. anim. I 60; III 13; V 10 - 11; 13.

sileios vor ihm.[687] Der für den nüchternen Kommentator untypische Ausbruch von Begeisterung über die Geschicklichkeit der Ameisen – ποία γλῶττα τῶν μυρμήκων τὴν ἐπιστήμην ἀξίως <ἂν> εἴποι (Opm. 257, 10 – 11) – dürfte von Basileios stammen, den wir hier als direkte Vorlage erkennen: τίς ἐφίκηται λόγος; ποία χωρήσει ἀκοή; τίς ἐξαρκέσει χρόνος πάντα εἰπεῖν καὶ διηγήσασθαι τοῦ τεχνίτου τὰ θαύματα; (HexHom. 152, 1 – 2). Auch das Motiv der Schwalbe, die aus Lehm einen Nistplatz für die Brut zusammenleimt, mochte Philoponos bei Basileios gefunden haben, der neben Aristoteles auf eine reiche zoologische Literatur *ad rem* zurückgreifen konnte.[688]

---

[687] Basil. HexHom. 151, 13 – 24. Vgl. Ps.Plut. soll. anim. 967 F – 968 A.

[688] Basil. HexHom. 137, 1 – 9; vgl. Ail. nat. III 24, f., Aristot. HA VI 5; IX 7, Plin. nat. VIII 41, 98.

G. DAS SIEBENTE BUCH

1. Inhalt und Aufbau

Die thematische Vielfalt der in dem kürzesten Buch von Opm. interpretierten Genesisverse schlägt sich in seiner vergleichsweise unruhigen Struktur nieder, die äußerlich durch oftmalige wiederholende Zitation von Lemmateilen charakterisiert ist. Wenn wir jedoch von zentralen Passagen des Buches ausgehen, wird gleichwohl der systematische Gestaltungswille des Kommentators evident. In diesem mittleren Abschnitt, den Kapiteln 6 - 9, ist Philoponos um die Bestimmung des Schönen und seine Abgrenzung vom Guten bemüht, wobei seine Reflexionen von dem nach jedem Schöpfungsakt Gottes wiederholten Wort der Schrift καὶ εἶδεν ὁ θεὸς ὅτι καλόν ausgehen. Der Komplex schließt im Kapitel 9: Das Lob der Schönheit gilt auch für den Menschen, wobei Philoponos im Kapitel acht die Übersetzungsvariante Aquilas, der statt "schön" "gut" überliefert, den Vorzug gab. Abrupt wird diese zuversichtliche Stimmung in Kapitel 10 durch den Einwand der Manichäer gebrochen, woher denn das Böse käme, wenn tatsächlich alles schön wäre. In den nun folgenden Kapiteln 10 - 12 versucht Philoponos den Nachweis, daß kein κακόν als οὐσία existiert, sondern daß das Böse als lediglich sekundäre Subsistenz aus dem freien Mißbrauch natürlicher Wirklichkeiten durch den Menschen entsteht. Methodisch bedient sich Philoponos des syllogistischen Beweisverfahrens, indem er, die Prämissen seiner Gegner annehmend, diese bis zur Absurdität weiterdenkt und dadurch widerlegt. Sowohl die *reductio ad absurdum* durch die Ironie wie auch das Plädoyer gegen eine diesseitsfeindliche Auffassung von einer *per se* schlechten Welt begegnet aber ein zweites Mal: Bereits im Kapitel 2 hatte Philoponos die origenische Lehre vom Fall der präexistenten Seelen in die mindere Körperwelt als unvereinbar mit Gottes Auftrag "Wachset und mehret euch" kritisiert und sie in ihren Konsequenzen bis zum Absurden - ἄτοπα (Opm. 285, 15) - entwickelt. Origenismus (Kapitel 2 und 3), Manichäismus (Kapitel 10 und 11) werden so als verwandte Irrlehren gedeutet und mit demselben Instrumentarium bekämpft. Beide Abschnitte, durch motivische und formale Elemente aufeinander bezogen, umrahmen die Abhandlung über das Schöne und Gute im Mittelteil des Buches. Eine präzise symmetrische Anordnung des Origenismus- und Manichäerpassus um die Achse des Kapitels 6 liegt allerdings nicht vor, da Philoponos in Kapitel vier noch die Übersetzungsvarianten zu Gen. 1, 28 einer Kritik unterzieht und in Kapitel 5 die biblischen Ernährungsgebote erläutert. Ebensowenig in ein formales Gedankenkonzept integriert sind die beiden Schlußkapitel mit Überlegungen zur Bedeutung der Zahlen sechs und sieben im Schöpfungsbericht.

Die Hervorhebung eines zentralen Blocks durch sich ringförmig um ihn schließende, aufeinander bezogene Teile entspricht der Vorliebe des Philoponos für die axiale Anordnung. Material, das thematisch weder dem kontrastierenden Rahmen, noch dem Hauptblock zugeordnet werden kann, wird dergestalt positioniert, daß sich mit jeweils fünf Kapiteln vor und nach dem Zentrum trotzdem eine kompositionelle Symmetrie ergibt. Eine durchgehende Spiegelung der Inhalte ist hingegen nicht erreicht worden:

5 KAP.

1: TEXT Gen. 1, 28: Wachset und mehret euch.
2: Das Leben ist nicht ein Fall der Seele ins Schlechte (Origenes).
3: Beginn der παρέκβασις: Widerlegung der gegnerischen Schriftbeweise, persönliche Stellungnahme beendet den Exkurs.
4: Untersuchung der verschiedenen Übersetzungen. TEXT Gen. 1, 29 abschnittweise erklärt.
5: Die Nahrung des Menschen vor und nach Noah. TEXT Gen. 1, 31.

6: Das Schöne und Gute. Etymologie und συνήθεια.
7: Weshalb wird die Schönheit erst nach dem Akt festgestellt? TEXT Gen. 1, 31 (Wiederaufnahme).
8: Das Ganze ist schöner als die Summe der Teile. "Gut" bei Aquila.
9: Warum "... daß es schön war" nicht nach der Erschaffung des Menschen gesagt wurde.

---

5 KAP.

10: Gegen die Manichäer über die Ursache des Bösen.
11: Das Böse ist keine οὐσία, sondern gewollter Mißbrauch. TEXT Gen. 1, 31.
12: Platon ahmt das Lob Gottes nach. TEXT Gen. 1, 31 b.
13: Warum Gott die Welt in sechs Tagen vollendete. TEXT Gen. 2, 2.
14: Die Zahl 7 ist Symbol der Ruhe.

2. Die Worterklärung

α) Die Etymologie von καλός und ἀγαθός - Kapitel 6

Um den Nachweis zu erbringen, daß das Gute höherwertiger ist als das Schöne, begibt sich Philoponos auf die Suche nach der Benennungsursache für die beiden Worte. Axiologisch nimmt das Gute einen höheren Rang ein als das Schöne, weil jedes Gute schön, aber nicht jedes Schöne auch gut ist. Das Gute ist somit letzte Zielursache des Gewordenen (Opm. 293, 10). Im Hintergrund steht die neuplatonische Sicht des ἀγαθόν, dem in vollendeter Weise die Qualität der Vollkommenheit (τελειότης), Passendheit (ἱκανότης) und des Begehrenswerten (ἐφετόν) zukommt.[689] Die etymologische Herleitung lautet: καλὸν μὲν γὰρ εἴρηται παρὰ τὸ κηλεῖν καὶ θέλγειν ἢ παρὰ τὸ πρὸς ἑαυτὸ καλεῖν (Opm. 293, 11 - 13). Diese Definition offenbart den engen Anschluß des Philoponos an die etymologische Literatur. Lediglich die Reihenfolge der Ableitungsvarianten - 1) κηλεῖν, 2) θέλγειν, 3) παρὰ τὸ πρὸς ἑαυτὸ καλεῖν - differiert gegenüber Orion und dem Etym. Magn. Orion notiert, ohne θέλγειν zu bringen: Καλός. παρὰ τὸ καλεῖν πρὸς ἑαυτὸν ἕκαστον. ἢ παρὰ τοῦ κηλεῖν. πάντες γὰρ τῷ καλῷ κηλούμεθα (83, 2 - 3). Das Etym. Magn. bringt wie Philoponos θέλγειν als zusätzliche Explikation von κηλεῖν: καλός: ... ἢ παρὰ τὸ καλῶ, ἐκ τοῦ καλεῖν πρὸς ἑαυτὸν ἕκαστον, ὡς ἀγαθὸν, ἐφ᾽ ὃ ἄγαν θέομεν. ἢ παρὰ τὸ κηλεῖν· πάντες γὰρ κηλούμεθα τῷ καλῷ καὶ θελγόμεθα (Etym. Magn. s. v. καλός). Sowohl Orion als auch das Etymologicum gehören der Tradition an, in der auch das Theokritscholion steht, das eine wortidente Definition bietet: καλάν: ... ἢ παρὰ τὸ καλῶ ῥῆμα γίνεται καλὸς διὰ τὸ καλεῖν πρὸς ἑαυτὸν ἕκαστον, ὡς τὸ ἀγαθόν, ἐφ᾽ ᾧ ἄγαν θέομεν (Theokr. Schol. Idyll. I 52).[690]

---

[689] Plat. Phil. 67 a 2 - 8, danach Prokl. AlkCom. 218, 13 - 17, TheolPlat. I 22, 101, 14 - 104, 20; III 22, 79, 9 - 17, TimCom. I 237, 15 - 17. Dahinter steht die aristotelische Festlegung des Guten als τέλος jedes Strebens: EN 1094 a 1 ff.

[690] Bei all diesen Varianten ist die Rückführung von καλός auf καλεῖν im Gegensatz zu Plat. Krat. 416 b 6 - d 10 nur phonetisch, nicht inhaltlich begründet. Platon begreift das, was benennt, als Denken (διάνοια), da Denken nun selbst ein καλόν ist, gelangt er zur Gleichsetzung καλόν - καλοῦν.

Aufgrund des zusätzlichen θέλγειν und der divergierenden Reihung hat Philoponos nicht direkt aus dem Werk des Orion, so wie es uns heute vorliegt, geschöpft.

Eine deutlichere Affinität zu Orion zeigt sich bei der Rückführung von ἀγαθός, wenn Philoponos die Etymologie mit παρὰ τὸ ἄγαν ἐπ᾽ αὐτὸ θέειν bietet (Opm. 293, 15). Damit ist Orion eng verwandt: παρὰ τὸ ἄγαν θεῖν ἡμᾶς εἰς αὐτό (1, 1). Statt des εἰς des Orion finden wir wie bei Philoponos auch im Etym. Magn. ἐπί: παρὰ τὸ ἄγαν θέειν ἡμᾶς ἐπ᾽ αὐτό (s. v. ἀγαθός). Zusätzlich begründet Philoponos die Benennung von ἀγαθός über die poetische Form ἠγάθεος mit ἄγαν θεῖον (Opm. 293, 14). Diese Etymologie hat Hesych s. v. ἠγάθεον: ἄγαν θεῖον. Vor allem durch diese Herleitung des Guten vom Heiligen wird der Vorrang des ἀγαθόν vor dem καλόν grammatikalisch abgesichert und begründet. Im achten Kapitel erklärt Philoponos wie Orion die Unmöglickeit, dieses Adjektiv in Komparativ und Superlativ zu setzen, durch das interne ἄγαν, welches ein Moment der Steigerung bereits impliziere (Opm. 298, 23 - 24). In Summe: Philoponos' etymologische Worterklärung spiegelt das Wissen des Orion mit geringfügigen Ergänzungen aus der Fachliteratur wider. in der exegetischen Auswertung dieser sprachwissenschaftlichen Daten weiß sich Philoponos freilich eins mit seinem Lehrmeister Basileios. Der Gedanke, daß das Schöne nicht primär als ästhetisches Maß, sondern als vollkommene Abstimmung der einzelnen Teile auf die übergeordnete Gesamtheit zu verstehen sei, wurde in HexHom. 55, 7 - 20 deutlich artikuliert. Sowohl die Beispiele der Hand und der Augen, deren Schönheit sich im richtigen Verhältnis des einzelnen zueinander offenbart, als auch das Maß der ἀναλογία im Hinblick auf die spezifische τάξις findet sich in Opm. 296, 20 - 23 und in dem Passus aus den HexHom.

Die moralphilosophische Terminologie in diesem Kapitel atmet aristotelischen Geist und Gesinnung, wenn Philoponos das Gute als letzten Zielpunkt des Handelns im Rahmen einer spezifischen Fertigkeit begreift, dem ein intendiertes Erreichenwollen - αἱρεῖν - korreliert.[691] Die Stoa beschränkte den Anwendungsbereich des αἱρεῖν auf den einzigen Selbstwert, die Tugend, während die indifferenten naturgemäßen Güter wie Gesundheit und Wohlstand nur wertneutral

[691] Vgl. Aristot. EN 1097 a 15 - 24, MM 1072 a 35.

"genommen" werden sollen (λαμβάνειν).[692] Ebenso geht das Oppositionspaar αἱρετός - φευκτός auf das Schrifttum des Stagiriten zurück.[693]

Was die übrigen, im siebenten Buch praktizierten hermeneutischen Techniken betrifft, lassen sich keine Abweichungen von bereits bekannten und diskutierten philologischen Methoden feststellen. Dazu gehören u. a. die Erwähnung eines Parallelismus (Opm. 284, 2), die Methode der *reductio ad absurdum* der origenischen Lehre von der Präexistenz der Seelen (Opm. 284, 24 - 285, 5; 15) und die Nutzbarmachung der Sprachnorm (συνήθεια) für den Übersetzungsvergleich (Opm. 288, 26).

---

[692] Vgl. Cic. fin. 3, 31 = SVF III, Plut. comm. not. 1071 a = SVF III 195, Stob. ecl. II 78, 7, 17 = SVF III 89; dazu FLADERER S. 145 - 147.

[693] Aristot. EN 1119 a 22; 1148 b 3 - 4.

H. CONCLUSIO ZUR EXEGESE IN DEN 7 BÜCHERN VON OPM.

1. Aufbauprinzipien

Ein Typikon der exegetischen Praxis des Philoponos besteht darin, auch bei umfangreichen Themenkreisen deren Zusammenhang mit dem Buchganzen zu wahren, um dessen Kohärenz zu gewährleisten. Dieses Ziel verfolgt er durch die Methode der axialsymmetrischen Disposition des Stoffes: Um eine Mittelachse werden inhaltlich analoge Motive spiegelbildlich angeordnet, die ringkompositorisch den jeweils zentralen Block umrahmen. Dieser Mittelteil kann aus einer Folge von bis zu neun Kapiteln bestehen (Buch sechs), oder aber nur ein Kapitel umfassen (Buch vier). Die vor bzw. nach der Achse gruppierten Themenblöcke selbst werden vorwiegend auf drei Arten als Einheit bestimmt: Einmal markiert ein zu Beginn und Ende des Abschnittes zitierter Bibelvers diesen Teil als geschlossenen Passus. Daneben können auch explizite Vor- und Rückverweise eine Inhaltseinheit begrenzen und konstituieren. Beide Techniken treten sowohl miteinander gekoppelt als auch für sich alleine auf. Schließlich werden durch identische Kapitelzahlen ebenfalls Zäsuren gesetzt. Besonders hervorzuheben ist der Umstand, daß gerade die Zahl der Kapitel vor und nach der Hauptachse nach dem Muster a - b - x - b' - a' in den meisten Büchern von Opm. ein Ordnungsprinzip *per se* darstellt. Gerade dann, wenn es aufgrund der textlichen Vorgaben nicht gelingt, durch inhaltliche Korrelationen eine symmetrische Strukturierung zu bewirken, gewinnt die numerische Entsprechung an Gewicht. Dies zeigt sich etwa deutlich am Buch sieben. Wenn es möglich ist, disponiert Philoponos parallele Themenkreise spiegelbildlich um das Zentrum. So handelt er beispielsweise in Buch vier die Rolle der Gestirne in Christentum bzw. in der heidnischen Sterndeutung in den ersten und letzten drei Kapiteln ab. Ähnliche Analogien sind in den Büchern eins und fünf sichtbar. Was den Gehalt der zentralen Achsen angeht, so finden wir eine überdurchschnittlich dichte Zitierung von Schriftbelegen (Buch vier), Zusammenfassungen (Buch eins und fünf), die Polemik gegen eine rivalisierende Auslegungstradition (Buch sechs), oder selbständige Abhandlungen zu speziellen Problemen (Buch zwei und sieben). Keinesfalls möchte Philoponos diese symmetrischen Zentren aus dem Buchorganismus lösen, vielmehr führt er sie durch Wiederholung der Problemlage an seinen fortlaufenden Kommentar heran (deutlich im Buch zwei, wo eine unabhängige Abhandlung zur Physik des Lichtes im Zentralteil durch Rückverweise in das Buch integriert wird). Bewußt und wiederholt durchbricht Philoponos das starre Schema der Axialsymmetrie durch Epiloge im Umfang jeweils eines Kapitels (Buch zwei, drei und vier). Doch auch hier soll durch weitergehende Variationen bereits bekannter Motive des Buchanfangs die Zersplitterung der Einheit vermieden werden.

So sehr die einer Zusammenfassung gebotene Abstraktion von Einzelbeobachtungen zur Vereinfachung und Vergröberung zwingt, scheinen mir diese Ergebnisse doch als Basis für die weitere Erforschung der anderen Kommentare des Philoponos sowie seiner Zeitgenossen dienlich zu sein. Es liegt jetzt ein formales Paradigma vor, mit dessen Hilfe die Bauprinzipien aller hypomnematischen Schriften des Philoponos gemessen und miteinander verglichen werden können. Zudem vermag das Fehlen oder auch das Vorhandensein ähnlicher Strukturelemente innerhalb der neuplatonischen Kommentarliteratur Auskunft über die Stellung des Philoponos in der Geschichte dieser geistigen Bewegung zu geben.

2. Die Worterklärung

Das grammatikalische Verfahren der Worterklärung tritt uns in Opm. zunächst in Gestalt der Etymologie vor Augen, die aber nicht um ihrer selbst betrieben wird, um etwa von einer sprachwissenschaftlichen Fragestellung ausgehend Ursachen und Prozesse einer bestimmten Benennung zu erläutern. Vielmehr verabreicht Philoponos seinem Leser die Ergebnisse der Etymologisten als fertige Resultate, die im Zuge der Beweisführung ein subsidiäres Argument darstellen und keiner weiteren kritischen Analyse unterzogen werden. So überspringt der Kommentator bisweilen die einzelnen Stufen der Rückführung eines Interpretaments, weil nicht der Prozeß der etymologischen Ableitung als solcher den Untersuchungsgegenstand ausmacht, sondern Philoponos mit allgemein geläufigen Etymologien operiert, die er aus der Schule der Grammatiker kannte. Da sich der Alexandriner auf der Höhe der zeitgenössischen Philologie bewegt und das zu Gebote stehende etymologische Material souverän überblickt, ist eine direkte Vorlage in fast keinem Fall zwingend zu bestimmen. Verzichtet man aber auf eine restriktive Handhabung der Quellendefinition, kann mit Orion von Theben jener Grammatiker identifiziert werden, der Philoponos' Etymologien wohl am meisten beeinflußte. Ob dies auf direktem Wege geschah oder über Vermittlung erfolgte, bleibt verborgen.

Was nun den Stellenwert betrifft, den der Kommentator dem biblischen Wort im Hinblick auf das Verhältnis zur Wahrheit der Schrift zuschreibt, so steht für ihn der homonymische Charakter des einzelnen Terminus außer Frage: Ein Begriff wie etwa οὐρανός symbolisiert und bezeichnet an verschiedenen Phasen des Schöpfungsberichtes differente Gehalte, für die es entweder wie im Falle des Hebräischen keinen adäquaten Ausdruck gibt, oder die ontologisch abgestuft sind. Οὐρανός steht so einmal für |Luft|, weil dafür kein hebräisches Vokabel existiert, verweist aber auch auf die am ersten Schöpfungstag entstandene und den Kosmos umhüllende Schale, und symbolisiert ebenso den dritten Himmel des Paulus, jenen Ort oberhalb, von wo der Apostel einen noetischen Zugang zur unsagbaren, intelligiblen Welt gewonnen hat. Das Wort des Moses muß demnach nicht als uneigentlicher Begriff entschuldigt werden und kann auf jeden Fall ernst genommen werden. Weil das Wort auf ontologisch differenzierte Inhalte verweist, die aber vertikal miteinander in Beziehung stehen, bezeichnet ein und derselbe Terminus einmal Phänomene der Erfahrungswelt und kann ein andermal als verhüllendes Symbol einer unsagbaren Wirklichkeit verstanden werden. So wie sich nämlich aus dem allgemeinen und intelligiblen Einen die untergeordneten Seinsstufen ausfalten, die durch Analogieverhältnisse miteinander verbunden sind, steht das eine Wort als Zeichen für alle Glieder dieser Seinshierarchie. Der vertikalen Schichtung des Seienden entspricht die Homonymie des Wortes, das ebenso eine physikalische Realität wie die ihr vorausgehende intelligible Wirklichkeit abbildet. Zwischen der Skylla einer schrankenlosen Allegorisierung und der Charybdis der Abhängigkeit vom Buchstaben steuert Philoponos einen hermeneutischen Kurs, der flexibler ist, als ihn die Kappadokier erhoffen und die Antiochener befürchten konnten. Der operative Nutzen dieser Hermeneutik besteht in der Herausnahme jener Stellen aus dem naturwissenschaftlichen Diskurs, die bei einer zu engen Orientierung am Literalsinn zum Vorwurf führen konnten, der mosaische Schöpfungsbericht entspreche keineswegs den anerkannten Standards zeitgenössischer Physik. Das Diktum des Philoponos, wer würde denn so töricht sein, die Worte Platons nur als Verweise auf die extensionale Welt zu verstehen, ist bei jeder Begriffsinterpretation in Opm. von Relevanz.

3. Die grammatisch - rhetorische Exegese

In seiner Kommentierung des Sechstagewerkes tritt uns Philoponos als Philologe entgegen, der souverän das gesamte Repertoire der *ars grammatica* einsetzt, ohne einer ausschließlich sprachwissenschaftlichen Forschung verpflichtet zu sein. Überall lebendig sind die Grundsätze der rhetorischen Texterschließung, daß gemäß dem Prinzip, Homer aus Homer zu erklären, der Gesamtsinn die ambigue Einzelstelle zu deuten hilft und daß die Prämisse der guten Intention des Autors eines kanonischen Textes Maßstab für die Beurteilung jeder Interpretation zu sein hat. Zuweilen täuscht Philoponos die Akzeptanz einer gegnerischen Position vor, um in Form einer *reductio ad absurdum* deren Unhaltbarkeit zu untermauern. Weiters gehört die akribische Aufzählung der relevanten Details, die wiederholte Zitierung von Primärbelegen und der syllogistische Schluß zu den Argumentationspraktiken, die bereits in die Lehrbücher des Hellenismus Eingang gefunden hatten. Das übergeordnete Ziel dieser Verfahren ist überall dasselbe: Ob beispielsweise die Präexistenz der Geistwesen aus der Genesis abgeleitet oder die Häresie Theodors erwiesen werden soll, die grammatisch - rhetorischen Techniken dienen dazu, die Aussagen der Bibel von einer auf den Buchstaben fixierten Deutung, wie sie die antiochenischen Exegeten praktizierten, herauszulösen. In Anlehnung an das Konzept der ἀκολουθία Gregors von Nyssa fordert Philoponos, den biblischen Text in seinem Folgecharakter weiterzudenken: Die Denkgemeinschaft Kirche wird zu allen Zeiten aufbauend auf die Erkentnisse der Vorväter neue Fragen an die Heilige Schrift richten und von dieser auch stets Antworten erhalten, ohne daß diese vom jeweiligen Verfasser für seine Rezipienten explizit artikuliert worden wären. Die *intentio operis* emanzipiert sich gegenüber der *intentio auctoris.* Die Bibel ist ein lebendiger Organismus, der durch die Gemeinschaft der Gläubigen, die ihre Kenntnis im Weg durch die Geschichte vertiefen und tradieren, stets neue Gestalt gewinnt. Nach Gregor ist diese Form der den Literalsinn übersteigenden Exegese (ἀναγωγή) nur dann zwingend, wenn sich in einer konkreten historischen Situation aus dem wörtlichen Verständnis kein Nutzen für den Hörer ergibt. Eine bedeutende Rolle für die Entwicklung von Philoponos' Exegese spielten die programmatischen Überlegungen Gregors im Prooemium zu seinem Hoheliedkommentar.

Das Bestreben, hinter dem Buchstaben *per analogiam* eine göttliche Wahrheit zu erschließen, wird nicht als Gegensatz zu den rhetorischen Interpretationsmethoden gedeutet, in deren Kenntnis und Anwendung Philoponos keineswegs hinter den Antiochenern zurückbleibt. So verweist er wie die alten Homererklärer auf die συνήθεια, den Sprachgebrauch seiner Zeit, um strittige Passagen zu verstehen. Die Einbeziehung der hebräischen Idiomata gehörte ebenfalls in den Fundus der antiochenischen Bibeldeutung. Ein besonderes Gewicht kommt in Opm. den Stilmitteln der Epanalepse, der Epitasis, der Allegorie im eingeschränkten Sinn eines rhetorischen σχῆμα, der Synekdoche, der Heteronymie und dem Parallelismus zu. Direkte Quellen in Gestalt von rhetorischen Handbüchern konnten nicht identifiziert werden, doch steht der Alexandriner in vielen Fällen den Auffassungen nahe, die Adrianos in seiner Eisagoge zur biblischen Sprache entwickelt hatte. Der mittelbare Einfluß dieses Buches auf Opm. ist nicht gering zu veranschlagen.

Eine singuläre Bedeutung für die Tendenz des Gesamtwerkes kommt Philoponos' Beschäftigung mit dem biblischen Numerusgebrauch zu. Gerade hier tritt auf methodischer Ebene die für Philoponos' Arbeitsweise so typische Vernetzung von Grammatik, neuplatonischen Denkprinzipien und theologischen bzw. politischen Stellungnahmen klar zu Tage. Im vierten Buch gewinnt der Kommentator der Problematik, warum Moses trotz der zahlreichen Meere von der Schaffung einer einzigen Sammelstelle gesprochen habe, eine völlig neue Seite ab. Wenn er das erste Meer der Schöpfung als γένος bzw. εἶδος, die empirisch faßbaren Teilmeere als ἄτομα deutet, stellt er eine Verbindung zur neuplatonischen Kategoriendeutung her: Dort wurde festgestellt, daß Aristoteles von der Kategorie der Relation als solcher im Singular, von den in ihr enthaltenen Objekten aber im Plural spreche. Damit erzielt Philoponos gegenüber seinen Vorgängern aber auch seinen Gegnern einen exegetischen Fortschritt: Der Wortlaut von der einen Sammelstelle wird bewahrt und gleichzeitig dem geographischen Wissensstand Rechnung getragen. Das eine Meer der Bibel ist Art bzw. Gattung der tatsächlich vorhandenen Einzelmeere. Durch die Proportion Sammelstelle : Teilmeere = Eine Kirche : Vielzahl an Kirchen definiert er den Vorrang der Weltkirche gegenüber den Ortskirchen als Verhältnis von Art und Individuum. Auch im sechsten Buch artikuliert Philoponos ausgehend vom biblischen Numerusgebrauch ein theologisches und politisches Programm (ποιήσωμεν ἄνθρωπον κατ᾽ εἰκόνα ἡμετέραν καὶ καθ᾽ ὁμοίωσιν in Gen. 1, 26 LXX). Durch Kontextargumente kommt Philoponos zum Schluß, daß hier kein Pluralis Maiestatis vorliegt, sondern die drei göttlichen Personen (πρόσωπα) gleichberechtigt an der Schaffung des Menschen mitwirken. Des weiteren ist das κατ᾽ εἰκόνα Aussage über die Gattung Menschheit, deren Individuen somit alle zur Herrschaft berufen sind. Der relevante Begriff in dieser Diskussion ist der Begriff πρόσωπον mit seiner grammatischen, christologischen und juridischen Bedeutung. Nach Philoponos entspricht der einen, nur gedanklich in drei Personen trennbaren Natur Gottes die statusgleiche, homogene Menschheit. Der von Anbeginn an der Schöpfung beteiligte Gott-Sohn ist keinesfalls ein erst sekundär zur Göttlichkeit erwählter Mensch (*homo assumptus* Theologie der Dyophysiten), der in temporärer Verbindung zu Gott steht. Im Gegensatz dazu beharrte der Dyophysit Theodor auf dem besonderen Rang auserwählter Menschen, die als Abbild und Stellvertreter Gottes zur Herrschaft über andere Menschen berufen sind. Bei Philoponos ist Herrschaft an das *genus*, nicht an den Dynasten gekoppelt, alle Menschen sind πρόσωπον, voll rechtsfähige Person.

Schließlich wurde der Versuch angestellt, ausgehend von der bei Theodor wichtigen Vorstellung, Christus werde als Stellvertreter (πρόσωπον) Gottes wie ein Kaiserbildnis verehrt, Opm. zu datieren. Philoponons greift diese durch das Konzil von Konstantinopel verurteilte und dort ausschließlich theologisch verstandene Metapher auf und erweitert sie um eine politische Komponente. Jetzt wird die Anbetung der Statue eines mächtigen Herrschers *per se* mit dem Vorwurf des Polytheismus und Götzendienstes verbunden. Da es wahrscheinlicher ist, daß Philoponos ein aktuelles kirchliches Dogma als Fundament für den Aufbau einer politischen Aussage funktionalisierte, als daß die Konzilsväter den Text eines für seinen Monophysitismus bekannten alexandrinischen Wissenschafters vereinfacht und zur Grundlage ihrer theologischen Entscheidung gemacht hatten, ist die Polemik gegen Theodor in Opm. Konsequenz des Konzils von 533.

4. Sacherklärung

Aufgrund der reichen Untersuchungen Scholtens zur Kosmologie und Naturphilosophie in Opm. blieben diese dem ἱστορικόν zugehörenden Bereiche hier ausgeklammert. Die übrigen Aspekte der Sacherklärung wurden besonders im Hinblick auf die jeweilige Argumentationstechnik untersucht. Dabei ließ sich im zweiten Buch festellen, daß Philoponos an historischen Quellen für die Finsternis während des Kreuzestodes Christi zwar Phlegon, Flavus Josephus und Eusebios zitiert, er aber in der Bestimmung dieser Dunkelheit als überirdisches Phänomen der Sehweise des S. Julius Africanus folgt. Zur im Buch vier entwickelten Lichttheorie gehört das Referat über zeitgenössische Anhänger des Dämonenglaubens, die ohne Empfindung über Feuer schreiten. Ist es also doch auch Menschen möglich, Feuer und Hitzewirkung zu trennen, wie die christliche Tradition dies nur Gott bzw. der Natur zuschreibt? Bereits in Aetm. berichtete Philoponos von Enthusiasmierten, die ohne Verletzungen zu spüren, durch Feuer gingen. Dort konnte aufgrund enger terminologischer und sachlicher Parallelen eine Übernahme aus Jamblichs De Mysteriis plausibel gemacht werden. Dasselbe Motiv wurde vereinfacht und mit anderer Zielrichtung in Opm. aufgenommen: Dem durch das Kreuzzeichen leicht zu entlarvenden Schwindel der heidnischen Theophoreten steht Moses' wahre Schau Gottes in der Gestalt des brennenden Dornbuschs gegenüber. Als Adressatenkreis haben wir uns hier eine vom neuplatonischen Mystizismus geprägte Leserschaft vorzustellen, deren Glaube an die Erfahrung des Göttlichen im Feuer auf die Lichtgestalt des wahrhaft inspirierten Propheten Moses projiziert werden soll.

Das fünfte Buch ragt durch seinen Reichtum an zoologischen Informationen markant aus dem Hexaemeronkommentar hervor. Die naturkundlichen Schriften des Aristoteles, Basileios' Hexaemeronhomilien, aber auch Aelian spielen für das biologische Wissen des Philoponos eine meßbar große Rolle. Episoden, wie die Geschichte vom treuen Hund, der den Mörder seines Herrn identifiziert, präsentiert Philoponos im Gefolge der Historiographie und der Paradoxaliteratur. Trotz der literarisch durchaus reizvollen Bearbeitung von paradoxen Naturphänomenen ist im Gegensatz zu Basileios niemals die Erbauung einer christlichen Gemeinde Ziel des Philoponos. Ihm geht es darum, die Richtigkeit der Lehre des Moses für alle Formen der Erfahrungswelt zu beweisen.

BIBLIOGRAPHIE

A. HÄUFIG VERWENDETE PRIMÄRLITERATUR

Ammonios (Lexikograph)

Ammonii qui dicitur *liber de adfinium vocabulorum differentia*, ed. G. NICKAU, Stuttgart - Leipzig 1966.

Ammonios Hermeiou

Ammonii *In Aristotelis Analyticorum priorum librum i commentarium*, ed. M. WALLIES = CAG 4, 6, Berlin 1899.

Ammonius *In Aristotelis categorias commentarius*, ed. A. BUSSE = CAG 4, 4, Berlin 1895.

Ammonius *In Aristotelis De Interpretatione commentarius*, ed. A. BUSSE = CAG 4, 5, Berlin 1897.

Anonymus

Anonymus *Prolegomena in Platonis philosophiam.* Hrsg. und übers. von L. G. WESTERINK, Amsterdam 1962.

Aristoteles

Aristoteles *Categoriae et liber de interpretatione*, ed. L. MINIO PALUELLO, Oxford 1961 (1949).

Basileios

Basilius von Caesarea. Homilien zum Hexaemeron. Hrsg. von E. A. de MENDIETTA - St. Y. RUDBERG. GCS N. F. Bd. 2, Berlin 1997.

Kosmas

Cosmas Indicopleustès. Topographie chrétienne, ed. W. WOLSKA-CONUS = SCh 141; 159; 197, Paris 1968, 1970, 1973.

Damaskios

Damascius. Traité des premiers principes, Vol. 1 - 2, ed. L. G. WESTERINK - J. COMBÈS, Paris 1986 und 1989.

David

David *In Aristotelis categorias commentarius*, ed. A. BUSSE = CAG 18, 1, Berlin 1900.

Dexippos

Dexippi *In Aristotelis categorias commentarium*, ed. A. BUSSE = CAG 4, 2, Berlin 1888.

Etymologicum

Etymologicum Magnum Genuinum - Symeonis Etymologicum - Etymologicum Magnum Auctum, ed. F. LASSERRE - N. LIVADARAS Athen 1992.

Gregor von Nyssa

Gregorii Nysseni Opera Vol. I *Contra Eunomium libri I - II*, ed. W. JAEGER, Leiden 1960.

Gregorii Nysseni Opera Vol. II *Contra Eunomium libri III*, ed. W. JAEGER, Leiden 1960.
Gregorii episcopi Nysseni explicatio apologetica ad Petrum fratrem, in hexaemeron: Gregorii episcopi Nysseni opera omnia = PG 44, 61 - 124.

Hesych

Hesychi Alexandrini Lexicon, rec. K. LATTE VOL I - II, Hauniae 1953, 1966.

Konzilsakten

Concilium universale Constantinopolitanum sub Iustiniano habitum Vol. I, ed. J. STRAUB, Berlin 1971.

Olympiodor

Olympiodorus *In Aristotelis categorias commentarius*, ed. A. BUSSE = CAG 12, 1, Berlin 1902.

Orion

Orionis Thebani Etymologicon, ed. F. G. STURZIUS, Leipzig 1820.

Johannes Philoponos

Fragments Antiariens de Jean Philopon, ed. A. van ROEY, in: OLoP 10, 1979, S. 237 - 250.
Joannes Philoponus *De aeternitate mundi contra Proclum*, ed. H. RABE, Hildesheim 1963 (Leipzig 1899).
Joannis Philoponi *De Opificio mundi libri VII*, ed. W. REICHARDT = Sriptores sacri et profani 1, Leipzig 1897.
Joannis Philoponi *In cap. I. Geneseos De Mundi Creatione Libri septem*, ed. B. CORDERIUS, Wien 1630.
Joannis Philoponi (olim Ammonii) *In Aristotelis Categorias commentarius*, ed. A. BUSSE = CAG 13, 1, Berlin 1898.
Joannis Philoponi *In Aristotelis meteorologicorum librum primum commentarium*, ed. M. HAYDUCK = CAG 14/1, Berlin 1901.
Joannis Philoponi *In Aristotelis physicorum libros tres priores commentaria*, ed. H. VITELLI = CAG 16, Berlin 1887.
Joannis Philoponi *In Aristotelis libros quinque posteriores commentaria*, ed. H. VITELLI, = CAG 17, Berlin 1888.
Joannis Philoponi *Opuscula monophysitica*, ed. A. SANDA, Beirut 1930.
Johannes Philoponos *De Opificio Mundi* Über die Erschaffung der Welt Bd. 1 - 3. Übersetzt und eingeleitet von C. SCHOLTEN. Fontes Christiani 23 / 1 - 3, Freiburg - Basel - Wien - Barcelona - Rom - New York, 1997.

Plotin

Plotino Enneadi VI 1 - 3, Trattati 42 - 44 Sui generi dell' essere. Introduzione, testo greco, traduzione, commento, ed. M. ISNARDI

PARENTE. Filosofi Antichi N. S. 2, Napoli 1994.

Porphyrios

Porphyry On Aristotle's Categories, transl. S. K. STRANGE, London 1992.

Proklos

Procli *Elementatio Theologica*, ed. E. R. DODDS, Oxford 1963.[3]

Procli *In Platonis Cratylum commentaria*, ed. G. PASQUALI, Leipzig 1908.

Procli *In Platonis Parmenidem commentaria*, ed. V. COUSIN, Hildesheim 1961 (Ndr.).

Procli *In Platonis Rem Publicam commentaria*, ed. W. KROLL, Leipzig 1899, 1901.

Procli Diadochi *In Platonis Timaeum commentaria* Vol. I - III ed. H. DIEHL, Leipzig 1903, 1904, 1906.

Proclus, The Elements of Theology, ed. E. R. DODDS, Oxford 1963.[2]

Proclus, *Theologia Platonica* Vol. I - IV, ed. H. D. SAFFREY & L. G. WESTERINK, Paris 1968 - 1987.

Scholia

Scholia Graeca in Homeri Iliadem (scholia vetera) Vol. I - VII, ed. H. ERBSE, Berlin 1969 - 1988.

Scholia in Dionysii Thracis Artem Grammaticam, ed. A. HILGARD, GG I 3, Leipzig 1901.

Simplikios

Simplicius *In Aristotelis categorias commentarius*, ed. C. KALBFLEISCH = CAG 8, Berlin 1907.

Stoikerfragmente

Stoicorum veterum fragmenta Vol. I - IV, ed. I. ab ARNIM, Stuttgart 1978 (ed. stereotyp. ed. prim. 1905 - 1924).

B. SEKUNDÄRLITERATUR

L. ABRAMOWSKI, Eunomios, RAC VI , 1966, Sp. 936 - 947.

G. AGOSTI, The ΠΟΙΚΙΛΙΑ of Paul the Bishop, in: ZPE 116, 1997, S. 31 - 38.

M. ALEXANDRE, La théorie de l' exégèse dans le *De hominis opificio* et l' *In Hexaemeron*, in: M. HARL, Écriture et culture philosophique dans la pensée de Gregoire de Nysse, Leiden 1971, S. 87 - 110.

ders., Le commencement du livre Genèse I - V. La version grecque de la Septante et sa réception, Paris 1988.

P. ALLEN, Monophysiten, TRE 23, 1994, S. 219 - 233.

K. ALT, Der Mensch als Herr über das All? Zu Plotin III 2, 17, 56, in: Hermes 117, 1982, S. 230 - 233.

K. O. APEL, Transformation der Philosophie. Bd. 1. Sprachanalytik, Semiotik, Hermeneutik, Frankfurt/Main, 1973.

A. H. ARMSTRONG (ed.), The Cambridge History of Later Greek and Early Medieval Philosophy, Cambridge 1967.

W. AX, Ψόφος, φωνή und διάλεκτος als Grundbegriffe aristotelischer Sprachreflexion, in: Glotta 56, 1978, S. 245 - 271.

ders., Laut, Stimme, Sprache. Studien zu drei Grundbegriffen der antiken Sprachtheorie, Hypomnemata, Göttingen 1986.

ders., Sprache als Gegenstand der alexandrinischen und pergamenischen Philologie, in: P. SCHMITTER (Hrsg.), Geschichte der Sprachtheorie 2. Sprachtheorien der abendländischen Antike, Tübingen 1996, S. 275 - 301.

D. BALÁS, Eternity and Time in Gregory of Nyssa's Contra Eunomium, in: H. DÖRRIE - M. ALTENBURGER - U. SCHRAMM (Hrsg.), Gregor von Nyssa und die Philosophie, Leiden 1976.

M. BALTES, Die Weltentstehung des platonischen Timaios nach den antiken Interpreten 2, Philosophia Antiqua 35, Leiden 1978.

Ch. BALTY, L' évêque Paul et le programme architectural et décoratif de la cathédral d' Apamée, in: Mélanges d' histoire ancienne et d' archéologique offerts à Paul Collart, Lausanne 1976, S. 31 - 46.

J. BARNES, Antiochus of Ascalon, in: M. GRIFFIN - J. BARNES (ed.), *Philosophia Togata,* Oxford 1989, S. 51 - 96.

ders., Metacommentary, in: OStAPh 10, 1992, S. 267 - 281.

K. BARWICK, Probleme der stoischen Sprachlehre und Rhetorik, ASAW Ph. 49, 3, Berlin 1957.

J. B. BAUER, ΠΟΛΛΟΙ Luk. 1, 1, in: NovTest. 4, 1960, S. 263 - 266.

W. BEIERWALTES, Proklos. Grundzüge seiner Metaphysik, Philosophische Abhandlungen 24, Frankfurt/Main, 1965.

ders., Zu Augustins Metaphysik der Sprache, in: Augustinian Studies 2, 1971, S. 179 - 185.

ders., Denken des Einen. Studien zur neuplatonischen Philosophie und ihrer Wirkungsgeschichte, Frankfurt/Main 1985.

V. di BENEDETTO, At the origins of Greek grammar, in: Glotta 68, 1990, S. 19 - 39.

H. BERNARD, Hermeias von Alexandrien. Kommentar zum "Phaidros", Philosophische Untersuchungen 1, Tübingen 1997.

W. BERNARD, Spätantike Dichtungstheorien. Untersuchungen zu Proklos, Herakleitos und Plutarchos, BzA 3, Stuttgart 1990.

R. BEUTLER, Proklos, RE XXIII 1, 1957, Sp. 186 - 247.

H. BLUMENBERG, Paradigmen zu einer Metaphorologie, Bonn 1960.

H. J. BLUMENTHAL, John Philoponus: Alexandrian Platonist?, in: Hermes 114, 1986, S. 314 - 335.

Th. BÖHM, Theoria - Unendlichkeit - Aufstieg. Philosophische Implikationen zu *De Vita Moysis* von Gregor von Nyssa, VigChr. Suppl. 35, Leiden - New York - Köln 1996.

R. BRÄNDLE, Johannes Chrysostomos, RAC XVIII , 1998, Sp. 426 - 453.

H. Chr. BRENNECKE, Chalkedonense und Henotikon. Bemerkungen zum Prozeß der östlichen Rezeption der christologischen Formel von Chalkedon, in: J. van OORT - J. ROLDANUS (Hrsg.), Chalkedon: Geschichte und Aktualität. Studien zur Rezeption der christologischen Formel von Chalkedon, Groningen 1997, S. 24 - 53.

P. BRUNS, Theodor von Mopsuestia. Katechetische Homilien, Fontes Christiani 17/1, Freiburg - Basel etc., 1994.

R. BULTMANN, Die Exegese des Theodor von Mopsuestia, Stuttgart - Berlin - Köln - Mainz 1984 (Ndr. 1912).

R. L. CARDULLO, Skeptiker und Neuplatoniker, in: P. SCHMITTER (1991), S. 238 - 272.

R. CARNAP, Introduction to Semantics, Cambridge Mass. 1942.

H. CHADWICK, Philoponus the Christian theologian, in: R. SORABJI (ed.), Philoponus and the rejection of Aristotelian science, London 1987, S. 41 - 56.

E. A. CLARK, The Origenist Controversy, Princeton 1992.

M. COHEN, Aristotle on Elemental Motion, in: Phronesis 39, 1994, S. 150 - 159.

J. COLLART, Saint Augustin grammairien dans le "*De magistro*", in: Revue des Études Augustiennes 17, 1971, S. 279 - 292.

J. A. COULTER, The Literary Microcosm: Theories of Interpretation of the Later Neoplatonists, Leiden 1976.

F. W. CREMER, Die chaldäischen Orakel und Jamblich De Mysteriis, Beiträge zur Klassischen Philologie 26, Meisenheim am Glan 1969.

P. CROME, Symbol und Unzulänglichkeit der Sprache. Jamblichos, Plotin, Pophyrios, Proklos, München 1970.

H. CROUZEL, Gregor 1 (Gregor der Wundertäter), RAC XII, 1983.

H. DAHLMANN, Zur Ars Grammatica des Marius Victorinus, AAMz, Abh. der geistes- und sozialwiss. Kl. 1970 Nr. 2, Mainz 1970.

J. DANIÉLOU, L' être et les temps chez Grégoire de Nysse, Leiden 1970.

S. DIEDERICH, Die antike Horazkommentierung im Rahmen der kaiserzeitlichen Schul- und Bildungstradition, Bonn 1998 (noch unpubliz. Bonner Diss.).

E. DEGANI, La Lessicografia, in: G. CAMBIANO - L. CANFORA - D. LANZA (ed.), Lo spazio letterario della Grecia antica 1, 3, Rom 1994, S. 505 - 527.

K. DEMOEN, Pagan and biblical Exempla in Gregory Nazianzen. A Study in Rhetoric and Hermeneutics, Corpus Christianorum Lingua Patrum II, Turnhout 1996.

R. DEVREESSE, Essai sur Théodore, AtT 141, Vatikan 1948.

F. DIEKAMP, Die origenistischen Streitigkeiten im sechsten Jahrhundert und das fünfte allgemeine Concil, Münster 1899.

A. T. van DIJK (Hrsg.), Pragmatics of language and literature, Amsterdam - Oxford 1976.

E. R. DODDS, Theurgie and its Relationship to Neoplatonism, in: JRomStud. 37, 1947, S. 57 - 69.

H. DÖRRIE, Spätantike Symbolik und Allegorese, in: H. DÖRRIE (Hrsg.), Platonica minora, München 1976, S. 112 - 123.

ders., Der Platonismus in der Antike, Bd. 2. Der hellenistische Rahmen des kaiserzeitlichen Platonismus, Stuttgart - Bad Cannstatt 1990.

H. R. DROBNER, Lehrbuch der Patrologie, Freiburg - Basel - Wien 1994.

H. R. DROBNER - Ch. KLOCK, Studien zu Gregor von Nyssa und der christlichen Spätantike, VigChr. Suppl. 12, Leiden - New York - Köln 1990.

M. DUNN, Iamblichus, Thrasyllus and the reading order of the Platonic dialogues, in: R. B. HARRIS (ed.), The significance of Neoplatonism, Norfolk 1976.

F. DÜNZL, Braut und Bräutigam. Die Auslegung des Canticum durch Gregor von Nyssa, Tübingen 1993.

ders., Gregor von Nyssa In Canticum Canticorum Homiliae. Homilien zum Hohelied I, Fontes Christiani 16/1, Freiburg - Basel etc., 1994.

U. ECO, Semiotik und Philosophie der Sprache, München 1985.

ders., Im Labyrinth der Vernunft. Texte über Kunst und Zeichen, Leipzig 1990.

ders., Die Grenzen der Interpretation, München 1995.

M. ESPER, Allegorie und Analogie bei Gregor von Nyssa, Bonn 1979.

Ch. EVANGELIOU, Aristotle's Categories and Porphyry, Philosophia Antiqua 48, Leiden - New York - Köln 1988.

É. ÉVRARD, Philopon, la ténèbre originelle et la création du monde: Aristotelica. Mélanges offerts à m. de Corte, Brüssel - Lüttich 1985.

A. F. FESTUGIÈRE, Modes de composition des Commentaires de Proclus, in: MH 20, 1963, S. 77 - 100.

ders., L' ordre de lecture des dialogues de Platon aux Ve - VIe siecles, in: MH 26, 1969, S. 281 - 296.

L. FLADERER, Antiochos von Askalon. Hellenist und Humanist, GB Suppl. 7, Graz - Horn 1996.

H. FLASHAR, Ansätze zu einer semantischen Theorie bei Aristoteles, in: Zeitschrift für Semiotik 4, 1982, S. 241 - 257.

K. von FRITZ, Der Ursprung der aristotelischen Kategorienlehre, in: K. von FRITZ, Schriften zur griechischen Logik 2. Logik, Ontologie und Mathematik, Problemata 71, Stuttgart - Bad Cannstatt 1978, S. 9 - 51.

K. FROEHLICH, Biblical Interpretation in the Early Church, Philadelphia 1984.

L. P. GERSON, Plotinus, London - New York 1994.

M. L. GILL, Aristotle on Substance, Princeton 1989.

J. GLUCKER, Antiochos and the Late Academy, Hypomnemata 56, Göttingen 1978.

H. GLÜCK, Priscians Partitiones und ihre Stellung in der spätantiken Schule, Spudasmata 12, Hildesheim 1967.

Ch. GNILKA, ΧΡΗΣΙΣ. Die Methode der Kirchenväter im Umgang mit der antiken Kultur 1: Der Begriff des "rechten Gebrauchs", Basel - Stuttgart 1984.

A. GRILLMEIER, Jesus der Christus im Glauben der Kirche 2/2, Freiburg - Basel - Wien, 1994.

J. de GROOT, Aristotle and Philoponus on Light, New York 1991.

W. GUNDEL, Astrologie, RAC I, 1950, Sp. 817 - 831.

Ch. HAAS, Alexandria in Late Antiquity. Topography and Social Conflict, Baltimore - London 1997.

F. A. J. de HAAS, John Philoponus' new Definition of Prime Matter. Aspects of it's Background in Neoplatonism and the Ancient Commentary Tradition, Philosophia Antiqua 69, Leiden - New York - Köln 1996.

I. HADOT, Le problème du Néoplatonisme alexandrin: Hiéroclès et Simplicius, Paris 1978.

dies., La division néoplatonicienne des écrits d´ Aristote, in: J. WIESNER (Hrsg.), Aristoteles Werk und Wirkung II. Kommentierung, Überlieferung, Nachleben, Berlin - New York 1987, S. 249 - 285.

dies., Simplicius: Commentaire sur les Catégories. Trad. commentée. Fasc. I, Leiden 1990.

P. HADOT, L´Harmonie des Philosophies de Plotin et d´Aristote selon Porphyre dans le commentaire de Dexippe sur les Categories, in: Plotino e il Neoplatonismo in Oriente e in Occidente, Accad. naz. dei Lincei 198, 1974, S. 31 - 47.

ders., Philosophie als Lebensform. Geistige Übungen in der Antike, Berlin 1991.

J. HAMMERSTAEDT, Crux, Augustinus- Lexikon II, 1996, Sp. 143 - 152.

ders., Hypostasis, RAC XVI, 1997, Sp. 986 - 1035.

M. HARL (ed.), Écriture et culture philosophique dans la pensée de Grégoire de Nysse. Actes du colloque de Chevotógne 22 - 26. Sept. 1969, Leiden 1971.

R. B. HARRIS (ed.), The significance of Neoplatonism, Norfolk 1976.

R. E. HEINE, Gregory of Nyssa's Apology of Allegory, in: VigChr. 38, 1994, S. 360 - 370.

E. HEITSCH, Die Entdeckung der Homonymie, AAMz, Abh. der geistes- und sozialwiss. Kl. 11, Wiesbaden 1972.

ders., Platon. Phaidros. Platon Werke III 4, Göttingen 1993.

J. HENNIGFELD, Geschichte der Sprachphilosophie, Berlin - New York 1994, S. 70 - 94.

T. HERMANN, Johanes Philoponos als Monophysit, in: ZNW 29, 1930, S. 209 - 264.

M. HIRSCHLE, Sprachphilosophie und Namenmagie im Neuplatonismus, Meisenheim am Glan, 1979.

M. J. F. M. HOENEN, Analogie, in: G. UEDING (Hrsg.), Historisches Wörterbuch der Rhetorik I, 1992.

Ph. HOFFMANN - C. LUNA, Commentaire sur les Catégories. Trad. commentée. Fasc. III, Leiden 1982.

Ch. HORN, Plotin über Sein, Zahl und Einheit. Eine Studie zu den systematischen Grundlagen der Enneaden, BzA 62, Stuttgart - Leipzig 1995.

W. ISER, Der Akt des Lesens, München 1974.

B. D. JACKSON, The Theory of Signs in St. Augustine's »De doctrina christiana«, in: Revue des Études Augustiennes 15, 1969, S. 9 - 49.

R. JAKOBI, Die Kunst der Exegese im Terenzkommentar des Donat, Untersuchungen zur antiken Geschichte und Literatur 47, Berlin - New York 1996.

O. KIUSMA, Proclus' Defence of Homer, Helsinki 1996.

G. KLEIN, Lukas 1, 1 - 4 als theologisches Programm, in: G. BRAUMANN (Hrsg.), Das Lukas - Evangelium. Die Redaktions- und kompositionsgeschichtliche Forschung, WdF 280, Darmstadt 1974, S. 170 - 203.

B. KOTTER, Die Schriften des Johannes von Damaskios IV, Patristische Texte und Studien 22, Berlin - New York 1981.

N. KRETZMANN, Aristotle on spoken sound, in: J. CORCORAN (ed.), Ancient logic and it's modern interpretation, Dordrecht - Bosten 1974.

T. KRISCHER, Ein Zeugnis zur Geschichte der Impetustheorie, in: Hermes 122, 1994, S. 381 - 383.

W. KUCHENMÜLLER, Philetae Coi reliquiae, Borna - Leipzig 1928.

K. KUYPERS, Der Zeichen- und Wortbegriff im Denken Augustins, Amsterdam 1934.

J. LALLOT, La Grammaire de Denys le thrace, Paris 1989.

ders., Apollonius Dyscole. De la construction Vol. I. Histoire des doctrines de l´antiquité classique 19, Paris 1997.

E. LAMBERZ, Proklos und die Form des philosophischen Kommentars, in: J. PÉPIN - H. D. SAFFREY (publ.), Proclus. Lecteur et interprète des anciens. Actes du colloque international du CNRS Paris 2-4 oct. 1985, Paris 1987, S. 1 - 20.

G. LARENTZAKIS, Trinitarisches Kirchenverständnis, in: W. BREUNING (Hrsg.), Trinität. Aktuelle Perspektiven der Theologie, Freiburg - Basel - Wien 1984, S. 73 - 96.

B. D. LARSEN, Jamblique de Chalcis. Exégète et philosophe, Aarhus 1972.

N. LAUSBERG, Handbuch der literarischen Rhetorik, München 1990[3].

W. LIEBESCHÜTZ, Hochschule, RAC XV, 1991, Sp. 859 - 911.

R. LIM, The Politics of Interpretation in Basil of Caesarea's *Hexaemeron*, in: VigChr. 44, 1990, S. 351 - 370.

A. C. LLOYD, Neoplatonic logic and Aristotelian logic, in: Phronesis 1, 1955/56, S. 58 - 72 und S. 146 - 160.

ders., The Later Neoplatonists, in: ARMSTRONG S. 272 - 330.

A. A. LONG - D. N. SEDLEY (ed.), The Hellenistic Philosophers. 2 Vols., Cambridge 1988[2].

T. LONG, Repetition and Variation in the Short Stories of Herodotus, Beiträge zur Klassischen Philologie 179, Frankfurt 1987.

K. LORENZ - J. MITTELSTRASS, On Rational Philosophy of Language: the Programme in Plato's Cratylus Reconsidered, in: Mind 76, 1967, S. 1 - 20.

J. LYONS, Semantik. Bd. I, München 1980.

L. S. B. MacCOULL, Philoponus on Egypt, in: BF 17, 1991, S. 167 - 172.

dies., The Monophysite Angelologie of John Philoponos, in: Byz. 65, 1995, S. 389 - 395.

dies., John Philoponus and the Composite Nature of Christ, in: Ostkirchl. Stud. 44, 1995, S. 197 - 204.

dies., Notes on Philoponus' theory of Vision, in: Byz. 67, 1997, S. 558 - 562.

dies., The Historical Context of Philoponus' *De Opificio Mundi* in the Culture of Byzantine-Coptic Egypt (in Druck befindliches Manuskript).

J. O. MADATHIL, Kosmas der Indienfahrer. Kaufmann, Kosmologe und Exeget zwischen alexandrinischer und antiochenischer Theologie, FC.FP 4, Thaur - Wien - München 1996.

A. MAIER, An der Grenze von Scholastik und Naturwissenschaft, Rom, 1952.[2]

G. MANETTI, Theories of the sign in classical antiquity, Bloomington 1993.

J. MANSFELD, Philosophy in the service of Scripture. Philo's exegetical strategies, in: J. DILLON - A. A. LONG (ed.), the question of »ecclecticism«, Berkeley 1988. ders., Prolegomena. Questions to be settled before the study of an author, or a text, Philosophia Antiqua 61, Leiden - New York - Köln 1994.

K. MARESCH, Nomisma und Nomismatia. Beiträge zur Geldgeschichte Ägyptens im 6. Jahrhundert n. Chr., Abh. der nordrhein-westfälischen Akad. der Wissenschaften, Papyrologia Colonensia XXI, Opladen 1994.

B. de MARGERIE, Introduction à l' histoire de l' exégèse 1. Les Pères grecs et orientaux, Paris 1980.

I. MARIOTTI, Marii Victorini Ars Grammatica, Florenz 1967.

R. A. MARKUS, St. Augustine on Signs, in Phronesis 2, 1957, S. 60 - 83.

H. I. MARROU, Histoire de l´education dans l ´antiquité, Paris 1965^{6}.

ders., Augustinus und das Ende der antiken Bildung, Paderborn 1982.

R. MARTINDALE, Thr prosopography of the later Roman Empire 3 A, Cambridge 1992.

C. MAYER, Die Zeichen in der geistigen Entwicklung und in der Theologie des jungen Augustinus, Würzburg 1969.

ders., Die Zeichen in der geistigen Entwicklung und in der Theologie Augustins II: Die antimanichäische Epoche, Würburg 1974.

C. M. MAZZUCCHI, Dionysio Longino Del Sublime. Introduzione, testo critico, traduzione e commento, Mailand 1992.

H. M. MEISSNER, Rhetorik und Theologie. Der Dialog Gregors von Nyssa *De Anima et Resurrectione,* Frankfurt - Bern - New York 1991.

Ph. MERLAN, Ammonius Hermiae, Zacharias Scholasticus and Boetius, in: GRBS 9, 1969, S. 193 - 203.

H. J. METTE, Neoptolemos von Parion, in: RhM 123, 1980, S. 1 - 23.

A. M. MICCIARELLI COLLESI, Nuovi »Excerpta« dall' »Etimologico« di Orione, in: Byz. 40, 1970, S. 517 - 543.

P. MORAUX, Der Aristotelismus bei den Griechen II, Berlin - New York 1984.

Ch. MORRIS, Foundations of the Theory of Signs, Chicago 1938.

ders., Sign, Language and Behavior, New York 1946.

A. A. MOSSHAMMER, Disclosing but not Disclosed. Gregory of Nyssa as Deconstructionist, in: DROBNER - KLOCK S. 99 - 123.

E. MÜHLENBERG, Die philosophische Bildung Gregors von Nyssa in den Büchern *Contra Eunomium*, in: M. HARL (ed.), Écriture et culture philosophique dans la pensée de Grégoire de Nysse, Leiden 1971, S. 230 - 251.

W. MÜRI, ΣΥΜΒΟΛΟΝ. Wort- und sachgeschichtliche Studie, in: E. VISCHER (Hrsg.), W. Müri, griechische Studien. Ausgewählte wort- und sachgeschichtliche Forschungen zur Antike, Basel 1976, S. 1 - 43.

A. NAGL, Theodoros (49), RE V A, 2, 1934, Sp. 1881 - 1893.

B. NASEMANN, Theurgie und Philosophie in Iamblichos De Mysteriis, BzA 11, Stuttgart 1991.

B. NEUSCHÄFER, Origenes als Philologe, Schweizerische Beiträge zur Altertumswissenschaft 18/1 - 2, Basel 1987.

U. NEYMEYER, Die christlichen Lehrer im zweiten Jahrhundert, VigChr. Suppl. 4, Leiden - New York 1989, S. 215 - 229.

M. San NICOLÒ, Das *eire mprosopon* als Stellvertretungsformel in den koptischen Papyri, in: BZ 24, 1923 - 1924, S. 336 - 345.

F. W. NORRIS, The Authenticity of Gregory Nazianzen's five theological orations, in: VigChr. 39, 1985, S. 331 - 339.

O. NÜSSER, Albins Prolog und die Dialogtheorie des Platonismus, BzA 12, Stuttgart 1991.

K. OEHLER, Aristoteles in Byzanz, in: P. MORAUX (Hrsg.), Aristoteles in der neueren Forschung, WdF 61, Darmstadt 1968, S. 381 - 399.

ders., Neue Fragen zum esoterischen Platon, in: K. OEHLER (Hrsg.), Antike Philosophie und byzantinisches Mittelalter. Aufsätze zur Geschichte des griechischen Denkens, München 1969.

ders., Sprache und Zeichen. Zur Philosophie des Pragmatismus, Frankfurt/Main. 1995.

J. OWENS, The doctrine of Being in the Aristotelian Metaphysics, Toronto 1951.

A. St. PEASE, M. Tulli Ciceronis De Natura Deorum I, Cambridge (MA) 1955.

Ch. S. PEIRCE, Collected Papers (4 Vol.), Cambridge 1934 - 1948.

J. PÉPIN, Le probléme de la communication des consciences chez Plotin et saint Augustin, in: Revue des métaphysique et de morale 55, 1950, S. 128 - 148.

ders., Dante et la tradition de l' Allegorie, Montreal - Paris 1970.

ders., Le parole della famiglia "hermeneuein" nel greco antico. Studio semantico, in: N. de DOMENICO - A. E. STEFANO - G. PUGLIESI (ed.), Ermeneutica e Filosofia pratica, Venedig - Marseille 1990, S. 269 - 277.

J. PÉPIN - K. HOHEISL, Hermeneutik, RAC XIV, 1988, Sp. 722 - 771.

J. PÉPIN - H. D. SAFFREY (ed.), Proclus. Lecteur et interprete des Anciens, Paris 1987.

S. PINES, *Omne quod movetur necesse est ab aliquo moveri.* A Refutation of Galen by Alexander of Aphrodisias and the Theorie of

Motion, in: Isis 52, 1961, S. 21 - 54.

A. POLLASTRI, Nota sul *De Doctrina Christiana*: Un riferimento biblico per l' *Intellegere* e per il *Proferre*, in: Augustianum 35, 1995, S. 527 - 536.

K. PRÄCHTER, Nikostratos der Platoniker, in: Hermes 57, 1922, S. 481 - 517. ders., Richtungen und Schulen im Neuplatonismus. Genethliakon für Carl Robert, in: H. DÖRRIE (Hrsg.), Karl Prächter, Kleine Schriften, Hildesheim - New York 1973, S. 165 - 216.

R. REITZENSTEIN, Geschichte der griechischen Etymologika. Ein Beitrag zur Geschichte der Philologie in Alexandria und Byzanz, Leipzig 1897.

N. RESCHER and M. E. MARMURA (ed. and transl.), The Refutation of Alexander of Aphrodisias of Galens's Treatise on the Theory of Motion, Islamabad 1965.

O. REVERDIN (Hrsg.), De Jamblique a Proklus, Fondt. Hardt 21, Genève 1974.

M. RICHARD, Ἀπὸ φωνῆς, in: Byz. 20, 1950, S. 191 - 222.

D. RIDINGS, The Attic Moses. The Dependency theme in Some Early Christian Writers, Studia Graeca et Latina Gothoburgensia 59, Göteborg 1995.

R. H. ROBINS, The Initial Section of the Techne Grammatike, in: P. SWIGGERS - A. WOUTERS (ed.), Ancient Grammar: Content and Context, Orbis Suppl. 7, Leuven - Paris 1996.

M. RÖSEL, Übersetzung als Vollendung der Auslegung. Studien zur Genesis-Septuaginta, BZAW 223, Berlin - New York 1994.

F. ROMANO, Proclo Lettore e interprete del Cratilo, in: PÉPIN - SAFFREY S. 113 - 136.

ders., La scuola filosofica e il commento, in: G. CAMBIANO - L. CANFORA - D. LANZA (ed.), Lo spazio letterario della Grecia antica 1, 3, Rom 1994, S. 587 - 611.

S. SAMBURSKY, The Physical World of Late Antiquity, London 1962.

V. C. SAMUEL, The Council of Chalcedon Re-Exanimed, Madras 1977.

Ch. SCHÄUBLIN, Untersuchungen zu Methode und Herkunft der Antiochenischen Exegese, Theophaneia 23, Köln - Bonn 1974.

ders., Homerum ex Homero, in: MH 34, 1977, S. 221 - 227.

D. M. SCHENKEVELD, The Linguistic Contents of Dionysius' Παραγγέλματα, in: V. LAW - I. SHEITER (ed.), Dionysius Thrax and the Techne Grammatike, Münster 1995.

P. SCHMITTER (Hrsg.), Geschichte der Sprachtheorie 2. Sprachtheorien der abendländischen Antike, Tübingen 1991.

H. - G. SCHMITZ, Die Eröffnung des sprachphilosophischen Feldes.

Überlegungen zu Platons "Kratylos", in: H 119, 1991, S. 43 - 60.

C. SCHOLTEN, Die alexandrinische Katechetenschule, in: JbAC 38, 1995, S. 16 - 37.

ders., Antike Naturphilosophie und christliche Kosmologie in der Schrift »De Opificio Mundi« des Johannes Philoponos, Patristische Texte und Studien 45, Berlin - New York 1996.

ders., Titel - Gattung - Sitz im Leben. Probleme der Klassifizierung antiker Bibelauslegung am Beispiel der griechischen Hexaemeronschriften, in: G. SCHÖLGEN - C. SCHOLTEN (Hrsg.), Stimuli. Exegese und ihre Hermeneutik in Antike und Christentum. FS E. Dassmann, JbAC Erg. 23, Münster 1996. S. 254 - 269.

ders., Weshalb wird die Schöpfungsgeschichte zum naturwissenschaftlichen Bericht? Hexaemeronauslegung von Basilius von Cäsarea zu Johannes Philoponus, in: ThQ 177, 1997, S. 1 - 15.

P. SCHMITTER (Hrsg.), Geschichte der Sprachtheorie 2. Sprachtheorien der abendländischen Antike, Tübingen 1991.

H. O. SCHRÖDER, Fatum, RAC VII , 1969, Sp. 524 - 636.

M. SCHROEDER, Representation and Reflection in Plotinus, in: Dionysius 4, 1980, S. 37 - 59.

A. SCHUBERT, Untersuchungen zur stoischen Bedeutungslehre, Hypomnemata 103, Göttingen 1994.

A. SEGONDS, Jean Philopon, traité de l' astrolabe, Paris 1981.

A. SHEPPARD, Studies on the 5th and 6th Essay of Proclus' Commentary on the Republic, Hypomnemata 61, Göttingen 1980.

dies., Proclus' Philosophical Method of Exegesis. The Use of Aristotle and the Stoics in the Commentary on the Cratylus, in: PÉPIN - SAFFREY S. 137 - 151.

E. SIEBENBORN, Die Lehre von der Sprachrichtigkeit und ihre Kriterien. Studien zur antiken normativen Grammatik, Studien zur antiken Philosophie 5, Amsterdam 1976.

R. SORABJI (ed.), Philoponus and the rejection of Aristotelian science, London 1987. ders., Aristotle Transformed. The Ancient Commentators and their Influence, Ithaca - New York 1990.

Th. STÄCKER, Die Stellung der Theurgie in der Lehre Jamblichs, Studien zur klassischen Philologie 92, 1995.

H. P. STAHL, Herodots Gyges - Tragödie, in: H 96, 1968, S. 385 - 400.

S. K. STRANGE, Plotinus, Porphyry and the Neoplatonic Interpretation of the Categories, in: ANRW II 36, New York 1987, S. 955 - 974.

L. TARÁN, Speusippus of Athens. A critical study with a collection of the related texts and commentary, Philosophia Antiqua 39, Leiden 1981.

M. M. TARDIEU, Ṣâbiens coranique et ⟨Ṣâbiens⟩ de Ḥarrân, in: Journal Asiatique 274, 1986, S. 1 - 44.

H. van THIEL, Die Lemmata in den Iliasscholien, in: ZPE 79, 1989, S. 9 - 26.

J. TROUILLARD, L'activité onomastique selon Proclus, in: O. REVERDIN (Hrsg.), De Jamblique a Proklus, Fond. Hardt 21, Genève 1974, S. 239 - 255.

ders., Übereinstimmung der Definition der Seele bei Proklos, in: ZINTZEN (1977), S. 307 - 330.

A. UHL, Servius als Sprachlehrer. Zur Sprachrichtigkeit in der exegetischen Praxis des spätantiken Grammatikunterrichts, Hypomnemata 117, Göttingen 1998.

T. P. VERGHESE, ΔΙΑΣΤΗΜΑ und ΔΙΑΣΤΑΣΙΣ in Gregory of Nyssa. Introduction to a concept and the posing of a problem, in: H. DÖRRIE - M. ALTENBURGER - U. SCHRAMM (Hrsg.), Gregor von Nyssa und die Philosophie, Leiden 1976, S. 243 - 260.

K. VERRYCKEN, God en wereld in de wijsbegeerte von Ioannes Philoponus, Louvain 1985.

ders., The development of Philoponos' thought and its chronology, in: R. SORABJI (ed.). Aristotle transformed, The Ancient Commentators and their Influence, Ithaca - New York 1990, S. 233 - 274.

ders., The metaphysics of Ammonius son of Hermeias, in: SORABJI (1990), S. 199 - 231.

ders., Johannes Philoponos, RAC XVIII, 1998, Sp. 534 - 553.

H. WEIDEMANN, Grundzüge der Aristotelischen Sprachtheorie, in: P. SCHMITTER S. 170 - 192.

R. WEIJENBORG, Les cinque Discours théologique, attribués à Grégoire de Nazianze, en partie oeuvre de Maxime Héron le Cynique, alias Évagre le Pontique d' Antioche, in: Antonianum 48, 1973, S. 476 - 507.

ders., Hexaemeron, in: RAC XIV, 1988, Sp. 1250 - 1269.

C. WENDEL, Orion, RE XVIII 1, 1939, Sp. 1083 - 1087.

L. G. WESTERINK, The Alexandrian commentators and the introductions to their commentaries, in: SORABJI (1990), S. 325 - 348.

G. WIENOLD, Semiotik der Literatur, Frankfurt/Main 1972.

C. WILDBERG, John Philoponus' Criticism of Aristotle's Theory of Aether, Peripatoi 16, Berlin - New York 1988.

J. van WINDEN, The Early Christian Exegesis of "Heaven and Earth" in Genesis 1, 1, in: W. den BOER et alii (ed.), Romanitas et Christianitas. FS. I. H. WASZINK, Amsterdam - London 1973, S. 371 - 382.

ders., Hexaemeron, RAC XIV, 1988, 1250 - 1269.

P. WOLF, Vom Schulwesen der Spätantike. Studien zu Libanios, Baden-Baden 1952.

M. WOLFF, Geschichte der Impetustheorie. Untersuchungen zum Ursprung der klassischen Mechanik, Frankfurt/Main. 1978.

ders., Philoponus and the Rise of Preclassical Dynamics, in: SORABJI (1987), S. 84 - 120.

W. WOLSKA, La topographie chrétienne de Cosmas Indikopleustès, BByzE 3, Paris 1962.

A. WOUTERS, The Grammatical Papyri and the Techne Grammatike, in: LAW S. 95 - 109.

M. ZANATTA, Aristotele. Le categorie. Introduzione, traduzione e comento, Mailand 1989.

F. ZIMMERMANN, Philoponus' Impetus Theory in the Arabic Tradition, in: SORABJI (1987), S. 121 - 129.

C. ZINTZEN, Die Wertung von Mystik und Magie in der neuplatonischen Philosophie, in: RhM 108, 1965, S. 71 - 100.

ders., (Hrsg.), Die Philosophie des Neuplatonismus, WdF 436, Darmstadt 1977.

V INDICES

A. INDEX NOMINUM

B. INDEX RERUM

GPSR Compliance

The European Union's (EU) General Product Safety Regulation (GPSR) is a set of rules that requires consumer products to be safe and our obligations to ensure this.

If you have any concerns about our products, you can contact us on ProductSafety@springernature.com

In case Publisher is established outside the EU, the EU authorized representative is:

Springer Nature Customer Service Center GmbH
Europaplatz 3
69115 Heidelberg, Germany

Batch number: 10815974

Printed by Printforce, the Netherlands